UTB **2487**

UTB

Eine Arbeitsgemeinschaft der Verlage

Beltz Verlag Weinheim · Basel
Böhlau Verlag Köln · Weimar · Wien
Wilhelm Fink Verlag München
A. Francke Verlag Tübingen und Basel
Haupt Verlag Bern · Stuttgart · Wien
Verlag Leske + Budrich Opladen
Lucius & Lucius Verlagsgesellschaft Stuttgart
Mohr Siebeck Tübingen
C. F. Müller Verlag Heidelberg
Ernst Reinhardt Verlag München und Basel
Ferdinand Schöningh Verlag Paderborn · München · Wien · Zürich
Eugen Ulmer Verlag Stuttgart
UVK Verlagsgesellschaft Konstanz
Vandenhoeck & Ruprecht Göttingen
Verlag Recht und Wirtschaft Heidelberg
WUV Facultas Wien

DIETER HESS

Allgemeine Botanik

282 farbige Abbildungen und Strukturformeln
11 Farbfotos
33 Schwarzweißfotos
11 Tabellen

UTB basics

Verlag Eugen Ulmer Stuttgart

Inhaltsverzeichnis

Vorwort

Die kurzgefasste, modern gehaltene Darstellung führt in die Allgemeine Botanik ein. Zunächst werden Struktur und Funktion der Zelle und damit auch die Grundlagen in Biochemie und Molekularbiologie der Pflanzen behandelt. Kapitel zu Bildung, Struktur und Funktion von Spross, Blatt und Wurzel bauen darauf auf. Ein abschließendes Kapitel befasst sich mit Reproduktionsbiologie. In diesen Kapiteln werden jeweils Grundlagen der Cytologie, Anatomie und Morphologie mit Daten aus der Stoffwechsel-, Entwicklungs- und Bewegungsphysiologie sowie der Ökologie kombiniert und integriert dargestellt. Die vielfach übliche strikte Trennung in die genannten Disziplinen, die zu Wiederholungen zwingt, wird also aufgegeben. Dabei werden biochemische und molekulare Aspekte betont. Für Pharmazie, Agrar- und Ernährungswissenschaften wichtige Daten werden eingehender behandelt als sonst in Einführungen.

Aus Raumgründen konnte die Biotechnologie einschließlich der Gentechnologie nur am Rande berücksichtigt werden. Dem Autor fiel das aus naheliegenden Gründen schwer. Doch in einem Buch, in dem es auf ein erstes Bekanntwerden mit den wesentlichen Fakten ankommt, lässt es sich verantworten, die Arbeitsmethoden zunächst zurückzustellen.

Weiterhin muss erklärt werden, warum die Bezeichnung sekundäre Pflanzenstoffe im eigentlichen Text nicht zu finden ist. Bei einem Autor, der in der ersten Auflage seiner Pflanzenphysiologie schon 1970 versucht hatte, den sekundären Pflanzenstoffen auch in einem deutschsprachigen Lehrbuch zu ihrem Recht zu verhelfen, mag das befremdend wirken. Doch er war schon damals der Meinung: Zweifellos wäre es am besten, dieser Begriff verschwände aus der Literatur. Verschiedene Gründe haben den Autor in dieser Auffassung bestärkt. So finden sich in der neuesten Auflage eines umfangreichen Mehr-Autoren-Lehrbuchs der Botanik gleich zwei verschiedene Definitionen für sekundäre Pflanzenstoffe. Die Schwierigkeiten in der Abgrenzung werden so besonders deutlich. Noch fließender werden die Grenzen dadurch, dass heute auch die Fettsäuren als kleinere Gruppe von sekundären Pflanzenstoffen gewertet werden können. In diesem Buch werden deshalb die drei größten

Gruppen der sekundären Pflanzenstoffe, die Terpenoide, Phenole und Alkaloide ohne Erwähnung des Begriffs »sekundär« besprochen.

Ein durchlaufender Text bringt Basiswissen, das durch Boxen vertieft wird. Durch Einbeziehen oder Fortlassen der Boxen kann den nach Inhalt, zeitlicher Abfolge und Schwierigkeitsgrad stark wechselnden Lehrplänen der Hochschulen im deutschsprachigen Raum entsprochen werden. Der Text wird von Definitionen, Lernhilfen, Fragen und einem Glossar begleitet und ist möglichst klar und einfach gehalten. Eine ausufernde Nutzung von speziellen Begriffen, die Wissenschaftlichkeit nur vorgaukelt, wird vermieden.

Das Buch eignet sich damit als Einführung im ersten Studienabschnitt ebenso wie für Studierende mit Botanik im Neben- oder Beifach. Über eine entsprechende Auswahl aus der Stofffülle wurde es möglich, auch den jeweils letzten Stand der Wissenschaft zu berücksichtigen. Das Buch kann so fallweise auch im Hauptstudium der Botanik und ihrer Teilgebiete eingesetzt werden Des Weiteren kann es in Nachbardisziplinen wie Pharmazie, Agrar-, Forst- und Ernährungswissenschaften ebenso von Nutzen sein wie für Lehrkräfte an höheren Schulen, die ihr Wissen rasch auf den neuesten Stand bringen möchten.

Der Verlagsleitung möchte ich ebenso wie Frau Dr. Nadja Kneissler in der Programmleitung herzlich danken. Besonderer Dank für ihren unermüdlichen Einsatz gebührt Frau Antje Springorum im Lektorat und Herrn Otmar Schwerdt in der Herstellung. Frau Sabine Seifert danke ich für die vorbildliche Umsetzung der Abbildungsvorlagen. Alle Beteiligten hoffen mit dem Autor, dass ihr Buch Anklang finden möge.

Stuttgart-Hohenheim, im Oktober 2003
Dieter Heß

1 | Die Pflanzenzelle und ihre Funktionen

Inhalt

Die Zelle ist die kleinste potenziell selbstständig lebensfähige Einheit.

Zellstrukturen und ihre Funktionen: Von den beteiligten Stoffgruppen werden Kohlenhydrate und Aminosäuren sowie die von diesen in ihrer Biosynthese abgeleiteten und deshalb oft als »sekundär« bezeichneten Fettsäuren bzw. Fette, Terpenoide, Phenole und Alkaloide behandelt. Solche sog. sekundäre Pflanzenstoffe können wie Basen der Nucleinsäuren, Coenzyme oder Phytohormone von genereller Bedeutung sein, haben oft aber auch spezielle ökologische Funktionen.

Bei Pflanzen besteht die Zelle in der Regel aus der Zellwand und dem von ihr umgebenen Protoplasten mit seinen zahlreichen Unterstrukturen. Durch enzymatischen Abbau der Zellwand lässt sich der Protoplast isolieren. Nach der Isolierung umgibt er sich sofort wieder mit einer neuen Zellwand (→ Seite 147). Erst die dadurch regenerierte Zelle beginnt sich zu teilen und kann sich zu einer kompletten neuen Pflanze entwickeln. Ohne Regeneration der Zellwand geht der Protoplast früher oder später zugrunde. Damit ist belegt, dass die Zelle und nicht der Protoplast die **kleinste selbstständig lebensfähige Einheit** bildet. Sie *kann* als Einzelzelle vorliegen. Dann *ist* sie die kleinste selbstständig lebende Einheit. Sie kann aber auch Grundbaustein eines vielzelligen Organismus mit Arbeitsteilung zwischen entsprechend differenzierten Zellen sein.

Nach Eingehen auf die elementare Zusammensetzung der Zelle und damit auch des Pflanzenkörpers werden in diesem Kapitel **Strukturen der Pflanzenzelle und deren Funktionen** behandelt. Ein Überblick über die Strukturen gibt Abb.1.1.1: Auf die Zellwand folgt nach innen zu die Außenmembran des Protoplasten, das Plasmalemma. Es umgibt das Cytoplasma. In dessen Grundmasse sind Organellen eingebettet, die von Biomembranen umgeben sein können. Eine Doppelmembran umgibt Zellkern, Mitochondrien und Plastiden, eine einfache Membran Peroxisomen und Glyoxysomen. Ebenfalls eine einfache Membran, der Tonoplast, umschließt die Vakuole oder kleinere Zellsafträume. Sonderfälle kleiner vakuolenähnlicher Bildungen sind die Lysosomen (mit lytischen, d.h. abbauenden Enzymen) oder die Aleuronkörner (mit Proteinen). Biomembranen durchziehen als Endoplasmatisches Reticulum das Cytoplasma und stehen in enger Verbindung mit dem Golgi-Apparat. Andere Einschlüsse wie die Ribosomen sind nicht von Membranen umgeben oder weisen wie die mit Speicherlipiden gefüllten Oleosomen sehr einfache Hüllen auf.

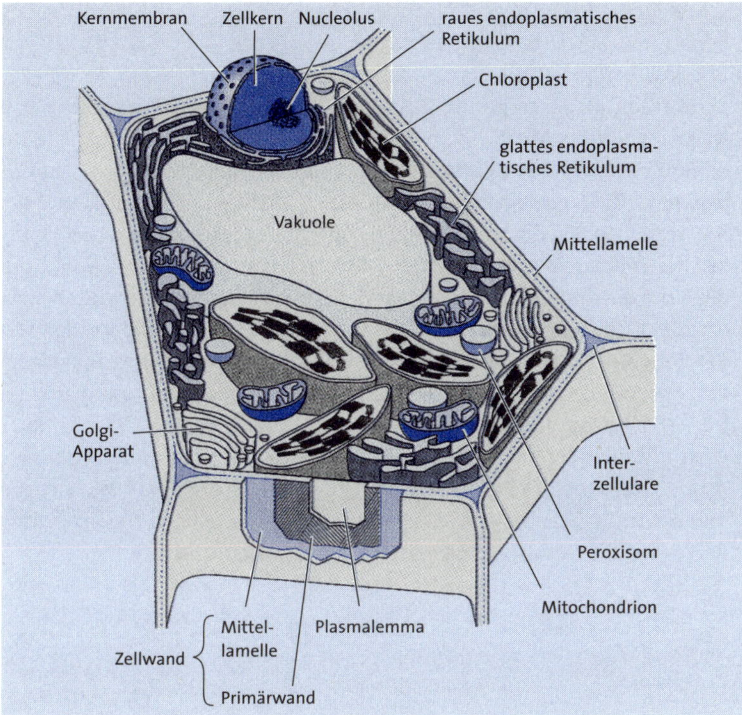

Abb. 1.1.1

Schema einer Pflanzenzelle. Abgebildet ist eine Zelle aus dem Mesophyll; die Chloroplasten dienen hier als Beispiel für Plastiden. Außer den Peroxisomen können noch andere kleine, von einer nur einfachen Membran umgebene Kompartimente vorliegen. Die Zellwand zeigt Parallelstrukturen der Cellulosefibrillen. (verändert nach BUCHANAN et al. 2000).

Zusammensetzung der Pflanzenzelle nach Elementen

1.1

Inhalt

Makroelemente und mehrere Mikroelemente, die sich am Aufbau der Zelle beteiligen, werden besprochen. Dabei werden einige ihrer allgemeinen Funktionen erwähnt, vor allem aber auch spezielle Funktionen, deren Ausfall sich in Mangelerscheinungen äußern kann. Auch Elemente als Standortfaktoren werden exemplarisch berücksichtigt.

Makro- und Mikroelemente und ihre Funktionen

1.1.1

Welche **Elemente** für die Pflanze *essenziell*, d.h. unerlässlich sind, ließ sich zuerst durch die Kultur von Pflanzen in Nährlösungen ermitteln. Die ersten dieser Hydrokulturen wurden 1860 von JULIUS SACHS beschrieben. Je nach der Menge der benötigten Nährstoffe unterscheidet man zwi-

Merksatz

COHNSP: die häufigsten Makroelemente

schen *Makroelementen* und *Mikroelementen*. Bei den in größeren Mengen benötigten Makroelementen handelt es sich um C, O, H, N, S, P, K, Ca und Mg, bei den Mikroelementen u.a. um B, Cl, Cu, Mn, Mo, Fe und Zn. Sie werden oft in so geringen Mengen gebraucht, dass man auch von *Spurenelementen* spricht.

Eine der **generellen Eigenschaften** der Elemente, sofern sie als Ionen vorliegen, ist die *Beeinflussung des osmotischen Wertes* (→ Seite 31) und damit des Wasserhaushalts. Eine andere unspezifische Eigenschaft ist die Wirkung auf die *Hydratation von Proteinen*. Die Wassermoleküle sind Dipole: auf der Seite des Sauerstoffs überwiegt der negative, auf der Seite der beiden Wasserstoffatome der positive Charakter. Die Wasserdipole werden von den Ionen der Elemente angezogen, wobei sich bei Kationen ihr negativer, bei Anionen ihr positiver Pol zum betreffenden Ion hin ausrichtet (Abb. 1.1.2). Außerdem werden die Wasserdipole über Wasserstoffbrücken miteinander vernetzt. Der Durchmesser der sich dann ausbildenden Hydrathüllen richtet sich nach der Ladung (größer bei zweiwertigen Ionen wie Ca^{2+} als bei einwertigen wie K^+) und sonstigen Eigenschaften der Ionen. Ein bekanntes Beispiel ist die Alkalireihe (Abb. 1.1.3).

Abb. 1.1.2

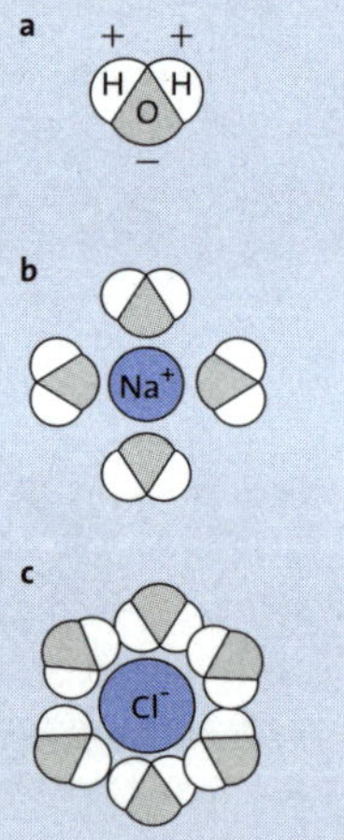

Ausbildung von Hydrathüllen um Kationen (Na^+) und Anionen (Cl^-). Wasser als Dipol (**a**), der sich mit seiner negativen Seite zum Kation (**b**) und mit seiner positiven zum Anion (**c**) orientiert. Die Wasserdipole sind untereinander über Wasserstoffbrücken vernetzt (nicht angegeben). Die Zahl der Dipole in b und c ist stark reduziert (teils verändert nach KINZEL 1989).

Abb. 1.1.3

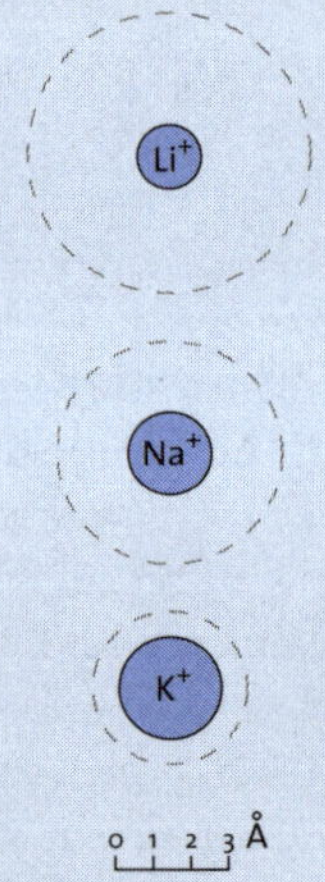

Ionen der Alkalireihe mit verschieden starker Hydrathülle. Die Radien der Ionen nehmen mit steigendem Atomgewicht zu, die Radien der Wasserhülle nehmen ab. Die vollständige Reihe besteht aus Li, Na, K, Rb, Cs, doch sind die Unterschiede zwischen den letzten drei Gliedern gering (nach FREY-WYSSLING aus WALTER 1950).

Abb. 1.1.4

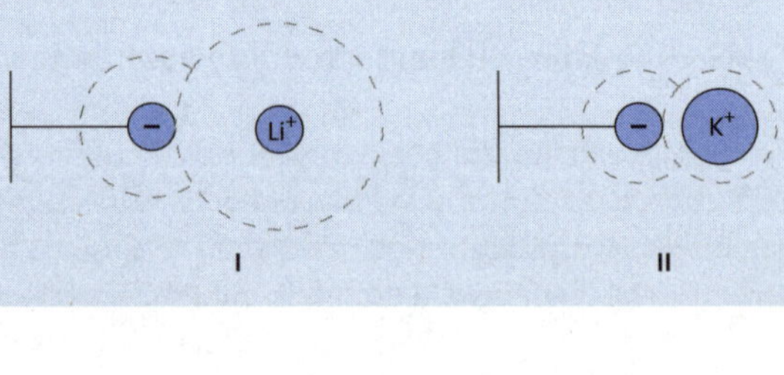

Beeinflussung der Hydrathülle um die negative Gruppierung eines Proteins durch Alkali-Ionen. Li^+ mit seiner großen Hydrathülle (**I**) wirkt geradezu quellend, während K^+ mit seiner kleinen Hydrathülle (**II**) entquellend wirkt (nach FREY-WYSSLING aus WALTER 1950).

Auch die Proteine weisen ionisierte Gruppen wie -COO^- oder -NH_3^+ auf, deren Ladungszustand vom pH-Wert des zellulären Mediums abhängt. Jedenfalls können sich auch um sie Hydrathüllen nach dem geschilderten Prinzip ausbilden: das Protein »quillt«. Zwischen Ionen und ionisierten Gruppen der Proteine kann eine Konkurrenz entstehen: die Ionen entziehen den Proteinen Wasser. Damit kommt es zur *Entquellung* von Proteinen mit der Folge, dass deren Funktionen ausfallen oder abgeschwächt werden.

Die entquellende Wirkung ist bei zweiwertigen Ionen höher als bei einwertigen und bei gleicher Ladung von der Größe der eigenen Hydrathülle abhängig. Je größer sie ist, desto geringer ist die entquellende Wirkung. In der Alkalireihe entquillt Li^+ weniger als K^+. Die negative Ladung eines Proteins wird bei Annäherung eines Alkali-Ions teilweise ausgeglichen. Folge ist, dass seine Hydrathülle reduziert wird. Das tritt besonders dann ein, wenn die Alkali-Ionen wie K^+ und Na^+ nur eine kleine eigene Hydrathülle aufweisen und sich deshalb den negativ geladenen Gruppen des Proteins stark nähern können (Abb. 1.1.4).

Abb. 1.1.5

Chlorose aus Eisenmangel an *Citrus* (SACHWEH 1998).

Zu den generellen kommen **elementspezifische Eigenschaften**. C, O, H sind Bestandteile aller organischen Verbindungen. Hinweise zur Funktion von N, S, P und vor allem der noch spezifischer wirkenden Mikroelemente gibt Tab. 1.1.1. Als Beispiel für Mangelerscheinungen sei die häufig auftretende Chlorose erwähnt, eine oft nur partielle Vergilbung der Blätter (Abb. 1.1.5). Chlorosen in unterschiedlicher Ausprägung finden sich bei Mangel an Mo, Mn, Fe, Cl, Mg, K und N. Dass Chlorose bei Mg-Mangel auftritt, ist leicht einzusehen. Denn Mg ist Bestandteil der Chlorophylle (→ Seite 51), der grünen Blattfarbstoffe. Andere chlorotische Erscheinungen sind jedoch indirekt bedingt, z.B. bei Fe-Mangel dadurch, dass Fe zur Biosynthese der Chlorophylle benötigt wird.

Elemente als Standortfaktoren 1.1.2

Pflanzen können sich an hohe Konzentrationen bestimmter Elemente im Boden anpassen. Bekannt ist das Galmei-Veilchen (*Viola calaminaria*), das nur auf Zn-Böden gedeiht. Doch von solchen teils erstaunlichen Ausnahmen abgesehen, können Elemente auch im Großmaßstab die Qualität eines Standorts bestimmen, d.h. als *Standortfaktoren* wirken. Zwei Beispiele seien genannt: die Salz- und die Kalkpflanzen.

Salzpflanzen (Halophyten) 1.1.2.1

Hohe Salzkonzentrationen im Boden bringen einmal Schwierigkeiten bei der Wasseraufnahme mit sich, weil die Pflanzen zur Wasseraufnahme osmotische Werte (→ Seite 31) entwickeln müssen, die über denjeni-

Tab. 1.1.1

Funktionen und Vorkommen der essenziellen Elemente. Sie sind jeweils Bestandteile der genannten Stoffe. Die Elemente sind für die Pflanze als Ionen im Boden verfügbar: P als Phosphat- und S als Sulfat-Ion. N ist meistens als Nitrat verfügbar, seltener als Ammonium-Ion. Die meisten der angegebenen Funktionen werden in diesem Buch behandelt.

Makroelemente (außer C, O, H)	
Calcium	Pektinstoffe der Zellwände, vor allem der Mittellamelle. Aufrechterhalten der Struktur von Biomembranen. Regulation von Enzymaktivitäten, teils als Bestandteil des Regulators Calmodulin. Oft Keimung von Pollen.
Kalium	Voraussetzung für viele Enzymaktivitäten. Zentraler Faktor der Osmoregulation u.a. bei Turgorbewegungen: Schließzellen, Nastien.
Magnesium	Chlorophylle, Regulation von Enzymaktivitäten. Wie Ca in den Pektinstoffen der Zellwände, vor allem der Mittellamelle.
Phosphor	Nucleinsäuren und andere organische Substanzen wie Phospholipide. In energiereichen Verbindungen (ATP, UTP, Zuckerphosphate).
Stickstoff	Nucleinsäuren, Aminosäuren und Proteine, energiereiche Nucleosid-Zucker, Chlorophylle, Coenzyme wie NAD und FAD, Cytochrome, Alkaloide.
Schwefel	einige Aminosäuren (Methionin, Cystein), Coenzym A, Acylcarrier-Protein der Fettsäuren-Synthase, Eisen-Schwefel-Zentren, Ferredoxin, Methylthioadenosin, Sulfolipide.

Einige Mikroelemente	
Bor	nicht ganz gesichert bei der Biosynthese von Nucleinsäuren und Aufrechterhaltung der Membranstruktur, Keimung von Pollen, Meristeme (Mangelkrankheit: durch Absterben der Meristeme bedingte Herzfäule bei Rüben).
Chlorid	Wasserhaushalt (Osmoregulation).
Eisen	Porphyrinringe verschiedener Coenzyme (Cytochrome, Katalasen, Peroxidasen), Eisen-Schwefel-Zentren, Ferredoxin, Nitrogenase, Leghämoglobin.
Kupfer	Redoxsysteme wie Plastocyanin oder Cytochromoxidase.
Mangan	verschiedene Coenzyme, Wasserspaltender Komplex.
Zink	Coenzyme (z.B. bei der Auxinsynthese oder der Chlorophyllsynthese), Strukturkomponente der Ribosomen, bestimmte Transkriptionsfaktoren (»Zinkfinger«).

gen des Bodens liegen. Hinzu kommen Schadwirkungen je nach der Art der Salze.

Halophyten sind an hohe Salzkonzentrationen angepasst. Die betreffenden Standorte sind u.a. meeresnahe Landstriche oder Trockenregionen im Binnenland. Dort kommt es durch Verdunstung des Wassers an der Boden- oder Seenoberfläche zur Anreicherung von Salzen, besonders von NaCl. Salzreiche Böden und Salzseen sind die Folge. Auch in Bewässerungskulturen in Trockenregionen kommt es durch Verdunstung zu Salzanreicherungen. Mehr und mehr Böden in bislang landwirtschaftlich genutzten ariden und semiariden Gebieten werden so unbrauchbar.

Die NaCl-Toleranz unsere Kulturpflanzen ist unterschiedlich. Unter den Getreiden z.B. weisen Hafer, Mais, Roggen und Weizen eine nur mäßige, Gerste und Hirse eine relativ gute Salztoleranz auf. Immer stärker versalzte Böden tolerieren zu können, wird bei unseren Kulturpflanzen zunehmend problematisch. Umso wichtiger ist es, sich darüber zu in-

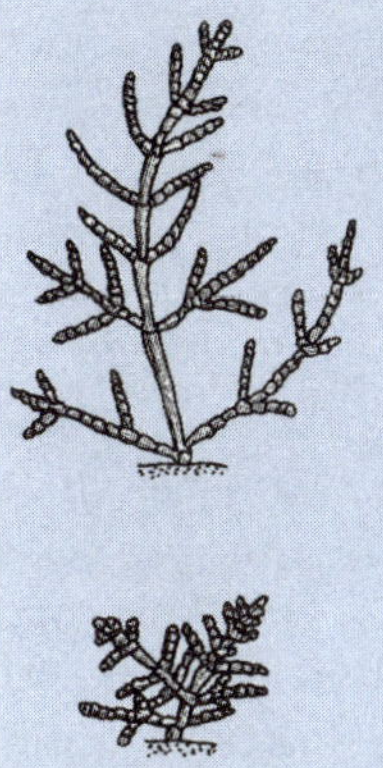

Abb. 1.1.7

Der Queller (*Salicornia herbaceae*) auf salzarmem (**oben**) und salzreichem Boden (**unten**) (BÜNNING 1953).

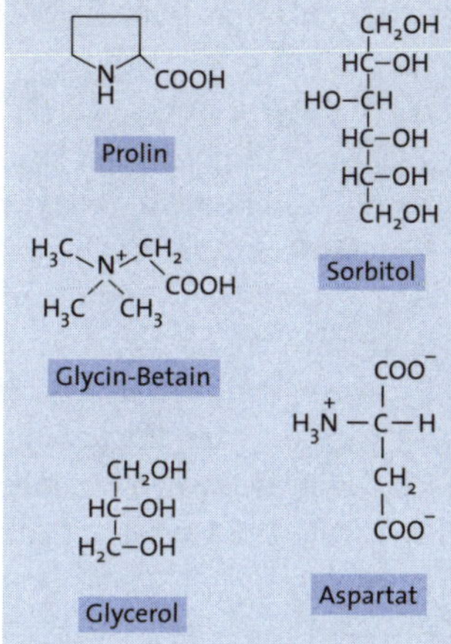

Abb. 1.1.8

Beispiele für cytoplasmakompatible, osmotisch wirksame Substanzen.

formieren, wie Halophyten die Situation meistern. Dabei steht NaCl im Mittelpunkt des Interesses.

Na^+ wird von Höheren Pflanzen nicht unbedingt benötigt. Umso störender ist es, dass wie erwähnt der osmotische Wert des Bodens meistens durch NaCl erhöht wird. Ein Übermaß an Na^+ und Cl^- führt zu Störungen über Ionenungleichgewichte im Protoplasma, über die wiederum Enzymaktivitäten und Membraneigenschaften beeinträchtigt werden können. Hinzu kommt, dass gerade die Alkaliionen Na^+ und K^+ auf Proteine entquellend wirken können (s. Abb. 1.1.4).

Pflanzen haben verschiedene Strategien gegen ein Übermaß an Na^+-Ionen entwickelt. Die **Salzresistenz** geht auf Salzregulation und Salztoleranz zurück.

Zunächst einige Beispiele für die **Salzregulation**. Dazu gehört schon eine *Selektion bei der Aufnahme*. Eine Na^+/K^+-Pumpe befördert Na^+ nach außen und K^+ im Austausch nach innen. Doch das Ausschlussvermögen bei der Aufnahme ist oft zu gering, um hohen Salzkonzentrationen im Boden begegnen zu können. Als weitere Maßnahme kann bereits aufgenommenes Na^+ im Wurzelbereich über eine *Na^+-Rückabsorption* zurückgehalten werden: bei u.a. *Avicennia*, einer Gattung der Mangrove (→ Seite 212), wird von besonders gebauten Holzparenchymzellen (→ Seite 170) Na^+ aus dem Xylem resorbiert und dafür K^+ in die Gefäße abgegeben. Die *Elimination von Na^+* ist eine weitere Regulationsmöglichkeit: NaCl kann über *Salzdrüsen* ausgeschieden (Box 1.1.1) oder wie bei Melden (*Atriplex*) in *Blasenhaaren* der Epidermis akkumuliert werden. Über Abwurf oder Platzen der Blasen wird es aus der Pflanze entfernt.

Box 1.1.1

Salzregulation über Salzdrüsen

Die Ausscheidungen der Pflanzen gliedert man in *Exkrete*, die nicht (mehr) benötigt werden oder die sogar störend sein können, und in *Sekrete*, die auch noch nach der Ausscheidung eine Funktion erfüllen. Die betreffenden Ausscheidungsprozesse nennt man Exkretion bzw. Sekretion. Bei Salzausscheidungen handelt es sich um eine Exkretion.

Höhere Pflanzen haben selten Drüsen, die mit denjenigen bei Tieren auch nur annähernd konkurrieren können. Zu ihnen zählen die Salzdrüsen des Strandflieders (*Limonium*). Es handelt sich um einen in der Epidermis liegenden Komplex von 16 Zellen, dessen Zentrum vier Sekretionszellen bilden (Abb. 1.1.6). Über ihnen befindet sich eine Grenzkappe aus Cutin (→ Seite 75), die Poren für das Exkret aufweist. Auch die Zellwände, die die Drüse gegen das umgebende Gewebe abgrenzen, sind stark cutinisiert. Besonders gilt das für die antiklinen (→ Seite 167), d.h. senkrecht zur Oberfläche orientierten Zellwände, durch die sonst ein Transport von Salzlösungen nach außen erfolgen könnte. Transport und Exkretion *müssen* also über den Symplasten (→ Seite 76) erfolgen und sind dadurch kontrollierbar.

Die Exkretion wird durch salzhaltige Medien induziert, etwa bei Überflutung der Marschen. Die Induktionszeit beträgt einige Stunden, in denen Proteine eines Pumpsystems gebildet werden. Die Exkretion erfolgt unter Energieaufwand durch eine als Salzpumpe fungierende Cl^--Transport-ATPase (→ Seite 33). Sie lässt sich durch Cl^--Ionen aktivieren und befördert dann die Cl^--Ionen auch gegen ein Konzentrationsgefälle (Überflutung!) nach außen. Na^+-Ionen werden zum Ladungsausgleich passiv nachgezogen.

Abb. 1.1.6

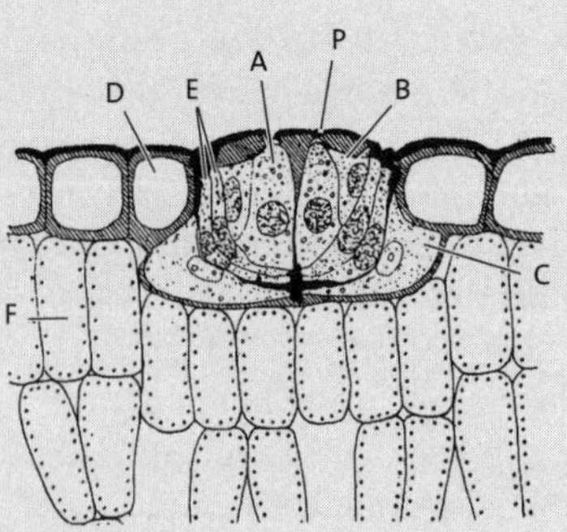

Salzdrüse eines Strandflieders (*Limonium gmelinii*; Schema).
A Exkretionszelle;
B Nebenzelle; **C** Sammelzelle; **D** Epidermiszelle;
E innere und äußere Becherzelle; **F** Mesophyllzelle;
P Pore in Membrankappe.
(nach RUHLAND aus KINZEL 1982)

Auch *Verdünnung* ist eine Möglichkeit der Salzregulation: Falls genügend Wasser vorhanden und der Prozentsatz an Salzen im Boden nicht allzu hoch ist, können schädliche Salzkonzentrationen auch durch Wasseraufnahme in die Vakuole verdünnt werden. Folge ist eine *Salzsukkulenz* der betreffenden Pflanzen wie bei der Sprosssukkulenz des Quellers (*Salicornia europaea*) unserer Küsten, die mit steigendem Salzgehalt des Bodens zunimmt (Abb. 1.1.7).

Auch über kontinuierlich fortgesetztes *Wachstum* lassen sich Salze ausdünnen.

Doch schon die Wasseraufnahme aus dem Boden kann dadurch erschwert werden, dass sein osmotischer Wert (→ Seite 31) durch die Überkonzentration an Na-Salzen zu hoch liegt. Dem können Halophyten dadurch begegnen, dass sie den osmotischen Wert ihrer Zellen entsprechend erhöhen: durch Import des aus dem Boden aufgenommenen NaCl in die Vakuolen kann die *Saugkraft* der Zellen gesteigert werden. Gleichzeitig wird Na^+ aus dem Verkehr gezogen.

Damit sind wir bereits bei einem Beispiel für **Salztoleranz**. Denn Folge der Ionenanreicherung in den Vakuolen ist, dass auch dem angrenzenden Cytoplasma (→ Seite 36) zu viel Wasser entzogen werden kann. Als Gegenmaßnahme werden im Cytoplasma osmotisch wirksame organische Substanzen gebildet, die für Proteine unschädlich sind. Dazu gehören bestimmte Aminosäuren (Prolin, Aspartat), Betaine und verschiedene Zuckeralkohole (Abb. 1.1.8). Sie kompensieren den Einfluss der hohen Salzkonzentration in den Vakuolen. Schon dieses eine Beispiel zeigt, was man unter Salztoleranz versteht: die Fähigkeit des Protoplasten, mögliche Schädigungen durch einen Salzstress auszuhalten.

Kalkpflanzen

1.1.2.2

Kalkpflanzen bevorzugen Böden mit hohem Gehalt an Ca^{2+} und HCO_3^- und hohem pH-Wert. Ihnen stehen *Silikatpflanzen* auf Böden mit hohem Silikatgehalt und niederem pH-Wert gegenüber. Von *vikariierenden Arten* oder Formen spricht man dann, wenn von zwei nahe Verwandten die

Gattung	Art: Kalkpflanze	Art: Silikatpflanze
Alpen-Anemone *(Pulsatilla)*	Große Alpen-Anemone *(P. alpina)*	Gelbe Alpen-Anemone *(P. apiifolia)*
Alpenrose *(Rhododendron)*	Behaarte Alpenrose *(R. hirsutum)*	Rostblättrige Alpenrose *(R. ferrugineum)*
Glocken-Enzian *(Gentiana)*	Kalk-Glocken-Enzian *(G. clusii)*	Silikat-Glocken-Enzian *(G. kochiana)*
Primel *(Primula)*	Alpen-Aurikel *(P. auricula)*	Behaarte Primel *(P. hirsuta)*

Tab. 1.1.2

Einige vikariierende Artenpaare aus der Flora der Alpen. Die beiden Alpen-Anemonen werden auch als Unterarten der Sammelart *Anemone alpina* agg. aufgefasst.

Abb. 1.1.9

Kalkschuppen an Blatträndern des Trauben-Steinbrechs (*Saxifraga paniculata*). Sie liegen über dem Ausgang von aktiven Hydathoden, die Wasser ausscheiden, in dem Ca^{2+}-Ionen gelöst sind. Beim Verdunsten des Wassers fallen die Ca^{2+}-Ionen als Calciumcarbonat aus (Foto: D. HESS).

eine Kalk, die andere Silikat bevorzugt. In unseren Alpen finden sich dafür zahlreiche Beispiele (Tab. 1.1.2). Besser als durch diese unterschiedlichen Präferenzen bei Verwandten kann die Bedeutung des Ca^{2+} als Standortfaktor kaum demonstriert werden.

Was die Physiologie betrifft, geht es zum einen darum, mit den *hohen Konzentrationen an* Ca^{2+} zurecht zu kommen. In löslicher Form wird Ca^{2+} bei Kalkpflanzen als Salz organischer Säuren, in erster Linie der Äpfelsäure (Malat) gespeichert. Auch als Carbonat kann Ca^{2+} festgelegt werden. Bei Nicht-Kalkpflanzen werden Ca^{2+}-Ionen als Oxalatkristalle aus dem Stoffwechsel gezogen, die bei diesen Pflanzen wichtigste Art der »Entsorgung«. Aktive Hydathoden (→ Seite 179) an den Blatträndern können Wasser mit den darin gelösten Ca^{2+}-Ionen ausscheiden. Nach Verdunstung des Wassers bleiben Kalkstaub oder -schuppen zurück, so bei vielen Arten der Gattung Steinbrech (*Saxifraga*; Abb. 1.1.9).

Doch in der Regel liegt das größere Problem bei Schwierigkeiten bei der *Fe- oder Phosphat-Aufnahme* aus kalkreichen Böden mit entsprechend hohem pH-Wert (→ Seite 208). Dabei auftretende Störungen äußern sich als »Kalkchlorose«.

Fragen

(Seitenverweise zur Beantwortung)

1 • Welches Kriterium wird (recht willkürlich) dazu verwendet, in Makro- und Mikroelemente zu gliedern? (S. 10).

2 • Nennen Sie die häufigsten Makroelemente! (S. 10).

3 • Warum kann es bei Mg-Mangel zu Chlorosen kommen? (S. 11).

4 • Nennen Sie einige osmotisch wirksame, unschädliche organische Substanzen, die im Cytoplasma von Salzpflanzen einem allzu starken Wasserverlust begegnen können! (S. 15).

5 • Nennen Sie einige vikariierende Artenpaare! (S. 15).

Zellkern, Transkription und Translation

1.2

Inhalt

Der Zellkern mit den auf Chromosomen lokalisierten Genen ist das zentrale Steuerungszentrum der Zelle, das von genetischem Material auf Plastiden und Mitochondrien funktionell ergänzt wird. Die Struktur der Nucleinsäuren, des primären genetischen Materials DNA ebenso wie die der drei wichtigen RNA-Typen, und die Organisation der DNA in Chromosomen wird besprochen. Nach der Struktur der Gene und dem genetischen Code wird als erste Funktion der DNA ihre Expression über Transkription und Translation behandelt. Ihre zweite Funktion, die identische Replikation, findet sich im Kapitel über Teilungswachstum (Kap. 2.4.2).

Die Struktur der Nucleinsäuren

1.2.1

Die Bausteine der Nucleinsäuren sind Purin- und Pyrimidinbasen, Pentosen und Phosphat (Abb. 1.2.1). In der *Desoxyribonucleinsäure* (*DNA*) sind an Purinen Adenin und Guanin, an Pyrimidinen Thymin und Cytosin enthalten. Die Pentose ist 2-Desoxyribose. In *Ribonucleinsäuren* (*RNA*) findet sich anstatt Thymin meistens Uracil. Pentose ist hier die Ribose.

Übergeordnete Bausteine sind *Nucleoside* aus Base und Pentose und *Nucleotide* aus Base, Pentose und Phosphat. In beiden Nucleinsäuren-Sorten werden Nucleotide über Phosphatbrücken, die von den Pentosen zum Phosphat des nächsten Nucleotids geschlagen werden, zu *Polynucleotiden*, eben den Nucleinsäuren, verbunden (Abb.1.2.2).

Bei der *DNA* lagern sich jeweils zwei Einzelstränge zu einem schraubig gewundenen DNA-Doppelstrang, der *DNA-Doppelhelix* nach WATSON

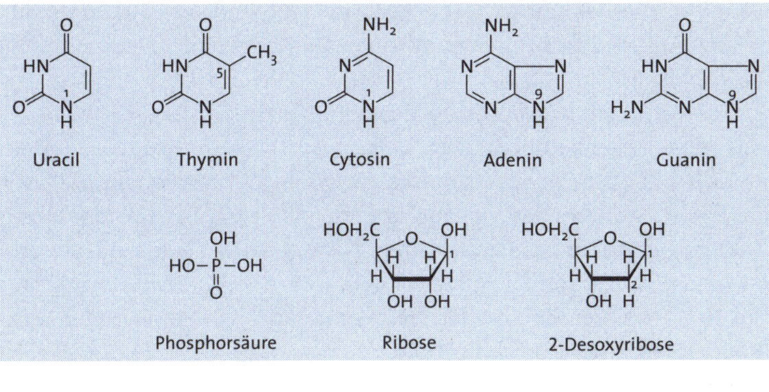

Abb. 1.2.1

Die Bausteine der Nucleinsäuren.

Abb. 1.2.2

Aufbau eines Polynucleotids. P Phosphat (Hess 1999).

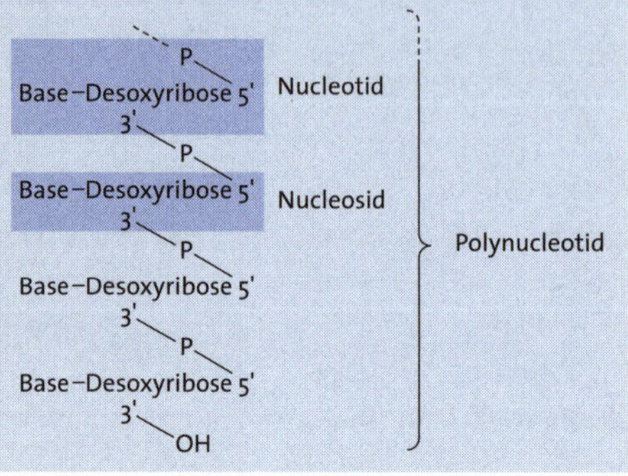

und Crick zusammen (Abb. 1.2.3). In beiden Strängen wird jeweils ein Cytosin in dem einen Strang mit einem Guanin im anderen Strang und ein Thymin in dem einen Strang mit einem Adenin im anderen Strang über Wasserstoffbrücken verbunden. Man spricht hier von der *Regel der Basenpaarung*. Zwischen C und G sind die Brücken dreifach, zwischen T und A doppelt. Die beiden DNA- Stränge sind einander in ihrer Basenabfolge komplementär.

Des Weiteren sind sie gegenläufig (antiparallel). Ein freies Phosphat am Ende des einen Strangs entspricht dann einem freien Hydroxyl am Ende des anderen Strangs. Einer der beiden Stränge ist der codogene oder *Sinnstrang*, an dem die Transkription abläuft; den Partnerstrang bezeichnet man als Nicht-Sinnstrang (s. Abb.1.2.5).

Die *RNAs* liegen in der Regel als Einzelstränge vor, die jedoch streckenweise mit sich selbst paaren können. Sie sind kürzer als die DNA-Doppelstränge. Ihre drei Sorten, die mRNAs, rRNAs und tRNAs werden bei der Transkription und Translation besprochen.

1.2.2 | Die Organisation der DNA in Chromosomen

Die DNA ist im Zellkern auf *Chromosomen* lokalisiert. Chromosomen bestehen überwiegend aus DNA und Proteinen. Die Proteine gliedern sich in sehr verschiedenartige Nicht-Histone und *Histone*. Bei diesen handelt es sich um Proteine, die basisch sind, weil sie einen hohen Gehalt an den basischen Aminosäuren Lysin und Arginin (s. Abb. 1.9.3) aufweisen. Eine der fünf Histonfraktionen, H1, kann heterogen sein. Die anderen vier Histone sind ziemlich homogen und in verschiedenen Eukaryonten fast gleich. Je zwei von ihnen, also insgesamt acht, bilden ein Oktamer, über dessen Außenseite DNA gewunden ist. Man bezeichnet Oktamer + DNA als *Nucleosom* (Abb. 1.2.4).

Merksatz

In der DNA paart Guanin mit Cytosin; beide zeigen einen Linksbogen in ihrem Anfangsbuchstaben. Als weitere Paarung bleibt dann Adenin mit Thymin.

Die einzelnen Nucleosomen werden über Linker-DNA verbunden, sodass eine Perlenkette entsteht. Diese wird zu übergeordneten Strukturen bis hin zu den mikroskopisch fassbaren Chromosomen aufgewendelt. H1-Histone finden sich auf der Linker-DNA außerhalb der Nucleosomen. Man nennt sie auch Linker-Histone, weil sie als »Klebemittel« zwischen Nucleosomen fungieren (en. link = verbinden). Das gilt auch für Nucleosomen auf anderen DNA-Strängen. H1-Histone tragen so zur Kondensation des Chromatins bei.

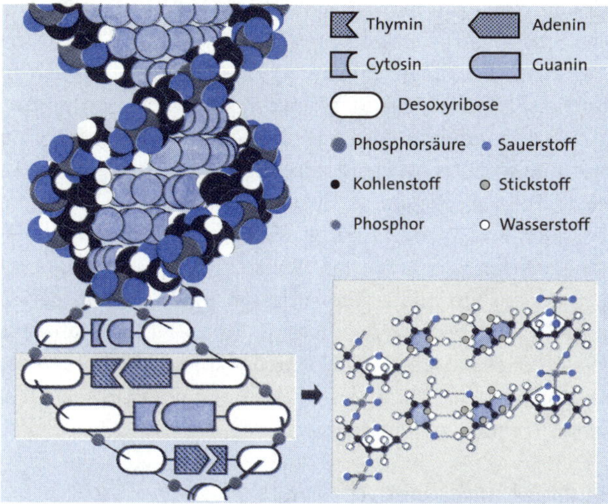

Abb. 1.2.3

Schema der DNA-Doppelhelix (Ausschnitt). Zwei DNA-Einzelstränge mit gegenläufiger Polarität lagern sich zu einer Doppelwendel (Doppelhelix) zusammen. Das Rückgrat jedes Stranges bildet eine abwechselnd aus 2-Desoxyribose und Phosphat aufgebaute Kette. Von ihr stehen nach innen zu Purin- und Pyrimidinbasen ab. Wasserstoffbrücken zwischen den Basen verbinden Guanin auf dem einen mit Cytosin auf dem anderen Strang und ebenso Adenin mit Thymin (Details rechts unten). Dieses Prinzip der Basenpaarung hat zur Folge, dass die beiden Einzelstränge antiparallel und einander komplementär sind (HESS 1982).

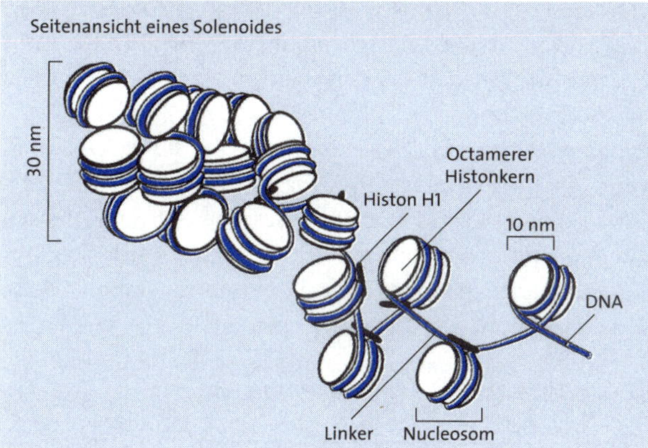

Abb. 1.2.4

Nucleosomenstruktur des Chromatins. Rechts einzelne Nucleosomen, links die durch Aufwinden der Perlenkette entstehende, übergeordnete Struktur eines Solenoides. Man stellt sich vor, dass das Aufwinden zu jeweils übergeordneten Strukturen sich entsprechend fortsetzen könnte, bis die höchste Organisationsstufe, die einer Chromatide, also eines nichtreplizierten Chromosoms, erreicht wird (verändert nach LODISH et al. aus HESS 1999).

Die Struktur der Gene

1.2.3

Gene bilden in der Transkription zunächst genspezifische RNA, insofern ist die Definition gerechtfertigt. Bei einer Reihe von Genen bleibt es bei den betreffenden RNAs, so bei rRNAs und tRNAs. Doch die meisten Gene codieren mRNAs, die über die Translation die Bildung *genspezifischer Proteine* steuern.

Gene im Zellkern sind kompliziert strukturiert (Abb. 1.2.5). Sie bestehen aus einer *codierenden Region* und *regulierenden Sequenzen*. Die codierende Region gliedert sich in *Exons* (expressed regions), weil sie letztlich

Definition

Ein Gen ist ein DNA-Abschnitt mit der Funktion, eine genspezifische RNA auszubilden.

zur Expression kommen, und meistens auch in *Introns* (intervening regions), die zwar transkribiert werden, deren RNA aber danach eliminiert wird. Introns werden also nicht exprimiert. Sie finden sich auch in Genen der Mitochondrien und Plastiden, aber nicht bei Prokaryonten.

Expressionssignale sorgen für das Ende und vor allem für den Beginn der Transkription. Eingeleitet wird sie »stromaufwärts« der Startstelle, vor allem über die *Promotor*-Region. In ihr liegen mehrere DNA-Sequenzen, die sich bei allen Eukaryonten finden. Sie blieben wegen ihrer zentralen Bedeutung während der Evolution »konserviert«. Zu ihnen gehört die TATA-Box, an der das Enzym der Transkription, eine RNA-Polymerase ansetzt. Ansatzstellen für weitere regulierende Faktoren (u.a. generelle und spezielle Transkriptionsfaktoren, Hormone) kommen hinzu. Auch Außenfaktoren wie Licht oder Temperatur gelangen über DNA-Sequenzen in der Promotorregion zur Wirkung.

1.2.4 | Transkription, mRNA und genetischer Code

Die Transkription besteht in der Überschreibung der genetischen Information aus DNA in RNA. Ihr folgt bei den meisten Genen eine Translation.

Bei der **Transkription** setzt eine RNA-Polymerase an der TATA-Box an und beginnt rund 30 Nucleotide stromabwärts (in 5´-Richtung; Abb. 1.2.5; Abb. 1.2.6) an einem Start-Codon (s. Abb. 1.2.8) mit dem Ablesen. Als Bausteine dienen Nucleosidtriphosphate. Aus ihnen wird Pyrophosphat (PP) abgespalten und so die notwendige Energie gewonnen. Die resultierenden Nucleosidmonophosphate werden an der DNA-Matrize

Abb. 1.2.5 | Gen aus dem Zellkern von Eukaryonten; Struktur, Transkription und mRNA-Processing. PA Polyadenylierungssignal. Sonstige Erklärungen s. Text (Hess 1999).

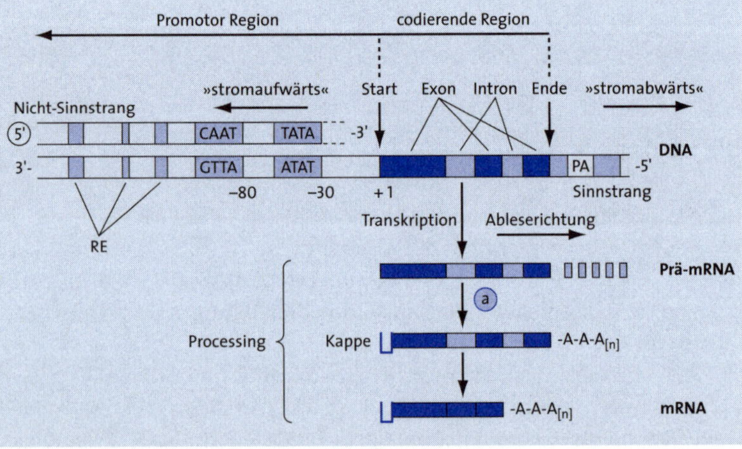

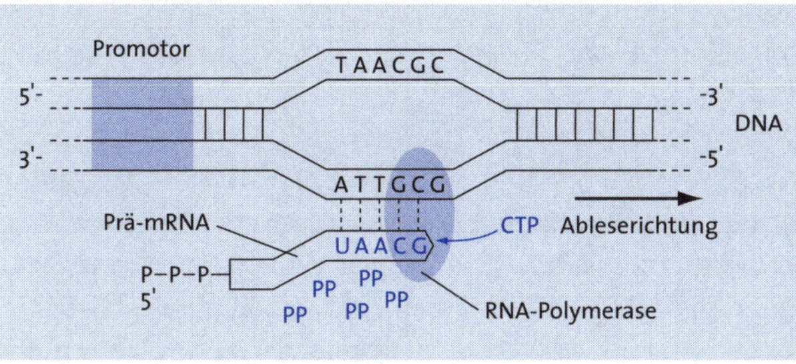

Abb. 1.2.6

Schema der Transkription. Eine RNA-Polymerase liest den Sinnstrang der DNA in 5´-Richtung ab. Die Bausteine sind Nucleosidtriphosphate, hier z.B. CTP. Unter Abspaltung von PP (Pyrophosphat) werden sie an die wachsende RNA angeschlossen. Bei der Anlagerung des ersten Nucleosidtriphosphats wird kein PP abgespalten, deshalb steht zu Beginn der RNA PPP (HESS 1999).

nach der Regel der Basenpaarung positioniert und an die wachsende RNA angehängt. Dabei wird jedoch das Nucleosidmonophosphat des Thymins gegen dasjenige des Uracils ersetzt. Über die Transkription werden zunächst Vorstufen der RNAs, Prä-mRNAs, Prä-tRNAs und Prä-rRNAs gebildet.

Die Prä-mRNAs müssen über ein *Processing* in funktionsfähige RNAs überführt werden. Bei der Prä-mRNA werden im Processing u.a. durch *Spleißen* die RNAs der Introns herausgeschnitten und die dabei freigesetzten RNA-Enden miteinander zur reifen mRNA verbunden (Box 1.2.1).

Die reife mRNA enthält die Information für die Bildung von Polypeptiden in Form des **genetischen Codes** (Abb. 1.2.7). Als *Codon* bezeichnet man ein Basentriplett auf der RNA (Abb. 1.2.8). Der Begriff bezieht sich auf mRNA, weil man bei ihr mit der Klärung des genetischen Codes begonnen hatte. Das dem Codon zugrunde liegende Basentriplett auf der DNA wird als *Codogen* bezeichnet. Jedes Codon sorgt bei der Translation für

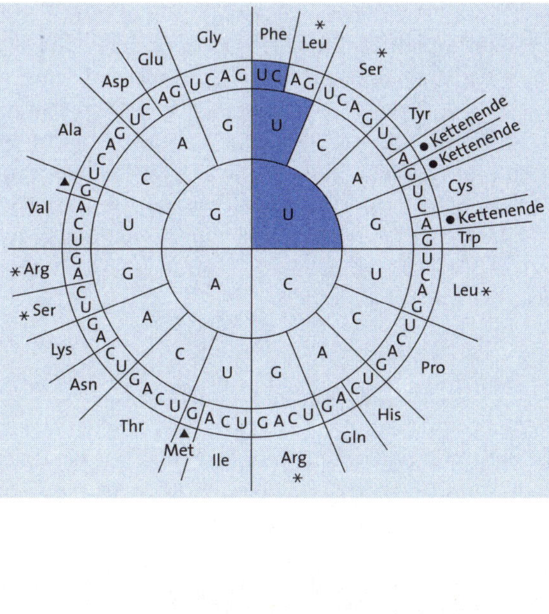

Abb. 1.2.7

Der mRNA-Code in Form der »Code-Sonne«. Die Codons werden durch Lesen von innen (entspricht der 5´-Seite) nach außen (entspricht der 3´-Seite) zusammengestellt. UUU und ebenso UUC bedeuten »Einbau von Phenylalanin« (verändert nach BRESCH und HAUSMANN aus HESS 1999).

- ✱ zweimal auftretende Aminosäuren
- ● Terminations-Codonen
- ▲ Starter-Codonen, die am Anfang der Translation stehend stets das Start-Methionin einbauen, in der Mitte des Messengers aber die in der Sonne angegebenen Aminosäuren

Box 1.2.1

Gene aus dem Zellkern von Eukaryonten: Struktur, Transkription und Processing

Ein solches Gen (s. Abb. 1.2.5) besteht aus einer codierenden Region mit Exons und Introns und regulierenden Abschnitten, die sich vor allem auf der Promotorregion befinden. Teils handelt es sich um *konservierte Sequenzen*. Zu ihnen gehört die TATA-Box (die Basenabfolge leitet sich jeweils vom Nicht-Sinnstrang her), die Ansatzstelle für die RNA-Polymerase. Stromaufwärts einer anderen konservierten Region, der CAAT-Box, finden sich Ansatzstellen für weitere Regulationsfaktoren (RE). Die Transkription liefert eine Prä-mRNA, die im *Processing* funktionsfähig gemacht wird:

- Die Polymerase kann bei der Transkription über das End-Codon hinausschießen. Die betreffende RNA wird dann entfernt. An dem nun definitiven RNA-Ende wird unter Steuerung durch das Polyadenylierungssignal (PA), aber ohne Codierung, eine *Poly-A-Sequenz* aus rund 100 bis 200 Adeninnucleotiden angehängt. Sie dient der Stabilisierung der zukünftigen mRNA und findet sich bei allen mRNAs der Eukaryonten mit Ausnahme derjenigen für Histone.
- Am 5´-Ende wird eine *»Kappe«* aus einem methylierten Guanosinrest gebildet, der über drei Phosphateinheiten mit der sonstigen RNA rückschließt. Die Kappe erleichtert die Translation.
- Über das *Spleißen* werden die RNAs der Introns eliminiert und die dabei freigesetzten Enden der Exon-RNAs miteinander verbunden.

den Einbau einer bestimmten Aminosäure in das zu bildende Polypeptid. Dabei kann es für eine gegebene Aminosäure mehr als ein Codon geben. Außerdem gibt es Codons für Start und Ende der Translation.

Der Zellkern ist von einer Doppelmembran umgeben (Abb. 1.1.1). Die im Komplex mit schützendem Protein vorliegende mRNA wandert durch Kernporen als »Bote« (Name!) zu den Ribosomen des Cytoplasmas, wo ihre genetische Information in der Translation zur Bildung genspezifischer Polypeptide »übersetzt« wird. Für die in Plastiden oder Mitochondrien gebildete mRNA gilt Entsprechendes.

1.2.5 Ribosomen

Ribosomen sind die Organellen der *Translation*. Sie bestehen aus ungefähr 60 % rRNA und 40 % Protein. Im Cytoplasma (→ Seite 36) liegen sie teils frei vor, teils sind sie an das endoplasmatische Reticulum (rER;

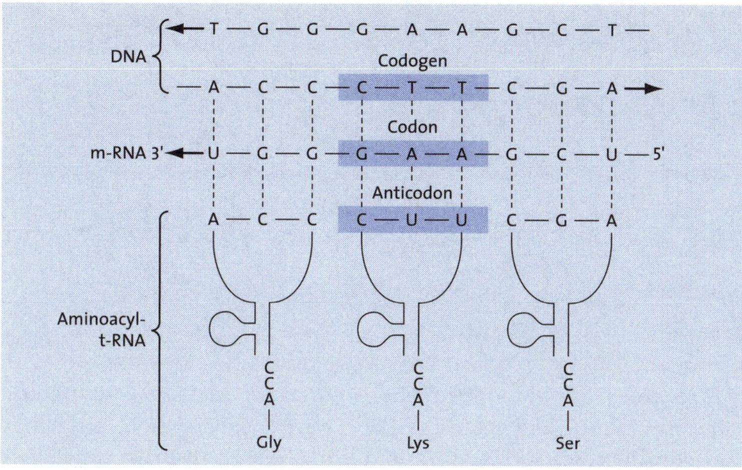

Abb. 1.2.8

Codogen, Codon und Anticodon (verändert aus HESS 1982).

S. 28) gebunden. Sie sind nicht von einer Membran umgeben, was ihre Funktion erleichtert.

In den Zellen der Eukaryonten finden sich **zwei Sorten von Ribosomen**, die jeweils aus einer größeren und einer kleineren Untereinheit bestehen. Nach ihrer Sedimentationskonstante (S) unterscheidet man *80S-Ribosomen* im Cytoplasma von *70S-Ribosomen* in den Plastiden und Mitochondrien. Über ihren Aufbau aus RNA und Proteinen orientiert Tab. 1.2.1. Wie ersichtlich, stimmen die Ribosomen besonders der Mitochondrien, aber auch der Chloroplasten, weitgehend mit denjenigen der Prokaryonten überein.

Diese Ähnlichkeit ist eines der Argumente zugunsten der **Endosymbionten-Hypothese**. Sie besagt, dass in Frühstadien der Evolution primitive Eukaryonten über Endocytose Prokaryonten mit und ohne photosynthetische Eigenschaften als Endosymbionten (Symbionten im Inneren der Zelle) aufgenommen haben könnten. In der weiteren Evolution sollen sich die Endosymbionten ohne Photosynthese zu Mitochondrien, diejenigen mit Photosynthese zu Chloroplasten entwickelt haben.

Bei Eukaryonten liegen die *Gene* für die drei größeren **rRNA-Sorten** (18S-, 5,8S- und 28S-rRNA) der 80S-Ribosomen in der genannten Abfolge hintereinander auf der DNA und werden gemeinsam transkribiert. Man spricht deshalb von *Transkriptionseinheiten*. Ihre Zahl ist so hoch, dass die an ihnen in entsprechenden Mengen gebildeten rRNAs zusammen mit Proteinen als *Nucleolus* mikroskopisch fassbar werden können. Dieser Nucleolus ist nicht von einer Membran umgeben. Den in ihn hineinragenden Chromosomenabschnitt, auf dem die erwähnten Transkriptionseinheiten liegen, nennt man Nucleolusorganisator.

Tab. 1.2.1

Zusammensetzung und Eigenschaften von Ribosomen aus Pflanzen und Prokaryonten (nach BUCHANAN et al. 2000).

		Svedberg-Einheiten, S			Zahl der Proteine
		Ribosom	Untereinheit	RNAs	
Pflanzen	Cytosol	80	40	18	bis 35
			60	28, 5,8, 5	bis 50
	Plastiden	70	30	16	22–31
			50	23, 5, 4,5	32–36
	Mitochondrien	bis 70	30	18	> 25
			50	26,5	> 30
Prokaryonten		70	30	16	21
			50	23,5	31

An den Transkriptionseinheiten wird eine Vorläufer-rRNA gebildet, die einem Processing unterliegt. Dabei werden die drei rRNA-Sorten herausgespalten. Die 5S-rRNA kommt hinzu. Sie wird ebenfalls von in Vielzahl vorliegenden Genen codiert, die aber auf anderen Chromosomenbereichen massiert sind. Die rRNAs bilden mit ribosomalen Proteinen Vorstufen der Ribosomen-Untereinheiten, die den Nucleolus verlassen und durch Kernporen ins Cytoplasma wandern.

1.2.6 Translation

Die Translation gliedert sich in Start, Verlängerung und Abschluss. In ihr werden die Codons der mRNA in Aminosäuren des zu bildenden Polypeptids »übersetzt«. Bei der Positionierung der Aminosäuren auf dem richtigen Codon fungieren t-RNAs als Adaptoren.

tRNAs (transfer-RNA; Abb. 1.2.9) sind mit rund 70 bis 90 Nucleotiden relativ kurz. Sie bilden über Selbstpaarung Schleifen (Kleeblattstrukturen) und führen seltene Basen, auch Thymin. Dabei wird jedoch bei der Transkription zunächst Uracil eingebaut, das dann nachträglich zu 5-Methyl-uracil (= Thymin) methyliert wird. Jede tRNA ist auf jeweils eine Aminosäure zugeschnitten. An ihrem 3´-Ende, das nach den dort immer gleichen Basen CCA-Ende genannt wird, wird sie von einem aminosäurenspezifischen Enzym mit der Aminosäure beladen, die zu der betreffenden tRNA passt. Mit ihrem *Anticodon* nimmt die so gebildete Aminoacyl-tRNA (aa-tRNA) dann Kontakt mit dem komplementären Codon der mRNA auf und bringt die Aminosäure in die richtige Position.

Der **Start** (Initiation) der Translation erfolgt bei 80S-Ribosomen mit Met-tRNA, bei 70S-Ribosomen in Eukaryonten und Prokaryonten gleichermaßen mit Formyl-met-tRNA, ein weiteres Argument zugunsten der Endosymbionten-Hypothese. Im *Initiationskomplex* finden sich als Energiequelle Guanosintriphosphat (GTP) und Initiationsfaktoren von Pro-

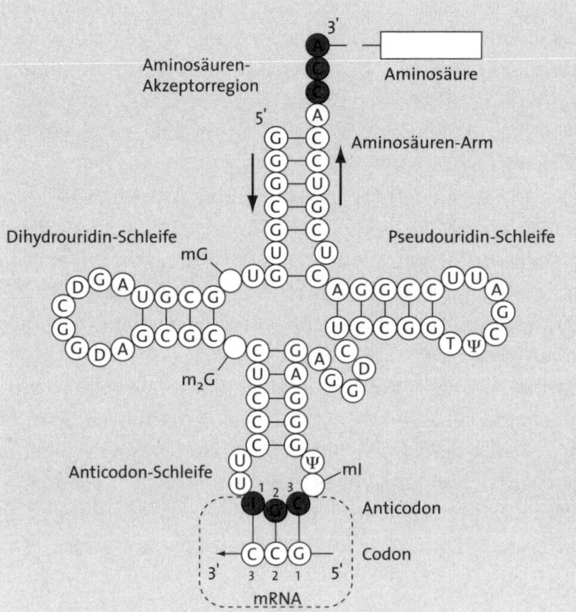

Abb. 1.2.9

Phenylalanyl-tRNA mit den drei zentralen Funktionsbereichen jeder tRNA: **1**. Wichtig für die Anheftung von Aminosäuren ist die Aminosäuren-Akzeptorregion mit dem in allen tRNAs gleichen CCA-Ende. **2**. Das Anticodon dient als Matrizen-Erkennungsregion. **3**. Das Ansetzen der richtigen Aminoacyl-tRNA-transferase wird von mehreren Bereichen der tRNA gesteuert, offensichtlich auch vom Anticodon. Die beiden seitlichen Arme sind nach modifizierten Uracil-Nucleosiden benannt, die sich in ihnen befinden: Dihydrouridin (D), Pseudouridin (Ψ). Selten kommt auch Thymin (T) vor. Weitere für Nucleinsäuren ungewöhnliche Basen werden durch besondere Buchstaben gekennzeichnet. In allen Fällen werden bei der Transkription die für RNA normalen Basen eingebaut. Erst im Verbund der Prä-tRNA werden sie verändert (nach DARNELL et al. aus HESS 1999).

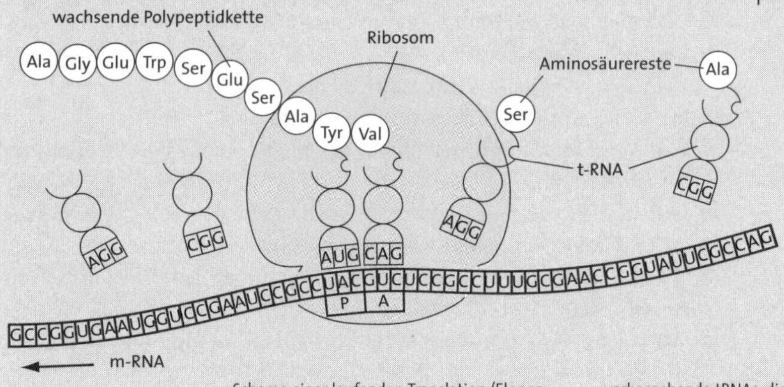

Abb. 1.2.10

Schema einer laufenden Translation (Elongation). Im Ribosom befinden sich die Polypeptidbindungsstelle (P) und die Bindungsstelle (A) für Aminoacyl-tRNAs. Eine Val-tRNA hat sich mit ihrem Anticodon in A an das Codon für Val gebunden. Val wird gerade über eine Peptidbindung an das endständige Tyr der wachsenden Polpetidkette angehängt. Gleichzeitig wird die Aminoacyl-tRNA für Tyr frei, ebenso wie einige vorhergehende tRNAs, die links zu sehen sind. Der nächste Schritt ist die Translokation: die mRNA mitsamt der Val-tRNA mit der anhängenden Polypeptidkette wird nach links in P versetzt. Ein neues Codon wird in A exponiert. Eine Ser-tRNA wird sich daran anlagern. Ser wird dann an das Val der Polypeptidkette angehängt usw. (verändert nach KIMBALL aus HESS 1999).

teincharakter. Einige von ihnen erkennen die »Kappe« der mRNA. Sie bewirken ein Entwinden der mRNA, die dann leichter abgelesen werden kann. Vor allem aber enthält der Initiationskomplex die kleine Ribosomen-Untereinheit und mRNA. Erst wenn sich die startende aa-tRNA über ihr Anticodon mit dem Start-Codon der mRNA gepaart hat, kommt die 60S-Untereinheit hinzu.

Auch bei der anschließenden **Verlängerung** (Elongation) haben die aa-tRNAs über ihr Anticodon *Adaptorfunktion*. Sie bringen die betreffende Aminosäure in Position. Sie wird dann über eine Peptidbindung an das wachsende Polypeptid angeschlossen (Abb. 1.2.10). Beim **Abschluss** (Termination) der Translation werden die mRNA und die beiden Ribosomen-Untereinheiten als solche frei.

Auf *einer* gegebenen mRNA können *mehrere* Ribosomen wie in einer Perlenkette aufgefädelt sein und die Translation durchführen. Man bezeichnet diesen Verbund als *Poly(ribo)som*. An einem Polysom können pro Zeiteinheit mehr Polypeptide angeliefert werden als von nur einem Ribosom pro mRNA. Im Cytosol nehmen Polysomen oft schraubige, auf dem endoplasmatischen Reticulum (→ Seite 28) spiralige Gestalt an.

Fragen

(Seitenverweise zur Beantwortung)

1 ● Welches sind die Bausteine von DNA, von RNA? (S. 17).
2 ● Welche Bausteine finden sich in einem Nucleosid? (S. 18).
3 ● Welche Wissenschaftler werden meistens mit der Aufklärung der DNA-Doppelhelix in Verbindung gebracht? (S. 17/18).
4 ● Mit welcher anderen Base paart Guanin? (S. 18).
5 ● Was verstehen Sie unter einem Codogen, einem Codon und einem Anticodon? (S. 21).
6 ● Welche rRNA-Sorten finden sich in der kleinen, welche in der großen Untereinheit von 80S-Ribosomen? (S. 23).
7 ● Welche Sorte RNA paart oft unter Ausbildung von Kleeblattstrukturen mit sich selbst? (S. 24).
8 ● Welche Regionen in einer tRNA sind für ihre Funktion zentral wichtig? (S. 25).
9 ● Aus welchen Komponenten setzt sich der Initiationskomplex der Translation bei 80S-Ribosomen zusammen? (S. 24).
10 ● Mit welcher Aminoacyl-tRNA startet die Translation an 80S-Ribosomen? (S. 24).

Biomembranen und ihre Funktionen

1.3

Inhalt

Die Biomembranen sind nach dem Prinzip des Fluid-Mosaic-Modells strukturiert. Sie umgeben Zellorganellen als einfache oder doppelte Membran. Ein System von Biomembranen, das endoplasmatische Reticulum (ER), durchzieht das gesamte Cytoplasma. Seine Funktionen und diejenigen des mit ihm in Verbindung stehenden Golgi-Apparats werden besprochen. Auf der selektiven Permeabilität von Biomembranen basiert die Turgeszenz der Zellen und damit der ganzen Pflanze. Aktiver und passiver Transmembrantransport sind ein weiteres Thema dieses Teilkapitels.

Das Fluid-Mosaic-Modell

1.3.1

Den Biomembranen (Elementarmembranen) liegt ein Bauprinzip zugrunde, das man als Fluid-Mosaic-Modell bezeichnet (Abb. 1.3.1): Die wichtigsten Bausteine sind Lipide und Proteine. Zu den *Lipiden* der Biomembranen gehören u.a. Sterole (→ Seite 91) oder Triacylglycerine (Neutralfette; → Seite 77). Sie bilden eine Doppelschicht, in der ihre lipohilen Enden nach innen, ihre hydrophilen nach außen zu orientiert sind. Zu den Proteinen der Biomembranen gehören erstens *periphere Proteine.* Sie sind der Lipid-Doppelschicht aufgelagert oder tauchen etwas in sie ein. Dementsprechend können sie gegebenenfalls leicht von ihr gelöst werden. Dazu kommen *integrale Proteine.* Sie reichen in die Lipid-Doppelschicht tief hinein oder durchqueren sie völlig. Die Proteine sind oft nach außen zu mit anderen Komponenten wie polymeren Kohlenhydraten besetzt.

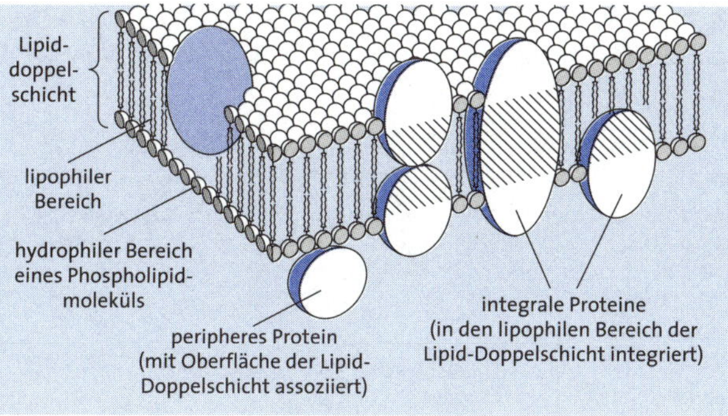

Abb. 1.3.1

Das Fluid-Mosaic-Modell der Biomembranen. Die oft von den Proteinen nach außen ragenden Kohlenhydratkomponenten wurden nicht berücksichtigt (nach CAPALDI aus HESS 1999).

Die Proteine überdecken die Lipid-Doppelschicht nur teilweise. Bei Aufsicht ergibt sich so ein Mosaik aus Proteinen und Lipiden. Damit ist ein Teil des Namens erklärt. Der Begriff »Fluid« ergibt sich aus der Tatsache, dass sich die Lipide in einer schnellen Wärmebewegung befinden, und zwar von Störungen abgesehen nur innerhalb einer gegebenen Lipidschicht. Die Bewegung erfasst auch die Proteine.

Biomembranen können die verschiedensten Funktionen ausüben. Dabei bildet die Lipid-Doppelschicht eine inerte Grundschicht, deren Funktion durch die Proteine bestimmt wird.

1.3.2 | Endoplasmatisches Reticulum und Golgi-Apparat

Beim **endoplasmatischen Reticulum** (ER) handelt es sich um ein Membransystem, das von der äußeren Kernmembran ausgehend das gesamte Cytoplasma durchzieht (Abb. 1.3.2). Es besteht aus zwei Membranen, zwischen denen meistens ein nur geringes Lumen liegt, sodass flache Systeme resultieren. Auf der dem Cytoplasma zugewandten Seite seiner Membranen sitzen vielfach Polysomen, an denen eine intensive *Translation* stattfindet. Dann spricht man von einem *rauen ER* (rER; r = en. rough), sonst von einem *glatten ER* (sER; s = en. smooth). Während der Translation können sich die wachsenden Polypeptidketten durch die Membran ins Lumen einfädeln (cotranslationaler Transmembrantransport). Am Beginn solcher Proteine finden sich Signalpeptide, die Kontakt mit Durchlassstellen in der Membran aufnehmen. Nach dem Transmembrantransport des fertigen Polypeptids werden sie abgespalten. Der Vorgang ist von GTP abhängig, das dem ATP als weiteres Energieäquivalent entspricht. So werden auch die Zellwandproteine gebildet.

Abb. 1.3.2 |

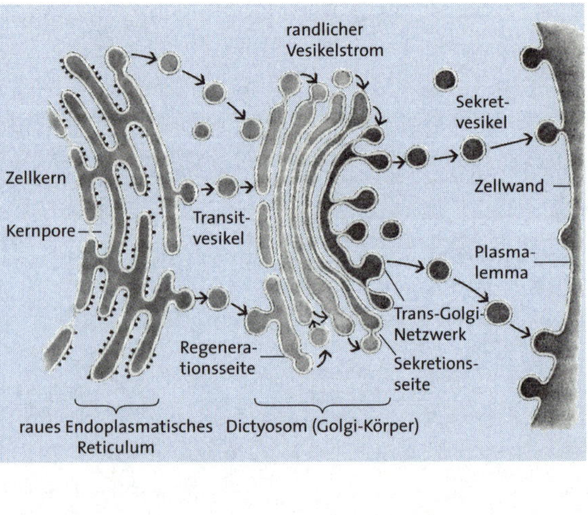

Kernmembran, endoplasmatisches Reticulum (ER), Golgi-Apparat. Vom ER, das das gesamte Cytoplasma durchzieht, ist nur ein Ausschnitt zu sehen. Es kann auf seinen zum Cytoplasma orientierten Membranflächen Ribosomen tragen (rER, raues ER), ist zum Dictyosom hin jedoch immer als sER (glattes ER) ausgebildet. In der Abb. ist nur ein Dictyosom vorhanden, das also den Golgi-Apparat darstellt. Transitvesikel, Randvesikel und Sekretvesikel stellen die Verbindung vom sER über die Golgi-Zisternen bis zum Plasmalemma her und ermöglichen den Stofftransport. Dabei kommt es am Plasmalemma zu Exocytosen: Die Membran der Sekretvesikel wird ins Plasmalemma eingegliedert und der Inhalt in den Bereich der Zellwand ausgeschüttet (verändert aus Raven et al. 2000).

Box 1.3.1

Golgi-Apparat: intrazelluläre Drüse und Glied eines Transportsystems

Dictyosomen liegen in unmittelbarer Nachbarschaft eines ER-Bereichs, von dem aus Transitvesikel abgegeben werden, die sich den Golgi-Zisternen eingliedern (Abb. 1.3.2). Auf dieser Seite wird der Golgi-Apparat also regeneriert. Der Stofftransport von Zisterne zu Zisterne verläuft über die Wanderung von Randvesikeln. Auf der anderen, dem ER abgewandten Seite des Golgi-Apparats werden Sekretvesikel abgeschnürt. Sie können ihren Inhalt am Plasmalemma über *Exocytose* in den Bereich der Zellwand ausschütten. Dabei handelt es sich nicht nur um Zellwandproteine, die aus dem ER angeliefert werden, sondern auch um andere Strukturelemente der Zellwand, um Pektinstoffe und Hemicellulosen. Beide werden voll und ganz im Golgi-Apparat gebildet. Bei einer Zellteilung wirken die Dictyosomen auch bei der Bildung der Mittellamelle und der Primärwand mit (→ Seite 146). Der Golgi-Apparat ist also nicht nur eine wichtige intrazelluläre Drüse, sondern auch Glied eines Transportsystems.

Auch von der Translation abgesehen finden im oder am ER wichtige *Synthesen* statt. Auf der zum Cytoplasma orientierten Außenfläche der sER-Membranen werden Fettsäuren modifiziert (→ Seite 80) und bestimmte andere Lipide gebildet. Im Lumen des ER kann es zu Veränderungen der aus den Ribosomen importierten Zellwandproteine kommen (Hydroxylierung des Prolins in den Proteinen zu Hydoxyprolin). Außerdem dient das ER auch als *Transportsystem*.

Dabei wird es vom **Golgi-Apparat** unterstützt (Abb. 1.3.2). Als Golgi-Apparat bezeichnet man die Gesamtheit der in einer Zelle vorhandenen *Dictyosomen*, auch wenn es sich nur um ein einziges Dictyosom handeln sollte. Dictyosomen bestehen aus einigen übereinander gestapelten, flachen *Golgi-Zisternen*, die fingerartig »ausfransen« können. *Vesikel* werden von einem Kompartiment abgeschnürt, wandern zum nächsten Kompartiment und werden dort samt Inhalt eingegliedert. So kommt es zu einem Transport vom ER über die Golgi-Zisternen zu den Zielorten, oft dem Plasmalemma, so z.B. bei den Zellwandproteinen. Außerdem aber werden im Golgi-Apparat selbst Pektinstoffe und Hemicellulosen synthetisiert, beides ebenfalls Zellwandbausteine. Letztlich werden am Plasmalemma alle Zellwand-Makromoleküle mit Ausnahme der Cellulose über Exocytose in den Bereich der Zellwand ausgeschüttet (Box 1.3.1). Der Golgi-Apparat ist also Teil eines *Transportsystems* und Ort von *Synthesen*.

1.3.3 Plasmalemma, Tonoplast, Vakuole und Saugspannung

Das **Plasmalemma** bildet die äußere Umgrenzung des Cytoplasmas, der *Tonoplast* die innere zur *Vakuole* hin. Beide führen häufig Protonenpumpen (→ Seite 34), über die Transportprozesse nach außen in den Bereich der Zellwand und nach innen in die Vakuole ermöglicht werden. Im Plasmalemma befinden sich die Enzymkomplexe zur Synthese der Cellulose (→ Seite 71).

Abb. 1.3.3

PFEFFERsche Zelle. In ein Gefäß wird Wasser eingefüllt. In das Wasser wird ein poröses Tongefäß eingetaucht, in dessen Wandung ein Niederschlag aus Ferrocyankupfer eine selektiv permeable Membran bildet. Das Tongefäß enthält Saccharoselösung (rot). Es bildet die PFEFFERsche Zelle, die nicht nur als Osmometer, sondern auch als Modell für die Pflanzenzelle dienen kann: Wasser diffundiert durch die selektiv permeable Membran in die hypertonische Lösung im Tongefäß. In einem angeschlossenen Manometer wird dann eine Quecksilberlösung (schwarz) empor geschoben. Die Höhe der Quecksilberlösung gibt den jeweiligen osmotischen Druck an. T Ton mit selektiv permeabler Membran; P osmotischer Druck (verändert aus WALTER 1950).

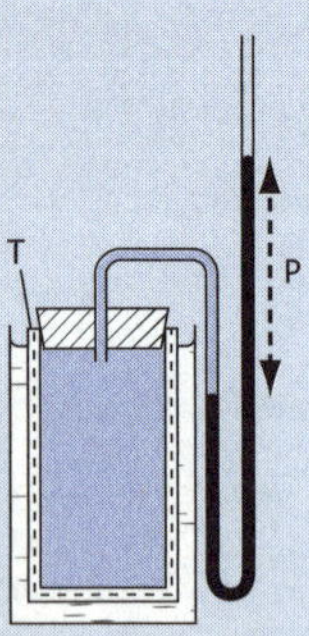

Die **Vakuole** entsteht im Lauf der Zellentwicklung aus vielen kleinen Zellsafträumen, die sich schließlich vereinigen. Sie kann hohe Konzentrationen an Salzen enthalten (s. Salzpflanzen) oder auch als Exkretbehälter dienen, der im Stoffwechsel nicht mehr benötigte Pflanzenstoffe speichert. Diesen Stoffen kommt jedoch vielfach eine Schutzfunktion gegen Pathogene und Herbivore zu (→ Seite 77). Manche Stoffe werden nur vorübergehend in die Vakuole eingespeist und zur weiteren Nutzung wieder aus ihr herausgeholt, so Malat bzw. Äpfelsäure beim CAM (→ Seite 59).

Besonders wichtig wird die Vakuole dadurch, dass sie am Zustandekommen der **Saugspannung** der Zellen und damit der ganzen Pflanze entscheidend beteiligt ist. Lässt sie nach, welken die Pflanzen. Zur Erklärung beginnen wir mit der *Diffusion*. Dabei handelt es sich um die freie thermische Bewegung von Wassermolekülen und der darin gelösten Stoffen bis zum Konzentrationsausgleich: Wenn man eine Saccharoselösung vorsichtig mit Wasser überschichtet, werden sich solange Zuckermoleküle in die Wasserschicht und Wassermoleküle in die Zuckerschicht bewegen (= diffundieren), bis eine gleichmäßig konzentrierte Lösung resultiert. Auch danach geht die Bewegung weiter, aber statistisch gesehen bleibt die einmal eingestellte, einheitlich konzentrierte Lösung erhalten.

Eine Diffusion kann auch durch Membranen stattfinden. Falls die Membran für alle gelösten Stoffe gleichmäßig durchlässig ist, ändert sich nichts. Nun sind Biomembranen für Wasser leicht, für darin gelöste Stoffe aber unterschiedlich, oft überhaupt nicht passierbar (→ Seite 32). Eine solche Membran nennt man *selektiv permeabel*. Die Diffusion durch eine selektiv permeable Membran bezeichnet man als *Osmose*. Bei ihr bewegen sich die Wassermoleküle im Endergebnis aus dem Kompartiment mit der niedrigeren Konzentration an gelösten Stoffen, also aus der *hypotonischen* Lösung, in dasjenige mit der höheren Konzentration, also in die *hypertonische* Lösung. Dabei ist nicht die Art, sondern nur die Anzahl der gelösten Moleküle maßgebend. Durch den Wasserimport kommt es in der hypertonischen Lösung es zu einem Druckanstieg, den man in einer PFEFFERschen Zelle über ein aufgesetztes Steigrohr sichtbar machen kann (Abb. 1.3.3). Den betreffenden Druck bezeichnet man als *osmotischen Druck* oder *osmotischen Wert.*

Bei einer Pflanzenzelle ist die Situation ähnlich. Plasmalemma und Tonoplast sind selektiv permeable Membranen. Zwischen ihnen liegt das Cytoplasma. Seine Proteine können unter Ausbildung von Hydrathüllen quellen oder umgekehrt entquellen und so den Wasserstatus der Zelle beeinflussen. Doch das geschieht in so geringem Ausmaß, dass man das Cytoplasma im gegebenen Zusammenhang vernachlässigen kann. Insgesamt liegt damit ein selektiv permeabler Schlauch vor, bestehend aus Plasmalemma, Cytoplasma und Tonoplast. Er umgibt die Vakuole mit ihrem hypertonischen Zellsaft. Die in ihr osmotisch wirksamen Substanzen sind vor allem Salzionen, Zucker, Glykoside und organische Säuren. Wenn die Umgebung der Zelle (andere Zellen oder eine Lösung) hypotonisch ist, wird Wasser geradezu in die Vakuole hineingesogen. Der gesamte Protoplast dehnt sich aus und übt auf die Zellwand einen osmotischen Druck aus, den man als *Turgordruck* bezeichnet. Die Zellwand lässt sich jedoch nicht beliebig dehnen. Sie übt ebenso wie oft auch die umgebenden Zellen einen Gegendruck derart aus, dass der weiteren Ausdehnung ein Ende gesetzt wird. Der Wanddruck ist dann gleich hoch wie der Turgordruck. Das jeweilige Potenzial der Zelle, Wasser aufzunehmen, die *Saugspannung*, lässt sich als Saugspannungsgleichung (osmotische Zustandsgleichung) angeben:

$$S = p^* - (P \pm A)$$

Dabei ist S = Saugspannung der Zelle, p^* = potenzieller osmotischer Druck (osmotischer Wert) des Zellsafts, dem P = Wandruck und gegebenfalls A = Außendruck entgegenwirken. Doch kann A auch negative Werte annehmen.

Wenn die Umgebung der Zelle gegenüber dem Vakuolensaft hypertonisch ist, kommt es zu einem Wasserentzug aus der Vakuole. Sie beginnt zusammen mit dem umgebenden selektiv permeablen Schlauch zu schrumpfen. Dabei löst sich der Protoplast von der Zellwand, ein Vorgang, den man als *Plasmolyse* bezeichnet (Abb. 1.3.4). Ihr Anfangsstadium, in dem der Turgordruck gleich Null ist und sich der Protoplast gerade von den Ecken der Zellwand zurückzuziehen beginnt, nennt man *Grenzplasmolyse.* Sie tritt dann ein, wenn Zellsaft und Außenmedium *isotonisch* sind. Bei bekannter Konzentration einer Außenlösung kann man so den osmotischen Druck von Zellsäften bestimmen. Bringt man die plasmolysierten Zellen wieder in hypotonisches Medium, kommt es über Wasseraufnahme zur *Deplasmolyse*, d.h. zur Wiederherstellung des Ausgangszustands.

Abb. 1.3.4

Schema der Konvexplasmolyse mit Grenzplasmolyse und Deplasmolyse. Bei dieser Plasmolyseform rundet sich der Protoplast ab. Die Pfeile geben von oben nach unten den Verlauf der Plasmolyse, von unten nach oben denjenigen der Deplasmolyse an. Es ist auch möglich, dass der Protoplast über einzelne Stränge noch an der Zellwand hängt. Dann kommt es zu einer Konkavplasmolyse. **a** turgeszente Zelle; **b** Grenzplasmolyse; **c** Konvexplasmolyse; Z Zellkern, Cy Cytoplasma (OEHLKERS 1956).

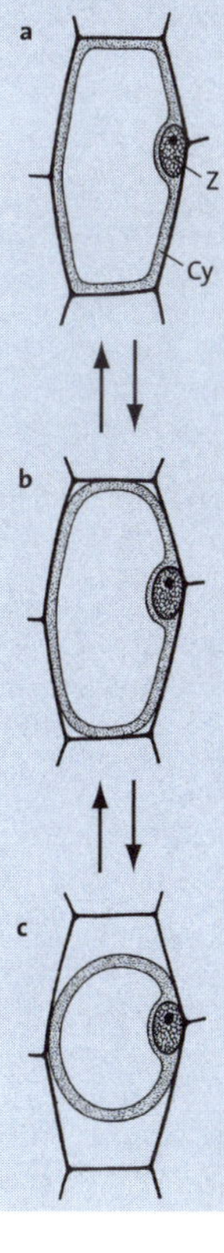

1.3.4 Transmembrantransport

Bei der Passage durch Biomembranen unterscheidet man einen passiven und einen aktiven Transmembrantransport.

1.3.4.1 Passiver Transmembrantransport

Ein passiver Transport (Abb. 1.3.5) erfolgt durch **freie Diffusion** entlang dem Konzentrationsgefälle der betreffenden Stoffe mit der Tendenz, einen Konzentrationsausgleich herbeizuführen.

Abb. 1.3.5

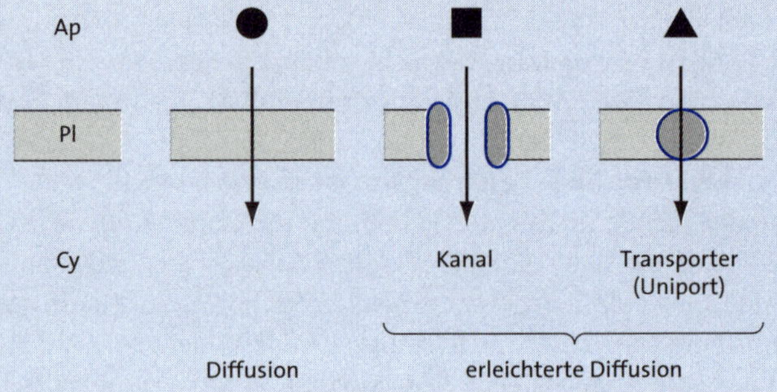

Passiver Transport durch Membranen. Diffusion und erleichterte Diffusion durch Kanäle oder Transporter folgen dem Konzentrationsgefälle der betreffenden Substanzen. Bei der Membran handelt es sich um das Plasmalemma (Pl). Andere Biomembranen verhalten sich entsprechend. Ap Apoplast; Cy Cytoplasma.

Abb. 1.3.6

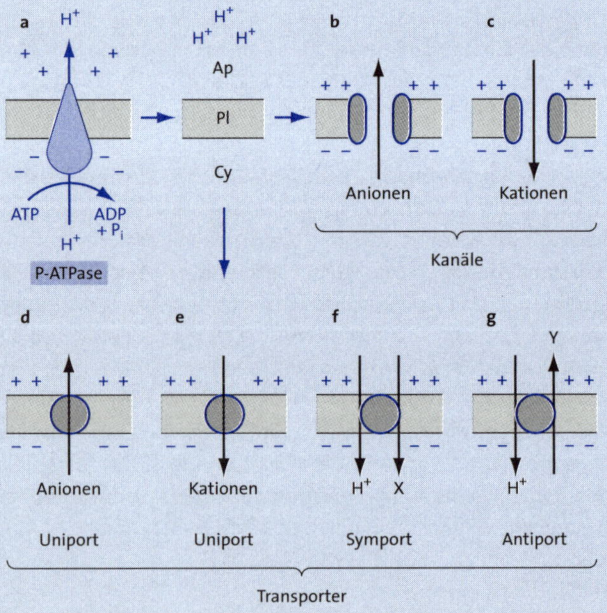

Aktiver und sekundär aktiver Transport durch Membranen. Eine P-ATPase (**a**) im Plasmalemma (Pl) bewerkstelligt einen primär aktiven Protonentransport in den Apoplasten (Ap), der zum Aufbau eines Protonengradienten führt (Pfeil von **a** nach rechts). Dessen elektrochemisches Potenzial liefert die Energie zum sekundär aktiven Transmembrantransport anderer Ionen und auch ungeladener Stoffe über Kanäle (**b**, **c**) oder Transporter (**d** bis **g**). Diese Vorgänge laufen nicht nur im Plasmalemma ab, sondern auch in anderen Biomembranen. Cy Cytoplasma.

Box 1.3.2

ATPasen bei Pflanzen

In Höheren Pflanzen kennt man drei Typen von ATPasen. Transport-ATPasen sind die *P-ATPasen* im Plasmalemma, die H^+ in den Apoplasten (→ Seite 76) pumpen, und die *V-ATPasen*, die H^+ in die Vakuole einbringen. Beide sind also H^+-ATPasen. Zu den P-Typ-ATPasen gehört im Übrigen auch eine Ca^{2+}-ATPase im Plasmalemma, die über den Apoplasten unkontrolliert eindiffundiertes Ca^{2+} wieder nach außen befördert. In Membranen von Prokaryonten, Mitochondrien und Chloroplasten finden sich als dritter Typ die *F-ATPasen*. Aufgrund der Gleichgewichtslage arbeiten sie »umgekehrt«. Denn in der Regel nutzen sie den Ausgleich eines Protonengradienten dazu, ATP zu *synthetisieren* (→ Seite 56).

Begrenzender Faktor ist die Permeabilität der Lipid-Doppelschicht. Kleinere lipophile Stoffe können sie passieren, auch Wasser durch winzige Lücken, die sich bei der Bewegung der Lipide vorübergehend auftun, Ionen jedoch kaum. Doch über spezielle integrale Membranproteine, durch *Kanäle* und *Transporter*, kommt es zu einer **erleichterten Diffusion**. In beiden Fällen kann ein Gleichgewicht katalytisch beschleunigt eingestellt werden, bei Kanälen über ihre Öffnung, bei Transportern über Konformationsänderungen beim Transfer. Die Energie dafür geht beim passiven Transport auf den Ausgleich eines Konzentrationsgefälles an den betreffenden Substanzen zurück.

- **Kanäle.** Wasser gelangt durch *Aquaporine*, Tunnelproteine, die nur Wasser durchlassen, durch die Membran. Ionen passieren die Membran über *Ionenkanäle* in Proteinen, die erst geöffnet werden müssen. Sie sind meist für bestimmte Ionen spezifisch. Die Spezifität kann zu einer *selektiven Ionenaufnahme* führen. Besonders viele Kanäle speziell für K^+ und Ca^{2+} finden sich in Tonoplast und Plasmalemma.
- **Transporter.** Diese auch Carrier oder Translokatoren genannten Proteinkomplexe nehmen nach einer gängigen Vorstellung kleinere Stoffe wie Ionen, Zucker oder Aminosäuren auf der einen Seite der Biomembran auf und setzen sie auf der anderen in Richtung des Konzentrationsabfalls wieder frei. Dabei durchlaufen sie eine Konformationsänderung. Erfolgt die Passage nur in einer Richtung, spricht man von einem Uniport.

Primär und sekundär aktiver Transmembrantransport

1.3.4.2

Ein **primär aktiver Transport** (Abb. 1.3.6) liegt dann vor, wenn über Hydrolyse von ATP die Energie dazu bereitgestellt wird, Protonen auch entgegen einem Konzentrationsgefälle durch Biomembranen zu verlagern. Die Spaltung des ATP wird von membrangebundenen ATPasen durchgeführt, die gleichzeitig auch die Protonen translozieren. Man nennt sie deshalb *H^+-ATPasen* oder *Protonenpumpen* (Box 1.3.2).

Über die Aktivität der H^+-ATPasen wird ein Wasserstoffionengradient quer durch die Membran aufgebaut und damit eine protonenmotorische Kraft geschaffen, die teils auf dem elektrischen Potenzial oder Membranpotenzial, teils auf der Protonenkonzentration beruht. Beides zusammen bildet das elektrochemische Potenzial. Es liefert die Energie, die notwendig ist, um den Fluss der Protonen mit dem Transmembrantransport anderer Ionen oder auch ungeladener Stoffe zu koppeln. In solchen Fällen spricht man von einem **sekundär aktiven Transport** (Abb. 1.3.6). Wenn er über Transporter verläuft, kann es sich um einen *Uniport* (eine Substanz wird in einer Richtung transportiert), einen *Symport* (H^+ und eine zweite Substanz werden zusammen in der gleichen Richtung transportiert) oder einen *Antiport* (H^+ und eine zweite Substanz werden in entgegengesetzten Richtungen transportiert) handeln.

Zwei Beispiele: Ein sekundär aktiver Transport findet sich beim Einbringen von K^+ in Schließzellen durch spezielle Kaliumkanäle (Abb. 1.3.7 c;

Abb. 1.3.7

Beispiele für sekundär aktiven Transport durch das Plasmalemma (Pl). Eine P-ATPase baut einen Protonengradienten auf, dessen elektrochemisches Potenzial in **c** und **f** (s. Abb. 1.3.6) genutzt wird. **c** K^+-Import durch einen Kaliumkanal; **f** Symport von H^+ und Saccharose (S) über einen H^+-S-Symporter (Sym).

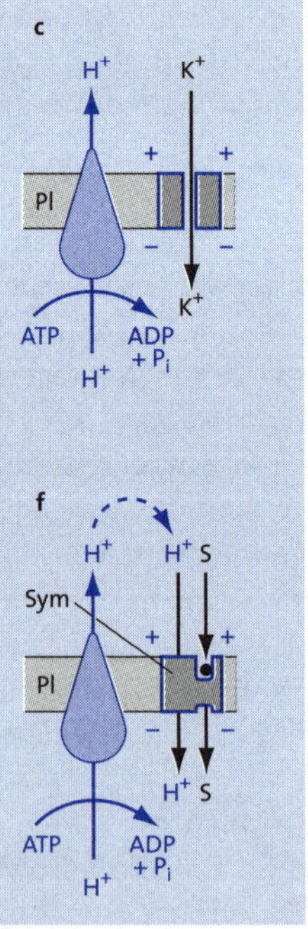

Abb. 1.3.8

Transit durch Kernporen. Die doppelte Kernmembran mit einer Kernpore ist vereinfacht dargestellt. Ringstrukturen aus Proteinen umgeben einen Zentralpfropfen mit Durchlass für Makromoleküle, der sich ATP-abhängig öffnet. Proteine benötigen für den Durchlass außerdem Signalpeptide. RNPs Ribonucleoproteine (verändert aus Buchanan et al. 2000).

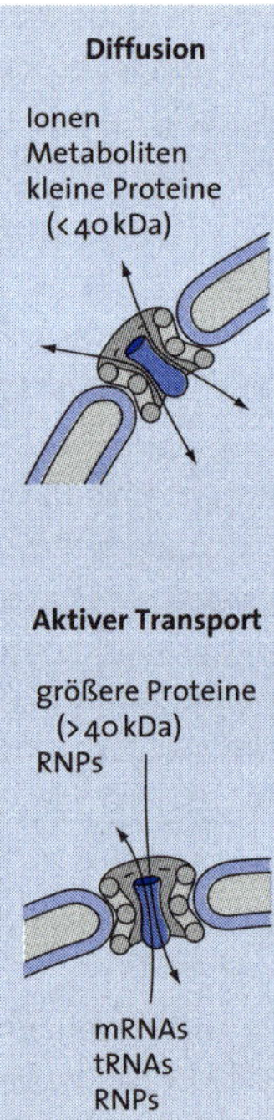

→ Seite 194). Das Membranpotenzial spielt dabei die entscheidende Rolle. Beim Rückfluss von Protonen kann es zu einem Symport von H^+ und Saccharose durch Saccharose-H^+-Symporter kommen, wie er beim Beladen des Phloems stattfindet (Abb. 1.3.7 f; → Seite 186).

Transmembrantransport von Makromolekülen: Beispiel Kernporen

1.3.4.3

Auch hochmolekulare Stoffe können aktiv durch Membranen transportiert werden. Das gilt auch für das Phloem, doch sind hier Beladen und Entladen mit Makromolekülen noch in der Diskussion. In anderen Fällen erfolgt der Transmembrantransport an bestimmten Durchlassstellen mit Hilfe von *Signalpeptiden*. Beispiele dafür sind der cotranslationale Transport ins Lumen des ER (→ Seite 28), der Proteinimport in Chloroplasten und die Passage durch Kernporen. Dabei handelt es sich um kompliziert gebaute Durchlässe in der Kernmembran (Abb. 1.3.8). Ionen, Metaboliten und kleine Proteine können sie über Diffusion passieren. Doch der Import von Strukturproteinen der Chromosomen oder RNA- und DNA-Polymerasen ebenso wie der Export von RNAs oder Ribonucleoproteiden sind ATP-abhängig. Die Proteine müssen Signalsequenzen für den Eintritt und andere für den Austritt enthalten. Dabei handelt es sich um kurze Abfolgen von wenigen Aminosäuren, die in die betreffenden Polypeptide eingefügt sind. Nur wenn sie erkannt werden, öffnet sich eine Röhre im zentralen Pfropfen.

(Seitenverweise zur Beantwortung)

Fragen

- Nach welchem Prinzip sind Biomembranen gebaut? (S. 27). 1
- Welche Zellorganellen werden von einer Doppelmembran umgeben? (S. 9). 2
- Wie nennt man die Teile des ER, die mit Ribosomen oder Polysomen besetzt sind? (S. 28). 3
- Nennen sie Beispiele für Synthesen, die an den Cytoplasmaorientierten Außenmembranen des ER ablaufen! (S. 29). 4
- Geben Sie Beispiele für Synthesen, die im Golgi-Apparat stattfinden! (S. 29). 5
- Wird Cellulose im Golgi-Apparat gebildet? (S. 29). 6
- Was charakterisiert eine selektiv permeable Membran? (S. 30). 7
- Wie nennt man eine Diffusion durch eine selektiv permeable Membran? (S. 30). 8
- Was verstehen Sie unter H^+-ATPasen? (S. 34). 9
- Welches andere Energieäquivalent der Zelle außer ATP haben Sie kennen gelernt? (S. 28). 10

1.4 Cytosol: Cytoskelett und Glykolyse (Biologische Oxidation)

Inhalt

Beim Cytosol handelt es sich um die flüssig erscheinende Grundmasse des Cytoplasmas. Es besteht zu rund 20 Gewichtsprozenten aus Proteinen. Sie bilden auch ein »Cytoskelett«, das vor allem aus Mikrofilamenten und Mikrotubuli besteht. Beide beteiligen sich unter raschem Auf- und Abbau an verschiedenen, oft strukturell bedingten zellulären Prozessen. Das Cytosol ist Ort der verschiedenartigsten Synthesen, aber auch der Glykolyse, eines Dissimilationsprozesses, mit dem die Biologische Oxidation beginnen kann.

1.4.1 Cytoplasma, Cytosol und Cytoskelett – Begriffsabgrenzung

Beim *Cytoplasma* handelt es sich um den Zellinhalt innerhalb des Plasmalemmas. Zu ihm zählt man alle Membransysteme und Organellen mit Ausnahme des Zellkerns. Seine Grundmasse lässt sich von Wandtrümmern, Membranteilen und Organellen abzentrifugieren. Man erhält dann einen flüssig erscheinenden Überstand, das *Cytosol.* Diese Bezeichnung ist wenig zutreffend. Denn je nach dem Hydratationszustand der im Cytosol reichlich vorhandenen Proteine kann aus dem »Sol« sehr wohl auch ein »Gel« werden. Und widersinnigerweise enthält das Cytosol auch lokal wechselnde Verfestigungen, ein *Cytoskelett* von Proteincharakter. Es besteht vor allem aus Mikrofilamenten und Mikrotubuli. Beide befinden sich in ständigem Auf- und Abbau, wobei sie an ihrem einen Ende wachsen, am anderen abgebaut werden.

1.4.1.1 Cytoskelett

Actinmonomere, die G-Actine, reihen sich unter Mitwirkung von ATP zu langen Doppelfäden hintereinander, dem **F-Actin** oder den **Mikrofilamenten**. Sie können sich zu Bündeln zusammenschließen. Mikrofilamente sind u.a. an Cytoplasmaströmungen, der Bildung der Zellwand nach Zellteilungen, dem Spitzenwachstum von Pollenschläuchen und Wurzelhaaren sowie Bewegungsvorgängen beteiligt, ähnlich wie in Muskeln oft im Verbund mit einem weiteren Protein, dem Myosin.

Mikrotubuli sind komplizierter gebaut (Abb. 1.4.1). Proteindimere, je ein α- und ein β-Tubulin, reihen sich zu Protofilamenten hintereinander. 13 davon bilden eine röhrenartige Struktur, einen Mikrotubulus. Durch Ausrichtung der α-Tubuline nach der einen, der β-Tubuline nach der anderen Seite weist er eine deutliche Polarität auf. Mikrotubuli sind u.a. Hauptbestandteil der Spindelfasern bei der Zellteilung, wirken bei der Bildung der neuen Zellwand mit, bilden Gleitschienen, entlang derer sich der Golgi-Apparat bewegen kann, und sorgen für die Ausrichtung neu gebildeter Cellulosefibrillen auf der Außenseite des Plasmalemmas.

Doch das Cytosol ist nicht nur unter strukturellen Aspekten wichtig. Es ist auch Ort der verschiedensten Biosynthesen, z.B. vieler niedermolekularer Pflanzenstoffe. In ihm findet aber auch ein wichtiger Abbauprozess statt, die Glykolyse. Sie kann für sich allein ablaufen, kann aber auch die erste Etappe in der Biologischen Oxidation von Kohlenhydraten sein.

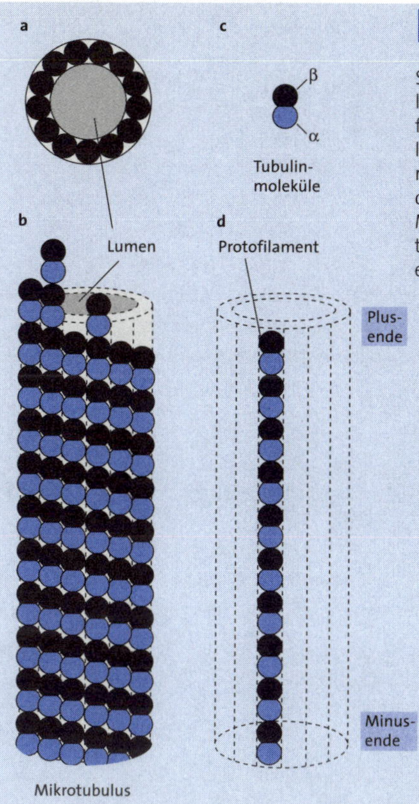

Abb. 1.4.1

Struktur eines Mikrotubulus. In jedem der 13 Protofilamente sind die β-Tubuline der α-β-Heterodimeren nach dem Plusende, die α-Tubuline nach dem Minusende hin ausgerichtet (verändert aus ALBERTS et al. 2001).

Glykolyse

1.4.2

Der Abbau organischer Verbindungen kann oxidativ erfolgen. Bei solchen biologischen Oxidationen ist in der Regel eine Zielsetzung der *Energiegewinn* in Form von ATP. Zum anderen können aus dem Abbauweg *Zwischenstufen für Synthesen* abgezweigt werden.

Verschaffen wir uns einen **Überblick** über den Normalfall der **Biologischen Oxidation** (Abb. 1.4.2), normal deswegen, weil es auch Sonderwege gibt (→ Seite 62). Die erste Etappe ist die *Glykolyse.* In ihr wird im Cytosol Glucose in Pyruvat überführt. Pyruvat wandert in die Mitochondrien, in denen sich die *oxidative Decarboxylierung des Pyruvats* unter Bildung von Acetyl-Coenzym A (= Acetyl-CoA), der *Citrat-Zyklus* und die *Endoxidation in der Atmungskette* anschließen.

Zunächst zur **Glykolyse** (Abb. 1.4.3). Sie kann unter anaeroben Bedingungen, also in Abwesenheit von Sauerstoff ablaufen. Dennoch wird in

Abb. 1.4.2

Übersicht über die Etappen der Biologischen Oxidation von Kohlenhydraten. Reduzierte Coenzyme, die in die Atmungskette eingeleitet werden können: ----> = NADH + H^+, ······> = FAD·2H. OD Oxidative Decarboxylierung.

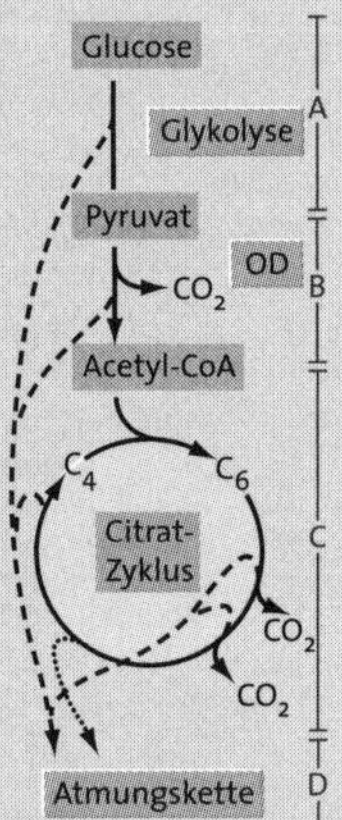

Abb. 1.4.3

Glykolyse: von der Glukose bis zum Pyruvat (s. Abb. 1.4.2 A).

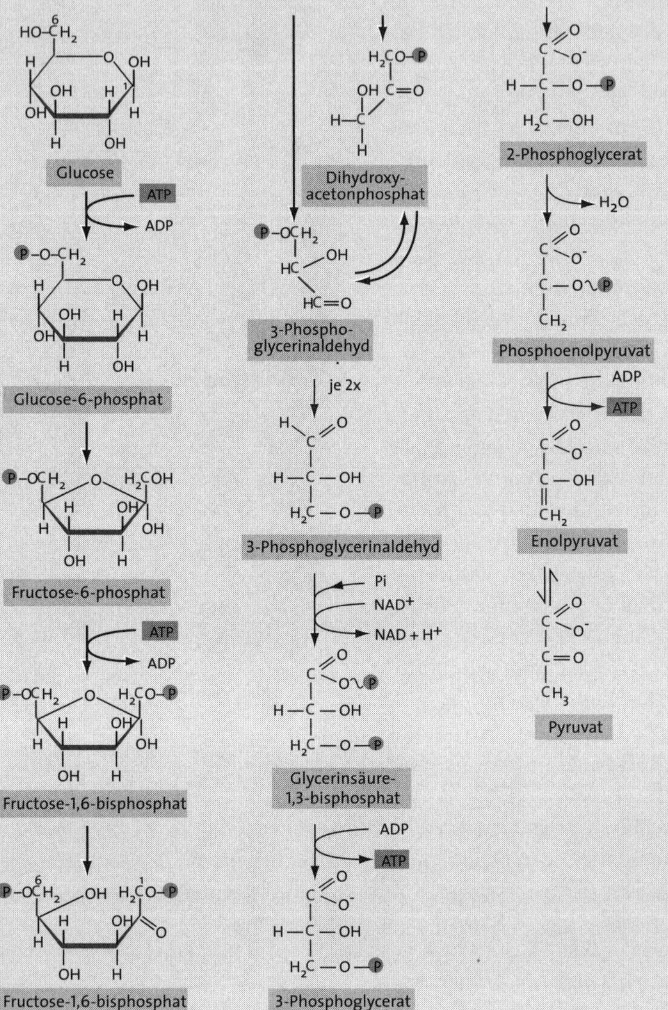

ihr Glucose *oxidativ* in zwei Einheiten Pyruvat zu je drei C-Atome gespalten. Die C-Zahl bleibt also in der Summe erhalten. Die Spaltung erfolgt unter Energiegewinn. Einige Details dazu:

Oxidativer Charakter. Obwohl kein C oxidativ als CO_2 entfernt wird, handelt es sich um eine Oxidation. Denn beim Übergang von

3-Phosphoglycerinaldehyd in Glycerinsäure-1,3-bisphosphat bildet sich über Dehydrierung NADH + H^+. Eine Dehydrierung ist aber eine Oxidation.

Energiegewinn. Pro Glucosemolekül werden 2 ATP in zwei Phosphorylierungsreaktionen zur Aktivierung der Glucose verbraucht. Insgesamt 4 ATP werden im zweiten Abschnitt der Glykolyse gewonnen. Das ergibt in der Bilanz einen Gewinn von 2 ATP, die *direkt* aus dem phosphorylierten Substrat hergeleitet werden. Man spricht deshalb von *Substratketten-Phosphorylierung.* »Phosphorylierung« bezieht sich auf den Übergang von ADP zu ATP. Dieser Energiegewinn kann ausreichend sein, so in der Anfangsphase der Samenkeimung. Weitere Energie lässt sich über das Einleiten des ebenfalls erhaltenen NADH + H^+ in die Atmungskette (→ Seite 43) gewinnen.

An die Glykolyse lässt sich unter anaeroben Bedingungen die **alkoholische Gärung** anschließen, in der ebenfalls im Cytosol Pyruvat zunächst zu Acetaldehyd decarboxyliert und dann zu Ethanol reduziert wird (Abb. 1.4.4). Dazu kann das in der Glykolyse gebildete NADH + H^+ eingesetzt werden. Die Möglichkeit, NADH + H^+ zum zusätzlichen Energiegewinn in die Endoxidation einzuleiten, entfällt dann. Doch unter aeroben Bedingungen geht Pyruvat in die weiteren Etappen der Biologischen Oxidation ein.

Abb. 1.4.4

Alkoholische Gärung.

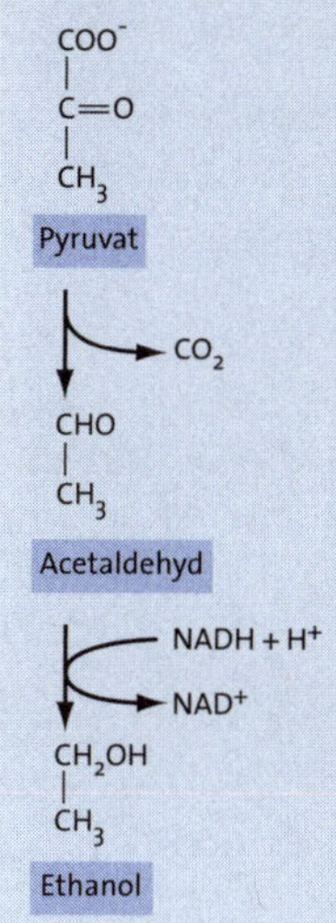

(Seitenverweise zur Beantwortung)

Fragen

- 1 Wie nennt man die beiden nahe verwandten Proteine, die als Bausteine der Mikrotubuli dienen? (S. 36).
- 2 In welchem Kompartiment der Zelle findet die Glykolyse statt? (S. 37).
- 3 Mit welcher Substanz beginnt und mit welcher Substanz endet die Glykolyse? (S. 37).
- 4 Wie viele ATP-Moleküle werden pro Molekül Glucose bilanzmäßig aus der Glykolyse gewonnen, wenn das aus der Glykolyse stammende NADH + H^+ in die Endoxidation eingebracht wird? (S. 39, → Seite 47).
- 5 Welches Coenzym dient bei der alkoholischen Gärung zur Reduktion? (S. 39).

1.5 Mitochondrien und Biologische Oxidation

Inhalt

Unter aeroben Bedingungen wird das im Cytosol gebildete Pyruvat in den Mitochondrien weiter oxidativ abgebaut (Biologische Oxidation). Nacheinander kommt es dort zur oxidativen Decarboxlierung des Pyruvats unter Bildung von Acetyl-CoA, zum Citrat-Zyklus und zur Endoxidation in der Atmungskette, über die in der Atmungsketten-Phosphorylierung ATP gewonnen wird

1.5.1 Struktur der Mitochondrien

Bei den Mitochondrien (Abb. 1.5.1) handelt es sich um längliche Organellen mit einem Durchmesser von rund 1 µm. Ihre Zahl ist der Funktion angepasst und kann von nur 10 bis 200 000 pro Zelle schwanken.

Mitochondrien sind von einer Doppelmembran umgeben. Der Endosymbionten-Hypothese folgend entspricht die innere Membran der Außenmembran des ursprünglichen Endosymbionten, die äußere leitet sich vom Plasmalemma der aufnehmenden Zelle ab. Zwischen der äußeren und der inneren Membran liegt ein Intermembranraum. Die innere Membran ist zur Oberflächenvergrößerung stark nach innen ausgestülpt, oft in Kammform (*Crista*-Typ). Elektronenoptisch erkennt man auf der Matrixseite der Innenmembran zahlreiche Granula. Sie gehen auf ATP-Synthasen zurück. In der inneren Membran liegen auch die integralen Proteinkomplexe der Atmungskette. Den Raum, den die innere Membran umschließt, bezeichnet man als Matrix. In ihr laufen die oxidative Decarboxylierung des Pyruvats und der Citrat-Zyklus ab. In ihr liegen auch die in Mehrzahl ringförmige mitochondriale DNAs (mtDNA).

Abb. 1.5.1

Mitochondrion vom Crista-Typ. Oben: aufgeschnitten; die Kugeln deuten ATP-Synthasen an; unten: schematischer Längsschnitt (verändert aus Hess 1982).

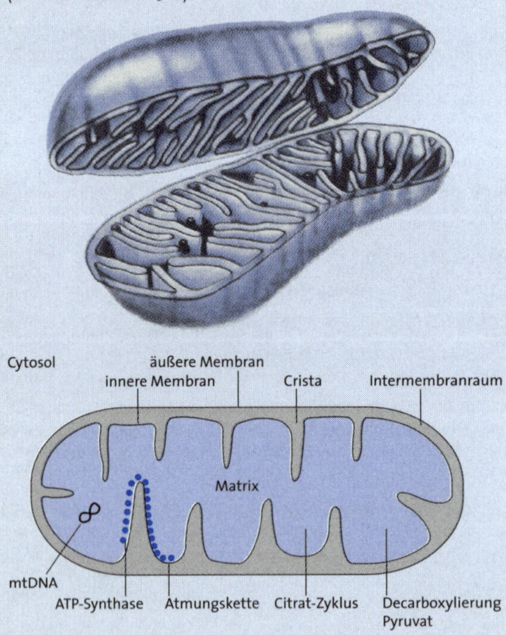

Fortführung der Biologischen Oxidation 1.5.2

Die Fortführung der Biologischen Oxidation erfolgt in drei Etappen (s. Abb. 1.4.2 B, C, D).

Oxidative Decarboxylierung des Pyruvats 1.5.2.1

Das über die Glykolyse angelieferte Pyruvat wird in der Matrix der Mitochondrien dehydriert und decarboxyliert (Abb. 1.5.2). Dabei laufen die Teilreaktionen an einem Multienzymkomplex ab.

Solche Multienzymkomplexe enthalten praktischerweise alle für eine Reaktionsfolge erforderlichen Enzyme. Bei der Dehydrierung bildet sich NADH + H^+ (s. Abb. 1.5.6). Der resultierende Acetylrest wird energiereich an Coenzym A gebunden. Das damit entstandene *Acetyl-Coenzym A* (= Acetyl-CoA; Abb. 1.5.3) kann als *»aktivierte Essigsäure«* nicht nur in den Citrat-Zyklus eingeleitet werden, sondern ist auch wichtiges Startmaterial für eine ganze Reihe von Biosynthesen.

Citrat-Zyklus 1.5.2.2

Der Citrat-Zyklus läuft ebenfalls in der Matrix ab (Abb. 1.5.4). Beim Start wird Acetyl-CoA mit Oxalacetat zu Citrat »kondensiert«. Im weiteren Zyklus werden zwei C-Atome eliminiert. An Zwischenprodukte des Citrat-

Abb. 1.5.2

Oxidative Decarboxylierung des Pyruvats an einem Multienzymkomplex, der Pyruvat-Dehydrogenase.

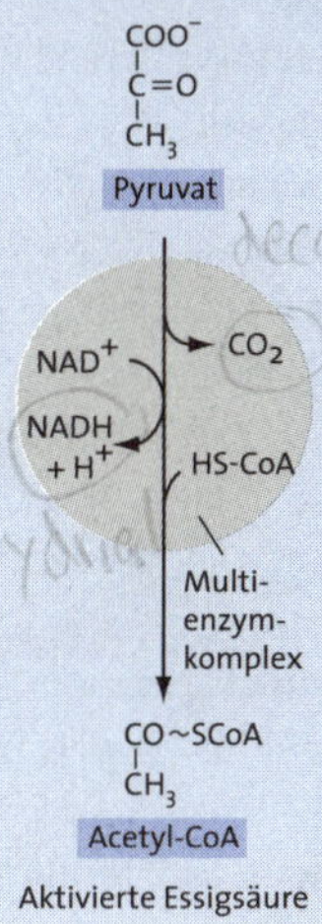

Abb. 1.5.3

Coenzym A (HS-CoA). An die endständige HS-Gruppe wird in Acetyl-CoA ein Acetylrest gebunden, doch können über sie auch andere Acylreste in energiereicher Bindung übernommen werden.

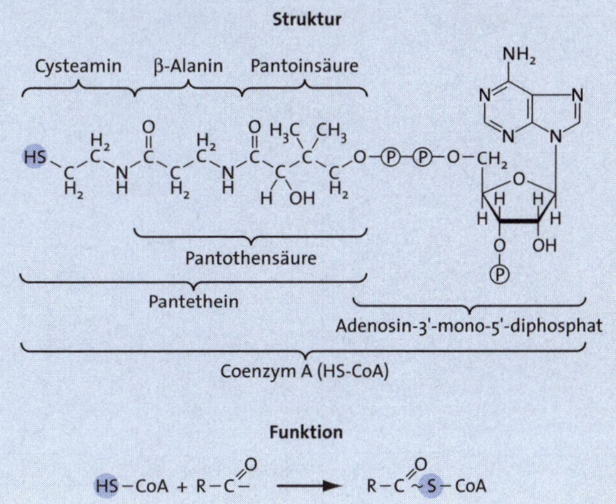

Abb. 1.5.4

Citrat-Zyklus.

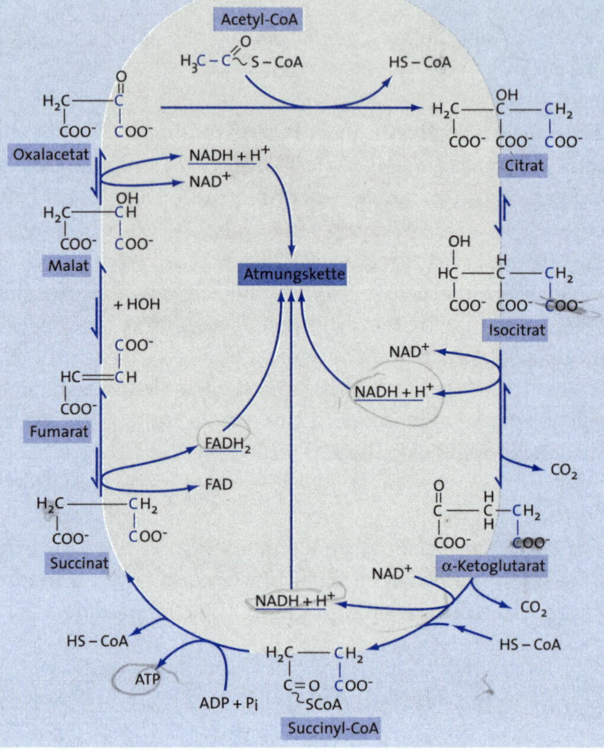

Abb. 1.5.5

Schema einer Elektronentransportkette.

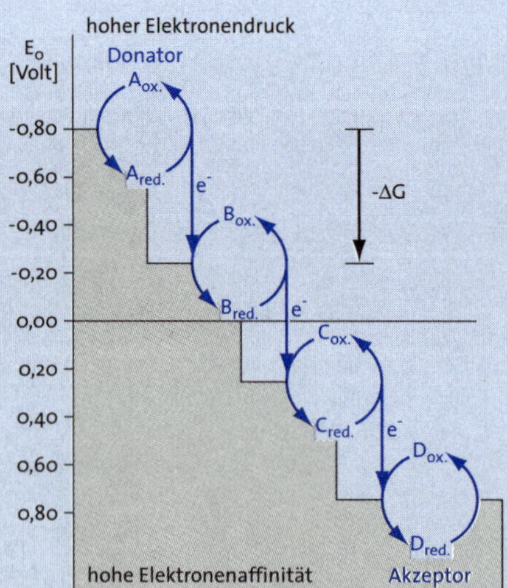

Zyklus lassen sich verschiedene Biosynthese-Wege anschließen. Was den Energiegewinn angeht, fallen ATP und hydrierte Coenzyme an. Dazu einige Details:

Eliminierung von C. Zweimal wird C als CO_2 eliminiert. Damit sind bilanzmäßig die als Acetyl-CoA eingebrachten 2 C-Atome eliminiert. Bilanzmäßig insofern, als es sich in Wirklichkeit um 2 der 4 C-Atome des startenden Oxalacetats handelt.

Box 1.5.1

Redoxsysteme der Atmungskette in Kurzform

Die folgenden Redoxsysteme (Abb. 1.5.6) übertragen Elektronen, fallweise gekoppelt mit Protonen. Je nach der Zahl der Elektronen unterscheidet man zwischen Zwei- oder Ein-Elektronen-Überträgern.

- *Nicotinsäureamid-adenin-dinucleotid (NAD^+)* ist locker an seinen Proteinträger gebunden. Im Gegensatz zu ihm wird das nahe verwandte *NAD-Phosphat ($NADP^+$)* besonders bei Synthesen (Photosynthese!) wichtig (→ Seite 52).
- *Flavin-adenin-dinucleotid (FAD)* und *Flavin-Mononucleotid (FMN)* sind Flavoproteine. Die Verbindung mit dem Proteinträger ist sehr fest. FAD ist Coenzym der Succinat-Dehydrogenase.
- *Cytochrome (Cyt)* sind ebenfalls fest an Protein gebunden. Redoxsystem: vier N-führende Fünfringe, die über 1-C-Brücken ringförmig zu einem Tetrapyrrol verbunden sind. Im Zentrum Fe als eigentliche Redoxkomponente. Die Namensgebung bezieht sich auf das Tetrapyrrol *mit* Protein. Ein gegebenes Tetrapyrrol kann mit verschiedenen Proteinen verbunden sein, z.B. im Häm (roter Blutfarbstoff), in Cyt c (Atmungskette) und in Cyt f (Photosynthese). An der Atmungskette beteiligen sich mehrere Cytochrome.
- *Ubichinon (UQ)* ist ein Chinon mit angefügter Kette aus 5-C-Einheiten (Isopentenyl-Resten), dadurch ist es lipophil, nicht an Protein gebunden und in Membranen leicht beweglich. Die Bezeichnung (lat. ubi = wo) weist darauf hin, dass es, *wo* immer man in Eukaryonten danach suchte, auch gefunden wurde.
- Außerdem gibt es weitere Redoxsysteme, z.B. *Eisen-Schwefel-Zentren*. In ihnen ist Eisen an S-Brücken gebunden, oft an die HS-Gruppe von Cystein in Polypeptiden, also *nicht hämartig* wie in den Cytochromen.

Energiegewinn. Beim Übergang von Succinyl-CoA in Succinat fällt über Substratketten-Phosphorylierung 1 Molekül ATP unmittelbar an. Des Weiteren werden 3 Moleküle NADH + H^+ und 1 Molekül $FADH_2$ (s. Abb. 1.5.6) gebildet. Diese reduzierten Coenzyme werden zum ATP-Gewinn in die Atmungskette eingeleitet.

Endoxidation in der Atmungskette

1.5.2.3

Redoxsysteme und Elektronentransportketten. Redoxsysteme haben ihren Namen daher, dass sie unter Elektronenabgabe vom *red*uzierten in den *ox*idierten Zustand und von ihm durch Elektronenabgabe wieder zurück in den reduzierten Zustand wechseln können. Die Tendenz der Redox-

Abb. 1.5.6

Redoxsysteme der Atmungskette. Die eigentlichen Redoxkomponenten sind hellblau unterlegt. Der blaue Punkt gibt jeweils die Bindungsstelle für Protein an. In Ubichinon (UQ) ist n = 9 bis 10.

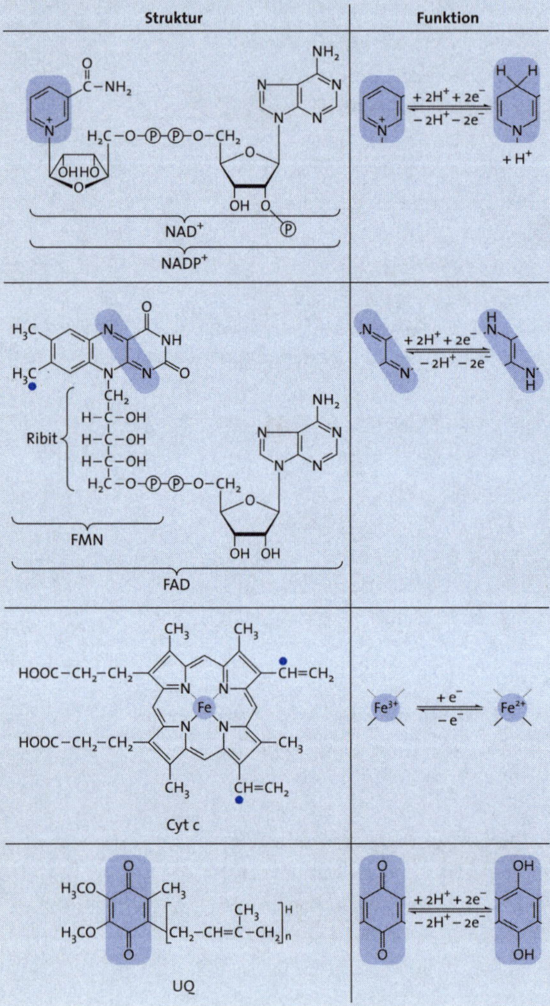

systeme, Elektronen ab- bzw. aufzunehmen, ist unterschiedlich. Bei hohem Redoxpotenzial weisen sie einen hohen Elektronendruck auf, d.h. eine starke Neigung, Elektronen abzugeben, bei niederem Redoxpotenzial kommt ihnen eine hohe Elektronenaffinität zu, d.h. sie nehmen Elektronen gerne auf. Redoxsysteme lassen sich nach fallendem Redoxpotenzial zu *Elektronentransportketten* (Abb. 1.5.5) hintereinanderreihen. In ihnen gibt immer das vorhergehende Redoxsystem Elektronen ab, während das nachfolgende sie zunächst aufnimmt und dann seinerseits weitergibt. Die Redoxsysteme der Atmungskette finden sich in Box 1.5.1.

Endoxidation (Abb. 1.5.7). Die Atmungskette ist in der inneren Mitochondrienmembran lokalisiert. Zu ihr gehören vier integrale, kompliziert gebaute Proteinkomplexe (I bis IV). Komplex II nimmt eine Sonderstellung ein. In ihm liegt die Succinat-Dehydrogenase, die im Citrat-Zyklus Succinat zu Fumarat dehydriert. Über ihr Redoxsystem $FADH_2$ wird Ubichinon reduziert.

Trotz des Fluid-Charakters der Membran (Bewegung!) sichern leicht bewegliche Redoxysteme den Kontakt zwischen den Komplexen. Zwischen den Komplexen I, II und III vermittelt UQ, zwischen den Komplexen III und IV Cyt c, das sich dabei als peripheres Protein an der Grenze zum Intermembranraum bewegt.

Erwähnt werden muss noch, dass auch NADH + H^+ aus der Glykolyse genutzt werden kann. Denn die äußere Mitochondrienmembran ist se-

Abb. 1.5.7

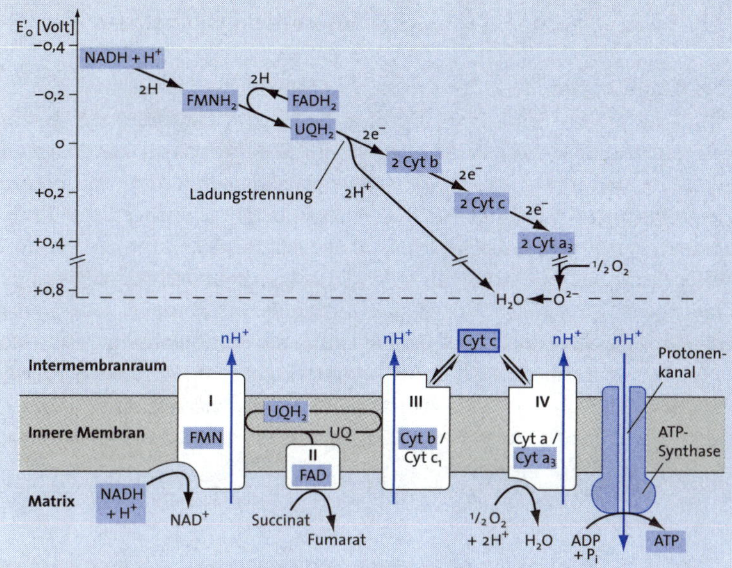

Atmungskette. **Unten:** Schema der Atmungskette mit den vier integralen Komplexen: **I** NADH-Dehydrogenase, **II** Succinat-Dehydrogenase, **III** Cytochrom b/c_1, **IV** Cytochrom a/a_3. Nur die wichtigsten der in den Komplexen vorhandenen Redoxsysteme wurden angegeben. UQ Ubichinon; Cyt c Cytochrom c. Der Transport von Protonen in den Intermembranraum und durch den ATP-Synthase-Komplex (ganz rechts) zurück in die Matrix ist durch blaue Pfeile angedeutet.
Oben: Die Atmungskette als Elektronentransportkette. Einige wichtige Redoxsysteme wurden nach ihren Redoxpotenzialen eingeordnet, der Übersichtlichkeit wegen nur im reduzierten Zustand. Sie stehen jeweils über den gleichen Systemen in der Atmungskette. Das Redoxpotenzial des $FADH_2$ in der Succinat-Dehydrogenase ist gleich hoch wie das von $FMNH_2$ (oben verändert nach LÜTTGE et al. 2002, unten verändert nach STRASBURGER 2002).

lektiv für NADH + H^+ durchlässig. Es wandert dann durch den Intermembranraum und gibt seine Elektronen und Protonen an ein spezielles Redoxsystem in Komplex I ab, eine der wenigen Besonderheiten der Atmungskette in Pflanzen verglichen mit derjenigen bei Tieren.

Die so oder so eingeleiteten Elektronen wandern entlang der Atmungskette bis zum Komplex IV. Die letzte seiner Komponenten, ein kupferführendes Cytochrom a_3, zieht Elektronen von vorhergehenden Cytochromen ab. Es nimmt mit molekularem Sauerstoff direkten Kontakt auf und überführt ihn mit Hilfe der Elektronen und von Protonen aus der Matrix in Wasser. Damit ist die Oxidation beendet. Komplex IV wird wegen seiner Wirkungsweise als *Cytochrom-Oxidase*, aber auch als *direkte Oxidase* oder *Endoxidase* bezeichnet. Ein älterer Name ist *Warburgsches Atmungsferment*.

Box 1.5.2

ATP-Bildung nach MITCHELLS chemiosmotischer Hypothese

Beim Abwärtswandern der Protonen und/oder Elektronen über die Redoxsysteme der Atmungskette (Abb. 1.5.7) wird Energie frei. Sie wird dazu genutzt, über die Komplexe I, III und IV Protonen aus der Matrix in den Intermembranraum zu leiten. Die betreffenden Komplexe sind also auch Protonenpumpen. Über ihre Pumpenaktivität reichern sich Protonen an der Intermembranraumseite der inneren Membran an. Dadurch bildet sich ein zur Matrix hin fallender *elektrochemischer Protonengradient*, über dessen Ausgleich Energie gewonnen werden kann. Ein derartiger *Ladungsausgleich* erfolgt über Kanäle, durch die Protonen in Richtung Matrix wandern. Am Ausgang zur Matrix hin sind ATP-Synthasen aktiv. Schon 1961 hatte MITCHELL eine *chemiosmotische Hypothese* aufgestellt, die eben das gefordert hatte: ATP-Bildung über den Ausgleich eines zuvor aufgebauten Protonengradienten.

Soweit die Atmungskette unter Berücksichtigung der Elektronen. Nun zu den Protonen, wobei es hier noch Fragezeichen gibt.

Atmungsketten-Phosphorylierung. Sowohl über NADH + H^+ als auch über das $FADH_2$ der Succinat-Dehydrogenase werden außer den Elektronen auch Protonen in die Atmungskette eingeschleust. Bei dem Transport über die Atmungskette werden Elektronen und Protonen und mit ihnen auch Ladungen nach UQH_2 voneinander getrennt. Denn die nachfolgenden Cytochrome nehmen nur Elektronen, aber keine Protonen auf. Mit Hilfe von Energie, die in der Atmungskette freigesetzt wird, werden Protonen zunächst im Intermembranraum angereichert. Die beim Ausgleich des so entstandenen Protonengradienten gewonnene Energie wird zur ATP-Bildung genutzt (Box 1.5.2). Die betreffende ATP-Synthese nennt man *oxidative Phosphorylierung* oder *Atmungsketten-Phosphorylierung*.

Leider befindet sich ATP nun dort, wo man es kaum nutzen kann, nämlich in der Matrix. Doch Carrier in der inneren Membran befördern ATP in den Intermembranraum. Von dort gelangt es über relativ große Poren von Proteincharakter in der äußeren Membran ins Cytosol.

Abb. 1.5.8

Die Strukturen von AMP, ADP und ATP, der wichtigsten »Energiemünze« der Zelle. In GTP (Guanosintriphosphat), fallweise anstatt ATP eingesetzt, tritt G an die Stelle des A (nach LEHNINGER 1969).

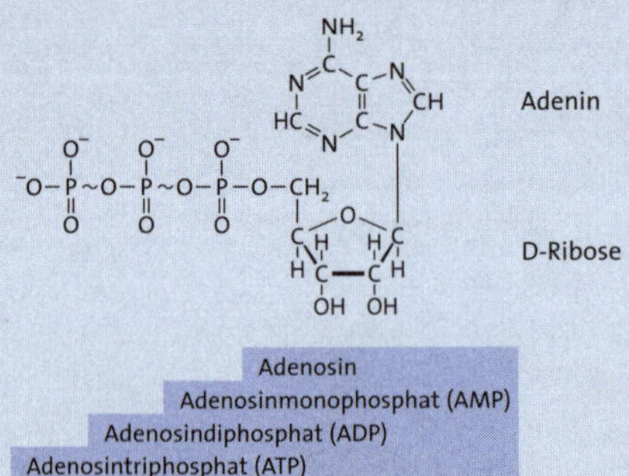

Etappe	Reduziertes Coenzym	Art der Phosphorylierung (Ph.)	ATP-Gewinn
Glykolyse	2 NADH + H^+	Atmungsketten-Ph.	4
		Substratketten-Ph.	2
Oxidative Decarboxylierung Pyruvat	2 NADH + H^+	Atmungsketten-Ph.	6
Citrat-Zyklus	6 NADH + H^+	Atmungsketten-Ph.	18
	2 FADH2	Atmungsketten-Ph.	4
		Substratketten-Ph.	2

Tab. 1.5.1

ATP-Gewinn bei der Biologischen Oxidation, bezogen auf 1 eingebrachtes Molekül Glucose und unter der Annahme, dass alle reduzierten Coenzyme zur ATP-Bildung genutzt werden.

ATP-Ausbeute bei der Biologischen Oxidation

1.5.3

Auf jedes Molekül NADH + H^+, das in die Atmungskette eingeleitet wird, entfallen in der Regel 3 ATP (Abb. 1.5.8). Eine Ausnahme macht NADH + H^+ aus der Glykolyse. Denn seine Passage bis zur inneren Mitochondrienmembran kostet Energie, sodass nur 2 ATP übrig bleiben. Auch über die Succinat-Dehydrogenase eingebrachtes $FADH_2$ liefert nur 2 ATP, Konsequenz dessen, dass es wegen seines niedrigen Redoxpotenzials erst später, nämlich nach NADH + H^+ , in die Atmungskette eingeleitet wird und so eine der Möglichkeiten zum Energiegewinn entfällt (Abb. 1.5.7).

Unter Berücksichtigung dieser Angaben lässt sich der ATP-Gewinn errechnen (Tab. 1.5.1): Beim Abbau von 1 Molekül Glucose werden insgesamt 36 ATP gebildet, 4 davon über Substratketten- und 32 über Atmungsketten-Phosphorylierung. Die Endoxidation ist also für den Energiehaushalt wesentlich.

Fragen

(Seitenverweise zur Beantwortung)

- 1 Welche Hypothese versucht die Doppelmembran der Mitochondrien zu erklären? (S. 40).
- 2 Welche Prozesse der Biologischen Oxidation finden in der Matrix der Mitochondrien statt? (S. 41).
- 3 An welche Komponente von Coenzym A werden Acylreste gebunden? (S. 41).
- 4 In welcher Reaktion des Citrat-Zyklus kommt es zur Substratketten-Phosphorylierung? (S. 43).
- 5 Schildern Sie die Struktur eines Cytochroms! (S. 43)
- 6 Warum heißt die Cytochrom-Oxidase auch direkte Oxidase? (S. 45).
- 7 Warum erhält man bei Einleiten von $FADH_2$ in die Atmungskette nur zwei, nicht wie beim Einleiten von NADH + H^+ drei ATP? (S. 47).

1.6 Plastiden, Photosynthese und Glykolat-Zyklus

Inhalt

Plastiden und ihre Ontogenese und dabei vor allem auch der Bau der Chloroplasten (Doppelmembran, Thylakoide, Stroma) werden geschildert. Danach wird die Photosynthese behandelt: ihre Primärprozesse sind auf den Thylakoidmembranen lokalisiert, die Sekundärprozesse im Stroma. Bei den Sekundärprozessen steht der Calvin-Zyklus mit seinem Schlüsselenzym RubisCO im Mittelpunkt. Über den Crassulaceen-Säure-Metabolismus (CAM) und den C4-Dicarbonsäure-Weg kann dem Zyklus CO_2 auf Sonderwegen zugeleitet werden, die ökologisch wichtig sind. Der Glykolat-Zyklus wird als Versuch interpretiert, die Oxygenase-Funktion der RubisCO zu kompensieren.

1.6.1 Plastiden und ihre Entwicklung

Alle Plastidenformen gehen auf gemeinsame Vorstufen, die **Proplastiden** zurück (Abb. 1.6.1), von denen in meristematischen Zellen rund 20 vorhanden sind. Es handelt sich um rundliche, von einer *Doppelmembran* umgebene Bläschen mit einem Durchmesser von bis zu 1,0 μm, die eine Grundmasse, das *Stroma* enthalten. In ihm liegt auch die ringförmige

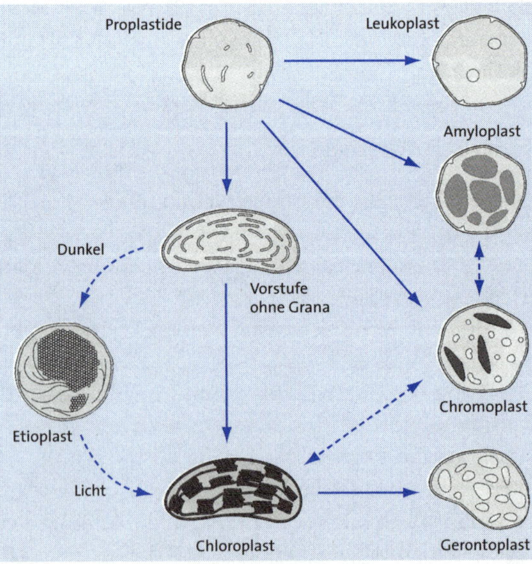

Abb. 1.6.1 Entwicklung der Plastiden. Durchgezogene Linien deuten normale Entwicklungen an, gestrichelte Linien Sonderwege und Übergänge unter bestimmten Voraussetzungen (verändert nach Buchanan et al. 2000).

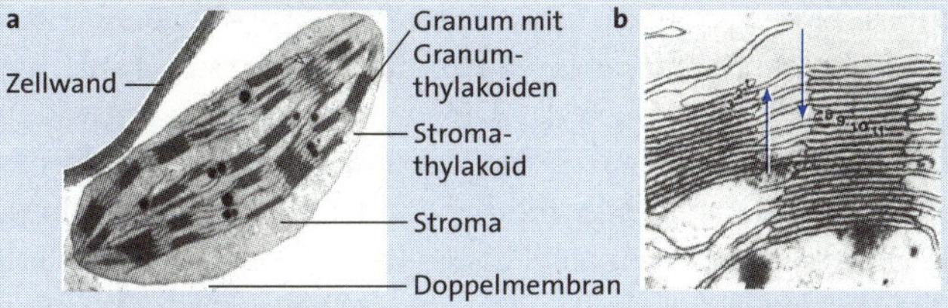

Abb. 1.6.2

EM-Schnitte durch Chloroplasten. **a** Gesamter Chloroplast; **b** Ausschnitt mit zwei Grana. Pfeile weisen auf Stroma-Thylakoide hin, die nicht nur an eines, sondern an zwei der Grana-Thylakoide des jeweiligen Nachbargranums anschließen (verändert nach MUSTARDY et al. 2003).

Plastiden-DNA (pt-DNA). Das Stroma mit pt-DNA findet sich auch in ausdifferenzierten Plastiden. Die nur wenigen Plastiden in meristematischen Zellen müssen in der weiteren Entwicklung vermehrt werden. Das geschieht über Teilungen von Proplastiden, aber vor allem von Plastiden selbst. Sie finden unabhängig von der Zellteilung statt.

Aus den Proplastiden entwickeln sich folgende **Plastidenformen**, die teils ineinander überführt werden können:

- *Amyloplasten* enthalten keine Farbstoffe. In ihrem Stroma wird Stärke in Form von Stärkekörnern deponiert. Besonders die Zellen von Speicherorganen sind reich an Amyloplasten.
- *Leukoplasten* führen wie Amyloplasten keine Farbstoffe, aber auch keine Stärkekörner. Früher hatte man sie als stärkefreie Amyloplasten aufgefasst, doch sie sind funktionell eigenständig. Denn in ihnen werden Lipide und vor allem Monoterpene gebildet, die als Duftstoffe für Pflanze und Parfüm-Industrie wichtig sind.
- *Chromoplasten* sind chlorophyllfrei, enthalten aber Carotinoide als gelbe bis orangerote Farbstoffe. Blüten, aber auch viele Früchte oder manche Wurzelorgane wie die Mohrrüben verdanken ihnen ihre Färbung. Sie entstehen aus Proplastiden, können aber auch aus Chloroplasten unter Chlorophyllverlust gebildet werden. Das ist bei reifenden Tomaten der Fall, deren Fruchtfarbe dann von Grün in Orange oder Rot umschlägt.
- *Chloroplasten* haben ihren Namen von ihrem hohen Chlorophyllgehalt. Doch sollte man nicht übersehen, dass die Chlorophylle eben-

Abb. 1.6.3

Etiolement bei der Kartoffel (*Solanum tuberosum*). Im Dunkeln, etwa im Keller, wächst aus den Augen (s. Abb. 3.3.23) der Knolle ein weißgelber Spross mit sehr langen Internodien und stark reduzierten Blättern aus. Besser kann die Wirkung des Lichts auf die gesamte Entwicklung kaum demonstriert werden (HESS 1981).

falls vorhandene Carotinoide farblich überdecken. Bei höheren Pflanzen sind die Chloroplasten meist linsenförmig mit einem längeren Durchmesser von bis zu 10,0 µm. Schon bei den Proplastiden kann sich die innere Membran etwas ins Stroma ausstülpen und auch einige Vesikel abschnüren. Doch das wird bei der Bildung von Chloroplasten ins Extrem getrieben: von der inneren Membran werden zahlreiche Vesikel abgegeben, die sich zu dem Thylakoidsystem der reifen Chloroplasten vereinigen. Teilweise liegen die flachen Säckchen der Thylakoide (gr. thylakoeides = säckchenähnlich) derart stapelartig übereinander, dass die auch mikroskopisch wahrnehmbaren *Grana* entstehen. Die betreffenden Thylakoide nennt man *Grana-Thylakoide*. Außer ihnen gibt es *Stroma-Thylakoide*, die von den Grana aus das Stroma durchziehen (Abb. 1.6.2 a). Sie stehen mit den Grana-Thylakoiden in Verbindung (Abb. 1.6.2 b). Das gesamte Thylakoidsystem stellt also eine Einheit dar.

- *Etioplasten* zweigen bei Kultur in Dunkelheit als Sonderformen von der normalen Chloroplasten-Entwicklung ab. Denn sowohl die Biosynthese der Chlorophylle als auch die Ausbildung der Thylakoide erfordert bei den Blütenpflanzen Licht. Beim *Etiolement*, wie es vom Austreiben der im dunklen Keller gelagerten Kartoffeln bekannt ist (Abb. 1.6.3), bleibt die Biosynthese der Chlorophylle auf der Stufe von farblosen Protochlorophylliden stehen. Die Membranlipide schließen sich zu einer kristallähnlichen Röhrenstruktur zusammen, dem *Prolamellarkörper*. Etiolierte Triebe sind gelblich mit langen Internodien und schuppenartigen Blättern. Bei Belichtung normalisieren sie sich. Dabei gehen die Etioplasten in Chloroplasten über.
- *Gerontoplasten* sind Altersstadien von Chloroplasten. Sie entstehen aus ihnen unter Chlorophyllverlust und Degeneration des Thylakoidsystems. Sie sind u.a. im Herbstlaub zu finden.

Definition

Photosynthese: Fixierung von CO_2 in organische Akzeptoren und seine Reduktion zur Stufe von Kohlenhydraten unter Ausnutzung der Lichtenergie und unter Verbrauch von Wasser.

1.6.2 Photosynthese: Definition und Hinweise auf die Bedeutung

In den Chloroplasten läuft die Photosynthese ab. In ihr wird nicht nur *CO_2 fixiert*, sondern auch, ökologisch ebenso wichtig, *O_2 entwickelt*.

Zur *Bedeutung der Photosynthese*: Wenigstens alle Ökologen wissen, dass der dabei entwickelte Sauerstoff auch für Mensch und Tier lebenswichtig ist. Jeder Erdenbürger *sollte* auch trotz Unterbewertung der Biologie in vielen Lehrplänen wissen, dass es ohne Photosynthese kein höher entwickeltes Leben gäbe. Weil heute jedoch Masse oft mehr zählt als Klasse, sei noch angefügt, dass es sich bei der Photosynthese mengenmäßig um den wichtigsten biochemischen und nach dem Wasserkreislauf um den zweitwichtigsten aller Prozesse auf unserem Erdball handelt. Schätzungsweise werden über sie jährlich mindestens 250 Milliarden Tonnen Kohlenhydrate angeliefert. Doch trotz entsprechend hoher CO_2-Fixierung kann die Photosynthese den menschgemachten CO_2-Anstieg von jährlich sechs Milliarden Tonnen nicht mehr abfangen. Offensichtlich ist eine darauf zurückgehende Klimaerwärmung bereits eingeleitet.

Primärprozesse der Photosynthese

1.6.3

Die Photosynthese gliedert sich in Primär- und Sekundärprozesse. Bei den Primärprozessen handelt es sich um die Photolyse und um Elektronentransportketten, über die NADPH + H^+ und/oder ATP angeliefert werden. An zwei Stellen werden die Elektronentransportketten durch Licht angetrieben, daher früher die Bezeichnung »Lichtreaktion« für die Primärprozesse. Sie finden in den Thylakoiden statt.

Redoxsysteme der Primärprozesse

1.6.3.1

Chlorophylle (Chl) sind für die Photosynthese zentral wichtige Redoxsysteme (Abb. 1.6.4). Sie bestehen aus dem namengebenden grünen Farbstoff, der an Proteine gebunden ist. Bei den Farbkomponenten handelt es sich wie bei den Cytochromen um zyklische Tetrapyrrole, die im Zentrum jedoch Mg^{2+} führen. Über Zufuhr von Lichtenergie können Chlorophylle dadurch ionisiert werden, dass aus ihrer organischen Komponente ein Elektron pro Molekül ausgestoßen wird. Mg^{2+} ändert seine Wertigkeit nicht! In höheren Pflanzen kommen das mengenmäßig vorherrschende Chl a mit einer Methylgruppe und Chl b mit einer Aldehydgruppe in Ring B vor. Chl b entsteht aus Chl a durch Oxidation der Methylgruppe. Von den weiteren Substituenten am Tetrapyrrol wird Phytol, ein sekundärer Alkohol von Diterpencharakter, wichtig, denn seine hydrophoben Eigenschaften ermöglichen eine Verankerung der Chlorophylle auch in lipophilen Domänen der Trägerproteine.

Chl a und b assoziieren mit mehreren verschiedenen Proteinen. Deshalb gibt es nicht nur *ein* Chl a und ebensowenig nur *ein* Chl b, sondern eine ganze Reihe Chlorophylle a bzw. b mit unterschiedlichen Absorp-

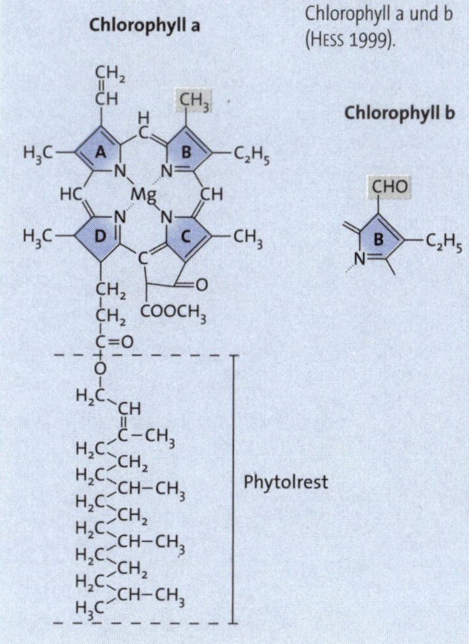

Abb. 1.6.4

Chlorophyll a und b (HESS 1999).

Box 1.6.1

Redoxsysteme der Photosynthese (ohne Chlorophylle) in Kurzform

- *Cytochrome* (Cyt) (→ Seite 43). In der Photosynthese sind Cyt b_6, hier kurz Cyt b, und Cyt f wichtig. In Cyt f, das als Beispiel genügen soll, findet sich das gleiche Tetrapyrrol wie im Cyt c der Atmungskette (Abb. 1.5.6).
- *NADPH + H⁺* (→ Seite 44, Abb. 1.5.6). Oft ist man sich unsicher, ob bei einer bestimmten Reaktion NAD^+ oder $NADP^+$ mitspielt. Regel: NADPH + H^+ bei Reaktionen in Chloroplasten und insbesondere bei Synthesen (Photo*synthese*).
- *Plastochinon* (PQ) (Abb. 1.6.5). Redoxcharakter wie beim Ubichinon (→ Seite 43). »Plasto-« erinnert an das Vorkommen in Plastiden. PQ liegt als freie, leicht bewegliche Komponente im *Plastochinon-Pool* vor, aber auch in Form von Proteinkomplexen.

Abb. 1.6.5

Plastochinon (PQ). Je nach der Zahl der C_5-Einheiten (n = 6 bis 10) unterscheidet man mehrere Plastochinone. Beim häufigen Plastochinon A ist n = 9.

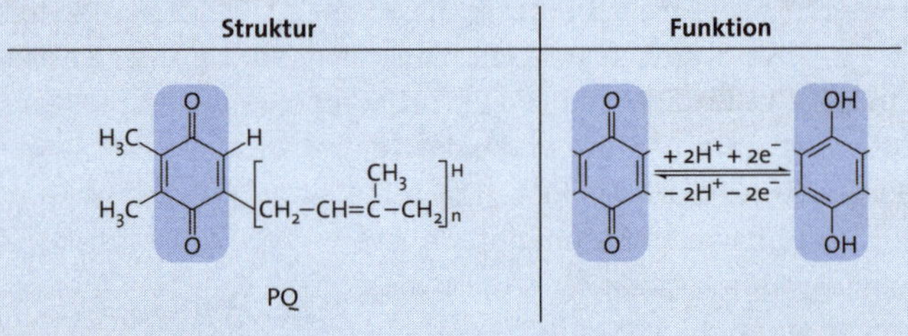

- *Plastocyanin* (PC). Kleines, leicht bewegliches, kupferhaltiges Protein mit 1 Cu-Atom pro Molekül, das reversibel von Cu^{2+} zu Cu^+ wechselt.
- *Ferredoxin* (Fd). Ebenfalls ein kleines, leicht bewegliches peripheres Protein mit 2 an S gebundenen Fe-Atomen pro Molekül.
- *Wasserspaltender Komplex* (WSK). Bestandteil von Photosystem II mit einem Cluster von 4 Mn als Redoxsystem, das dem Wasser 4 Elektronen entzieht und damit den nichtzyklischen Elektronentransport startet.

Mit dieser Aufzählung sind nicht alle Redoxsysteme der Primärprozesse erfasst, doch sie reicht aus, um den Elektronentransport bei den Primärprozessen im Prinzip verstehen zu können.

tionsspektren. Summarisch gesehen absorbieren Chlorophylle Licht aus dem blauen (um 450 nm) und roten (um 650 nm) bis gelben Bereich des Spektrums, im Grünen, das ja rückgestrahlt wird, befindet sich eine Absorptionslücke.
Weitere Redoxsysteme der Photosynthese finden sich in Box 1.6.1.

Zwei Photosysteme

1.6.3.2

Licht treibt den Elektronentransport über zwei Photosysteme oder Pigmentsysteme (PS) an, über **PS II** und **PS I**. Dabei handelt es sich um ähnlich aufgebaute Protein-Pigment-Komplexe (Abb. 1.6.6), die in Thylakoidmembranen lokalisiert sind. Einige Unterschiede zwischen den beiden PS bleiben hier unerwähnt, weil sie für das Verständnis nicht unbedingt erforderlich sind.

Beide PS enthalten einen **Core-Bereich** mit dem *Reaktionszentrum* (RZ) und den *inneren lichtsammelnden Komplexen*, die man auch Core-Antenne nennt. Hinzu kommen *äußere lichtsammelnde Komplexe*, *LHC II* bzw. *LHC I* (*LHC* = Light-Harvesting-Complex). Mit PS II sind möglicherweise sogar bis zu vier LHC-II-Komplexe assoziiert. Die Pigmente der Lichtsammler-Komplexe werden auch zusammenfassend als *akzessorische Pigmente* bezeichnet. Sie fangen als *Antennenpigmente* Photonen ein und leiten sie in physikalisch veränderter Form als *Excitonen* über jeweils benachbarte Farbstoffmoleküle letztlich dem RZ zu. Eine weitere Funktion ist der *Schutz vor Photooxidationen*, d.h. vor durch zu starke Strahlung bedingten, schädlichen Oxidationen. Bei den Antennenpigmenten handelt es sich vor allem um Carotinoide und um Chlorophylle a und b, jeweils an Protein gebunden. 250 bis 300 Antennenchlorophylle entfallen auf jedes RZ. In beiden RZ findet sich ein *Chl a-Dimer*, dessen beide Chlorophyllmoleküle bei Einleitung von Excitonen ionisiert werden. Bei PS II handelt es sich dabei um Chl a, das ein Absorptionsmaximum bei 680 nm aufweist

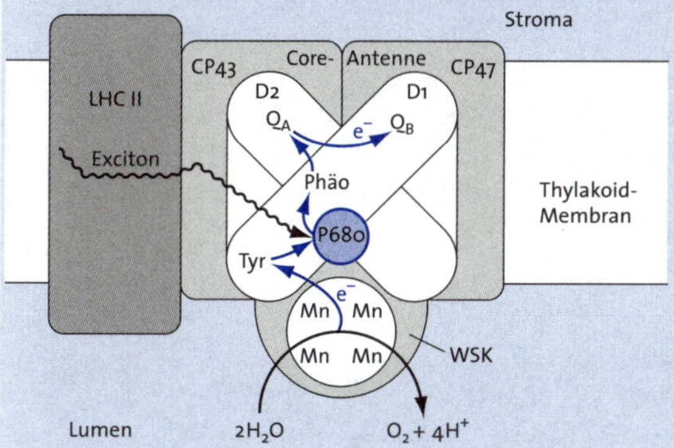

Abb. 1.6.6

Strukturmodell des PS II. Das Reaktionszentrum mit dem assoziierten wasserspaltenden Komplex (WSK) ist mit Ausnahme von P680 weiß gehalten. Der vierzählige Mn-Cluster im WSK entzieht Wasser Elektronen, sodass es zur Photolyse kommt. Die Elektronen wandern zu einem Tyrosinrest (Tyr) und weiter zu P680. Die dort bei Ionisierung der Chlorophylle ausgestoßenen Elektronen gelangen zunächst zu Phäophytin (Phäo = Mg-freies Chlorophyll), dann zu einem ersten gebundenen Plastochinon (Q_A in Protein D2) und schließlich zu einem zweiten gebundenen Plastochinon (Q_B in Protein D1). Von dort werden sie in den Plastochinon-Pool abgegeben (nicht eingezeichnet). Die Core-Antenne, der innere Lichtsammler-Komplex, besteht aus CP 43 und CP 47. Links liegt einer der vermutlich vier äußeren Lichtsammler-Komplexe (LHC II). Die Wanderung eines Excitons bis zu P680 ist angedeutet. Das Modell enthält nicht alle beteiligten Faktoren und ist wie bislang alle derartigen Vorstellungen vorläufig (verändert nach BUCHANAN et al. 2000).

und deshalb als P680 bezeichnet wird, PS I enthält Chl a, das bei 700 nm maximal absorbiert und dementsprechend P700 genannt wird.

1.6.3.3 Elektronentransportketten

Die Elektronentransportketten, von denen zunächst der **nicht-zyklische Elektronentransport** (Abb. 1.6.7) besprochen werden soll, sind in den Thylakoidmembranen lokalisiert. Wie bei der Atmungskette finden sich integrale Proteinkomplexe, zwischen denen leicht bewegliche Redoxsysteme vermitteln. Bei den integralen Proteinen handelt es sich um PS II, den Cyt-b/f-Komplex und PS I, bei den Vermittlern um freies Plastochinon (PQ) und Plastocyanin (PC). Ferredoxin (Fd) ist ein beweglicher Elektronenüberträger, der auch beim zyklischen Elektronentransport entscheidend wichtig wird.

Abb. 1.6.7

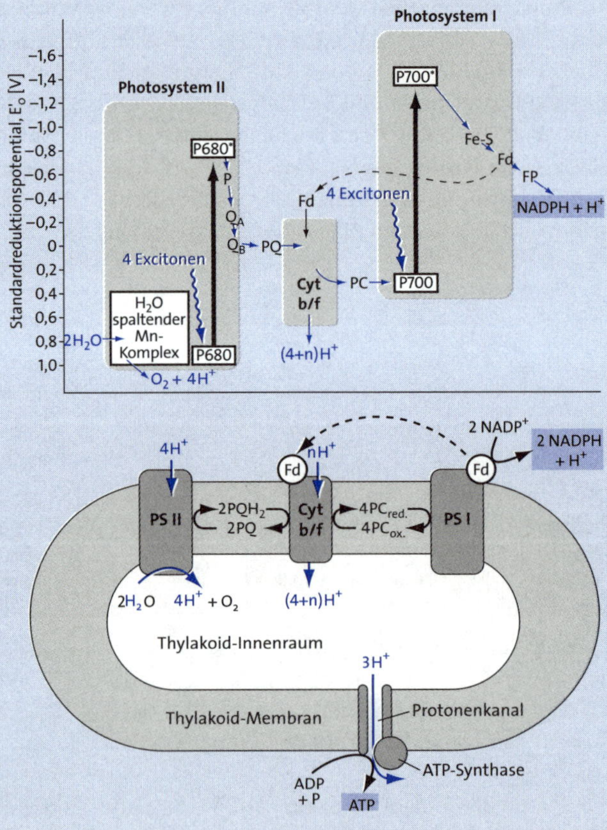

Elektronentransportketten in den Primärprozessen und Photophosphorylierung (Erklärung s. Text). **Oben:** Anordnung der Redoxsysteme nach Redoxpotenzialen im Z-Schema; **unten:** ein Thylakoidkompartiment. Oben in Blau der nichtzyklische Elektronentransport. Oben und unten schwarz gestrichelt der zyklische Elektronentransport. Die drei integralen Proteinkomplexe, PS II, Cyt-b/f-Komplex und PS II sind in den Teilzeichnungen jeweils übereinander angeordnet. Unten wird die Anreicherung von Protonen im Thylakoid-Innenraum angedeutet. Der Ausgleich des elektrochemischen Protonengradienten und damit die ATP-Bildung (Photophosphorylierung) erfolgt über einen vierten integralen Proteinkomplex, den Protonenkanal mit ATP-Synthase. Nicht alle Redoxsysteme werden angegeben: Phäo Phäophytin (P); Q_A gebundenes Plastochinon (PQ); Q_B gebundenes PQ, das in Kontakt mit freiem PQ, dem Plastochinon-Pool steht; PC Plastocyanin; Fd Ferredoxin; FP Ferredoxin-NADP-Reduktase, ein Flavoprotein mit FAD.

Beginnen wir mit PS II. Sein P680-Dimer wird bei Zufuhr von Excitonen ionisiert. Es deckt sein Elektronendefizit aus dem WSK, der seinerseits zwei Moleküle Wasser unter Entzug von vier Elektronen in O_2 + 4 H^+ spaltet. Diese Wasserspaltung bezeichnet man als *Photolyse.* Sie führt u.a. zu einer Anreicherung von Protonen im Thylakoidinnenraum und zur ökologisch wichtigen O_2-Entwicklung.

Die von P680 abgegebenen Elektronen werden im PS II über einige weitere Redoxsysteme zu PQ_B geleitet, dem zweiten proteingebundenen Plastochinon. Von dort gelangen sie in den Plastochinon-Pool, der aus frei beweglichen PQ-Molekülen besteht. Jedes von ihnen nimmt außer zwei Elektronen noch 2 H^+ auf, die über die im PS II gebundenen PQs aus dem Stroma angeliefert werden. Das resultierende PQH_2 stellt die Verbindung mit dem Cyt-bf-Komplex her. Es gibt seine Elektronen an ihn ab. Die Protonen gelangen über den Komplex in den Thylakoidinnenraum. Zwischen dem Cyt-bf-Komplex und PS I fungiert PC als Elektronenüberträger. In PS I erhält der Elektronentransport neuen Schwung. Denn auch das P700-Dimer wird über Excitonen ionisiert, drückt seine Elektronen in eine Folge von Redoxsystemen hinein, an deren Ende $NADP^+$ steht, und zieht die ihm nun fehlenden Elektronen geradezu aus PC heraus. $NADP^+$ ist an der Stromaseite der Thylakoidmembran lokalisiert. Mit Hilfe von Elektronen aus der Redoxkette und von Protonen aus dem Stroma geht es in NADPH + H^+ über. Außer NADPH + H^+ liefert der nicht-zyklische Elektronentransport auch ATP an. Doch daneben gibt es auch einen **zyklischen Elektronentransport**. Im normalen, nicht-zyklischen Transport überträgt Fd seine Elektronen letztlich auf $NADP^+$. Doch Fd kann auch zum Cyt-b/f-Komplex wandern. Dort wird mit Hilfe der Elektronen des Fd und von Protonen aus dem Stroma zunächst PQ aus dem Plastochinon-Pool zu PQH_2 reduziert. Dieses gibt die Protonen in den Innenraum ab, während die Elektronen auf dem bekannten Weg über Cyt b und f und PC zu P700 zurückwandern, also einen Zyklus durchlaufen. Produkt ist ausschließlich ATP.

Photophosphorylierung 1.6.3.4

Die Bildung von ATP erfolgt wie bei der Endoxidation entsprechend MITCHELLS chemiosmotischer Hypothese, jedoch einfacher als in der Atmungskette (s. Abb. 1.6.7). Wieder baut sich ein elektrochemischer Protonengradient auf. Er steigt vom Stroma über die Membran in den Thylakoidinnenraum an. Dazu trägt Folgendes bei:

- bei der Photolyse fallen Protonen im Thylakoidinnenraum an;
- dem Stroma werden Protonen entnommen, die über gebundene Qs, den Plastochinon-Pool und den Cyt-bf-Komplex ebenfalls in den Innenraum gelangen;

- es können gegebenenfalls auch über den zyklischen Elektronentransport Protonen in den Innenraum geschleust werden;
- über die Bildung von NADPH + H^+ werden Protonen an der Außenseite der Membran gebunden.

Der Ausgleich des Protonengradienten erfolgt wieder über integrale Proteinkomplexe. Ein solcher Proteinkomplex besteht aus einem Kanal, durch den die Protonen in Richtung Stroma wandern, und einer ATP-Synthase (F-Typ-ATPase, → Seite 37) an seinem stromaseitigen Ausgang. Auf drei Protonen, die den Kanal passieren, entfällt ein von der Synthase gebildetes Molekül ATP. Seine Bildung bezeichnet man als *Photophosphorylierung*. Sie findet sich beim nichtzyklischen ebenso wie beim zyklischen Elektronentransport.

Merksatz

Über den nichtzyklischen Elektronentransport werden NADPH + H^+ und ATP angeliefert, über den zyklischen nur ATP.

Der nichtzyklische Elektronentransport ist wichtiger als der zyklische. Denn über ihn werden *beide* Substanzen, die für die Sekundärvorgänge unabdingbar sind, NADPH + H^+, das »*Reduktionsäquivalent*«, und ATP, das »*Energieäquivalent*« gebildet, über den zyklischen nur ATP. Beide Substanzen sind vom Stroma her leicht abgreifbar (Box 1.6.2).

1.6.4 Sekundärprozesse der Photosynthese

In den Sekundärprozessen wird CO_2 im Stroma mit Hilfe von NADPH + H^+ und ATP aus den Primärvorgängen in einen organischen Akzeptor fixiert und bis auf die Stufe von Kohlenhydraten reduziert. Dabei spielt der Calvin-Zyklus eine zentrale Rolle. Die Sekundärprozesse können prinzipiell auch im Dunkeln ablaufen, daher die veraltete Bezeichnung »Dunkelreaktion«. Sie sind jedoch indirekt lichtabhängig, weil sie die oben genannten Substanzen aus den Primärprozessen benötigen.

1.6.4.1 Calvin-Zyklus

Dieser Kreislauf (Abb. 1.6.9) hat seinen Namen nach Calvin, der maßgeblich zu seiner Klärung beitrug. Der *primäre CO_2-Akzeptor*, also die Substanz, in die CO_2 erstmals fixiert wird, ist Ribulose-1,5-bisphosphat (RubP). Als erstes fassbares Produkt der Sekundärvorgänge bildet sich 3-Phosphoglycerat (3-PGA), ein C_3-Körper. Pflanzen, bei denen das der Fall ist, nennt man dementsprechend *C_3-Pflanzen*. 3-PGA wird unter Einsatz von ATP und NADPH + H^+, beides aus den Primärvorgängen, zu 3-Phosphoglycerinaldehyd (3-PGAL) reduziert. 3-PGAL steht im Gleichgewicht mit seinem Isomeren Dihydroxyacetonphosphat (DHAP). Beide bezeichnet man als Triosephosphat. Dabei handelt es sich um die *ersten Kohlenhydrate*, die im Calvin-Zyklus gebildet werden. Sie lagern sich zur ersten *Hexose* zusammen, dem Fructose-1,6-bisphosphat (FbP). Es lässt sich

Box 1.6.2

Lokalisierung der integralen Proteinkomplexe

An den Primärprozessen beteiligen sich vier integrale Proteinkomplexe, PS I, PS II, der Cyt-b/f-Komplex und der ATP-Synthase-Komplex einschließlich Protonenkanal. Wo im Bereich der Thylakoide, insbesondere wenn es sich um Grana handelt, sind sie lokalisiert? Eine erste Antwort ist leicht zu geben: Die Sekundärprozesse laufen im Stroma ab. NADPH + H^+ und ATP werden in ihnen benötigt. Also müssen beide Substanzen vom Stroma her abgreifbar sein. Dementsprechend liegen der ATP-Synthase-Komplex und PS I, von dem aus NADPH + H^+ gebildet wird, in vom Stroma her zugänglichen Thylakoidmembranen. Grenzen in den Grana zwei Thylakoidmembranen aneinander, fehlen ihnen die genannten Komplexe. PS II mit LHC II liegt dagegen vorwiegend in solchen aneinander grenzenden Membranen. Da die LHC II sich an der jeweils gegenüberliegenden Membran verankern sollen, wäre auch das verständlich. Der Cyt-b/f-Komplex schließlich zeigt keine Präferenz (Abb. 1.6.8).

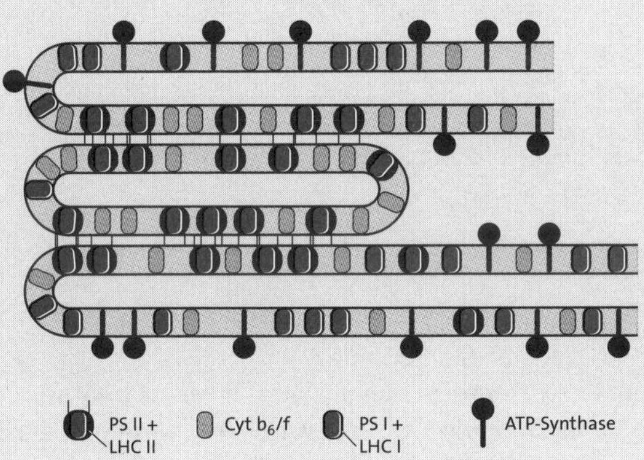

Abb. 1.6.8

Lokalisierung der an den Primärprozessen beteiligten integralen Proteinkomplexe in Thylakoidmembranen. Die Polypeptidketten des LHC II, die vermutlich zwei parallel gelagerte Membranen aneinander fixieren, sind als Striche angedeutet. LHC = Lichtsammler-Komplex (verändert nach KLEINIG und SITTE aus HESS 1999).

unter Abspaltung von Phosphat in Fructose-6-phosphat, Glucose-6-phosphat und dann weitere Kohlenhydrate überführen.

Doch damit hätten wir noch keinen Kreislauf. Er kommt erst über die Regeneration des primären CO_2-Akzeptors RubP zustande. Dazu wird FbP zusammen mit drei Molekülen Triosephosphat in eine komplexe Folge von Verschiebungen eingeleitet, an deren Ende drei Moleküle Pentosephosphat stehen. Sie werden in Ribulose-5-phosphat und dann RubP überführt. Die treibende Kraft für die Bildung der Pentosephosphate ist außer ATP das Reduktionsäquivalent NADPH + H^+. Damit wird auch die Bezeichnung *reduktiver Pentosephosphat-Weg* für den Calvin-Zyklus verständlich.

Abb. 1.6.9

Der Calvin-Zyklus. 1 RubisCO (Ribulose-1,5-bisphosphat-Carboxylase-Oxygenase); 3-PGA (3-Phosphoglycerat; engl. acid =A= Säure); 3-PGAL (3-Phosphoglycerinaldehyd); DHAP (Dihydroxy-acetonphosphat); FbP (Fructose-1,6-bisphosphat).

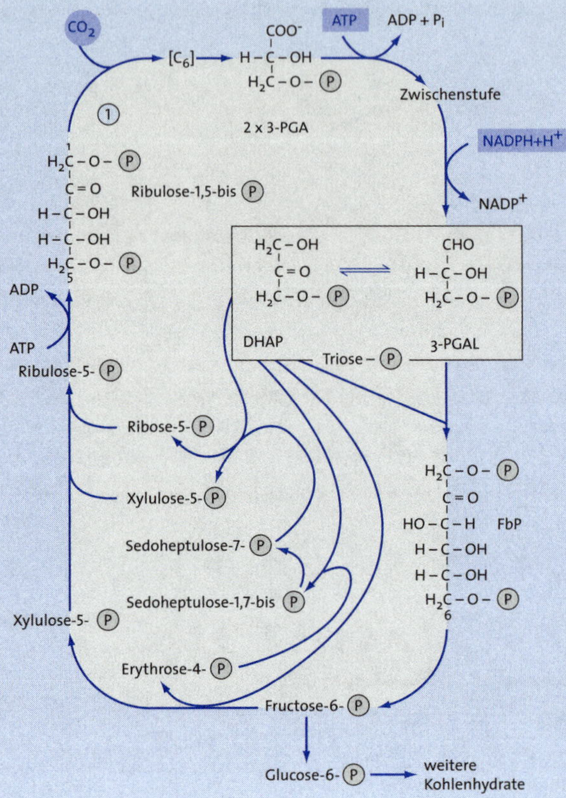

Wenigstens ein Enzym aus dem Calvin-Zyklus muss genannt werden, die **RubisCO**. Sie katalysiert die CO_2-Fixierung und wird damit zum Schlüsselenzym des Zyklus. Mengenmäßig macht sie die größte Proteinfraktion der grünen Laubblätter aus. Ihr Name ist eine Kurzform für Ribulose-1,5-bisphosphat-Carboxylase-Oxygenase. Demnach setzt sie ihr Substrat RubP (Ribulose-1,5-bisphosphat) auf zwei Wegen um (Abb. 1.6.10). Die *Carboxylase*-Funktion haben wir eben kennen gelernt, die *Oxygenase*-Funktion wird später genauer behandelt.

Die ptDNA kann nur einen Teil der Proteine codieren, die für Struktur und Funktion der Chloroplasten erforderlich sind. Was fehlt, muss von Genen im Zellkern angeliefert werden. Die Zusammenarbeit zwischen Genen in beiden Organellen kann so eng sein, dass »Hybride« gebildet werden. So setzt sich die *RubisCO* aus acht großen (MG je etwa 55 000) und acht kleinen *Untereinheiten* (MG je etwa 14 000) zusammen.

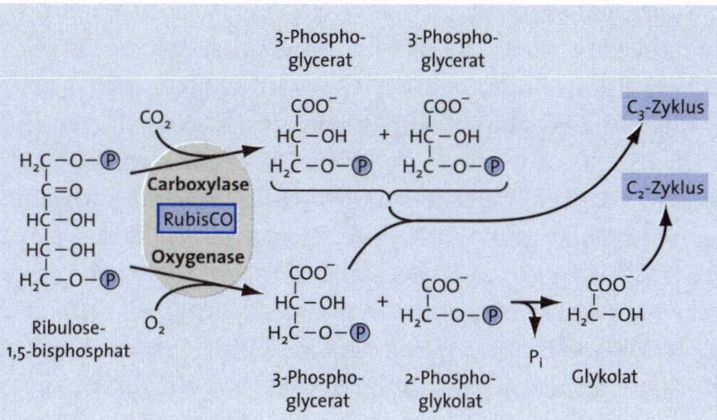

Abb. 1.6.10

Die Carboxylase- und die Oxygenase-Funktion der RubisCO. C_3-Zyklus = Calvin-Zyklus; C_2-Zyklus = Glykolat-Zyklus.

Die kleinen Untereinheiten werden von Zellkern-DNA, die großen von ptDNA codiert.

Der Skeptiker könnte fragen, wie sich diese genetische Situation mit der *Endosymbionten-Hypothese* vereinbaren lässt; denn die Endosymbionten, die zu Chloroplasten wurden, sollten doch wohl das gesamte für sie selbst (für Chloroplasten) erforderliche Genmaterial mitgebracht haben. Die Antwort: es soll zu einer Massenflucht von Genen aus den Chloroplasten in den Zellkern gekommen sein.

Variante in der CO_2-Anlieferung

1.6.4.2

Bei zwei ökologischen Pflanzengruppen, den CAM-Pflanzen und den C_4-Pflanzen, ist der primäre CO_2-Akzeptor nicht RubP (Ribulose-1,5-bisphosphat), sondern Phosphoenolpyruvat (PEP; Abb. 1.6.11). Eine mit HCO_3^- arbeitende PEP-Carboxylase überführt es in Oxalacetat, das dann u.a. zu Malat reduziert werden kann. Malat gibt CO_2 an den Calvin-Zyklus ab. Der Calvin-Zyklus entfällt also nicht, sondern es werden ihm nur spezielle Wege der CO_2-Anlieferung vorgeschaltet. Über die Nutzung des transportablen CO_2-Speichers Äpfelsäure bzw. Malat können die Spaltöffnungen bei heißen und trockenen Außenbedingungen zur Vermeidung von Wasserverlusten vorübergehend geschlossen werden, ohne dass die Photosynthese darunter leidet. Doch trotz solcher Übereinstimmungen unterscheiden sich die bei den beiden Gruppen eingeschlagenen Wege in wesentlichen Details.

CAM-Pflanzen zeigen nachts eine starke Ansäuerung ihres Zellsafts, tags eine Absäuerung. Diese Schwankungen gehen auf entsprechend wechselnde Mengen an Malat bzw. Äpfelsäure zurück. Man spricht deshalb auch von einem *diurnalen Säurerhythmus*. Doch hat sich die Bezeichnung *Crassulaceen-Säure-Metabolismus* (Crassulacean acid metabolism *CAM*; en acid = Säure; Abb. 1.6.12) weitgehend durchgesetzt. Er findet sich bei

Abb. 1.6.11

Phosphoenolpyruvat (PEP) und seine Überführung in Oxalacetat und Malat. 1 PEP-Carboxylase, die mit HCO_3^- arbeitet. Oxalacetat wird bei den CAM-Pflanzen mit Hilfe von NADH + H^+, bei den C_4-Pflanzen mit Hilfe von NADPH + H^+ zu Malat reduziert. Strukturformeln von Oxalacetat und Malat s. Abb. 1.5.4.

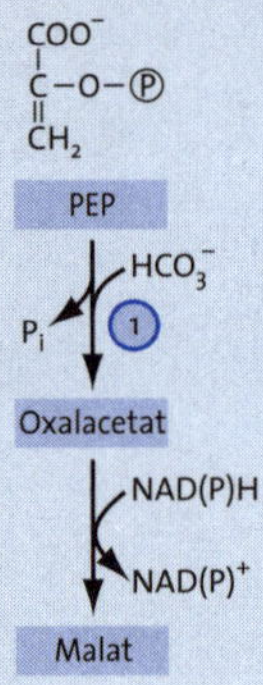

vielen Sukkulenten, nicht nur bei den Crassulaceae, sondern u.a. auch bei Cactaceae, Agavaceae oder den Bromeliaceae mit der Ananas.

Nachts sind die Stomata offen. CO_2 wird aufgenommen und geht in HCO_3^- über. Im Cytoplasma wird es von einer nachts aktiven PEP-Carboxylase in PEP fixiert. Das so gebildete Oxalacetat wird mit Hilfe von NADH + H^+ in Malat überführt. Über einen aktiven Transportmechanismus wird Malat in die Vakuole eingebracht und dort als Äpfelsäure gespeichert. Tags wird es aus der Vakuole über einen noch unbekannten Mechanismus wieder entnommen, in Chloroplasten eingeführt und dort in CO_2, NADPH + H^+ und Pyruvat zerlegt. CO_2 wird im Calvin-Zyklus der Chloroplasten erneut fixiert, NADPH + H^+ geht ebenfalls in den Calvin-Zyklus ein. Pyruvat wird noch in den Chloroplasten in PEP überführt, das für eine neue, *nächtliche* Fixierungsrunde in das Cytoplasma übergehen kann. Tags liegt die PEP-Carboxylase in einer inaktiven Form vor und bedeutet so keine Konkurrenz für die RubisCO (→ Seite 58). Unter solchen Bedingungen erlaubt es die Nutzung des mobilen CO_2-Speichers Malat, die Spaltöffnungen während der heißen Tageszeit zu schließen und den Calvin-Zyklus dennoch zu unterhalten.

Insgesamt gesehen liegt eine *zeitliche Kompartimentierung* vor: die erste CO_2-Fixierung erfolgt in der Nacht, die zweite bei Tag.

C_4-Pflanzen. Die Bezeichnung nimmt darauf Bezug, dass C_4-Dicarbonsäuren wie Oxalacetat die ersten Produkte der Sekundärprozesse sind. Doch das ist nicht alles, es findet sich ein ganzes *C_4-Syndrom*, das auf einer *räumlichen Kompartimentierung* zwischen zwei verschiedenen, aber aufeinander abgestimmten Zelltypen basiert:

Abb. 1.6.12

Zeitliche Kompartimentierung beim CAM, Erklärung s. Text. 1 PEP-Carboxylase. P H^+-ATPase. CZ Calvin-Zyklus. PGA 3-Phosphoglycerat, M Malatkanal. Strukturformeln s. Abb. 1.5.4 und Abb. 1.6.10 (verändert nach HESS 1999).

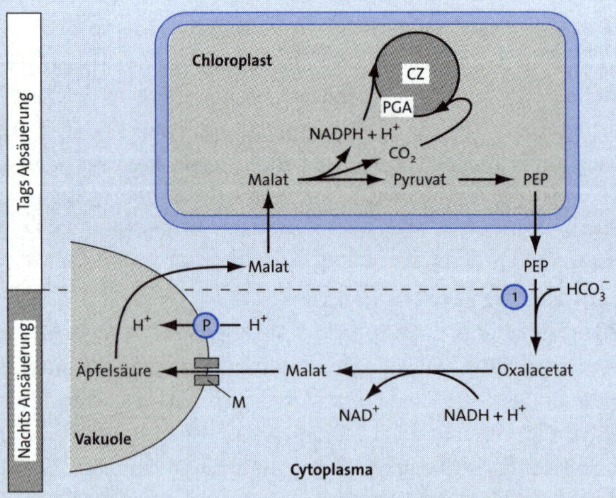

- *Kranztyp* des Blattquerschnitts (Abb. 1.6.13), gekoppelt mit *Chloroplastendimorphismus* (Abb. 1.6.14). Die sonst übliche Trennung des Mesophylls in Palisaden- und Schwammparenchym (→ Seite 190) fehlt. Stattdessen werden die Gefäßbündel von einem ersten Kranz an großen *Bündelscheidenzellen* umgeben. Ihre Chloroplasten enthalten keine Grana und kaum PS II. Um sie herum liegen als zweiter Kranz *Mesopyllzellen* mit Grana in Chloroplasten, in denen sich nur wenig RubisCO, aber dennoch oft Stärke findet.

Abb. 1.6.13

Die Anatomie von C_3- und C_4-Blättern. In C_4-Blättern sind die Bündelscheidenzellen größer und bilden einen dicht gepackten inneren Kranz. Ein äußerer Kranz aus Mesophyllzellen umschließt sie (nach PURVIS und ORIANS aus HESS 1999).

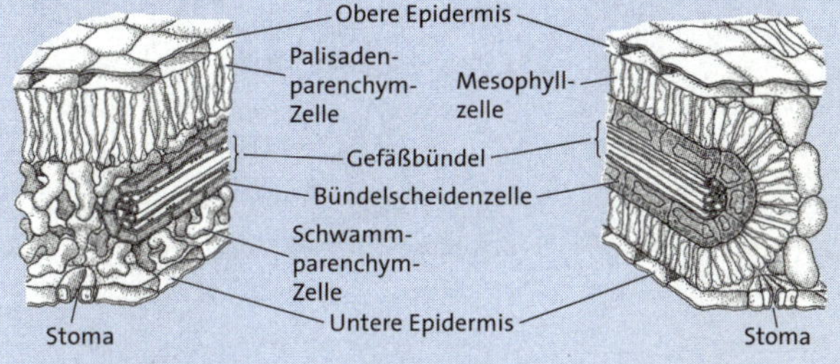

- *C_4-Dicarbonsäure-Weg*. Im Cytoplasma von Mesophyllzellen bildet die PEP-Carboxylase Oxalacetat. Das hier *über Licht aktivierte* Enzym arbeitet mit HCO_3^-, zu dem es eine hohe Affinität aufweist und das in wässrigem Milieu in sehr viel höherer Konzentration vorliegt als CO_2, das Substrat der RubisCO. Auch wenn bei Verschluss der Stomata kein CO_2 aufgenommen werden kann, bildet die PEP-Carboxylase Oxalacetat, da noch genug HCO_3^- vorhanden ist.

  Oxalacetat kann in weitere C_4-Dicarbonsäuren überführt werden, z.B. in Aspartat. Je nach ihrer Art und nach der Freisetzung von CO_2 aus ihnen unterscheidet man mehrere Varianten. Hier werden nur

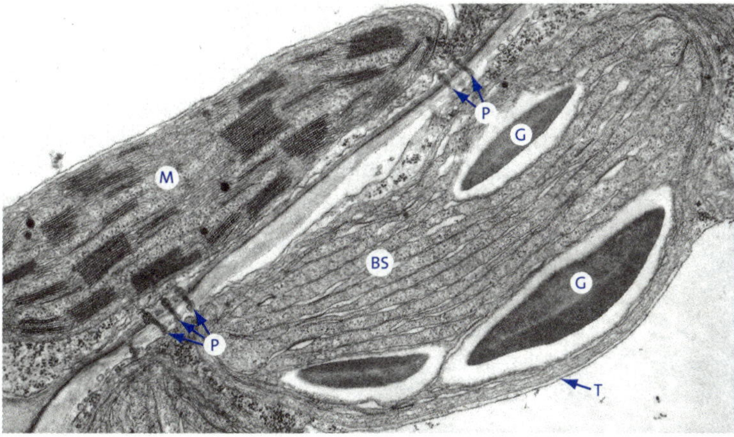

Abb. 1.6.14

Chloroplastendimorphismus in C_4-Pflanzen (EM-Aufnahme). **Rechts unten**: Bündelscheidenzelle (BS) ohne Grana, aber mit Stärke (G). **Links oben**: Mesophyllzelle (M) mit Grana. P Plasmodesmen, T Tonoplast (GUNNING et al. 1996).

Abb. 1.6.15

Räumliche Kompartimentierung bei C_4-Pflanzen (NADP-abhängige Malatbildner), Erklärung s. Text. Rechts neben dem Gefäßbündel Bündelscheidenzelle (B-Zelle) mit Chloroplast (B-Chloroplast). Noch weiter rechts Mesophyllzelle (M-Zelle) mit Chloroplast (M-Chloroplast).
1 PEP-Carboxylase, PGA 3-Phosphoglycerat.

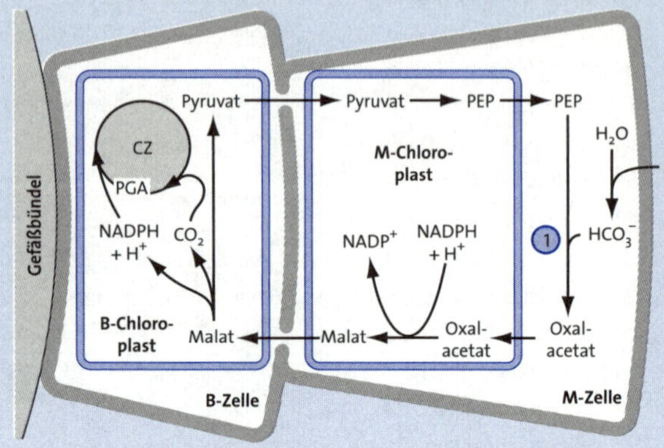

die *$NADP^+$-abhängigen Malatbildner* besprochen (Abb. 1.6.15). Denn zu ihnen gehören auch wichtige Kulturpflanzen wie Mais, Zuckerrohr und verschiedene Hirsen. Das im Cytoplasma von Mesophyllzellen anfallende Oxalacetat wird in Chloroplasten der gleichen Zellen mit Hilfe von NADPH + H^+ zu Malat reduziert. Malat gelangt über Plasmodesmen in benachbarte Bündelscheidenzellen und wird in deren Chloroplasten in CO_2 , NADPH + H^+ und Pyruvat zerlegt. CO_2 wird dann im Calvin-Zyklus zum zweiten Mal fixiert und in Kohlenhydrate überführt. Das dafür erforderliche NADPH + H^+ stammt ebenfalls aus Malat, das ATP aus dem zyklischen Elektronentransport, der auch in den granafreien Bündelscheidenzellen ablaufen kann. Auch bei in der Mittagshitze geschlossenen Spaltöffnungen können so Kohlenhydrate gebildet werden (Abb. 1.6.14) .

- *Hohe Nettophotosynthese*. C_4-Pflanzen weisen besonders bei hohen Temperaturen eine höhere Nettophotosynthese auf als C_3-Pflanzen und werden so für die Landwirtschaft besonders interessant. Entscheidend dafür ist, dass in C_4-Pflanzen der Glykolat-Zyklus kaum zum Tragen kommt. Der C_4-Dicarbonsäure-Weg, der in verschiedenen Varianten vorliegt, soll während der Evolution in ganz verschiedenen systematischen Einheiten speziell zu diesem Zweck entwickelt worden sein (s. Teilkap. 1.6.5).

1.6.5 Glykolat-Zyklus

In belichteten grünen Pflanzenteilen findet sich ein Abbauweg, auf dem *O_2 verbraucht und CO_2 freigesetzt* wird. Man nennt ihn deshalb oft *Photorespiration*. Er hat jedoch mit unserer Atmung oder Respiration nichts zu tun. Deshalb wird hier die korrektere Bezeichnung Glykolat-Zyklus (C_2-Zyklus) bevorzugt. Lichtabhängigkeit und »Grün« erklären sich dadurch, dass der Zyklus von RubP (Ribulose-1,5-bisphosphat) ausgeht, das im Calvin-Zyklus, also in belichteten Chloroplasten, regeneriert wird. Die Oxygenase-Funktion der RubisCO (s. Abb. 1.6.10) leitet den Glykolat-Zyklus ein.

Glykolat-Zyklus zur Kompensation der Oxygenase-Funktion der RubisCO | 1.6.5.1

Die RubisCO (RubP-Carboxylase-Oxygenase) soll sich nach der Endosymbionten-Hypothese zunächst unter anaeroben Bedingungen in Photosynthese-Bakterien entwickelt haben. Dabei spielte die Oxygenase-Funktion der RubisCO noch keine Rolle. Dies änderte sich jedoch nach Übernahme der Bakterien in Eukaryonten mit zunehmendem O_2-Gehalt der Atmosphäre. Unter den heutigen atmosphärischen Bedingungen verhalten sich Carboxylase- zu Oxygenase-Funktion bei 25 °C wie 3 : 1. Die Substrate CO_2 und O_2 konkurrieren miteinander um die RubisCO. CO_2 fördert die Carboxylase- und hemmt die Oxygenase-Funktion, umgekehrt fördert O_2 die Oxygenase- und hemmt die Carboxylase-Funktion.

Über die Oxygenase-Funktion wird Glykolat gebildet, insofern ein Verlust, als es nicht in den Calvin-Zyklus eingebracht werden kann. Man nimmt an, dass der Glykolat-Zyklus im Lauf der Evolution entwickelt wurde, um diesen Nachteil so weit wie möglich auszugleichen. Denn über ihn werden die C-Atome von Glykolat zu 75 % wieder in den Calvin-Zyklus rückgeführt (Box 1.6.3).

Glykolat-Zyklus, C_4- und C_3-Pflanzen | 1.6.5.2

Glykolat-Zyklus und C4-Pflanzen. Die Nutzung von HCO_3^- zur CO_2-Fixierung durch die PEP-Carboxylase wird durch O_2 nicht beeinträchtigt. Vor allem aber wird über die Zerlegung des Malats derart reichlich CO_2 entwickelt, dass die Carboxylase-Funktion der RubisCO gefördert und ihre Oxygenase-Funktion gehemmt wird. Sollte dennoch über den Glykolat-Zyklus CO_2 anfallen, geht es nicht verloren, sondern wird über den C_4-Dicarbonsäure-Weg in Mesophyllzellen abgefangen und in Bündelscheidenzellen in den Calvin-Zyklus eingebracht. Die hohe Nettophotosynthese der C_4-Pflanzen wird so verständlich.

Glykolat-Zyklus und C3-Pflanzen. Hier wird der Zyklus nicht gebremst. Das gilt besonders für höhere Temperaturen, bei denen die Oxygenase-Funktion der RubisCO gefördert wird. Mehr als 50 % der zunächst im Calvin-Zyklus gebildeten Kohlenhydrate können verloren gehen. Doch wird schon spekuliert, über die menschgemachte Erhöhung des CO_2-Gehalts der Atmosphäre könne auch bei C_3-Pflanzen der RubisCO bald so viel CO_2 zugeführt werden, dass eine Förderung der Carboxylase- und eine Reduktion der Oxygenase-Funktion denkbar sei. Auch ein Trost!

Box 1.6.3

Der Glykolat-Zyklus: Strategie zum Ausgleich der Oxygenase-Funktion

Der Glykolat-Zyklus läuft in drei Organellen ab: Chloroplasten, Peroxisomen und Mitochondrien. Bei den noch nicht besprochenen *Peroxisomen* handelt es sich um rundliche cytoplasmatische Körper von bis zu 1,7 μm Durchmesser, die von einer einfachen Membran umgeben sind. Sie enthalten zahlreiche Flavoproteine, die als Oxidasen Wasserstoff*peroxid* (Name!) anliefern können. Es wird noch in den Peroxisomen durch die Katalase, das Leitenzym der Organellen, in H_2O und O_2 zerlegt.

Im Glykolat-Zyklus (Abb. 1.6.16) wird über die Oxygenase-Funktion RubP oxidativ in 3-Phosphoglycerat, das in den Calvin-Zyklus eingehen kann, und 2-Phospho-Glykolat gespalten. Daraus wird das namengebende Glykolat gebildet, das in ein benachbartes Peroxisom übergeht. Bei seiner weiteren Umsetzung werden auch zwei Aminosäuren gebildet, Glycin in Peroxisomen und Serin in Mitochondrien. Letztlich gelangt

Abb. 1.6.16

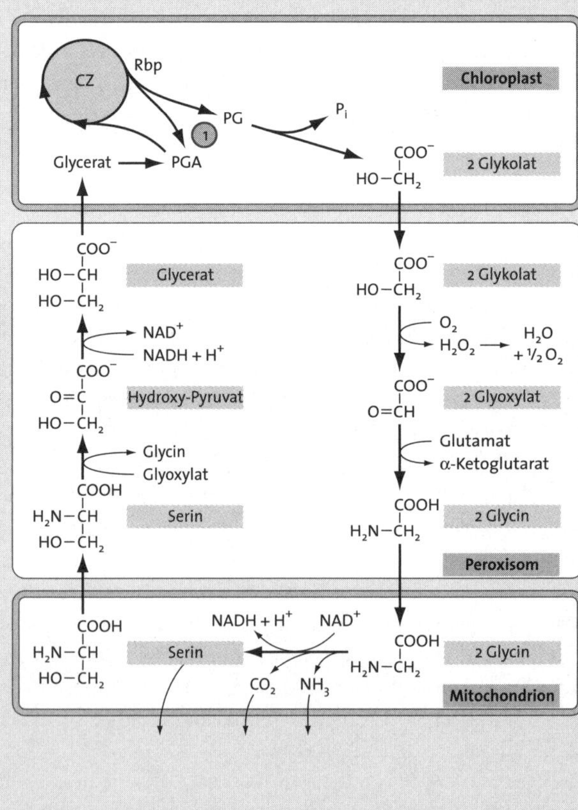

Ablauf und Kompartimentierung des Glykolat-Zyklus. In Chloroplasten bilden sich aus Ribulose-1,5-bisphosphat (Rbp) über die Oxygenase-Funktion der RubisCO (1) 3-Phosphoglycerat (PGA), das in den Calvin-Zyklus (CZ) eingehen kann, und 2-Phosphoglykolat (PG), das in Glykolat übergeht. In Peroxisomen wird Glykolat zu Glyoxylat oxidiert. Das dabei anfallende H_2O_2 wird von Katalase zerlegt. Im nächsten Schritt überträgt Glutamat, das aus Chloroplasten stammt, seine Aminogruppe auf Glyoxylat. Es entsteht Glycin. Zwei Glycinmoleküle werden in Mitochondrien unter Gewinnung von NADH + H^+ und Freisetzen von CO_2 und NH_3 zu Serin zusammengeschlossen. NH_3 wird dadurch entgiftet, dass es in Chloroplasten von der Glutamin-Synthetase zur Bildung von Glutamin eingesetzt wird (s. S. 84). Bei der anschließenden Desaminierung von Serin in Peroxisomen wird aus Glyoxylat Glycin gebildet. Beide Substanzen sind auch sonst am Zyklus beteiligt. Diese Angaben lassen erkennen, dass es noch zu weiteren Vernetzungen innerhalb und zwischen den beteiligten Organellen kommt. Sie wurden nicht eingezeichnet, um das Bild übersichtlich zu halten. In Chloroplasten schließlich wird Glycerat zu PGA phosphoryliert. Damit ist der Calvin-Zyklus wieder erreicht und der Glykolat-Zyklus geschlossen.

Box 1.6.3

über den Zyklus Glycerat in Chloroplasten und wird dort in 3-Phosphoglycerat überführt. Damit ist der Anschluss an den Calvin-Zyklus gegeben. Von 4 in den Glykolat-Zyklus eingeführten C werden allerdings nur 3 als 3-Phosphoglycerat gerettet. Es kommt also zu C-Verlusten, von der energetischen Seite einmal ganz abgesehen.

Fragen

(Seitenverweise zur Beantwortung)

- Schildern Sie die Feinstruktur eines Chloroplasten! (S. 49) 1
- Wie unterscheiden sich die Farbstoffkomponenten der Chlorophylle a und b ? (S. 51). 2
- Schildern Sie den generellen Aufbau der beiden Photosysteme! (S. 53). 3
- Welches sind die drei integralen Proteinkomplexe, die sich am nichtzyklischen Elektronentransport beteiligen? (S. 54). 4
- Welches periphere Protein ist für den zyklischen Elektronentransport entscheidend? (S. 55). 5
- Was verstehen Sie unter Photophosphorylierung? (S. 55). 6
- Welche Substanz ist im Calvin-Zyklus der primäre CO_2-Akzeptor? (S. 56). 7
- In welchen Reaktionen der Sekundärprozesse werden ATP und NADPH + H^+ aus den Primärvorgängen eingesetzt? (S. 56). 8
- Welches sind die ersten Kohlenhydrate, die in den Sekundärprozessen gebildet werden? (S. 56). 9
- Welche CO_2-Quelle benützt die PEP-Carboxylase zur Carboxylierung von PEP? (S. 60). 10
- Wird beim CAM in den Vakuolen mit ihrem sauren Milieu Malat oder Äpfelsäure gespeichert? (S. 60). 11
- Welche Substanzen entstehen bei der Zerlegung des Malats in den Chloroplasten der Bündelscheidenzellen? Wie werden sie weiterverwendet? (S. 60. 12
- Welche Substanzen liefert die RubisCO über ihre Oxygenase-Funktion an? (S. 59, 63). 13
- Woher kommt die Bezeichnung C_4-Pflanzen? (S. 60). 14
- Wie ist es zu erklären, dass in C_4-Pflanzen die Oxygenase-Funktion der RubisCO und damit der Glykolat-Zyklus gehemmt werden kann? (S. 63). 15

1.7 Kohlenhydrate und Zellwand

Inhalt

Beispiele für Mono-, Di- und Oligosaccharide und die »aktivierten« Zucker werden vorgestellt. Von Polysacchariden wird zunächst die Stärke besprochen, danach die Zellwand mit ihren verschiedenen hochpolymeren Bestandteilen. Sie ist von Plasmodesmen und Tüpfeln durchzogen, die den Symplasten zu einer lebenden Einheit innerhalb des Plasmalemmas zusammenschließen.

1.7.1 Mono-, Di- und Oligosaccharide

Definition

Kohlenhydrate sind dadurch charakterisiert, dass sie pro C-Atom Wasserstoff und Sauerstoff im gleichen Verhältnis wie im Wasser enthalten, also »CHOH«.

In der Photosynthese werden zunächst Kohlenhydrate gebildet. Sie sollen deshalb als erste Stoffklasse besprochen werden. Die meisten von ihnen sind Zucker.

Monosaccharide sind einfache Zucker. Je nach der Zahl der C-Atome unterscheidet man *Triosen* (3 C), *Tetrosen* (4 C), *Pentosen* (5 C), *Hexosen* (6 C) und *Heptosen* (7 C). Die Zucker enthalten entweder eine Aldehyd- oder eine Ketofunktion und werden dementsprechend als Aldosen (z.B. Glucose) oder Ketosen (z.B. Fructose) bezeichnet. In der Regel kommen höherzahlige Zucker in Ringform vor, als Sechsring (Pyranose) oder Fünfring (Furanose). Dabei befinden sich die glykosidischen Hydroxylgruppen (s. Box 1.7.1) in α- oder β-Stellung (Abb. 1.7.1).

Abb. 1.7.1

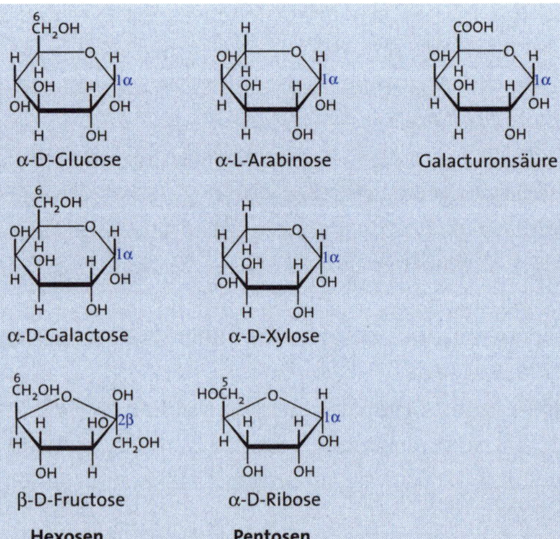

Einige Monosaccharide in der Haworth-Ringform. In der Natur liegen sie meist als Sesselform vor, die aber wenig übersichtlich ist. Die Galacturonsäure leitet sich formell von Galactose durch Aufoxidation an C6 zur Carboxylgruppe ab. D (rechts) bzw. L (links, nur bei der Arabinose) beziehen sich auf die Stellung der Hydroxylgruppe an dem asymmetrischen C-Atom, das am weitesten von C1 entfernt ist. Asymmetrisch ist ein C-Atom bei Besetzung mit vier verschiedenen Substituenten. Bei α-Stellung steht das glykosidische Hydroxyl nach unten, bei β-Stellung nach oben.

Box 1.7.1

Glykoside: Erhöhung der Wasserlöslichkeit der Aglyka

Lagern sich eine Alkohol- und eine Carbonyl-Funktion aneinander, entsteht ein *Halbacetal* (Abb. 1.7.2). Bei Zuckern befinden sich beide Funktionen im gleichen Molekül. Lagern sie sich zusammen, bilden sich innere Halbacetale, die Ringformen der Zucker. Halbacetale können sich mit einem weiteren Alkohol zusammenschließen, jetzt aber unter Wasserabspaltung. Dann erhält man *(Voll-)Acetale*. Reagiert dabei ein Zucker als inneres Halbacetal mit einem Nichtzucker, so entsteht ein *Glykosid*. Das beteiligte Hydroxyl des Zuckers nennt man *glykosidisch*, ebenso die Bindung. Viele Glykoside in Pflanzen bestehen derart aus *einem Zucker und einem Aglykon* (gr. = Nicht-Zucker). Die Wasserlöslichkeit der Aglyka und damit ihre Verwertbarkeit im Stoffwechsel oder ihre Speicherung in Vakuolen werden durch die Glykosidierung erhöht. Das Einbringen in Vakuolen kann dazu dienen, den osmotischen Wert zu erhöhen, Stoffe vorübergehend zu speichern oder toxische Substanzen zu beseitigen.

Nun kann sich ein Zucker auf gleiche Weise aber auch mit einem zweiten Zucker zusammenschließen. Dann entsteht ein Disaccharid. Ebenso kann man Zucker an Zucker reihen, bis man über Oligosaccharide schließlich zu Polysacchariden kommt.

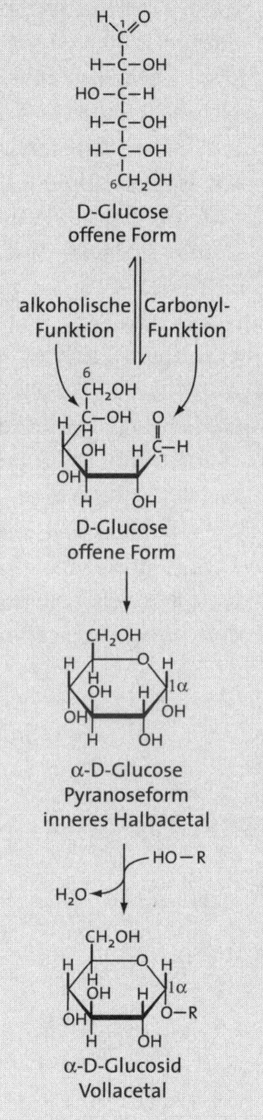

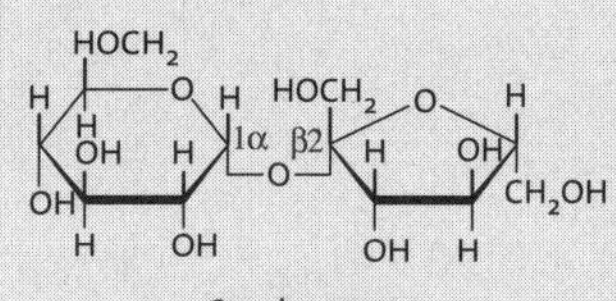

Saccharose
D-Glucopyranose-α(1↔2)β-D-Fructofuranose

Abb. 1.7.2

Von der offenen Zuckerform zu Glykosiden und zusammengesetzten Zuckern. Als Beispiel dient die Glucose. Ihre offene Form lässt sich so anordnen, dass die alkoholische Funktion an C5 und die Carbonylfunktion an C1 einander nahe kommen. Durch Zusammenlagerung beider entsteht ein inneres Halbacetal, im Beispiel die Glucose in Ringform. Unter Wasserabspaltung lässt sich ein weiterer Alkohol (R-OH) anschließen. So entsteht ein Glykosid, an dessen Bildung sich die glykosidische Hydroxylgruppe an C1 der Glucose beteiligt hatte. Anstelle eines beliebigen Alkohols kann auch ein weiterer Zucker als »spezieller« Alkohol angeschlossen werden. Dann entsteht ein Disaccharid, hier aus Glucose und Fructose die Saccharose. Bei ihr beteiligen sich ausnahmsweise die glykosidischen (=reduzierenden) Hydroxyle beider Zucker an der Bindung. Die Saccharose ist deshalb ein nicht-reduzierendes Disaccharid.

Disaccharide bestehen aus zwei glykosidisch miteinander verbundenen Monosacchariden. Das wichtigste Disaccharid ist die *Saccharose*, bei der sich beide Komponenten, Glucose wie Fructose, mit ihren glykosidischen Hydroxylgruppen an der Bindung beteiligen (s. Abb. 1.7.2). Saccharose ist die wichtigste Transportform der Zucker in Pflanzen. Durch *Invertase* wird sie in Glucose und Fructose gespalten. *Maltose* und *Cellobiose* sind Strukturelemente von Stärke (s. Abb. 1.7.4) bzw. Cellulose (s. Abb. 1.7.5), aber abgesehen davon, dass die Stärke-Synthase (→ Seite 69) auch mit Maltose als Glucose-Akzeptor starten kann, sind sie keine Zwischenstufen in deren Synthese.

Oligosaccharide bestehen aus bis zu zehn einfachen Zuckern. Mit drei bis fünf Zuckern können sie ebenfalls Transportformen sein.

1.7.2 | Aktivierte Zucker

Einfache Zucker können mit Hilfe von ATP phosphoryliert werden. Die resultierenden Zucker-Phosphat-Bindungen sind ziemlich energiereich, was die weitere Verwendung solcher *Zuckerphosphate* im Stoffwechsel erleichtert. Beispiele sind Glucose-1-phosphat und Glucose-6-phosphat.

Energiereicher sind die *Nucleotidzucker*, in denen ein Zucker über Phosphat mit einem Nucleotid verbunden ist. Besonders wichtig ist die *U*ridin*d*i*p*hosphat-*G*lucose (UDPG). Sie entsteht durch Zusammenschluss von Glucose-1-phosphat und Uridintriphosphat (UTP) unter Abspaltung von Pyrophosphat (Abb. 1.7.3). Glucose-1-phosphat wurde schon als energiereich erwähnt, UTP entspricht in dieser Hinsicht dem ATP. Kein Wunder, dass über den Zusammenschluss beider eine besonders reaktionsfreudige Verbindung entsteht. UDPG wird deswegen als »aktivierte Glucose« bezeichnet. An die Stelle von Uracil können in den Nucleotidzuckern auch andere Basen treten.

Abb. 1.7.3 |

Synthese und Struktur von UDPG.

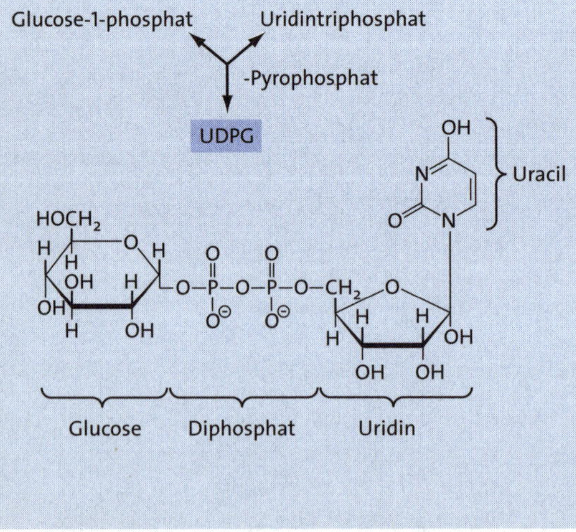

Polysaccharide, Stärke und Zellwand

1.7.3

Polysaccharide bestehen aus mehr als zehn einfachen Zuckern. Sie können aus nur einer oder aus mehreren verschiedenen Zuckerarten oder aus von Zuckern abgeleiteten »Uronsäuren« aufgebaut sein. Es handelt sich um Reserve- oder Strukturkohlenhydrate.

Stärke

1.7.3.1

Glucane sind nur aus Glucose aufgebaut. Ein wichtiges Glucan ist das *Reservekohlenhydrat Stärke* (*Amylum*), das aus zwei Komponenten besteht, Amylose und Amylopektin (Abb. 1.7.4). In der *Amylose* können mehr als 1000 Glucosemoleküle in (1→4)α-Bindung hintereinandergereiht sein. Strukturelement ist Maltose, die auch beim Abbau der Stärke angeliefert wird. Die Makromoleküle bilden Wendeln, in die sich bei der bekannten Jod-Stärke-Reaktion J_2-Moleküle einlagern. Diese »physikalischen« Verbindungen ergeben die bekannte Blaufärbung. Im *Amylopektin* werden an Amylosewendeln im Abstand von rund 20 Glucosemolekülen noch Amylose-Seitenketten über (1→6)α-Bindungen angesetzt, sodass sich ein verzweigtes System aus einigen 1000 Glucoseeinheiten ergibt.

Merksatz

Amylum, Amylose, Amylopektin enthalten α-glykosidische Bindungen.

Stärke ist der wichtigste *Speicherstoff für Kohlenhydrate*. Sie erlaubt es, Glucose in osmotisch unwirksamer Form festzulegen. Biosynthese und Speicherung finden vor allem in den Amyloplasten von Speicherorganen statt, bei der Bildung von *transitorischer Stärke* vorübergehend auch in Chloroplasten (Abb. 1.6.14). Das ist dann der Fall, wenn der Abtransport von Kohlenhydraten mit einer intensiven Photosynthese nicht Schritt halten kann.

Bei der *Biosynthese* sind vor allem zwei Enzymaktivitäten wirksam. Die *Stärke-Synthase* setzt jeweils eine Glucoseeinheit in (1→4)α-Bindung an das nichtreduzierende Ende einer kurzen Amylosestruktur. Maltose kann dabei der kleinste Akzeptor sein. Das Enzym arbeitet mit ADP-Glucose als Glucose-Donor und lässt zunächst unverzweigte Amylose entstehen. Die (1→6)α-Bindungen werden vom *Verzweigungsenzym* gelegt. Es trennt vom nicht-reduzierenden Ende von Amylose-Strukturen kleinere Abschnitte ab und setzt sie im Ineren von Amylosenketten in (1→6)α-glycosidischer Bindung als Seitenketten an. Die angesetzten kurzen Seitenketten werden dann durch die Stärke-Sythase verlängert. So entsteht Amylopektin.

Der *Abbau* der Stärke erfolgt durch Phosphorolyse oder Hydrolyse. Die *Stärke-Phosphorylase* spaltet von den reduzierenden Enden der Amylosen Glucose-1-phosphat ab, löst also (1→4)α-Bindungen. (1→6)α-Verzweigungen bleiben erhalten. Das energiereiche Glucose-1-phosphat lässt sich leicht zu Synthesen einsetzen.

Abb. 1.7.4

Strukturschema von Amylose und Amylopektin mit ihrem Strukturelement Maltose und mit den Angriffspunkten von α- und β-Amylasen. Die Glucosemoleküle sind als Sechsecke ohne Substituenten wiedergegeben. Blau unterlegt: Glucosen am reduzierenden Ende (Hydroxyl an C1 ist frei); grau unterlegt: Glucosen am nicht-reduzierenden Ende.

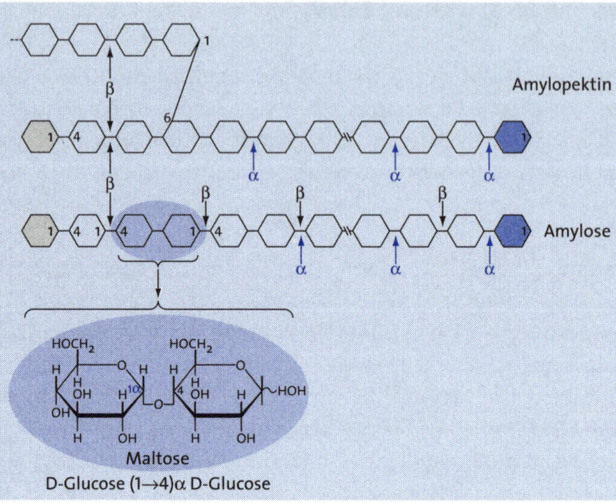

Hydrolytisch arbeiten die α- und β-Amylasen (Abb. 1.7.4). Beide lösen (1→4)α-Bindungen, aber keine (1→6)α-Bindungen. *a-Amylasen* sind Endoamylasen (gr. endo = innen). Sie beginnen mit der Hydrolyse im Inneren von Amyloseketten: 5 bis 7 Glucose-Einheiten vom nicht-reduzierenden Ende entfernt spalten sie über längere Zwischenstrukturen (in Abb. 1.7.4 nicht gezeigt) letztlich Maltose heraus. (1→6) α-Bindungen werden dabei übersprungen. β-*Amylasen* sind Exoamylasen (gr. exo = außen). Sie spalten vom nicht-reduzierenden Ende der Amylosestrukturen jeweils Maltose ab. (1→6) α-Bindungen werden weder gelöst noch übersprungen, sodass »Grenzdextrine« übrig bleiben. Die anfallende Maltose wird von Maltase hydrolytisch zu Glucose gespalten. Auch für die Lösung von (1→6)α-Bindungen gibt es hydrolytisch wirkende Enzyme, sodass letztlich die gesamte Stärke zu Glucose »mobilisiert« werden kann.

1.7.3.2 Cellulose

Die auf der Erde als organisches Makromolekül mengenmäßig vorherrschende Cellulose ist ein Strukturelement der Zellwand. Ebenfalls ein Glucan, baut sie sich aus Glucose in (1→4)β-glucosidischer Bindung auf. Es entstehen lange, unverzweigte Cellulose-Ketten aus im Extrem (Samenhaare der Baumwolle) 15 000 Glucoseeinheiten. Dabei sind zwei benachbarte Glucose-Moleküle jeweils um 180° gedreht. Sie bilden die Cellobiose, das Strukturelement der Cellulose (Abb. 1.7. 5). Die Celluloseketten lagern sich parallel, wobei sich Wasserstoffbrücken zwischen ihnen ausbilden. In bestimmten Bereichen, den Micellen, findet sich eine kristallartige Ordnung. Mit bis zu 30 nm Durchmesser recht dicke

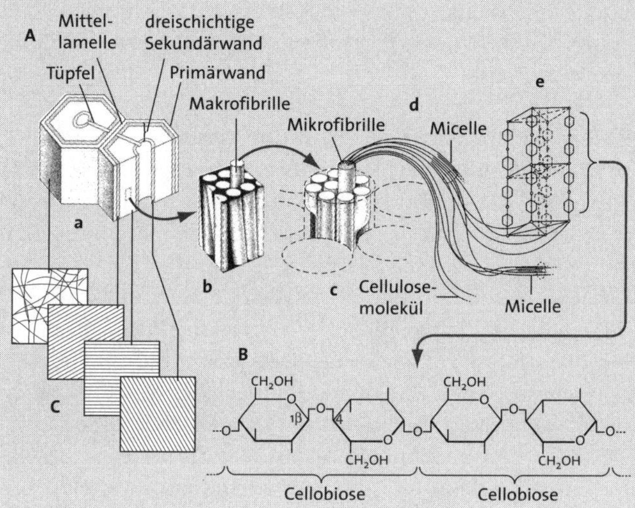

Abb. 1.7.5

Cellulose und Zellwand. **A** Cellulose als Zellwandbestandteil: **a**) räumliche Darstellung einer Zellgruppe mit einer dreischichtigen Sekundärwand; ein Ausschnitt aus der mittleren dieser Wände wird bei immer stärkerer Vergrößerung dargestellt; **b**) Ausschnitt mit einem Bündel von Makrofibrillen; **c**) jede Makrofibrille baut sich aus Bündeln von Mikrofibrillen auf; **d**) jede Mikrofibrille besteht aus zahlreichen Celluloseketten, die streckenweise Micellarstruktur aufweisen; **e**) Ausschnitt aus einer Micelle mit exakt parallel gelagerten Celluloseketten. **B** Cellobiose: Strukturelement, aber kein Baustein bei der Biosynthese der Cellulose. Dabei wird UDPG eingesetzt. **C** Fibrillentextur der Wandschichten: Primärwand mit Streutextur, Sekundärwand aus drei Schichten mit von Schicht zu Schicht wechselnder Paralleltextur (verändert nach RAVEN et al. 2000).

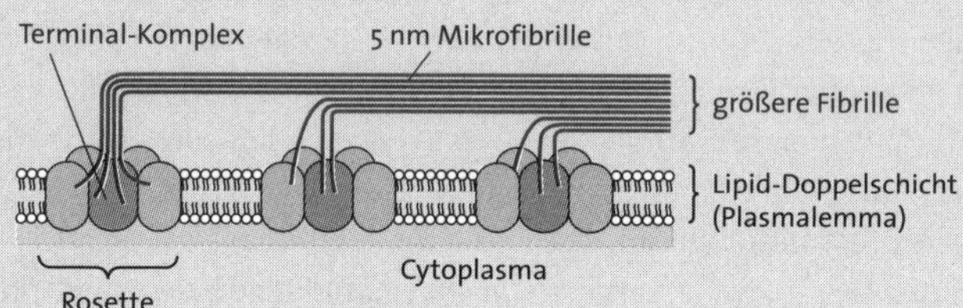

Abb. 1.7.6

Cellulose-Synthase-Komplexe in Aktion. Ein solcher Komplex besteht aus einer Rosette im Plasmalemma, die aus sechs Untereinheiten aus Cellulose-Synthasen besteht, die einen zentralen Terminalkomplex umgeben. In den Komplexen werden mit Hilfe von UDPG Celluloseketten gebildet, die sich in Richtung der entstehenden Zellwand herausschieben. Sie bündeln sich auf der Oberfläche des Plasmalemmas zu immer stärker werdenden Fibrillen (verändert nach FOSKETT 1994).

Bündel von Celluloseketten bezeichnet man als Mikrofibrillen. Sie bedingen die hohe Reißfestigkeit der Cellulose. Mikrofibrillen schließen sich ihrerseits zu den schon mikroskopisch fassbaren Makrofibrillen zusammen.

Die **Biosynthese** der Cellulose erfolgt in *Cellulose-Synthase-Komplexen* (Abb. 1.7.6). Dabei handelt es sich um Rosetten von Cellulose-Synthasen, die als integrale Proteine im Plasmalemma lokalisiert sind und nach außen hin arbeiten. In vermutlich jedem Teilkomplex der Rosette bildet sich mit Hilfe von UDPG eine Cellulosekette. Die aus einem Komplex herauswachsenden Ketten lagern sich unter sich und dann mit den Fibrillen aus anderen Komplexen zu Mikrofibrillen zusammen, die sich der Außenseite des Plasmalemmas auflagern. Ihre Ausrichtung wird auf umstrittene Weise durch den Verlauf von Mikrotubuli unterhalb des Plasmalemmas bedingt.

1.7.3.3 Hemicellulosen, Pektinstoffe, Zellwandproteine

Die nachfolgend aufgeführten Polymere, bei denen es sich nicht nur um Kohlenhydrate handelt, sind wie die Cellulose Komponenten der Zellwand und sollen deshalb hier angeschlossen werden. Ihre Biosynthese wurde schon vorweggenommen (→ Seite 29).

Hemicellulosen können Strukturpolysaccharide sein und fungieren dann oft als »cross-linking glycans«. Die Querverbindungen, die sie eingehen, sind Wasserstoffbrücken zu Cellulose-Mikrofibrillen (Box 1.7.2). Man kennt mehrere Typen von Hemicellulosen, von denen die in den Primärwänden aller Dicotyledonen und vieler Monocotyledonen vorkommenden *Xyloglucane* erwähnt werden müssen. Sie bestehen aus einer Hauptkette von (1→4)β-glykosidisch verknüpften Glucosemolekülen, an die in (1→6)α-Bindung einzelne Xylosemoleküle gebunden sind. Die kurzen Xylose-Seitenketten können durch einen oder zwei weitere Zucker noch etwas verlängert werden.

Pektinstoffe haben ihren Namen (gr. pektos = festgefügt, geronnen) von ihrer Gelierung, denn sie weisen eine hohe Quellfähigkeit auf. Es handelt sich um eine Mixtur verschiedener Substanzen, die viel Galacturonsäure enthalten. Kennzeichnend sind *Galacturonane* (Abb. 1.7.7), in denen Galacturonsäure-Einheiten (1→4)a-glykosidisch hintereinandergereiht sind. Ihre Carboxylgruppen sind teilweise methyliert. Mehrere solcher Ketten können über zwischengeschaltete andere Zucker miteinander verknüpft sein. Im *Protopektin* der Mittellamelle dienen zweiwertige Kationen wie Ca^{2+} und Mg^{2+} als Ionenbrücken zwischen den Carboxylgruppen verschiedener Galcturonanketten, die so miteinander vernetzt werden.

Abb. 1.7.7

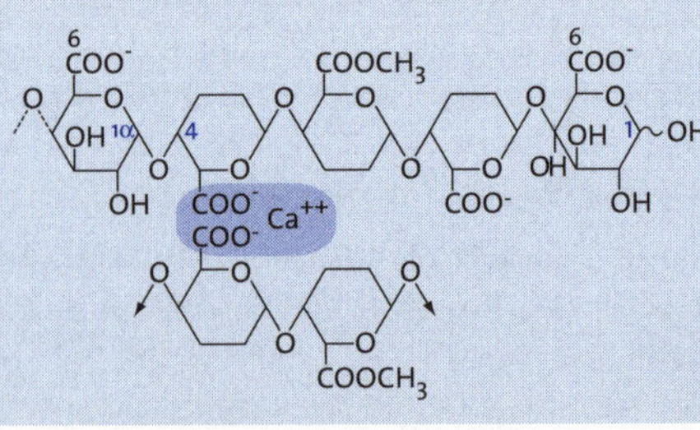

Ausschnitt aus einem Galacturonan. Galacturonsäure-Moleküle sind über (1→4)α-Bindungen aneinander gereiht. Die Hydroxyle sind nur in der oberen Kette in den Galacturonsäuren ganz links und ganz rechts (reduzierendes Ende) eingezeichnet. Die Carboxylgruppen sind partiell methyliert. Unten ist eine zweite Kette angedeutet, die mit der oberen über eine Ca^{2+}-Brücke zwischen Carboxylgruppen verbunden ist.

Seitenketten aus anderen Zuckern kommen in den Pektinstoffen ebenfalls vor. Außerdem finden sich Homo- und Heteromere aus solchen Zuckern, etwa Arabane aus Arabinose, Galactane aus Galactose oder Arabinogalactane aus beiden.

Die hydroxyprolinreichen **Zellwandproteine** sind in der Regel Glykoproteine, in denen die Kohlenhydratkomponente länger sein kann als der Proteinanteil.

Die Zellwand 1.7.4

Die Zellwand baut sich aus Schichten wechselnder Zusammensetzung auf. Sie dient nicht nur als Außenskelett und Abgrenzung der Zelle, sondern lässt auch die Verbindung der lebenden Zellen zum sog. Symplasten zu.

Zellwandschichten und ihre Zusammensetzung 1.7.4.1

Die Zellwand besteht aus einem *Wandskelett* aus Cellulosefibrillen und einer *Matrix* aus Hemicellulosen, Pektinstoffen und Glykoproteinen. Hinzu kommt die Einlagerung von Lignin sowie die Ein- und Auflagerung von Cutin, Suberin und Wachs. Welche dieser Substanzen sich in welcher Menge am Aufbau der Zellwand beteiligt, hängt von deren Entwicklungszustand ab. Gegen Ende einer Zellteilung werden Mittellamelle, Primär- und Sekundärwand gebildet (s. Abb. 1.7.5; S. 71). Die Sekundärwände können dann noch durch Einlagerungen und Aufschichtungen verändert werden. Bei allem ist die Zellwand keine »leblose« äußere Abgrenzung, sondern steht in engem Kontakt mit dem Protoplasten.

Mittellamelle. Sie besteht überwiegend aus Pektinstoffen (s. Protopektin). Hinzu kommt noch Zellwandprotein. Beim Zellwachstum können sich die Zellen abrunden. Sie weichen dann unter Auflösung der Mittellamelle lokal auseinander. Schließlich entstehen an solchen Stellen luftgefüllte Hohlräume, die *Interzellularen*.

Primärwand. Der stoffliche Übergang zur *Mittellamelle* ist fließend. Hemicellulosen und Pektinstoffe überwiegen. Zellwandproteine kommen hinzu. Die Cellulose tritt mit höchstens 25 % der Trockenmasse mengenmäßig gegenüber den Matrixsubstanzen zurück. Lignin ist kaum vorhanden. Die Primärwand besteht aus Lamellen, die jeweils vom Protoplasten her auf die außen liegenden älteren Lamellen aufgelagert werden. Sie ist dehnbar und lässt so ein Wachstum zu. Ihre Cellulose-Mikrofibrillen verlaufen oft kreuz und quer (= Streutextur; s. Abb. 1.7.5).

Sekundärwand. Mit bis zu über 90 % der Trockenmasse dominieren Cellulose-Mikrofibrillen in den aus mehreren, oft drei Schichten bestehenden Sekundärwänden. Sie zeigen eine Paralleltextur, die von Schicht zu

Box 1.7.2

Modell der Primärwand: Xyloglucan als »cross-linking glycan«

In der Primärwand finden sich als Skelett Cellulose-Mikrofibrillen, die in eine Matrix aus Hemicellulosen, Pektinstoffen und Zellwandproteinen eingebettet sind. Nach einer gängigen Modellvorstellung (Abb. 1.7.8) stehen Pektinstoffe, nämlich Galacturonane (s. Abb. 1.7.7), zunächst mit anderen Pektinstoffen, Arabinogalactanen, in Verbindung. An den Arabinogalactanen setzen Xyloglucane an. Zwischen ihnen und den Cellulose-Mikrofibrillen bilden sich Wasserstoffbrücken. Bei der Zellstreckung werden sie als *Haftpunkte* wichtig, die gelöst und nach der Streckung wieder neu gelegt werden müssen (→ Seite 154).

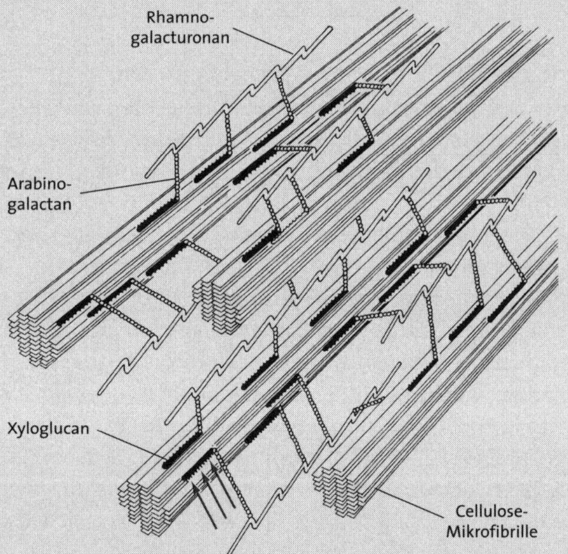

Abb. 1.7.8

Modell der wachstumsfähigen Primärwand, Ausschnitt mit den wichtigsten Komponenten. Cellulose-Mikrofibrillen sind in eine Matrix eingelagert. Sie besteht aus Rhamnogalacturonanen (Rhamnose ist eine Methylpentose, die Galacturonanketten kovalent miteinander verbinden kann), die über Arabinogalactane mit Xyloglucanen verknüpft sind. Zwischen den Xyloglucanen und den Cellulose-Mikrofibrillen werden Wasserstoffbrücken ausgebildet, die beim Wachstum als Haftpunkte wichtig werden. An einer Stelle sind sie durch blaue Pfeile angegeben (verändert nach ALBERSHEIM 1975 aus HESS 1999).

Schicht wechseln kann (s. Abb. 1.7.5). Schon dadurch würde ein Wachstum stark erschwert, wenn nicht unmöglich gemacht. In verholzten Sekundärwänden blockiert außerdem die Einlagerung von *Lignin* jegliches Wachstum. Die Sekundärwände gleichen dann Stahlbeton: die Cellulosefibrillen entsprechen den Stahlträgern, das Lignin dem Beton. Verholzte Sekundärwände zeigen keine Dehnbarkeit mehr, weisen aber eine hohe Zug- und Druckfestigkeit auf.

Cutin, *Suberin* und *Wachse* sind heterogene hydrophobe Ein- und Auflagerungen auf die Zellwände zur Vermeidung von Wasserverlusten. Sie

Box 1.7.3

Plasmodesmen und Plasmodesmenfelder in Tüpfeln: Bindeglieder des Symplasten

Plasmodesmen (Abb. 1.7.9) sind von Plasmalemma umgebene Poren durch Mittellamelle und Primärwand. Um sie herum liegt Kallose, ein Glucan aus (1→3)β-glykosidisch verbundenen Glucosemolekülen. Durch die Mitte eines Plasmodesmos zieht sich ein solider Strang aus ER-Material, der Desmotubulus. Ob er sich am Stofftransport von Zelle zu Zelle beteiligt, ist strittig. Proteine um ihn herum und am Plasmalemma können den Transportweg durch das Cytoplasma einengen, helfen aber auch beim Passieren von Makromolekülen wie Viren.

Ganze *Plasmodesmenfelder* finden sich nicht nur in primär, sondern auch in sekundär verdickten Wänden. In ihrem Bereich wird keine Sekundärwand angelegt. Dadurch entstehen beidseitig des Plasmodesmenfeldes miteinander korrespondierende Kanäle, die Tüpfelkanäle. Ein Plasmodesmenfeld mit Aussparungen in den darüber liegenden Sekundärwänden bezeichnet man als *Tüpfel*. Eine Sonderform ist der Hoftüpfel (Abb. 3.3.7).

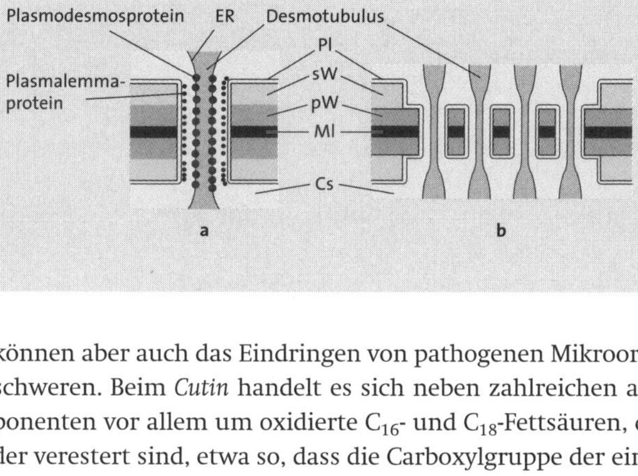

Abb. 1.7.9

Schemata eines Plasmodesmos (**a**) und eines Tüpfels mit Plasmodesmenfeld (**b**). ER endoplasmatisches Reticulum; Pl Plasmalemma; sW Sekundärwand; pW Primärwand; Ml Mittellamelle Cs Cytosol.

können aber auch das Eindringen von pathogenen Mikroorganismen erschweren. Beim *Cutin* handelt es sich neben zahlreichen anderen Komponenten vor allem um oxidierte C_{16}- und C_{18}-Fettsäuren, die miteinander verestert sind, etwa so, dass die Carboxylgruppe der einen Fettsäure mit der Hydroxylgruppe einer anderen Fettsäure reagiert. Es entsteht ein hochpolymeres Maschenwerk, in dem sich auch Phenole finden. *Suberin*, der Korkstoff, ist ein ähnliches Gemisch, das aber längere Alkohol-, Fettsäuren- und Kohlenwasserstoff-Komponenten und mehr Phenole enthält. *Wachse* bestehen u.a. aus besonders langkettigen Fettsäuren, Akoholen sowie Estern aus beiden. Sie sind hochgradig wasserabweisend.

Als *Cuticula* überziehen für Wasser schwer passierbare Cutinschichten die Epidermiszellen oberirdischer Organe wie die Blätter. Eine völlige Abdichtung gegen Wasserverlust wird allerdings oft erst über die Beteiligung von Wachsen erreicht. Sie sind in Cutin eingebettet, können aber außerdem die Cuticula als *Oberflächenwachse* überziehen. Ähnlich dichtet Suberin mit Wachseinlagerungen die *Korkzellen* (→ Seite 176) gegen Transpiration ab.

1.7.4.2 Plasmodesmen, Tüpfel und Symplast

Definition

Symplast: Gesamter Bereich innerhalb des Plasmalemmas; Apoplast: Gesamter Bereich außerhalb des Plasmalemmas.

Protoplasmatische Strukturen, die entweder schon bei der Bildung der neuen Wand oder erst sekundär angelegt werden, verbinden die Protoplasten der Zellen miteinander. Solche *Plasmodesmen* können einzeln, aber auch als Plasmodesmenfeldern vorliegen. Plasmodesmenfelder in Sekundärwänden können als *Tüpfel* ausgebildet sein (Box 1.7.3).

Über Plasmodesmen stehen die Protoplasten einer Pflanze miteinander in Verbindung. Den betreffenden, von Plasmalemma umgebenen Bereich nennt man *Symplast*. Ihm steht der *Apoplast* gegenüber, der außerhalb des Plasmalemmas liegende Bereich, in dem Wasser und darin gelöste niedermolekulare Stoffe frei diffundieren können. Im Wesentlichen handelt es sich um die Zellwände und die im ausdifferenzierten Zustand abgestorbenen Tracheen und Tracheiden (→ Seite 170).

Fragen

(Seitenverweise zur Beantwortung)

1 • Zeichnen Sie die offene Strukturformel von Glucose! (S. 67).
2 • Was versteht man unter α-Stellung eines glykosidischen Hydroxyls? (S. 66).
3 • Nennen Sie die wissenschaftliche Abkürzung für »aktivierte Glucose«! (S. 68).
4 • Welche Bindungstypen finden sich in Amylopektin? (S. 69).
5 • Mit welchem Baustein für Cellulose arbeiten die Cellulose-Synthasen? Wo liegen sie? (S. 71)
6 • Wie leitet sich Galacturonsäure formelmäßig von Galactose ab? (S. 66).
7 • Wie werden Galacturonane im Protopectin der Mittellamelle miteinander verknüpft? (S. 72)
8 • Welche Ausrichtung zeigen die Cellulosefibrillen in der Primärwand, welche in den Schichten der Sekundärwände? (S. 73).
9 • Warum bezeichnet man Xyloglucane als »cross-linking glycan«? (S. 74).
10 • Definieren Sie den Begriff Symplast! (S. 76).

Triacylglycerine (Neutralfette)

1.8

Inhalt

Die wichtigsten Speicherlipide der Pflanzen sind die Triacylglycerine. Deren Variable sind die Fettsäuren. Von derzeit rund 200 bekannten Fettsäuren sind nicht einmal ein halbes Dutzend für alle Pflanzen lebensnotwendig. Die überwiegende Mehrzahl sind seltene Fettsäuren, die nur in wenigen Arten oder Gattungen vorkommen. Sie scheinen teilweise ökologische Funktionen, z.B. als Schutz gegen Pathogene und Herbivore, zu erfüllen. Struktur, Bildung und Abbau der Fettsäuren sind Inhalt dieses Teilkapitels. Es folgt der Glyoxylat-Zyklus, der bei fettspeichernden Samen Kernstück eines Wegs ist, über den Fettsäuren in Zucker überführt werden können, die in der Entwicklung benötigt werden.

Struktur der Triacylglycerine

1.8.1

Definition

Bei Triacylglycerinen handelt es sich um Ester des dreiwertigen Alkohols Glycerin mit drei meist verschiedenen Fettsäuren.

Weil in Triacylglycerinen alle drei Hydroxylgruppen des Glycerins verestert sind, spricht man auch von Neutralfetten (Abb. 1.8.1). Meist ist jedes der Hydroxyle mit einem anderen Fettsäurenrest besetzt. Triacylglycerine sind in erster Linie *Speicherlipide.* Andere Lipidgruppen stellen vor allem Membranlipide

Die *Fettsäuren* bedingen den Charakter der Neutralfette. Es gibt mehr als 200 Fettsäuren in Pflanzen, von denen allerdings die meisten selten sind und in nur wenigen Arten oder Familien vorkommen. Durch ihre Biosynthese bedingt, weisen sie eine durch zwei teilbare Zahl von C-Atomen auf. Teils sind sie gesättigt, teils weisen sie Doppelbindungen auf. Die erste von ihnen liegt bei den häufigen ungesättigten Fettsäuren zwischen C9 und C10, falls noch weitere vorhanden sind, folgen sie nichtkonjugiert, also mit einem C zwischen zwei Doppelbindungen: C12=C13–C14–C15=C16. Mit zunehmender Zahl der Doppelbindungen in den Fettsäuren werden die Fette flüssiger. Man erhält dann »fette Öle«.

Die häufigsten Fettsäuren sind *Palmitin-*, *Stearin-*, *Öl-*, *Linol-* und *Linolensäure* mit 16 oder 18 C-Atomen (Abb. 1.8.2). Linol- und Linolensäure können von Säugetieren einschließlich des Menschen nicht gebildet werden. Sie sind für die genannten Organismen *essenziell.*

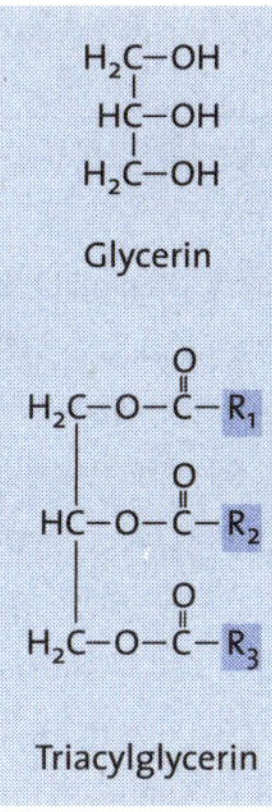

Abb. 1.8.1

Glycerin und ein Triacylglycerin. R_1, R_2, R_3 = Fettsäurenreste.

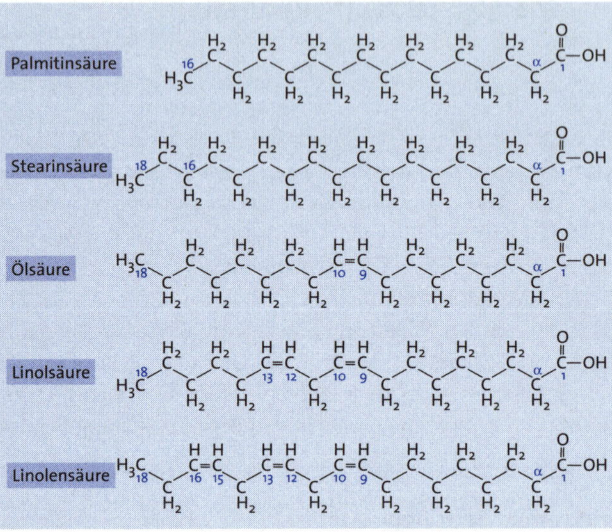

Abb. 1.8.2 | Die häufigsten Fettsäuren. In Kurzform gibt man die Zahl der C-Atome (erste Ziffer) sowie Zahl (nach dem Doppelpunkt) und Lage (hoch gestellt) der Doppelbindungen an (falls vorhanden auch die Lage der vorhandenen Sauerstofffunktionen, z.B. Ricinolsäure 12-OH-18:1 ^{9}). Bei der Lage der Doppelbindungen wird das erste an der Doppelbindung beteiligte C genannt. Beim Durchzählen der C-Atome ist C1 dasjenige der Carboxylgruppe. Verwendet man griechische Buchstaben, entspricht das α-C dem C2. Die Kurzformen von fünf Fettsäuren: Palmitinsäure 16:0, Stearinsäure 18:0, Ölsäure 18:1 ^{9}, Linolsäure 18:2 ^{9,12}, Linolensäure 18:3 ^{9,12,15}.

Merksatz

Anfangsbuchstabe im Alphabet und C-Zahl steigen parallel: Palmitinsäure mit nur 16 C, weiter fortgeschritten im Alphabet und höhere C-Zahl: Stearinsäure mit 18 C.

Nur drei seltenere Fettsäuren können erwähnt werden (Erklärung der Kurzform s. Abb. 1.8.2):

- Laurinsäure 12:0, nicht nur in Lauraceen (Lorbeergewächsen), sondern vor allem auch in Fetten aus Palmen. Sie wird für die Herstellung von Speisefetten und mehr noch zur Produktion von industriellen Detergenzien genutzt.
- Erucasäure 22:1^{13}, im Rapsöl, kann Schäden an der Herzmuskulatur verursachen, wird andererseits industriell zur Herstellung von Plastikfilmen eingesetzt.
- Ricinolsäure 12-OH-18:1^{9}, im Ricinus-Öl, wird bei der Herstellung von Nylon und, vielleicht überraschend, in Schmiermitteln hochtourig laufender Motoren verwendet, z.B. in Jets.

1.8.2 | Biosynthese der Fettsäuren

Bei der Biosynthese der Fettsäuren muss man zwischen der Neusynthese der ersten C_{16}- und C_{18}-Fettsäuren, der Palmitin-, Stearin- und Ölsäure, hier kurz Primärfettsäuren genannt, und weiteren Veränderungen wie Desaturierungen und Verlängerungen unterscheiden. Bei Höheren Pflanzen werden die Primärfettsäuren im Stroma der Proplastiden und Plastiden, vor allem der Chloroplasten gebildet. Das ist insofern sinnvoll, als für die Biosynthese etwa von Stearinsäure 18 Moleküle NADPH + H^+ erforderlich sind. In Chloroplasten werden dazu die Primärprozesse der Photosynthese angezapft.

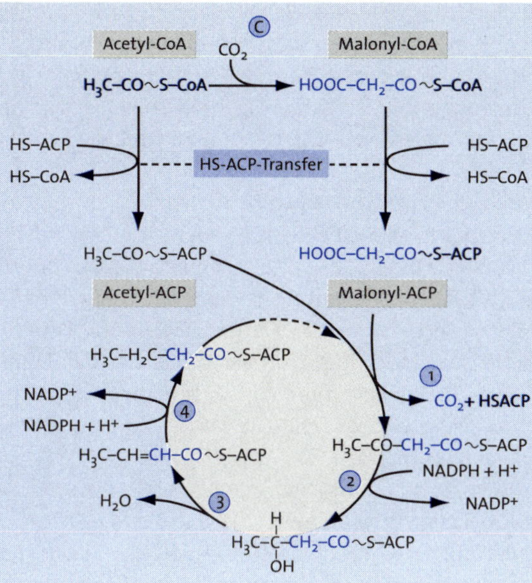

Abb. 1.8.3

Neusynthese der Fettsäuren. C Carboxylierung von Acetyl-CoA zu Malonyl-CoA, eine komplizierte Reaktionsfolge an einem Multienzymkomplex. Nach Übertragung des Acetyl- und des Malonlyrests auf ACP (Acylcarrier-Protein) wird die erste Runde der Neusynthese gezeigt. Alle Reaktionen finden im Verbund der Fettsäuren-Synthase statt.
1 Kondensation unter Decarboxylierung des Malonylrestes; **2** erste Hydrierung; **3** Dehydratisierung (Wasserentzug); **4** zweite Hydrierung. Die Strichelung am Ende der ersten Runde deutet weitere entsprechende Runden an, in die anstatt des startenden Acetyl-ACP jeweils ein um 2 C-Atome längeres Acyl-ACP eingeht.

Neusynthese

1.8.2.1

Ausgangsmaterial der Neusynthese (Abb. 1.8.3) sind Acetyl-CoA und Malonyl-CoA, das aus Acetyl-CoA durch Carboxylierung entsteht. Die weiteren Schritte des Synthese laufen an einem *Multienzymkomplex* ab, der *Fettsäuren-Synthase*, in der alle erforderlichen Enzyme vereinigt sind. Außerdem enthält sie ein *Acylcarrier-Protein (ACP)*. Es übernimmt von den entsprechenden CoA-Estern den Acetyl- und den Malonylrest und trägt auch bei allen folgenden Schritten die nach und nach wachsende Fettsäure. Der Wechsel zwischen CoA und ACP geht leicht vonstatten, weil beide über einen Pantethein-Arm (s. Abb. 1.5.3) verfügen, an dessen HS-Gruppe die Acylreste gebunden werden.

Nach Verlagerung des Acetyl- und des Malonylrestes auf ACP wird der Acetylrest auf das mittlere C-Atom des Malonyl-ACP übertragen. Dabei wird der Malonylrest decarboxyliert. Es entsteht Acetoacetyl-ACP. Diese *Kondensation* genannte Reaktion ist irreversibel und damit für den weiteren Ablauf bestimmend. Acetyl-CoA wird nur hier bei der ersten Kondensation als *Starter* benötigt. Die weitere Abfolge (erste Hydrierung, Dehydratation, zweite Hydrierung) ist aus Abb. 1.8.3 ersichtlich. Sie führt zunächst zu einem ACP-gebundenen Fettsäurenrest aus 4 C-Atomen. Wie bei der ersten Runde Acetyl-ACP, wird jetzt der betreffende C_4-Acyl-Rest unter Decarboxylierung des Malonylrests auf Malonyl-ACP übertragen. Die gleichen Reaktionen wiederholen sich nun so lange, bis ein Fett-

Merksatz

Wegen oberflächlicher Ähnlichkeiten hatte man früher zunächst angenommen, die Biosynthese der Fettsäuren sei eine Umkehrung ihres Abbaus. Um nicht selbst beim ersten Lernen diesem Irrtum zu unterliegen, vergleiche man entsprechende Details, etwa die Kondensation in der Synthese (Abb. 1.8.3) mit ihrem Gegenstück, der thiolytischen Spaltung in der β-Oxidation (Abb. 1.8.4).

säurenrest mit 16 oder 18 C-Atomen entstanden ist. Dann lösen speziell auf diese Kettenlänge eingestellte Enzyme (Thioesterasen) den Fettsäurenrest vom ACP ab. So werden Palmitin- und Stearinsäure gebildet. Stearinsäure kann aber auch zwischen C9 und C10 dehydriert und erst danach von ACP gelöst werden. Dann erhält man Ölsäure.

1.8.2.2 Veränderungen der Primärfettsäuren

Falls sie noch verändert werden sollen, wandern die Primärfettsäuren Palmitin-, Stearin- und Ölsäure als CoA-Ester durch das Cytosol zum ER. Dort kommt es zu Kettenverlängerungen (z.B. von Ölsäure zu Erucasäure und zu langkettigen Fettsäuren in Cutin, Suberin und Wachsen), zu Desaturierungen (= Dehydrierungen z.B von Ölsäure zu Linol- und Linolensäure) und zum Einbringen von Sauerstofffunktionen (z.B. bei Ricinolsäure). Auch zahlreiche Membranlipide werden am ER in z.T. komplizierten Reaktionsfolgen gebildet.

1.8.2.3 Speicherung von Triacylglycerinen

Fettsäuren werden auf verschiedenen Wegen mit Glycerin verestert, also in Triacylglycerine überführt. Ihre Bildung findet ebenso wie diejenige anderer Speicherlipide am ER statt. Speicherlipide sind wegen eines höheren Anteils an ungesättigten Fettsäuren meist flüssig. Samen speichern Lipide im Endosperm oder in den Kotyledonen in *Oleosomen.* Dabei handelt es sich um Lipidtröpfchen im Cytoplasma, die offensichtlich von einer einfachen Lipidhülle umgeben sind, die sich vom ER ableiten dürfte.

1.8.3 Mobilisierung und β-Oxidation der Fettsäuren

Sollen die Fettsäuren in Speicherlipiden genutzt werden, müssen sie zunächst mobilisiert werden. Die bislang in Oleosomen gespeicherten Triacylgycerine werden durch *Lipasen* hydrolytisch in Glycerin und Fettsäuren gespalten. Glycerin wird in Dihydroxyacetonphosphat überführt, das im Cytoplasma in Umkehrung einiger Reaktionen der Glykolyse in Fructose-1,5-bisphosphat überführt werden kann. Die Fettsäuren werden in fettspeichernden Samen in Glyoxysomen über β-Oxidation zu Acetyl-CoA abgebaut.

Glyoxysomen sind mit Peroxisomen nahe verwandt und können gegebenenfalls in sie übergehen. Sie enthalten wie die Peroxisomen reichlich Katalase, vor allem aber die gesamte Enzymausstattung für die Aktivierung und β-Oxidation der Fettsäuren. Falls in Laubblättern eine β-Oxidation notwendig wird, etwa wenn im Herbstlaub Membranlipide abgebaut werden, läuft sie in Peroxisomen ab. In Glyoxysomen finden sich auch die Enzyme des Glyoxylat-Zyklus (→ Seite 82)

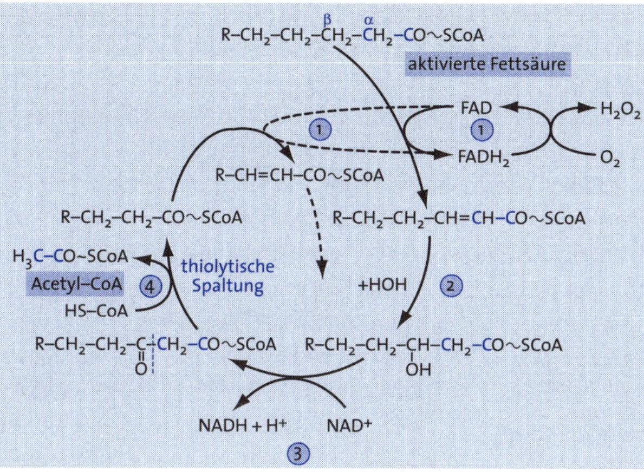

Abb. 1.8.4

β-Oxidation von Fettsäuren. Die erste Abbaurunde ist wiedergegeben. **1** erste Dehydrierung; das dabei gebildete $FADH_2$ reagiert mit O_2 unter Bildung von H_2O_2, das durch Katalase beseitigt wird; **2** Hydratation (Wasseranlagerung); **3** zweite Dehydrierung; **4** thiolytische Spaltung. Die Strichelung am Ende der ersten Runde deutet weitere entsprechende Abbaurunden an.

Vor Beginn der β-Oxidation werden die Fettsäuren mit Hilfe von ATP in ihre CoA-Ester überführt und damit aktiviert. Die β-*Oxidation* (Abb. 1.8.4) beginnt mit einer ersten Dehydrierung zwischen dem α- und dem β-C-Atom. Im Unterschied zur β-Oxidation in den Mitochondrien der Tiere wird das dabei anfallende $FADH_2$ nicht in die Atmungskette eingeführt. Statt dessen bildet es mit O_2 Wasserstoffperoxid, das von Katalase unter Wärmeentwicklung zerlegt wird. Unter energetischen Aspekten ist also die β-Oxidation bei Tieren effizienter. Es folgen eine Hydratation, eine zweite Dehydrierung und eine thiolytische Spaltung, bei der die ersten 2 C-Atome der ursprünglichen Fettsäure als Acetyl-CoA freigesetzt werden. Das um diese 2 C-Atome kürzere Fettsäuren-CoA durchläuft weitere gleichartige Zyklen, bis schließlich die gesamte Fettsäure zu Acetyl-CoA abgebaut wurde. Es kann zu den verschiedensten Synthesen eingesetzt werden, auch zur Neubildung von Zuckern (Box 1.8.1).

Merksatz

Bei der Hydratation (+ HOH) wird die HO-Gruppe an das **β**-C-Atom gebunden. Darauf bezieht sich der Begriff **β**-Oxidation.

Fragen

(Seitenverweise zur Beantwortung)

- 1 Warum nennt man die Neutralfette exakter Triacylglycerine? (S. 77).
- 2 Welches sind die häufigsten Fettsäuren in Pflanzen? (S. 77).
- 3 Welche Komponente ist im ACP der eigentliche Funktionsträger? (S. 79).
- 4 Wieso bedingt der Modus der Neusynthese, dass die C-Zahl von Fettsäuren durch zwei teilbar ist? (S. 79).
- 5 Warum nennt man den wichtigsten Abbauweg von Fettsäuren β-Oxidation? (S. 81).
- 6 Warum ist die β-Oxidation keine Umkehrung der Fettsäuren-Neusynthese? Stellen Sie Unterschiede zusammen! (S. 79/80).

Box 1.8.1

Von Fettsäuren zur Glucose: Kernstück Glyoxylat-Zyklus

Fettspeichernde Samen benötigen für ihre Keimung und Keimlingsentwicklung weniger Neutralfette als vielmehr Kohlenhydrate. Fast wunschgemäß verfügen sie über die Möglichkeit, das über β-Oxidation angelieferte Acetyl-CoA in Zucker zu überführen (Abb. 1.8.5).

Abb. 1.8.5

Die Überführung von Fettsäuren in Glucose. Beteiligt sind der Glyoxylat-Zyklus (hellblau unterlegt) in Glyoxysomen, die Umwandlung des über ihn angelieferten Succinats in Oxalacetat in Mitochondrien sowie die Überführung des Oxalacetats in PEP (Phosphoenolpyruvat) und die anschließende Gluconeogenese im Cytoplasma. **1** Isocitrat-Lyase; **2** Malat-Synthase; beides sind Schlüsselenzyme des Glyoxylat-Zyklus.

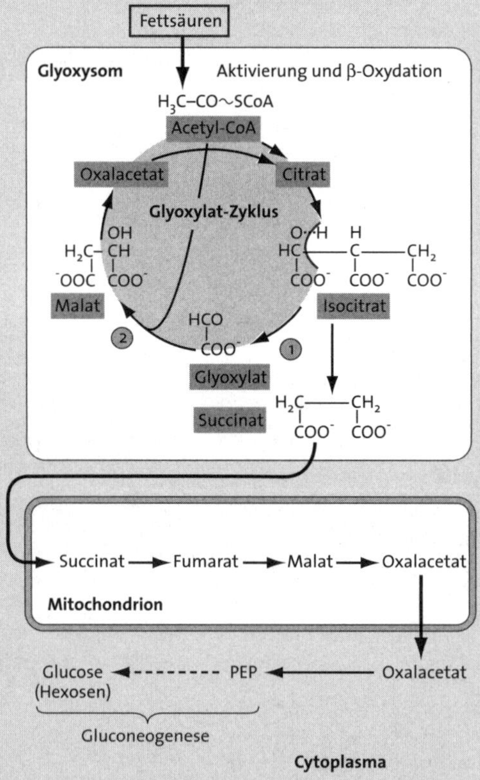

Die ersten Schritte dazu werden im *Glyoxylat-Zyklus* gemacht. In Glyoxysomen wird Acetyl-CoA wie im Citrat-Zyklus unter Kondensation mit Oxalacetat in Citrat und dann Isocitrat überführt. Das erste Schlüsselenzym des Zyklus, die Isocitrat-Lyase spaltet es in Glyoxylat und Succinat. Das zweite Schlüsselenzym, die Malat-Synthase, verbindet Glyoxylat und Acetyl-CoA zu Malat, aus dem Oxalacetat regeneriert wird. Beide Enzyme sind induzierbar, d.h. bei Substratzufuhr wird das genetische Material für ihre Synthese aktiviert.

Succinat geht in weiteren Reaktionen teils in Mitochondrien, teils im Cytoplasma in PEP (Phosphoenolpyruvat) über. Der Biochemiker bezeichnet nur den folgenden Weg von PEP zu Glucose, eine Umkehrung der Glykolyse (s. Abb. 1.4.3), als *Gluconeogenese*. Die Glucose und von ihr abgeleitete Kohlenhydrate werden bei der Keimlingsentwicklung genutzt.

Photosynthetische Nitratassimilation, Aminosäuren und Polypeptide | 1.9

Inhalt

Pflanzen nutzen den N des Bodens meistens in Form von Nitrat. Nach Aufnahme muss es über die Nitrat- und Nitritreduktasen zu Ammonium reduziert werden, das als Aminogruppe in den primären NH_3-Akzeptor Glutaminsäure unter Bildung von Glutamin fixiert wird. Unter Regeneration von Glutaminsäure werden die Aminogruppen dann auf andere C-Skelette übertragen (Transaminierungen), sodass weitere Aminosäuren entstehen. Sie können zu Polypeptiden verbunden werden, die eine Hierarchie an Raumstrukturen entwickeln.

Photosynthetische Nitratassimilation | 1.9.1

Höhere Pflanzen können den N der Luft nur über Symbiosen (→ Seite 236) nutzen. Auf sich allein gestellt sind sie auf den N des Bodens angewiesen. N in Aminosäuren und Polypeptiden befindet sich auf der Reduktionsstufe des Ammoniaks. Fallweise können Höhere Pflanzen auch von Ammoniak bzw. von Ammonium im Boden als Stickstoffquelle ausgehen. Doch überwiegend nutzen sie das Nitrat des Bodens, das dazu reduziert werden muss. Auch in nicht belichteten Pflanzenteilen, etwa den Wurzeln, findet sich eine Nitratassimilation. Sie tritt jedoch gegenüber der photosynthetischen Nitratassimilation in grünen, belichteten Pflanzenteilen an Bedeutung zurück. Die *photosynthetische Nitratassimilation* umfasst, teils unter Ausnutzung der Primärreaktionen der Photosynthese, die Reduktion des Nitrats zu Ammoniak, dessen Übertragung auf den primären Akzeptor Glutaminsäure und Transaminierungen, die zur Bildung von weiteren Aminosäuren führen.

Reduktion von Nitrat zu Ammoniak | 1.9.1.1

Die Reduktion des Nitrats wird von zwei Enzymaktivitäten katalysiert. Zunächst wird Nitrat durch eine *Nitrat-Reduktase* im Cytoplasma in Nitrit überführt. Dazu werden zwei Elektronen pro Molekül Nitrat benötigt. Im komplex gebauten Enzym sind mehrere Redoxsysteme hintereinandergereiht. Am Beginn steht als eigentlicher Elektronendonator $NADH + H^+$.

Nitrit wird dann im Stroma der Chloroplasten von der *Nitrit-Reduktase* zu Ammoniak bzw. zu Ammonium (bei physiologischem pH geht NH_3 in NH_4^+ über) reduziert. Dafür sind wesentlich mehr, nämlich sechs

Elektronen pro Molekül Nitrit erforderlich. Wie oft in solchen Fällen, werden die photosynthetischen Elektronentransportketten angezapft. Wieder sind im Enzym einige Redoxsysteme hintereinandergeschaltet. Am Beginn steht hier als Elektronendonator reduziertes Ferredoxin (Fdx) aus den Primärprozessen.

Nitrat-Reduktase (photos. N-Assimilation):

$$NO_3^- + NADH + H^+ \rightarrow NO_2^- + NAD^+ + H_2O$$

Nitrit-Reduktase (photos. N-Assimilation):

$$NO_2^- + 6\ Fdx_{red} + 8\ H^+ \rightarrow NH_4^+ + 6\ Fdx_{ox} + 2\ H_2O$$

1.9.1.2 Glutamat als primärer NH3-Akzeptor

Definition

Aminosäuren bestehen aus einem zentralen α-C-Atom, an das eine Aminogruppe, eine Carboxylgruppe, ein H-Atom und eine wechselnde Seitenkette gebunden sind. Die Seitenketten bedingen die spezifischen Eigenschaften der Aminosäuren.

Das so gebildete NH_3 muss auf organische Akzeptoren übertragen werden, um überhaupt genutzt werden zu können. Außerdem muss NH_3 als Zellgift rasch und effektiv beseitigt werden. Beides geschieht über den *Glutamat-Synthese-Zyklus* (Abb. 1.9.1). Eine ebenfalls im Stroma von Chloroplasten lokalisierte Glutamin-Synthetase bringt NH_3 unter ATP-Verbrauch als Aminogruppe in die freie Carboxylgruppe von Glutamat ein, wodurch Glutamin entsteht. *Der primäre NH_3-Akzeptor ist also Glutamat.* Im nächsten Schritt überträgt die Glutamat-Synthase die eben eingebrachte Aminogruppe unter Einsatz von reduziertem Ferredoxin auf α-Ketoglutarsäure. Resultat sind zwei Moleküle Glutamat. Sie können im Zyklus erneut als NH_3-Akzeptor oder als Aminogruppendonator bei Transaminierungen eingesetzt werden. Da bei den Primärprozessen der Photosynthese ATP und reduziertes Ferredoxin anfallen, erweist sich die Lokalisierung in Chloroplasten erneut als sinnvoll.

1.9.1.3 Transaminierungen

Merksatz

Synthasen arbeiten ohne, Synthetasen mit ATP.

Über Transaminierungen, die auch im Cytoplasma und seinen Organellen stattfinden können, werden Aminogruppen von Glutamat auf weitere C-Gerüste übertragen. Bevorzugt werden dabei α-Ketosäuren, die durch Transaminierungen in Aminosäuren überführt werden. In größeren Mengen wird so auch aus Oxalacetat Aspartat gebildet (Abb. 1.9.2), das zum Transport von N und C dient. Bei Aminierung seiner zweiten Carboxylfunktion entsteht Asparagin. Auch dabei ist meistens Glutamat der Aminogruppendonator. Asparagin dient außer zum Transport auch als Speichersubstanz für N. Bei der Bildung von Aspartat bzw. Asparagin werden erhebliche Mengen an α-Ketoglutarsäure regeneriert, die im Glutamat-Synthese-Zyklus dringend benötigt werden.

Abb. 1.9.1

Der Glutamat-Synthese-Zyklus. Im Zyklus wird über die Nitrit-Reduktase angeliefertes NH_3 auf den primären Akzeptor Glutamat unter Bildung von Glutamin übertragen und daraus wieder Glutamat regeneriert, das dann erneut als NH_3-Akzeptor dienen oder zu Transaminierungen verwendet werden kann. **1** Glutamin-Synthetase; **2** Glutamat-Synthase.

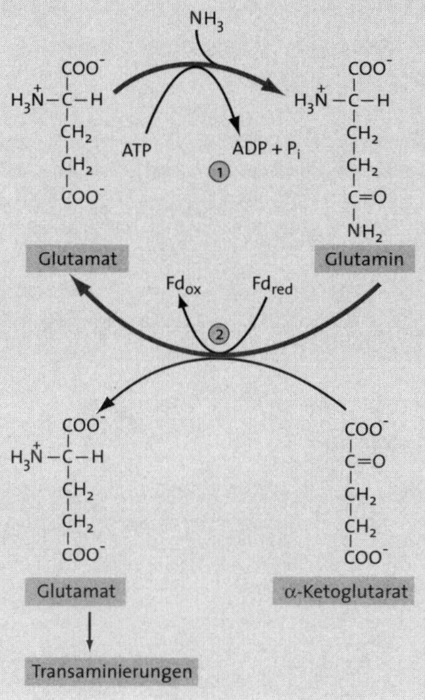

Abb. 1.9.2

Transaminierung von Glutamat auf Oxalacetat (Bildung von Aspartat) und von Glutamat auf Aspartat (Bildung von Asparagin). Strukturformeln von Glutamat und α-Ketoglutarat s. Abb.1.9.1.

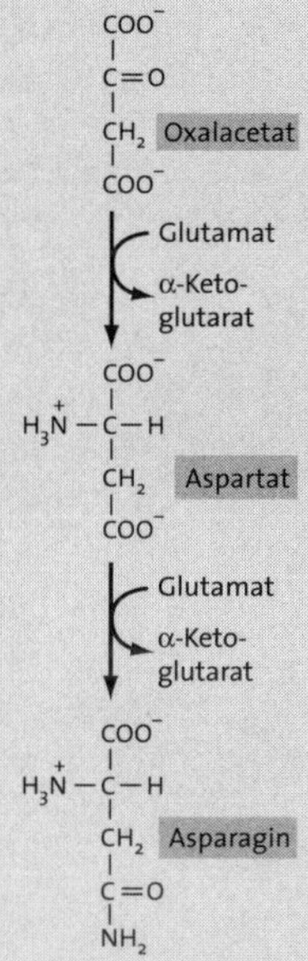

Aminosäuren und Polypeptidstrukturen

1.9.2

Die Aminosäuren lassen sich über ihre Biosynthese zu Familien vereinigen. Es gibt z.B. eine Pyruvat-, Aspartat- oder Glutamatfamilie (Abb. 1.9.3).

Aminosäuren sind Ausgangsmaterial für verschiedene Synthesen, etwa für diejenige der Alkaloide. Doch vor allem sind sie *Bausteine von Polypeptiden*. Dazu werden sie über Peptidbindungen hintereinandergereiht, in denen sich die Carboxylgruppe der einen mit der Aminogruppe der nächsten Aminosäure unter Abspaltung von Wasser verbindet (Abb. 1.9.4). So entsteht eine Kette konstanter Strukturelemente ... C–CO–NH–C–CO–NH ..., von der die Seitengruppen als Variable abstehen.

Diese Aminosäurenkette bildet die *Primärstruktur* eines Polypeptids (Abb. 1.9.5). Noch während der Translation nehmen die Primärstrukturen eine übergeordnete *Sekundärstruktur an*. Dazu gibt es mehrere Möglichkeiten. Eine bekannte Sekundärstruktur ist die α-Helix. Ihre Wendeln werden durch Wasserstoffbindungen zwischen den Peptidbindungen in Form gehalten. Über Ausbildung zusätzlicher Wasserstoffbrücken und über Verbindungen verschiedener Art *zwischen den Seitenketten* geht die Sekundärstruktur in eine höhere stabile Konformation über, die *Tertiärstruktur*. Diese drei Raumstrukturen werden unter Beteiligung nur *einer* Polypeptidkette ausgebildet. Doch oft lagern sich *mehrere* Polypeptidketten noch zu einer *Quartärstruktur* zusammen.

Abb. 1.9.3

Die wichtigsten Aminosäurenfamilien. Es handelt sich um Aminosäuren, die auch in Proteinen vorkommen. Sie wurden in der nichtdissoziierten Form wiedergegeben (Hess 1999).

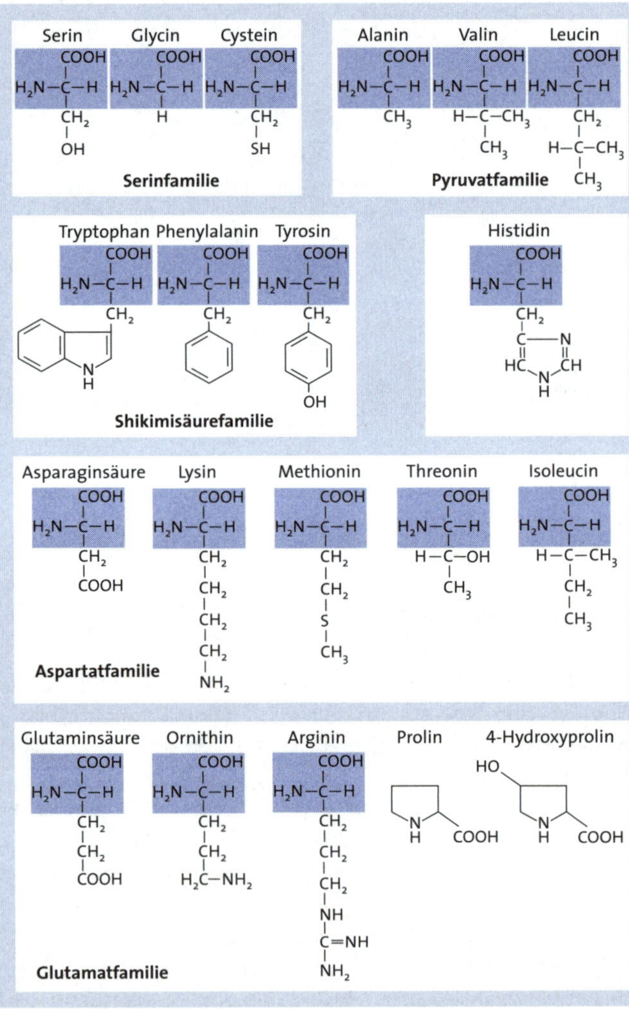

Abb. 1.9.4

Bildung einer Peptidbindung zwischen zwei Aminosäuren.

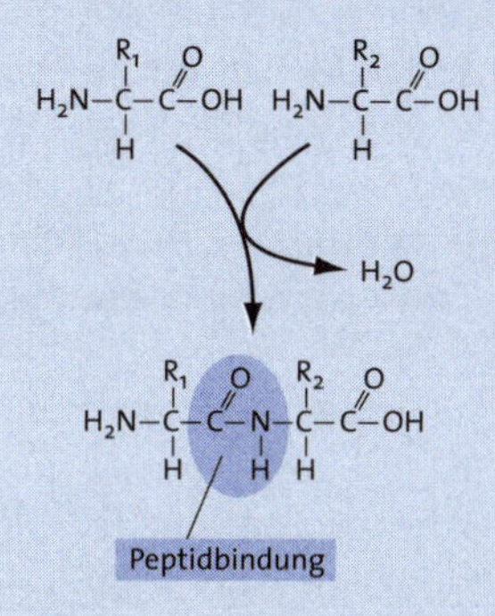

Abb. 1.9.5

Strukturhierarchie bei Polypeptiden. Ein klassisches Beispiel liefern die Konformationen des Erwachsenen-Haupthämoglobins. Bei der Tertiärstruktur handelt es sich um *eine* der beiden Polypeptidketten, die sich paarweise in ihm finden, bei der Quartärstruktur um ein komplettes, aus vier paarweise verschiedenen Polypeptidketten bestehendes Hämoglobin. Die an die Polypeptide gebundene Farbstoffkomponente Häm ist jeweils eingezeichnet (verändert nach LEHNINGER et al. 1994).

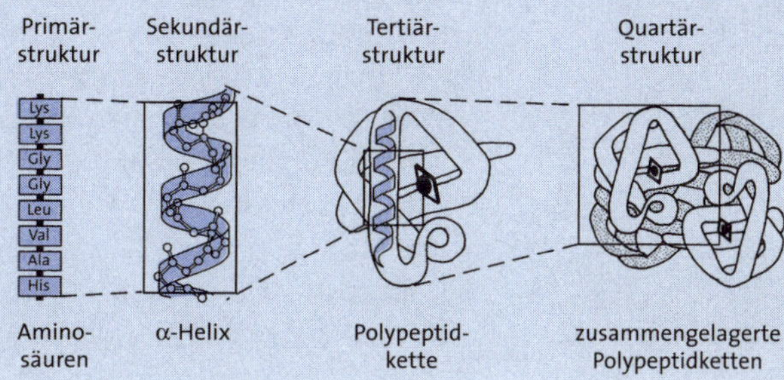

Die Faltungen der Einzelkette, aber auch die Assoziationen zu Quartärstrukturen stehen unter der Kontrolle von speziellen Proteinkomplexen, den Chaperonen bzw. bei einfacheren Polypeptiden den Chaperoninen. Ihre Funktion ist von ATP abhängig. Die Assoziation der Untereinheiten der RubisCO z.B. steht unter der Kontrolle von Chaperonen.

Quartäre Strukturen finden sich oft auch bei *Speicherproteinen*, so bei denjenigen der Hülsenfrüchtler. Sie werden am rER gebildet, in das Lumen des ER eingeleitet und dann in *Aleuronkörnern* gespeichert, deren Hülle sich vom ER oder von Golgi-Vesikeln herleitet. Auch die Aleuronschicht der Getreidekörner speichert Proteine.

Die Quartärstruktur gibt auch Anlass, auf *Isoenzyme* einzugehen. Bei ihnen handelt es sich um Enzymaktivitäten gleicher oder fast gleicher Funktion, aber unterschiedlicher Struktur. Wegen der Unterschiede in der Struktur lassen sie sich trennen, meistens über elektrophoretische Verfahren (Abb. 1.9.6). Zahlreiche der bisher besprochenen Enzymaktivitäten liegen als Isoenzyme vor. Die erwähnten Strukturunter-

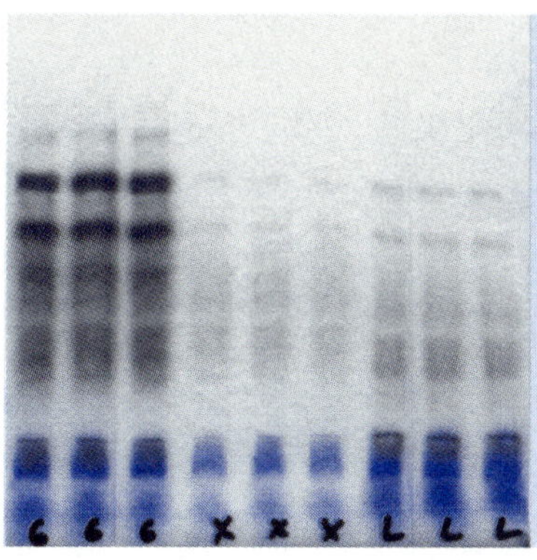

Abb. 1.9.6

Isoenzyme der β-Galactosidase aus je drei Pflanzen von *Nicotiana glauca* (G), *N. langsdorffii* (L) und der *Hybride* (X) zwischen beiden Arten nach gelelektrophoretischer Auftrennung (Isoelektrofocussierung; Orig. M. KOMP).

schiede können verschiedener Art sein. Eine Möglichkeit ist, dass sich die Quartärstrukturen der Isoenzyme aus unterschiedlichen Polypeptidketten aufbauen.

Fragen

(Seitenverweise zur Beantwortung)

1 - Wie viele Elektronen benötigt die Nitrit-Reduktase zur Reduzierung eines Moleküls Nitrit zu NH_3? Welches Redoxsystem ist dabei letztlich der Elektronendonator? (S. 84).

2 - Über die Nitrit-Reduktase wird NH_3 (= Ammoniak) angeliefert. Warum spricht man in solchen Fällen gerne anstatt von Ammoniak von Ammonium? (S. 83).

3 - Zeichnen sie die Strukturformel von Glutaminsäure und von Glutamat! (S. 85).

4 - Nennen Sie eine bekannte Sekundärstruktur von Polypeptiden! Sind zwei oder eine Polypeptidkette an ihrer Bildung beteiligt? (S. 86).

1.10 Terpenoide

Inhalt

Terpenoide sind Naturstoffe, die aus einem C_5-Körper aufgebaut werden. Je nach der Zahl der hintereinandergereihten C_5-Bausteine erhält man verschiedene Gruppen von Terpenoiden. Von den rund 25 000 derzeit bekannten pflanzlichen Terpenoiden sind viele für Stoffwechsel und Entwicklung der Pflanzen unabdingbar und finden sich dann in allen Pflanzen. Sehr viel mehr Terpenoide erfüllen jedoch spezielle ökologische Funktionen und sind in ihrer Verbreitung limitiert.

1.10.1 Übersicht über die Gruppen der Terpenoide

Definition

Terpenoide sind aus C_5-Bausteinen aufgebaute Naturstoffe.

Terpenoide haben ihren Namen daher erhalten, dass früher einige von ihnen aus Terpentin isoliert worden waren. Sie sind aus C_5-Bausteinen aufgebaut. Nach deren Zahl pro Molekül gliedert man in verschiedene Gruppen (Tab. 1.10.1). Dabei ist zu berücksichtigen, dass *Mono*terpene nicht aus einem, sondern aus *zwei* C_5-Bausteinen aufgebaut sind. Nur einen C_5-Baustein führen die Hemiterpene (= Halbterpene), die selten wie das Isopren als solche vorkommen. Meistens sind sie Bestandteile anderer Stoffe.

C_5-Einheiten	Biosynthese	Gruppe	Beispiel	Strukturformel
1	P	Hemiterpene	Isopentenylrest in Cytokininen Isopren	S. 124
2	P	Monoterpene		
		- offen	Citral Linalool	S. 94 S. 94
		- monozyklisch	Limonen Menthol 1,8-Cineol Thymol	S. 94 S. 94 S. 94 S. 94
		- bizyklisch	Kampfer α-, β-Pinen	S. 94 S. 94
3	C	Sesquiterpene	Farnesol Abscisinsäure (!)	S. 90 S. 126
4	P	Diterpene	Gibberelline Phytol Taxol	S. 122 S. 51
6 (2 x 3)	C	Triterpene	Herzglykoside Saponine Sterole	 S. 240 S. 92
8 (2 x 4)	P	Tetraterpene	Carotinoide	S. 93
n	C	Polyterpene	Kautschuk Sporopollenine	

Tab. 1.10.1

Gruppen der Terpenoide mit einigen Beispielen. Biosynthese: C = Cytoplasmaweg, P = Plastidenweg. ! = Abscisinsäure ist nur nach der C-Zahl, nicht nach seiner Biosynthese ein Sesquiterpen.

Grundzüge der Biosynthese 1.10.2

Zuerst wird die Bildung des Bausteins IPP, dann seine Nutzung zur Bildung der verschiedenen Terpenoid-Gruppen behandelt.

Zwei Wege zum IPP 1.10.2.1

Der C_5-Baustein der Terpenoide ist das Isopentenyl-pyrophosphat (IPP). Erst im vergangenen Jahrzehnt entdeckte man, dass es in Pflanzen auf zwei verschiedenen Wegen gebildet wird (Abb. 1.10.1):

- *Cytoplasmaweg (Acetat-Mevalonat-Weg).* Dieser Weg war schon länger bekannt und findet sich auch bei Tieren. Er läuft im Cytoplasma ab. Von drei Einheiten Acetyl-CoA ausgehend werden auf ihm über Mevalonat Sesqui-, Tri- und Polyterpene gebildet.
- *Plastidenweg (Desoxy-D-xylulose-5-phosphat-Weg).* Pyruvat wird decarboxyliert und das gebildete C_2-Produkt mit Glycerinaldehyd-3-phosphat zu 1-Desoxy-D-xylulose-5-phosphat (DOXP) vereinigt. Auf diesem Weg entstehen Hemi-, Mono-, Di- und Tetraterpene.

Abb. 1.10.1

Zwei Wege zur Bildung von IPP: der Cytoplasmaweg (Acetat-MVA-Weg, Acetat-Mevalonat-Weg) und der Plastidenweg (DOXP-Weg, Desoxy-D-xylulose-5-phosphat-Weg) (teils verändert nach LICHTENTHALER 1999).

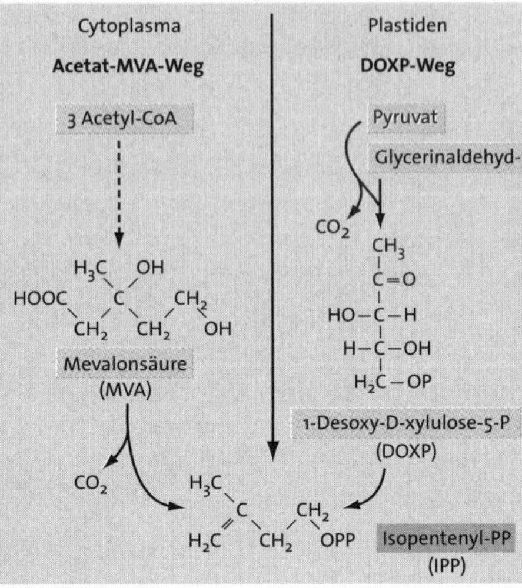

Abb. 1.10.2

Schema der Biosynthese der Tetraterpene unter Berücksichtigung der Kompartimentierung. Der Starter DMAPP (Dimethylallylpyrophosphat) und IPP (Isopentenyl-pyrophosphat) entstehen in Plastiden und im Cytoplasma auf zwei verschiedenen Wegen (s. Abb. 1.10.1). Auch der weitere Ablauf findet nach Kompartimenten getrennt statt, aber über die gleichen Zwischenstufen. Der Plastidenweg wird durch schwarze, der Cytoplasmaweg durch blaue Pfeilführungen symbolisiert. 2× = Schwanz-Schwanz-Additionen.

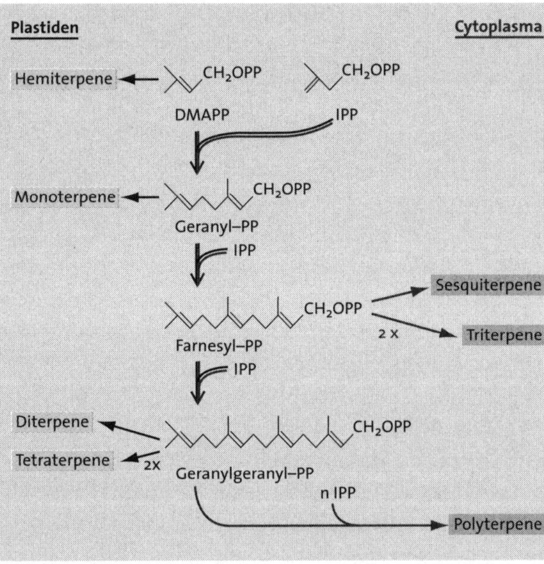

1.10.2.2 Von IPP zu Terpenoiden

Bei der anschließenden Bildung von Terpenoiden aus IPP finden sich zwei Formen der Addition.

Kopf-Schwanz-Additionen (Abb. 1.10.2). Vorweg wird IPP in sein Isomer Dimethylallyl-pyrophosphat (DMAPP) überführt. DMAPP dient dann als *Starter*, an dessen PP-Ende (»Schwanz«) IPP über sein C_1 (»Kopf«) unter Bildung von Geranyl-PP (GPP) addiert wird. Danach werden weitere IPP-

Bausteine Kopf-Schwanz angeschlossen, sodass Farnesyl-PP (FPP), Geranyl-geranyl-PP (GGPP) und Polyterpene entstehen. Ein PP wird bei den Additionen jeweils beibehalten, sodass die Zwischenstufen reaktionsfähig bleiben. Synthasen überführen dann die Pyrophosphate in die entsprechenden Terpene.

Monoterpene z.B. werden aus GPP durch Monoterpen-Synthasen gebildet, Sesquiterpene aus FPP durch Sesquiterpen-Synthasen. Fehlen die Synthasen, werden zwar die gleichen Zwischenstufen durchlaufen, aber die Abzweigungen zu den betreffenden Terpengruppen unterbleiben.

Bei **Schwanz-Schwanz-Additionen** (Abb.1.10.2) werden längere Zwischenstufen zusammengeschlossen. So entstehen Tetraterpene dadurch, dass sich zwei Moleküle des Diterpens GGPP mit ihren PP-Enden (»Schwänze«) unter Abspaltung von zwei PP vereinigen. Entsprechend bilden sich Triterpene durch Schwanz-Schwanz-Addition von zwei Molekülen des Sesquiterpens FPP. Die gebildeten Tri- bzw. Tetraterpene führen kein aktivierendes PP mehr. Weitere Additionen an sie sind nicht möglich.

Strukturen, Funktionen und spezielle Biosynthesen | 1.10.3

Zuerst werden Vertreter der Terpenoide besprochen, die in allen Pflanzen von primärer Bedeutung sind. Beispiele für Terpenoide mit Sonderfunktionen folgen.

Terpenoide mit zentraler Funktion und universeller Verbreitung | 1.10.3.1

- *Phytol* ist als Komponente der Chlorophylle unabdingbar. Entsprechendes gilt für *Oligoterpene*, die Seitenketten von Plastochinonen (Synthese in Plastiden) und Ubichinonen (Synthese vermutlich in Mitochondrien) bilden.
- *Cytokinine*, *Abscisinsäure* und *Gibberelline* sind als Phytohormone lebenswichtig. Einige Cytokinine tragen einen Isopentenylrest. Abscisinsäure ist der Zahl der C_5-Einheiten nach ein Sesquiterpen, wird aber aus Violaxanthin, einem Tetraterpen der Plastiden gebildet. Gibberelline sind Diterpene.
- *Sterole* sind Triterpene (Abb. 1.10.3). Bei der Kopf-Schwanz-Addition von FPP bildet sich zunächst eine offene Kette aus 30 C-Atomen (Squalen), die dann zu Steran, dem Grundkörper der Sterole zyklisiert. Charakteristisch für Sterole ist die Hydroxylgruppe in Stellung 3. Diese ol-Funktion war Anlass, die im Deutschen früher übliche Bezeichnung Sterine durch das korrektere »Sterole« zu ersetzen. Typisch ist auch die Doppelbindung in Ring B. Der Fünfring D trägt eine Seitenkette, in der sich die einzelnen Sterole unterscheiden. Sterole sind als Membranbausteine zentral wichtig. Darauf hingewiesen sei, dass

Abb. 1.10.3

Phytosterole.
Oben: der Grundkörper Steran; **Mitte:** Grundstruktur eines Sterols; **unten** die Seitenketten R, die den Unterschied zwischen den drei gezeigten Sterolen ausmachen.

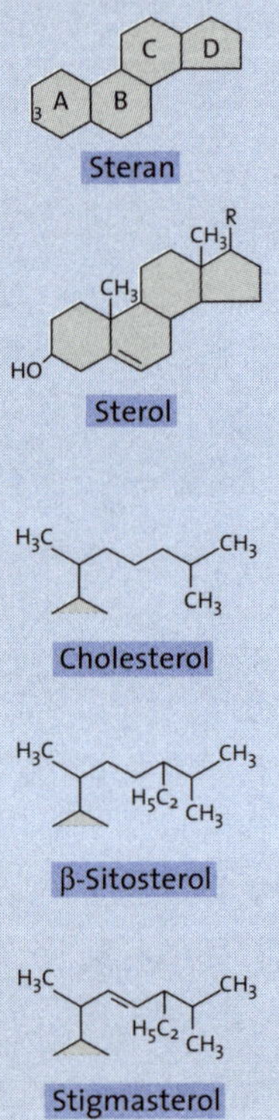

entgegen landläufigen Annahmen auch Cholesterol (Cholesterin) in Pflanzenmembranen vorkommt. Häufiger sind jedoch β-Sitosterol und Stigmasterol.

- *Carotinoide* (Abb. 1.10.4) sind von der kleinen, abgeleiteten Gruppe der Carotinoidsäuren abgesehen Tetraterpene. Sie gliedern sich in *Carotine* (40 C, keine Sauerstofffunktion) und *Xanthophylle* (ebenfalls 40 C, aber mit Sauerstofffunktionen). Bei der Kopf-Schwanz-Addition von GGPP erhält man als erstes Carotin das Phytoen. Es wird schrittweise dehydriert, bis mit dem Lycopin ein bis auf seine beiden Enden durchgehendes, noch offenkettiges System konjugierter Doppelbindungen erreicht wird. Von Lycopin aus, einem Carotin, das u.a. in Tomaten vorkommt, finden Zyklisierungen statt, die zu endständigen α- oder β-Iononringen führen können. Oxidationen zu Xanthophyllen schließen sich an. Das aus α-Carotin gebildete Lutein ist das häufigste Xanthophyll in Chloroplasten.

  Der α- *und der* β-*Iononring* unterscheiden sich nur durch die Lage einer Doppelbindung, eine geringfügige Veränderung, aber doch mit erheblichen ernährungsphysiologischen Konsequenzen. Denn nur die Carotine, die β-Iononringe führen, sind *Provitamine A*. Nach Aufnahme mit der Nahrung können sie im tierischen Organismus in der mittleren Doppelbindung gespalten werden. Hälften mit dem β-Iononring werden dann in Vitamin A (Retinol) überführt.

  Was Pflanzen anbelangt, sind uns die Carotinoide bereits als Antennenpigmente und Schutzstoffe gegen Photooxidation in den Pigmentsystemen der Chloroplasten bekannt. In Chromoplasten von vegetativen Pflanzenteilen (Tomate, Mohrrübe) und von Blütenblättern können sie zu gelben bis roten Farben führen.
- Allgegenwärtig sind auch die *Sporopollenine*, durch Oxidation und Vernetzung stark veränderte Polyterpene in und auf den Wänden von Sporen und Pollen. Bei Pollen besteht die Exine überwiegend aus Sporopolleninen. Ihrer extremen Widerstandsfähigkeit ist es zu verdanken, dass man überhaupt Pollenanalysen zur Klärung der Vegetationsgeschichte durchführen kann.

1.10.3.2 Terpenoide mit speziellen Funktionen, häufig mit singulärer Verbreitung

Von den meisten Terpenoiden lässt sich nicht behaupten, dass sie für Pflanzen generell lebenswichtig wären. Sie sind oft auf nur wenige Taxa beschränkt. Beispiele finden sich in Tab. 1.10.1, einige Strukturformeln in Abb. 1.10.5. Hier einige Ergänzungen:

- *Hemiterpene* kommen oft als Bestandteile von Mischterpenoiden vor. Für Isopren, ein einfaches Hemiterpen, war 1950 noch kein natürli-

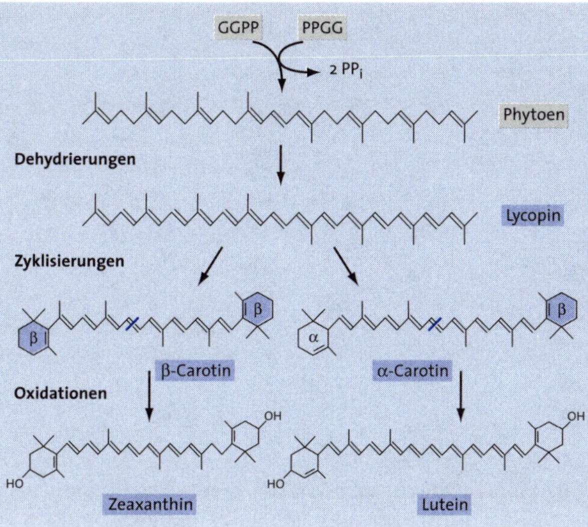

Abb. 1.10.4

Grundzüge der Carotinoid-Biosynthese. Einige Zwischenstufen wurden nicht berücksichtigt. GGPP (Geranyl-geranyl-pyrophosphat) wird Schwanz an Schwanz unter Abspaltung von 2 PP_i zu Phytoen, dem ersten, noch farblosen Carotin addiert. Danach folgen Dehydrierungen bis zum Lycopin, das ein System konjugierter Doppelbindungen aufweist und farbig ist, Zyklisierungen unter Bildung von α- oder β-Iononringen, hier in β- und in α-Carotin, und Oxidationen zu Xanthophyllen, hier zu Zeaxanthin und Lutein. In den beiden Carotinen deutet ein roter Strich die Spaltung an, die zu Vitamin A führen kann. α-Carotin liefert nur ein, β-Carotin zwei Vitamine A.

ches Vorkommen bekannt. Inzwischen weiß man, dass es weitaus häufiger in Pflanzen vorkommt als erwartet. Die besten Produzenten sind Laubhölzer wie Eichen (*Quercus* spp.) und Pappeln (*Populus* spp.). Isopren wird auf dem Plastidenweg gebildet. In die Atmosphäre abgeschiedenes Isopren soll bei Temperaturerhöhungen als Wärmeschutz für die Chloroplasten dienen. Der Mechanismus ist unbekannt.

▶ Über die Aktion von Monoterpen-Synthasen werden aus GPP *Monoterpene* gebildet (Abb. 1.10. 6). Sie können nicht nur offen, sondern auch monozyklisch oder bizyklisch anfallen. Die Monoterpen-Synthasen führen auch Zyklisierungen durch, z.B. die Limonen-Synthase die Überführung von GPP in das monozyklische Limonen. Die Pinen-Synthase ist sogar in der Lage, aus GPP zwei *verschiedene* Ringsysteme zu bilden, das α- und das β-Pinen.

Monoterpene sind oft flüchtig und Bestandteil meist kompliziert zusammengesetzter *ätherischer Öle*. Als Duftstoffe der Blüten können sie bestäubende Insekten anlocken. Das gilt für alle in Tab. 1.10.1 genannten offenen und monozyklischen Monoterpene. Erwähnt sei, dass 1,8-Cineol ein monozyklisches Terpen ist, weil die sauerstoffhaltige Querverbindung nicht als Ring gewertet wird. Thymol ist eines der bei Terpenoiden seltenen aromatischen Systeme.

Auch andere Pflanzenteile als die Blüten führen ätherische Öle, etwa die Schalen von Zitrusfrüchten oder die Blätter der Pfefferminze (*Mentha* sp.) und die des Thymians (*Thymus* sp.). Blätter sondern Monoterpene vor allem als Fraßschutz oder als Allelopathika (→ Seite 226) ab.

Abb. 1.10.5

Einige häufige Monoterpene. Offen sind Citral und Linalool; monozyklisch sind Menthol, 1,8-Cineol und Thymol (Benzolring!); bizyklisch ist Kampfer. Strukturformeln von Limonen (monozyklisch) und von α- und β-Pinen (bizyklisch) s. Abb. 1.10.6.

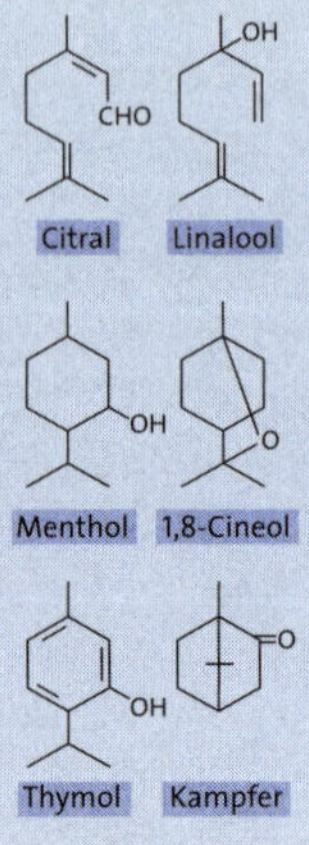

Abb. 1.10.6

Bildung zyklischer Monoterpene durch Monoterpen-Synthasen. **1** Limonen-Synthase bildet das monozyklische Limonen; **2** Pinen-Synthase bildet α- und β-Pinen. Die Pinene sind bizyklisch.

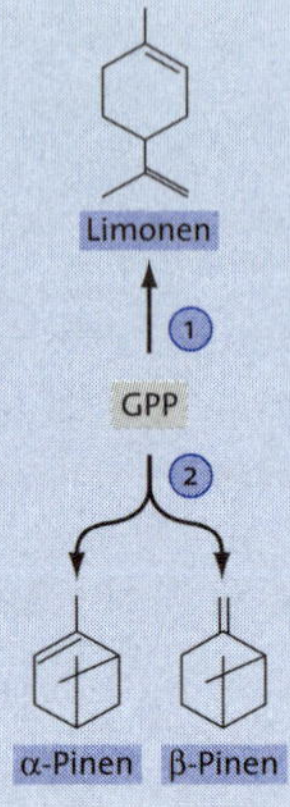

- *Diterpene:* In Eibenarten (*Taxus brevifolia, T. cuspidata*) rund um den nördlichen Pazifik findet sich *Taxol*, ein durch komplizierte Substitutionen kaum mehr als solches kenntliches Diterpen. In den Eiben könnte es als Pilzhemmstoff fungieren. Für den Menschen wichtig ist die krebshemmende Wirkung (Ovarial- und Brustkrebs) der kostspieligen, aber wirksamen Substanz. Sie geht darauf zurück, dass Taxol bei der Zellteilung den Spindelfaserapparat derart blockiert, dass er nicht mehr rückgebildet werden kann.
- *Triterpene*: *Herzglykoside* aus Fingerhutarten, vor allem aus dem Roten Fingerhut (*Digitalis purpurea*) dienen als Fraßschutz. Was den Menschen anbelangt, sind sie ein frühes Beispiel für Übertragung ethnobotanischer Erkenntnisse in die etablierte Medizin. Denn schon 1785 hatte der englische Arzt Withering Blätter des Roten Fingerhuts als Herz-und Kreislaufmittel von einer Kräuterfrau übernommen. *Saponine*, ebenfalls Triterpene, sind die wichtigsten präinfektionell gebildeten Abwehrstoffe gegen Pilze (→ Seite 239).

Fragen

(Seitenverweise zur Beantwortung)

1 ● Wie viele C-Atome hat ein Monoterpen? (S. 88).
2 ● Auf welchem Weg werden welche Terpenoidgruppen in Plastiden gebildet? (S. 89).
3 ● Welche Verbindung dient bei der Kopf-Schwanz-Addition von C_5-Einheiten als Starter? (S. 90).
4 ● Zeichnen Sie die Strukturformel des Sterans! (S. 92).
5 ● Nennen Sie einige Terpenoide, die für alle Höheren Pflanzen lebenswichtig sind! (S. 91).

Phenole

1.11

Inhalt

Bei den 8000 bis 10 000 Phenolen handelt es sich um eine weitere große Klasse von Naturstoffen, deren Vertreter teils für Pflanzen lebenswichtig und dann von universeller Verbreitung sind, teils spezielle oder unbekannte Funktionen ausüben und dann nur singulär vorkommen. Nach Eingehen auf die generelle Biosynthese werden Beispiele für die sehr unterschiedlichen Strukturen und Funktionen der Phenole und ihre Nutzung in Medizin und Technik genannt.

Übersicht über die Gruppen der Phenole

1.11.1

Die Phenole wurden nach der theoretischen Muttersubstanz Phenol (s. Abb. 1.11.8) benannt. In Tab. 1.11.1 findet sich eine Übersicht über ihre verschiedenen Gruppen mit einigen wenigen hier behandelten Beispielen.

Grundzüge der Biosynthese

1.11.2

Phenolkörper werden in höheren Pflanzen auf drei Wegen gebildet. Nach steigender Bedeutung handelt es sich um den Acetat-Mevalonat-Weg, den Acetat-Malonat-Weg, und den Shikimisäure-Weg. Der Acetat-Mevalonat-Weg wird selten eingeschlagen, z.B. bei der Synthese von Thy-

C-Grundgerüst	Gruppe	Beispiel	Strukturformel
	einfache Phenole	Plastochinon Ubichinon Arbutin	S. 52 S. 44 S. 103
	Phenolcarbonsäuren etc.	p-Hydroxybenzoesäure Protocatechusäure Gallussäure Salicylsäure Vanillin	S. 103 S. 103 S. 103 S. 103 S. 103
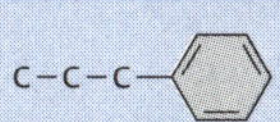	Phenylpropane	Zimtsäuren Zimtaldehyd Cumarine Eugenol Lignine	S. 98, 100 S. 100 S. 100, 102 S. 100
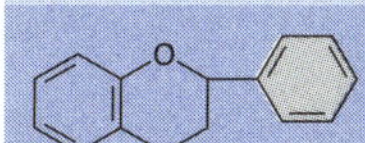	Flavonoide	Flavonole Anthocyane	S. 104 S. 103, 104

Tab. 1.11.1

Gruppen der Phenole mit einigen Beispielen.
Bei den Flavonoiden leitet sich das aromatische System links nicht von einem Phenylpropan, sondern von 3 Molekülen Malonat her (→ Seite 104).

mol. Der Acetat-Malonat-Weg findet sich vor allem bei der Synthese der Flavonoide und wird dabei mit dem Shikimisäure-Weg kombiniert.

1.11.2.1 Shikimisäure-Weg

Weitaus am wichtigsten für die Biosynthese von Phenolkörpern ist der Shikimisäure-Weg (Abb. 1.11.1), der zunächst zu den aromatischen Aminosäuren Phenylalanin, Tyrosin und Tryptophan führt. Doch über Phenylalanin und Tyrosin lässt sich die Synthese der meisten pflanzlichen Phenole und über Tryptophan die Bildung von IAA anschließen.

Bei Pflanzen läuft der *Shikimisäure-Weg* in Chloroplasten ab. D-Erythrose-4-phosphat mit 4 C wird aus dem Calvin-Zyklus (Abb. 1.6.9) abgezweigt, Phosphoenolpyruvat (PEP) mit 3 C wird aus der Glykolyse (Abb. 1.4.3) in die Chloroplasten eingebracht. Beide werden zu einem Zucker mit 7 C vereinigt, der zyklisiert und in mehreren Schritten in die na-

Abb. 1.11.1

Der Shikimisäure-Weg. Nur einige wichtige Zwischenstufen wurden angegeben. Der Weg von der Shikimisäure zur Chorisminsäure z.B. verläuft in drei Schritten, der Weg von der Anthranilsäure zum Tryptophan in fünf Schritten usw. **1** Chorismat-Mutase. Das Enzym überführt Chorismat (Chorisminsäure) in Prephenat (Prehensäure), das hier nicht eingezeichnet wurde. **2** Anthranilat-Synthase. Hier wurden die undissoziierten Säuren wiedergegeben, weil ihre Strukturformeln etwas leichter überschaubar sind.

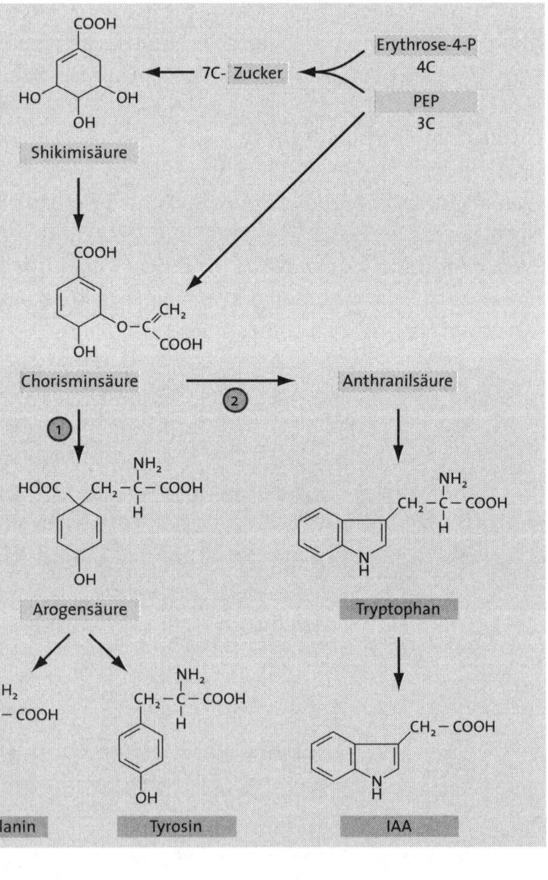

Box 1.11.1

Allosterische Regulation im Shikimisäure-Weg

Bestimmte Stoffe können die *Aktivität* eines Enzyms durch Anlagerung an einen *allosterischen Bindungsort* beeinflussen. Ein gegebenes Enzym kann mehrere solcher allosterischer Bindungsorte aufweisen, bei denen es sich *nicht* um den Bindungsort für das Substrat handelt. Folge der Bindung ist eine Konformationsänderung des Enzymproteins, die eine Hemmung oder eine Förderung der Enzymaktivität zur Folge haben kann. Der Begriff allosterisch bezieht sich auf die Konformationsänderung (gr. allos = ein anderer; gr. stereos = räumlich). Meist hemmen oder fördern die Endprodukte von Reaktionsketten das Enzym am Beginn der betreffenden Abfolge. Dann spricht man von *Rückkopplungshemmung* (en. feed back inhibition) oder auch Endprodukthemmung bzw. von *Rückkopplungsförderung* (Endproduktförderung). Die regulierenden Substanzen nennt man allosterische Inhibitoren bzw. allosterische Aktivatoren.

Auch im Shikimisäure-Weg finden sich allosterische Regulationen. Die Notwendigkeit dazu ist leicht einzusehen: Seine Verzweigungen führen zu mehreren wichtigen Endprodukten. Es wäre wenig ökonomisch, sie alle gleichermaßen bilden zu lassen. Wenn ausreichende oder mehr als ausreichende Mengen an dem einen Endprodukt zur Verfügung stehen, sollte man dessen weitere Bildung unterbinden. Umgekehrt könnte es an einem anderen Endprodukt noch fehlen. Dann sollte man seine Synthese fördern.

Gehen wir nur auf den Abschnitt des Shikimisäure-Wegs ab Chorismat ein (Abb. 1.11.2). Die Anthranilatsynthase bildet aus Chorisminsäure Anthranilat, steht also am Anfang des Wegs zu Tryptophan. Die Chorismatmutase schleust Chorisminsäure in den anderen Weg in Richtung Arogensäure ein. Tryptophan, wenn in ausreichenden Mengen gebildet, fördert allosterisch die Aktivität der Chorismatmutase. Phenylalanin und Tyrosin sind beide, falls ihre Konzentrationen hoch genug sind, allosterische Inhibitoren der Chorismatmutase. So können sich die beiden Hauptwege gegenseitig einregulieren. Doch auf jedem von ihnen gibt es noch weitere Regulationsmöglichkeiten zur Feineinstellung. So kann Tryptophan die Anthranilatsynthase und damit seine eigene Synthese allosterisch hemmen. Der andere Hauptweg gabelt sich bei Arogenat zu Tyrosin und Phenylalanin. In einem letzten Schritt überführt jeweils ein Enzym Arogenat in Tyrosin, ein anderes Arogenat in Phenylalanin. Ausnahmsweise wird hier die jeweils *letzte* Enzymaktivität allosterisch reguliert: der letzte Schritt zu Tyrosin wird durch Tyrosin gehemmt, der letzte zu Phenylalanin durch Phenyalanin gehemmt und durch Tyrosin gefördert.

Abb. 1.11.2

Allosterische Regulation von Enzymaktivitäten auf dem Shikimisäure-Weg. Dünne schwarze Pfeile = Rückkopplungsförderungen; rote Linien mit Querbalken = Rückkopplungshemmungen. **1** und **2** beziehen sich auf Abb. 1.11.1. Hier wurden die Salznamen angegeben, weil sich die Bezeichnungen für die Enzyme von ihnen ableiten. Enzym A überführt Arogenat in Phe, Enzym B in Tyr.

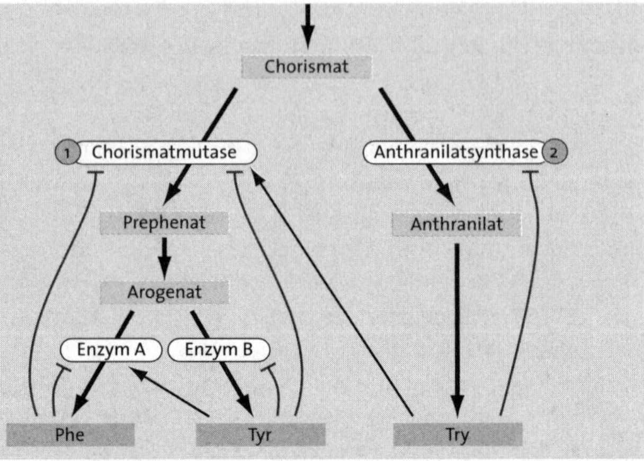

Abb. 1.11.3

Desaminierung von Phenylalanin zu Zimtsäure durch PAL (Phenylalanin-Ammonium-Lyase) und Ableitung weiterer Zimtsäuren. Die Zimtsäuren fallen in der *trans*-Konfiguration an, was hier nicht berücksichtigt wurde.

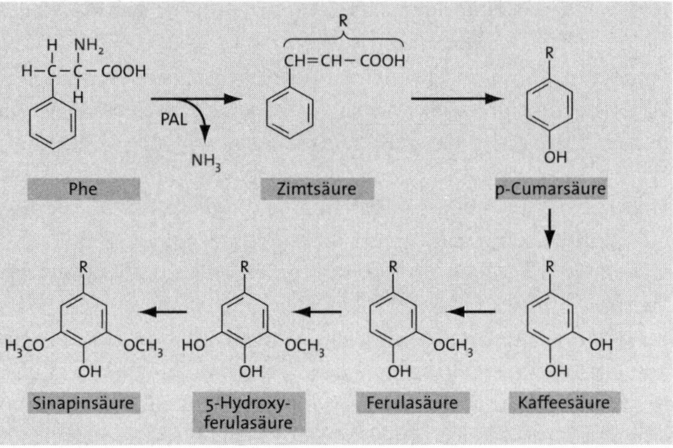

mengebende Shikimisäure überführt wird. Durch Ansetzen eines weiteren PEP bildet sich Chorisminsäure. Ihr Name (gr. chorisma = Trennung) ist Programm: der Weg über Anthranilsäure zu Tryptophan und weiter zu IES trennt sich bei ihr von dem Weg zu Arogensäure, die schon eine Aminogruppe trägt, und dann zu Phenylalanin und Tyrosin. Die Enzymaktivitäten auf den Verzweigungen des Shikimisäure-Wegs werden detailliert reguliert, damit weder zu wenig noch zu viel an den Endprodukten anfällt (Box 1.11.1).

1.11.2.2 Von Phenylalanin zu Zimtsäure, weiteren Phenylpropanen und sonstigen Phenolen

Phenylalanin wird im Cytoplasma durch die *Phenylalanin-Ammonium-Lyase* (PAL) zu Zimtsäure desaminiert (Abb. 1.11.3). PAL ist nicht nur eines der bestuntersuchten Enzyme bei Pflanzen, sondern auch das Schlüsselenzym zur Bildung der Phenylpropane und der von ihnen abgeleiteten weiteren Phenole. Der freigesetzte Ammoniak kann zur Bildung von Arogenat recycliert werden, sodass die Biosynthese der Phenole nicht aus N-Mangel unterbunden werden muss. Bei Monokotyledonen gibt es auch eine weniger wichtige, entsprechend arbeitende Tyrosin-Ammonium-Lyase (TAL), die Tyrosin in p-Cumarsäure überführt, aber auch Phenylalanin nutzen kann.

Die Zimtsäure ist ein Phenylpropan, besteht also aus einem aromatischen Ring mit der C_3-Seitenkette des Propans. Von ihr geht die Synthese einer ganzen *Zimtsäurenfamilie* aus (Abb. 1.11.3), deren Glieder sich durch die Substitution im Ringsystem unterscheiden. Von diesen Zimtsäuren lassen sich alle weiteren Phenylpropane und von diesen die meisten sonstigen Phenole der Pflanzen ableiten (Abb. 1.11.4). Oft bringen die Zimtsäuren ihre Substitutenten in die betreffenden Derivate ein, so bei den Cumarinen und teilweise bei den Anthocyanen.

Definition

Phenole sind durch aromatische Ringe mit einer Hydroxylgruppe oder einem Derivat derselben charakterisiert. Aber auch Substanzen ohne Sauerstofffunktion werden zu ihnen gezählt, falls in ihrer Biosynthese ein Zusammenhang zu »echten« Phenolen besteht.

1.11.3 Strukturen, Funktionen und spezielle Biosynthesen

In diesem Kapitel werden Struktur und Funktion verschiedener Phenolgruppen und gegebenenfalls deren spezielle Biosynthese besprochen.

1.11.3.1 Phenole mit zentraler Funktion und universeller Verbreitung

Lignine sind nach der Cellulose die mengenmäßig wichtigste organische Substanz auf der Erde. Inkrustiert zwischen Cellulose und anderen Fibrillen lassen sie aus der Zellwand eine Struktur entstehen, die in ihrer Druck- und Zugfestigkeit häufig mit Stahlbeton verglichen wird. Ohne Lignine wäre es für hochwachsende Pflanzen nicht möglich gewesen, das Festland zu besiedeln.

Chemisch gesehen handelt es sich bei den Ligninen um hochpolymere, allseitig vernetzte *Phenylpropane*. Ihre Zusammensetzung wechselt je nach der systematischen Stellung. Bausteine sind drei Zimtalkohole. Der Coniferylalkohol entspricht der Ferulasäure, der p-Cumarylalkohol der p-Cumarsäure und der Sinapylalkohol der Sinapinsäure (s. Abb. 1.11.3). Lignine der Gymnospermen wie der gut untersuchten Fichte (*Picea abies*) enthalten fast nur Coniferylalkohol (Abb. 1.11.5). Bei Angiospermen finden sich alle drei Alkohole, aber in unterschiedlichen Mengenverhältnissen. Lignine der Dikotyledonen enthalten Coniferyl- und Sinapylalkohol in ungefähr gleichen Mengen und wenig p-Cumarylalkohol. Lignine der Monokotyledonen führen überwiegend p-Cumarylalkohol.

Die *Biosynthese* (Abb. 1.11.6) der Lignine geht von den genannten Zimtsäuren aus. Sie werden unter ATP-Verbrauch zu ihren CoA-Estern akti-

Abb. 1.11.4

Ableitung wichtiger Phenolgruppen von Zimtsäuren. Nur die wichtigsten Möglichkeiten wurden berücksichtigt. Die C-Atome des Phenylpropanskeletts sind blau wiedergegeben. Blaue Verdickungen geben C-Atome an, die meistens Substituenten tragen. Bei den Zimtsäuren wurde die *cis/trans*-Isomerie an der Doppelbindung in der Seitenkette berücksichtigt. Auf dem Weg zu den Cumarinen finden sich die *trans*-Zimtsäuren zusätzlich in einer Variante, um zur üblichen Darstellung der Cumarine kommen zu können.

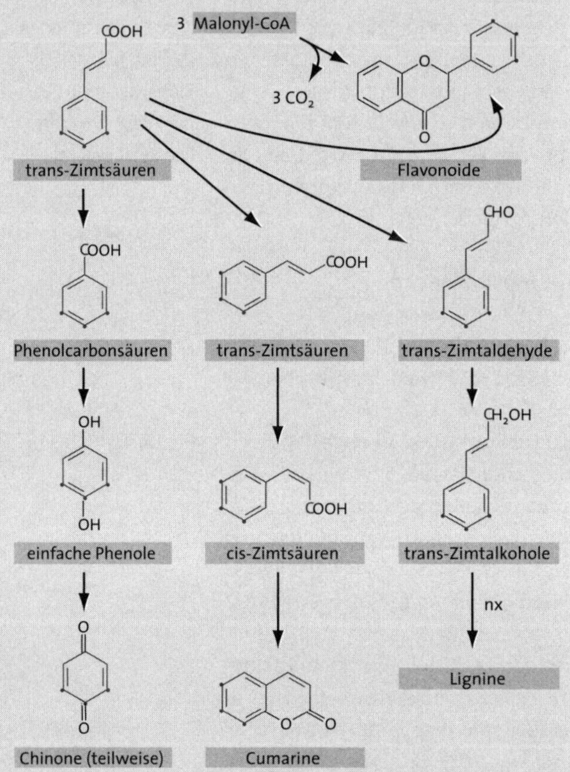

Abb. 1.11.5

Ausschnitt aus Fichtenlignin. Wo Me (H_3C-) auftritt, handelt es sich um von der Ferulasäure abgeleitete Bausteine (verändert nach Freudenberg aus Hess 1999).

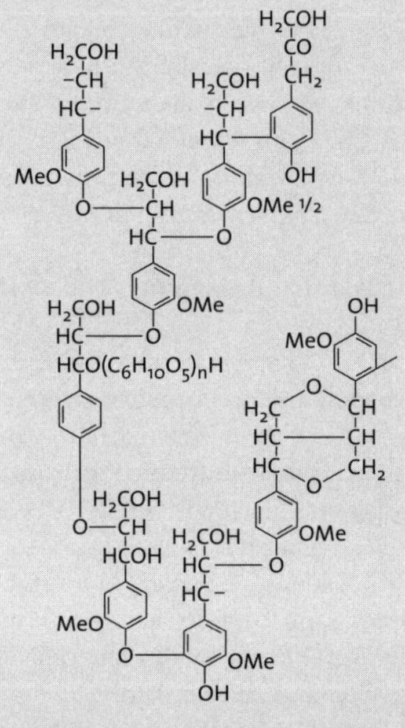

viert. An ihnen erfolgt eine erste Reduktion zu den Aldehyden und dann eine zweite zu den Alkoholen (s. Abb. 1.11.4). Für den Transport zu den Stellen der Ligninsynthese werden die Zimtalkohole glucosidiert. Aus Coniferylalkohol wird so die glucosidierte Transportform Coniferin. Am Syntheseort angelangt, werden die Alkohole durch Glucosidasen wieder freigesetzt. Über Oxidierungen (Dehydrierungen) werden als Zwischenstufen Radikale gebildet, die sich spontan zu Dimeren zusammenschließen. Nach dem gleichen Modus, also nichtenzymatisch, sollen sich dann solche Radikalenzusammenschlüsse wiederholen, bis schließlich über fortgesetzte Polymerisationen das räumliche Netzwerk der Lignine gebildet wurde.

Welche Enzyme oxidierend wirken, ist umstritten. Favorisiert werden Peroxidasen, die mit H_2O_2 arbeiten. Auch häufen sich Befunde, die eine Steuerung der Polymerisation wahrscheinlich machen. So sind Ligninmutanten mit einer spontanen und ungerichteten Polymerisierung kaum vereinbar. Schon in den 60er-Jahren des vergangenen Jahrhunderts kannte man beim Mais (*Zea mays*) jedoch brown-midrib-Mutanten, von denen eine sich von der Normalform nur über eine andersartige Grundstruktur der Lignine unterschied. Derzeit sprechen mehr und mehr Fakten dafür, dass die Polymerisierung kontrolliert wird. So hat man aus einer Forsythie (*Forsythia suspensa*) ein Nicht-Enzym-Protein isoliert, das zumindest im Reagenzglas in Zusammenarbeit mit Oxidasen die sterische Ausrichtung von Radikaldimeren des Coniferylalkohols steuert. Man hat es deshalb »dirigent protein« genannt.

An die schon behandelten Redoxsysteme **Ubichinon** und **Plastochinon** muss hier nur erinnert werden.

Auch **Flavonole** kommen in allen höheren Pflanzen vor. Flavonole sind für Entwicklung und Keimung von Pollen notwendig. Sie können auch als UV-Schutz dienen. Doch lassen diese und weitere bisher bekannte Funktionen (z.B. Funktion als Blütenfarbstoffe, Aktivierung von *nod*-Genen: → Seite 237) keine schlüssige Erklärung dafür zu, weshalb Flavonole allgegenwärtig sind.

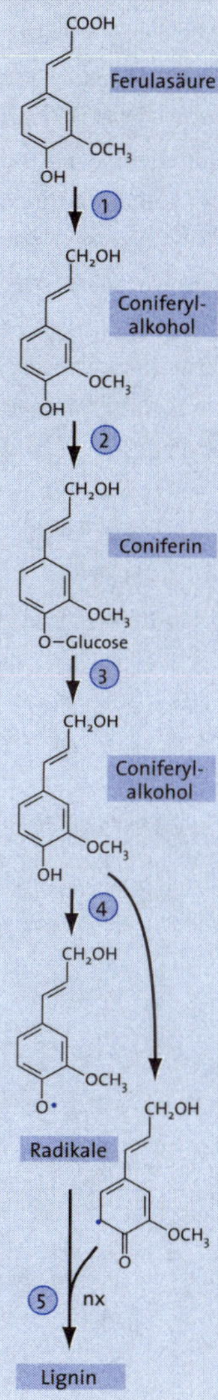

Abb. 1.11.6

Biosynthese des Lignins aus Zimtsäuren. Dabei werden die Veränderungen der Ferulasäure gezeigt, des Hauptbausteins des Fichtenlignins (Abb. 1.11.5). Die Aktivierung der Ferulasäure zu ihrem CoA-Ester wurde nicht berücksichtigt. **1** zwei Reduktionen: die erste führt zum Aldehyd, die zweite zum Alkohol der Ferulasäure, dem Coniferylalkohol; **2** Glucosidierung; **3** Transport zum Ort der Ligninsynthese, dort Deglucosidierung; **4** Oxidation (Dehydrierung) zu Radikalen, zwei der Möglichkeiten für Radikale werden gezeigt; **5** Polymerisierung über dimere Zwischenstufen. p-Cumar- und Sinapinsäure unterliegen bei der Ligninsynthese entsprechenden Veränderungen.

Phenole mit speziellen Funktionen, teilweise mit singulärer Verbreitung

1.11.3.2

Schon die Zimtsäuren üben spezielle Funktionen aus, so z.B. als Allelopathika. Noch mehr gilt das für **Cumarine**. Ihre Synthese (Abb. 1.11.7) geht von Zimtsäuren aus. Dabei muss, was hier sonst vernachlässigt wurde, die *cis-trans*-Isomerie berücksichtigt werden.

Die Bildung von Cumarin aus Zimtsäure läuft folgendermaßen ab: PAL liefert *trans*-Zimtsäure an. In o-Stellung zur Seitenkette wird ein Hydroxyl eingeführt, das mit Hilfe von UDPG glucosidiert wird. Das *trans*-Glucosid wird in die Vakuole eingebracht und geht dort im UV in die *cis*-Form über. Sie wird als »gebundenes Cumarin« bezeichnet. Erst bei Verletzungen und damit Zerstörung der Zellstrukturen kann eine β-Glucosidase hinzutreten, die das gebundene Cumarin durch Abspalten der Glucose freisetzt. Hydroxyl- und Carboxylgruppe sind in der *cis*-Stellung einander so genähert, dass jetzt spontan ein innerer Ester, ein Lactonring gebildet wird: Cumarin ist entstanden.

Ebenso wie das namengebende Cumarin werden auch die weiteren Cumarine gebildet, wobei die Substituenten der Zimtsäuren zu Substituenten der Cumarine werden. Aus p-Cumarsäure entsteht so das in Doldenblütlern (Apiaceae) häufige Umbelliferon, aus Ferulasäure das weit verbreitete Scopoletin.

Cumarine sind Bitterstoffe, die als Fraßschutz dienen. Besonders Cumarin und Scopoletin sind außerdem weit verbreitete Hemmstoffe bei Keimung und Zellstreckung ebenso wie präinfektionelle Hemmstoffe gegen Mikroorganismen. Pflanzen mit gebundenem Cumarin sind z.B. Weißer Steinklee (*Melilotus albus*) und Waldmeister (*Galium odoratum*).

Abb. 1.11.7

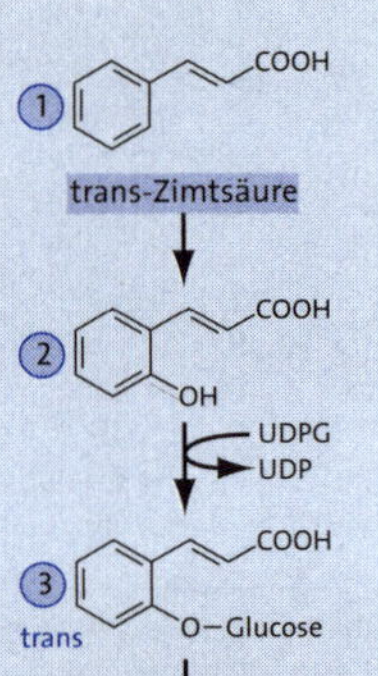

Biosynthese des Cumarins. **2** *o*-Cumarsäure; **3** *o*-Cumarsäure-β-glucosid; **4** *o*-Cumarinsäure-β-glucosid (»gebundenes Cumarin«); **5** *o*-Cumarinsäure. *o*-Cumarsäure (2) wird im Cytoplasma mit Hilfe von UDPG zu *o*-Cumarsäure-β-glucosid (3) glucosidiert und dann in die Vakuole eingebracht. Dort geht es unter UV-Strahlung aus der *trans*- in die *cis*-Form (4) über. Bei Verletzungen (durch einen unterbrochen gezeichneten Tonoplasten angedeutet) kommen β-Glucosidasen mit *o*-Cumarinsäure-β-glucosid (4) in Kontakt und spalten die Glucose ab. *o*-Cumarinsäure (5) bildet spontan einen Lactonring (innerer Ester) und wird so zum Cumarin.

Die **Phenolcarbonsäuren** leiten sich von Phenylpropanen ab. Sie bilden sich aus Zimtsäuren über eine β-Oxidation. Dabei werden ähnlich wie beim Abbau der Fettsäuren die beiden ersten C-Atome der Seitenkette von Zimtsäuren entfernt. Eliminiert man in den so gebildeten Phenolcarbonsäuren auch das letzte C-Atom am Benzolring, kommt man zu **einfachen Phenolen**. Auch für diese beiden Substanzgruppen einige Angaben (Strukturformeln s. Abb. 1.11.8):

- *p-Hydroxybenzoesäure* ist weniger, *Protocatechu-* und *Gallussäure* sind sehr weit verbreitet. Der Grund dafür ist strittig. Alle drei sind Allelopathika und präinfektionelle Abwehrstoffe gegen Mikroorganismen. Gallussäure-Einheiten finden sich auch in einer Gerbstoffgruppe, den Gallotanninen.
- *Salicylsäure* hemmt Mikroorganismen. Als Phytohormon *Calorigen* (lat. = Wärmeerzeuger) löst sie im Kolben von Aronstabgewächsen (Ara-

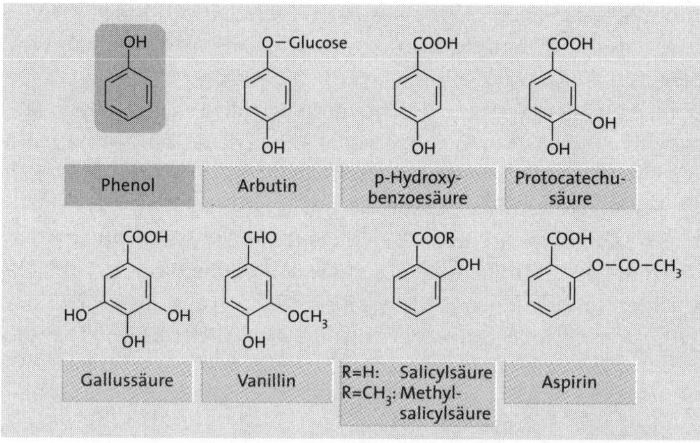

Abb. 1.11.8

Einige einfache Phenole und Phenolcarbonsäuren. Phenol selbst ist nur der Struktur, nicht der Biosynthese nach Grundsubstanz. Vanillin ist der bekannte Aromastoff der Vanille-Orchidee (*Vanilla planifolia*).

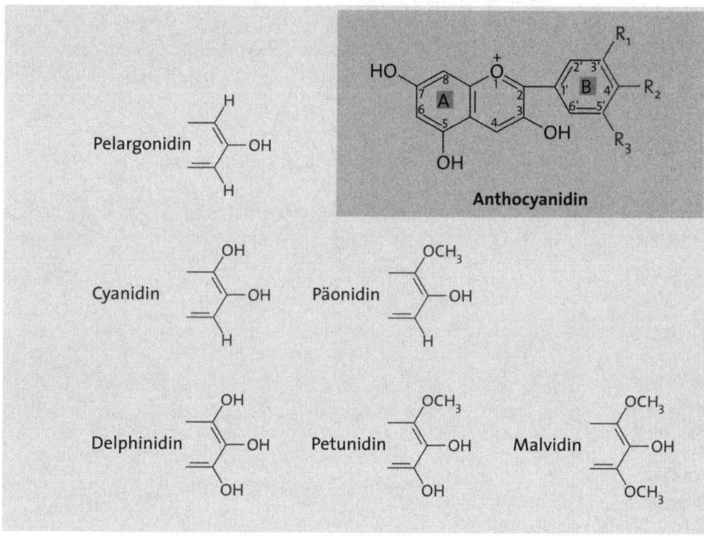

Abb. 1.11.9

Die wichtigsten Anthocyanidine. Rechts oben die Grundstruktur eines Anthocyanidins, daneben und darunter jeweils der Ausschnitt des Rings B, in dessen Substitution sich die einzelnen Anthocyanidine unterscheiden.

ceae) Oxidationsprozesse aus, die zur Erwärmung führen. Dadurch wird die Verflüchtigung von Gestankstoffen gefördert, die Bestäuber anlocken. Vor allem aber induziert sie, endogen gebildet oder experimentell zugeführt, Genaktivitäten bei Abwehrreaktionen. Darüber hinaus kann sie Antagonist der ABA sein.

- *Aspirin*, das technisch hergestellte Acetylderivat der Salicylsäure und bekannte Fieber- und Schmerzmittel, kommt in Pflanzen nicht vor, wurde aber auf Basis des Pflanzenstoffs Salicylsäure entwickelt. Diese verdankt ihren Namen zwar dem Vorkommen in der Rinde der Weide (*Salix*), findet sich aber auch im Mädesüß (*Filipendula ulmaria*, früher *Spiraea ulmaria*). Weil aus dessen Inhaltsstoff durch Acetylierung entwickelt, nannte man das neue Medikament Aspirin (A- bezieht sich auf die Acetylierung, -spirin auf *Spiraea*).

- *Arbutin*, β-Glucosid des Hydrochinons, kommt in Bärentrauben (*Arctostaphylos uva-ursi*) vor. Im alkalischen Milieu des Harns wird das desinfizierend wirkende Hydrochinon freigesetzt. Über Bärentraubentee können so die Harnwege desinfiziert werden.

Eine große Gruppe von Phenolen sind die **Flavonoide**, bei deren Synthese der Acetat-Malonat- mit dem Shikimisäure-Weg kombiniert wird. Die Flavonoide weisen ein dreigliedriges Ringsystem auf (s. Abb. 1.11.9 und 1.11.10). Je nach dem Oxidationszustand des mittleren Heterozyklus

Abb. 1.11.10

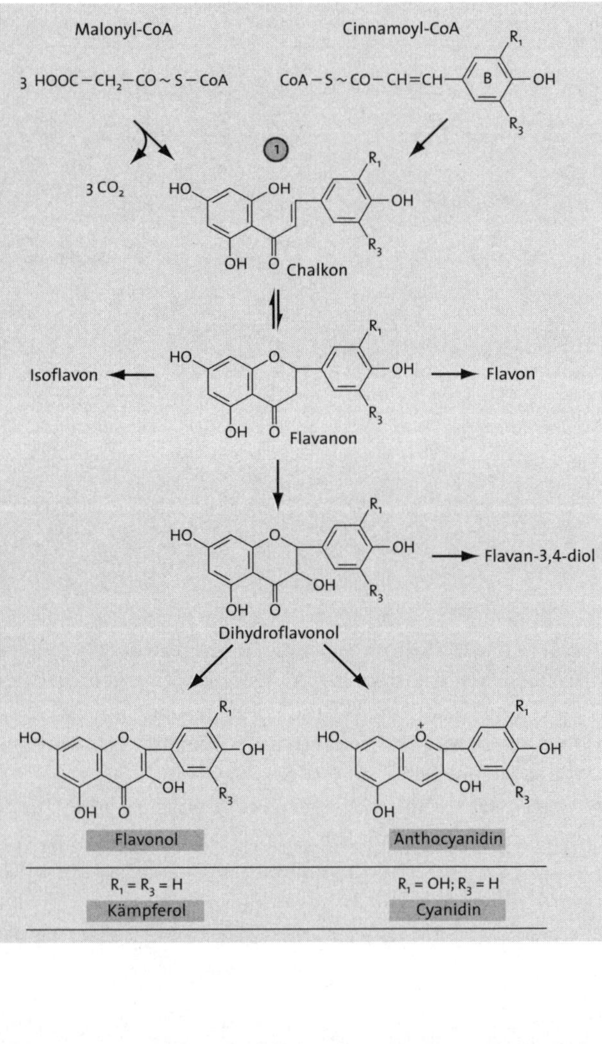

Biosynthese der wichtigsten Flavonoide (Schema). **1** Chalkonsynthase, Schlüsselenzym der Flavonoidsynthese. Die Abb. zeigt einen oft realisierten Biosyntheseweg. Er beginnt mit der Aktivität einer ***p*-Cumaroyl-Chalkonsynthase**, die den CoA-Ester der *p*-Cumarsäure (s. Abb. 1.11.3) einbringt. Dann sind R_1 und R_3 zunächst = H, in der Position zwischen ihnen findet sich OH. Bleibt es dabei, entsteht bei den Flavonolen Kämpferol, bei den Anthocyanidinen Pelargonidin (s. Abb. 1.11.9). Die für weitere Flavonole und Anthocyanidine charakteristischen Substituenten R_1 und R_3 werden erst auf der Stufe der Dihydroflavonole eingebracht. Wenn dabei R_1 zu OH wird, resultiert bei den Anthocyanidinen Cyanidin. Über Veränderungen im Oxidationszustand des mittleren Heterozyklus lassen sich weitere Flavonoidgruppen an den gezeigten Biosyntheseweg anschließen. Doch kennt man auch **Chalkonsynthasen, die mit den CoA-Estern anderer Zimtsäuren arbeiten**. Dann findet sich am C-Atom zwischen R1 und R3 immer wie in der Abbildung OH, weil alle Zimtsäuren diese Hydroxylgruppe führen (s. Abb. 1.11.3). Doch auch die weiteren Substituenten des Ringes B werden mit den betreffenden Zimtsäuren von Anfang an eingebracht. Eine Caffeoyl-Chalkonsynthase z.B. bringt Kaffeesäure (s. Abb. 1.11.3) mit ihren Substituenten schon in das Chalkon ein. Über den ansonsten gleichen Weg entsteht dann z.B. bei den Anthocyanidinen Cyanidin. Die Unterschiede zwischen beiden Varianten liegen also darin, wann und wie die Substituenten des Ringes B eingebracht werden.

Box 1.11.2

Anthocyane: Metamorphosen einer chemischen Grundstruktur

Anthocyane sind Glykoside. Ihre Aglyka nennt man Anthocyanidine. Ein solches Anthocyanidin besteht aus einem aromatischen Ring A, einem aromatischen Ring B und einem dazwischen liegenden sauerstoffhaltigen Heterozyklus. Es kann durch Substitutionen im Ring B, durch Glykosidierungen und durch Acylierungen verändert werden.

Durch *Substitutionen im Ring B* erhält man die in Abb. 1.11.9 wiedergegebenen Anthocyanidine. Das häufige Cyanidin ist nicht nur in Blüten zu finden, sondern auch für vegetative Pflanzenteile typisch.

Bei *Glykosidierungen* wird zuerst die Hydroxylgruppe in Position 3 besetzt, und zwar immer mit Glucose. Glucose findet sich häufig auch in Stellung 5. Doch diese Grundausstattung an Zuckern kann durch Ansetzen weiterer Zucker besonders an die Glucose in Position 3 noch ausgeweitet werden.

Acylierungen erfolgen meist so, dass Acylreste R–CO- in Zucker eingefügt werden. In der Regel handelt es sich dabei um die Reste von Phenolcarbonsäuren oder Zimtsäuren.

Bei Realisierung aller drei Veränderungsmöglichkeiten können kompliziert gebaute Anthocyane entstehen. Fast wirkt es beruhigend, dass die Natur das gegebene Potenzial insbesondere bei Glykosidierungen bei weitem nicht ausschöpft!

Die *Farben* der *kristallisierten* Anthocyanidine hängen von der Substitution ab. Mit zunehmender Zahl der Hydroxylgruppen kommt es zu einer Farbvertiefung: Pelargonidin ist lachsfarben, Cyanidin rot, Delphinidin blau. Das Einfügen von Methlygruppen mildert die Farben ab. Päonidin ist ebenso wie Malvidin rosa, Petunidin zeigt ein etwas schwächeres Blau. Doch bei im Zellsaft gelösten Anthocyanen sind andere Faktoren für die Farbe wichtiger. Wie im Reagenzglas können die Anthocyane auch im Zellsaft bei saurem pH-Wert rot, bei basischem blau sein. Das ist jedoch keinesfalls immer der Fall. So hat die bekannte blaue Kornblume in den Epidermiszellen ihrer Blüten einen pH-Wert von 4,9, sollte also eigentlich rote Blüten tragen. Grund ist, dass mehrwertige Metallionen wie Al^{3+} oder Fe^{3+} mit einander benachbarten Hydroxylgruppen im Ring B Komplexe eingehen. Sie sind oft noch an Polysaccharidträger gebunden. In solchen Komplexen wird das Blau stabilisiert.

unterscheidet man eine ganze Reihe verschiedener Flavonoidgruppen, von denen außer den Flavonolen (→ Seite 101) nur die Anthocyane berücksichtigt werden können.

- *Anthocyane* sind rote und blaue, im Zellsaft gelöste Blütenfarbstoffe, sie fehlen aber auch in vegetativen Geweben nicht. Der mittlere Heterozyklus zeigt bei ihnen in saurem Medium eine Oxoniumstruktur (Abb. 1.11.9). Sie sind Substanzen, die uns tagtäglich vor Augen geführt werden und sollen daher als Beispiel dafür dienen, welche Gestaltungsmöglichkeiten bei Naturstoffen gegeben sind (Box 1.11.2).

Die *Biosynthese* der Flavonoide und mit ihnen der Anthocyanidine ist eine Kombination des sonst bei Bakterien häufigeren Acetat-Malonat-Wegs mit dem Shikimisäure-Weg (Abb. 1.11.10). Der Ring A leitet sich von Malonyl-CoA unter Decarboxylierung, der Ring B und die C-Atome des mittleren Heterozyklus von Cinnamoyl-CoA (Zimtsäuren-CoA) ab. Als erste Verbindung mit 15 C-Atomen bildet sich ein Chalkon, bei dem der Heterozyklus noch offen ist. Im nächsten Schritt wird er geschlossen. Veränderungen in seinem Oxidationszustand führen zu den Grundkörpern der verschiedenen Flavonoide, darunter zu den Flavonolen und Anthocyanidinen.

Was die Substitution im Ring B anbelangt, gibt es zwei Möglichkeiten. Einmal kann beim Start p-Cumaryl-CoA eingesetzt werden. Damit ist nur der Substituent in Stellung 3´ gegeben, eine Hydroxylgruppe. Die weiteren Substituenten werden später im Verlauf der Biosynthese eingebracht. Eine zweite Möglichkeit ist es, mit den CoA-Estern nicht nur der p-Cumarsäure, sondern auch anderer Zimtsäuren zu starten. Dann werden die Substituenten dieser Zimtsäuren zu Substituenten des Ringes B.

Fragen

(Seitenverweise zur Beantwortung)

1 ● Nennen Sie einige Phenole mit für Pflanzen lebenswichtigen Funktionen! (S. 99).

2 ● Zeichnen sie die Strukturformel von Aspirin! (S. 103).

3 ● Welches ist der wichtigste Weg der Phenolbiosynthese? (S. 96).

4 ● Was versteht man unter einer allosterischen Regulation der Enzymaktivität? (S. 97).

5 ● Geben Sie die von PAL, dem Schlüsselenzym der Phenolbiosynthese in Pflanzen, katalysierte Reaktion in Strukturformeln an! (S. 98).

6 ● Nennen Sie einige Phenolgruppen und geben Sie ihre Ableitung von Zimtsäuren an! (S. 100).

7 ● Welche Wege der Phenolbiosynthese stellen das Flavonoid-Grundgerüst? (S. 106).

Alkaloide

1.12

Inhalt

Nach den Naturstoffklassen der Fettsäuren, Terpenoide und Phenole bilden die rund 12 000 Alkaloide eine weitere Gruppe von Stoffen, die teils für Pflanzen lebenswichtig und dann universell verbreitet sind, teils spezielle oder unbekannte Funktionen in nur wenigen Pflanzenarten erfüllen. Mehr als andere Pflanzenstoffe beeinflussen Alkaloide die Psyche des Menschen. Damit ergeben sich zahlreiche Beziehungen zu Medizin, Kultus und Kultur.

Definitionen und Gruppeneinteilung

1.12.1

Der Definition entsprechen die »echten« Alkaloide (arabisch/gr = alkaliähnlich). Die Kenntnis der Biosynthese aus bestimmten Aminosäuren erlaubt eine erste Gruppierung (Tab. 1.12.1). Doch zählt man zu den Alkaloiden im weiteren Sinn noch Substanzen, die der Definition nicht oder nur teilweise entsprechen, aber wenigstens N enthalten. *Protoalkaloide* leiten sich zwar von Aminosäuren ab, führen aber wie z.B. Colchicin und Mescalin N nicht in einem Heterozyklus. Bei *Pseudoalkaloiden* stammt das C-Skelett nicht von Aminosäuren; bei den Terpenoid-Alkaloiden z.B. leitet es sich von IPP her. IPP kann aber auch zusätzlicher Baustein bei »echten« Alkaloiden sein, etwa bei Ergolin-Alkaloiden. Sehr viele Alkaloide sind psychoaktiv, aber bei weitem nicht alle, sodass sich die Einflussnahme auf das Nervensystem nicht als Kriterium verwenden lässt.

Definition

Alkaloide sind Naturstoffe, die sich von Aminosäuren ableiten und heterozyklisch gebundenen N enthalten, auf den die namengebende alkalische Reaktion zurückgeht.

Strukturen, Funktionen und Biosynthese

1.12.2

Ein zentraler Biosyntheseweg, von dem sich wie bei den Terpenoiden oder Phenolen die einzelnen Gruppen ableiten lassen, findet sich nicht. Bei der Biosynthese aus Aminosäuren gibt es zwar gemeinsame Details; so wird die Aminosäure vielfach zunächst zu ihrem Amin decarboxyliert (s. Abb. 1.12.1). Im Einzelnen verläuft die Biosynthese aber so verschieden, dass sie bei den einzelnen Gruppen besprochen wird. Vielfach muss es auch bei Andeutungen bleiben, weil die Biosynthese zu kompliziert ist.

Alkaloidgruppen, deren Angehörige spezielle oder zentrale Funktionen ausüben können

1.12.2.1

In einigen Alkaloidgruppen finden sich Substanzen, die nur eine ganz spezielle Funktion ausüben und dann von eingeschränkter Verbreitung

Tab. 1.12.1 Einige Gruppen der Alkaloide (A.) mit Aminosäurenvorstufen und Beispielen.

Struktur Gruppe	Alkaloidgruppe	Vorstufe	Beispiele	Strukturformel
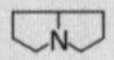	Pyrrolizidin-A.	Ornithin Arginin	Senecionin	
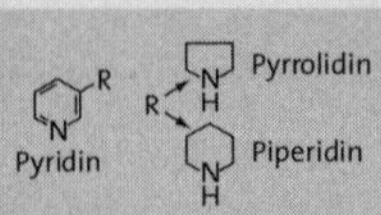	Pyridin-A.	Nicotinsäure Ornithin Lysin	Nicotin Nornicotin Anabasin	S. 109 S. 109
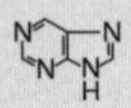	Purin-A.	Glycin	Adenin Guanin Theophyllin Theobromin Coffein	S. 17 S. 17 S. 110 S. 110 S. 110
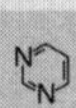	Pyrimidin-A.	CO_2 Glutamin Aspartat	Uracil Cytosin Thymin	S. 17 S. 17 S. 17
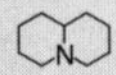	Chinolizidin-A.	Lysin	Lupinin Lupanin	S. 112
	Tropan-A.	Ornithin	Cocain Hyoscyamin (Atropin) Scopolamin	
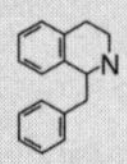	Benzyliso-chinolin-A.	Tyrosin	Morphin Codein Papaverin	S. 112 S. 112
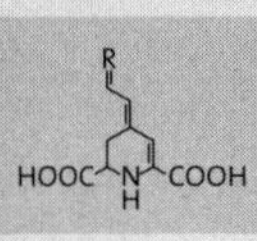	Betalaine	Tyrosin	Betanidin	S. 113
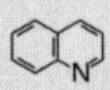	Chinolin-A.	Tryptophan	Chinin	
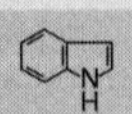	Indol-A.	Tryptophan	Strychnin Curare Ergolin-A. Vincristin Vinblastin	 S. 114

Merksatz

Die Bezeichnungen Putrescin (lat. putrescere = vermodern) und Cadaverin (lat. cadaver = Leichnam) beziehen sich darauf, dass beide von Bakterien auch im

sind, und andere Stoffe, die lebenswichtig sind und in allen Pflanzen vorkommen. Beispiele sind die Pyridin- und die Purin-Alkaloide. Angeschlossen werden die Pyrimidinbasen, die sich in Nucleinsäuren und aktivierten Zuckern finden.

Pyridin-Alkaloide: Nicotiana-Alkaloide und NAD$^+$. Die lebenswichtigen Redoxsysteme NAD$^+$ und NADP$^+$ entstehen auf dem gleichen Biosyntheseweg wie Nicotinsäure, ein Strukturbestandteil der *Nicotiana-Alkaloide*. Da es sich bei Nicotinsäure um ein Pyridin handelt, gehören die Tabak-Alkaloide zu den Pyridin-Alkaloiden, die sich in mehreren Pflanzenfamilien finden. NAD^+ und $NADP^+$ werden aus dem gleichen Grund als *Pyridinnucleotide* bezeichnet.

Die Tabak-Alkaloide kommen vor allem in der Gattung *Nicotiana* vor. In Pflanzen dienen sie als Fraßschutz und Insektizide. Im Wildtabak *N. sylvestris*, der Nicotin und Nornicotin enthält, stieg der Alkaloidgehalt bei Raupenfraß auf bis zu 400 %. Doch können die Raupen auch adaptiert sein. Raupen des Tabakschwärmers (*Manduca sexta*) scheiden die Tabak-Alkaloide so rasch aus, dass sie bei ihnen keinen Schaden anrichten.

Beim Tabak (*N. tabacum*) werden Nicotin und sein Nebenalkaloid Anabasin (Abb. 1.12.1) in den Wurzeln gebildet und von dort mit dem Transpirationsstrom in die Blätter transportiert. Falls Nornicotin vorhanden ist, wird es in den Blättern durch Demethylierung von Nicotin gebildet.

Darm und bei der Verwesung gebildet werden. Bei der Ableitung von Aminosäuren kann wieder das Alphabet als erste Hilfe dienen: Ornithin → Putrescin; dann bleiben noch Lysin → Cadaverin.

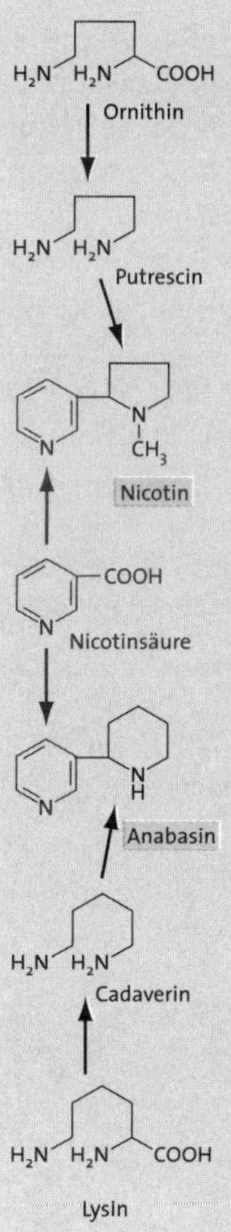

Abb. 1.12.1

Schema der Biosynthese der Tabakalkaloide. Die Biosynthese von Alkaloiden oder ihren Teilstrukturen beginnt oft mit der Decarboxylierung von Aminosäuren. Das jeweilige Decarboxylierungsprodukt nennt man das biogene Amin der betreffenden Aminosäure. Nicotin bildet sich aus Nicotinsäure und Putrescin, dem biogenen Amin des Ornithins, Anabasin aus Nicotinsäure und Cadaverin, dem biogenen Amin des Lysins. Nornicotin (nicht eingezeichnet) entsteht aus Nicotin durch Demethylierung des Fünfrings.

Abb. 1.12.2

Schema des Pyridinnucleotid-Zyklus (verändert nach HESS 1999).

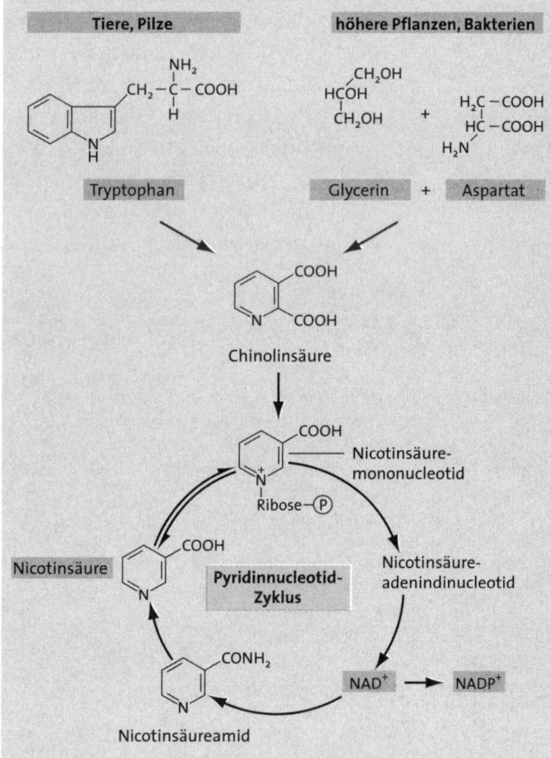

Abb. 1.12.3

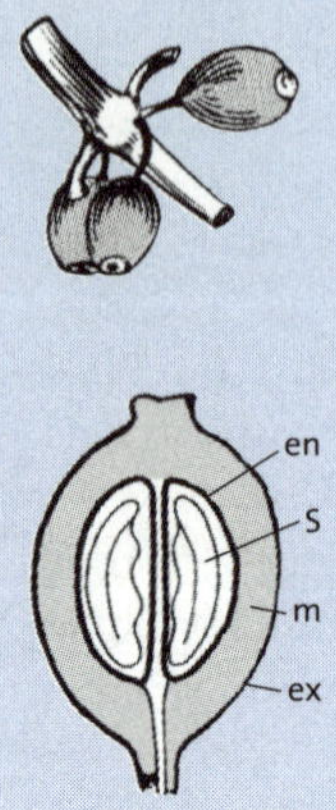

Kaffeekirschen. **Oben** Zweigstück mit Kaffeekirschen, **darunter** Längsschnitt durch eine Kirsche. Es handelt sich um eine Steinfrucht mit häutigem Exokarp (ex) und fleischigem Mesokarp (m), die zwei Steinkerne, die Kaffeebohnen, einschließen. Jede Bohne besteht aus einem derben, hornigen Endokarp (en), das den Samen (S) umgibt (verändert nach Franke 1989).

Die Bausteine des Nicotins sind Ornithin und Nicotinsäure, die von Anabasin Lysin und Nicotinsäure. Ornithin wird zu Putrescin decarboxyliert, das zyklisiert und dann in Pyrrolidin übergeht, Lysin parallel dazu über Cadaverin zu Piperidin (s. Abb. 1.12.1).

Die Nicotinsäure wird auf dem *Pyridinnucleotid-Zyklus* gebildet (Abb. 1.12.2). Aus Vorstufen, die bei Tieren und Pilzen einerseits und bei Höheren Pflanzen und Bakterien andererseits verschieden sind, bildet sich Chinolinsäure, ein bekanntes Beispiel für eine *biochemische Konvergenz*. Chinolinsäure geht in Nicotinsäure-mononucleotid über, aus dem Nicotinsäure freigesetzt werden kann. Doch Nicotinsäure-mononucleotid kann auch zum Nicotinsäure-adenin-dinucleotid ergänzt werden. Wenn jetzt noch die Carboxylgruppe der Nicotinsäure amidiert wird, sind wir bei NAD^+ und damit auch fast bei $NADP^+$ angelangt. Aus NAD^+ kann Nicotinsäureamid und daraus Nicotinsäure freigesetzt werden. Damit ist der Zyklus geschlossen. Für den Tabak und verwandte Arten wird die Nicotinsäure als Baustein ihrer Alkaloide wichtig, doch für *alle* Pflanzen sind die Pyridinnucleotide NAD^+ und $NADP^+$ lebensnotwendig.

Zu den **Purinen** gehören *Adenin und Guanin* ebenso wie *die Methylxanthine Coffein, Theophyllin* und *Theobromin* (Abb. 1.12.4). Die Methylxanthine wirken als Komplex. Coffein ist der Hauptwirkstoff in Kaffeebohnen (*Coffea*

Abb. 1.12.4

Schema der Purinbiosynthese mit Herkunft der Atome des Purin-Grundgerüsts. An PRPP (Phosphoribosyl-1-pyrophosphat) wird zuerst in Position 1 der Ribose der Amidstickstoff (durchgehend durch blauen Punkt markiert) aus Glutamin angebaut (1). Dann folgen die drei Atome des Glycins (2, im Schema oben rechts blau gesetzt) usw., bis Inosin-5´-phophat gebildet wurde. Der Hauptweg führt zu AMP (Adenosin-monophosphat) und GMP (Guanosin-monophosphat), an die sich weitere Nucleotidderivate und auch die entsprechenden Desoxyribonucleotide anschließen lassen. Ein Abzweig geht zu den Methylxanthinen (teilweise in Anlehnung an Lüttge et al. 2002 und Hess 1999).

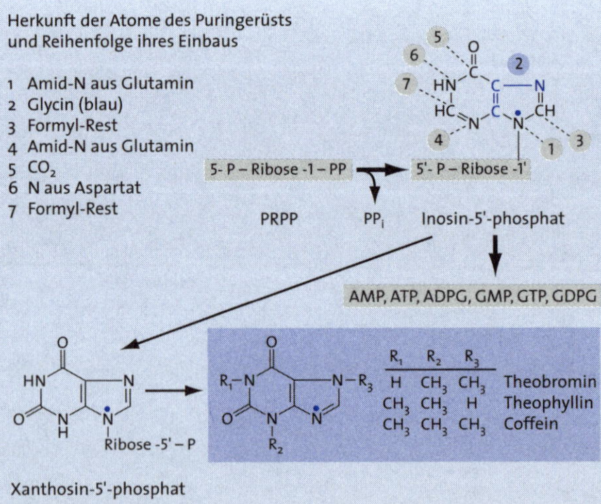

Box 1.12.1

Gegensätze in der Biosynthese der Purine und Pyrimidine

Die lebenswichtigen Purine werden auf einem Biosyntheseweg gebildet, von dem auch die Methylxanthine abgezweigt werden können. An einer vorgebildeten Baueinheit aus Ribose und Phosphat wird schrittweise der Purinkern gebildet. Es wird also nicht zuerst das Purin gebildet und dann mit Ribose und Phosphat gekoppelt, sondern es entsteht von phosphorylierter Ribose (5-Phosphoribosyl-1-pyrophosphat = PRPP) ausgehend gleich ein Purinnucleotid, das Inosin-5´-monophosphat (Abb. 1.12.4). Von ihm kommt man zu Adenosin-5´-monophosphat (AMP) und Guanosin-5´-monophosphat (GMP). Der Hauptweg stellt also lebenswichtige Substanzen, die Nucleotide als Bausteine von Nucleinsäuren, von ATP und GTP sowie von aktivierten Zuckern (ADPG, GDPG). Eine Abzweigung führt von Inosin-5´-phosphat zu Xanthosin-5´-monophosphat. Um zu den Methylxanthinen zu kommen, wird Xanthin aus seinem Nucleotid freigesetzt und entsprechend methyliert. Doch außerdem gibt es noch weitere Möglichkeiten zur Synthese der Methylxanthine.

Die **Pyrimidinbasen** sind ebenfalls lebenswichtige Bausteine von Nucleinsäuren oder von aktivierten Zuckern (z.B. UDPG). Ihre Biosynthese verläuft wie erwartet. Aus CO_2, der Amid-Aminogruppe vom Glutamin und Asparaginsäure wird das Pyrimidin Orotsäure gebildet, das dann mit PRPP zum Nucleotid gekoppelt wird. Weitere Veränderungen führen zu den Nucleotiden der Pyrimidinbasen (Abb. 1.12.5).

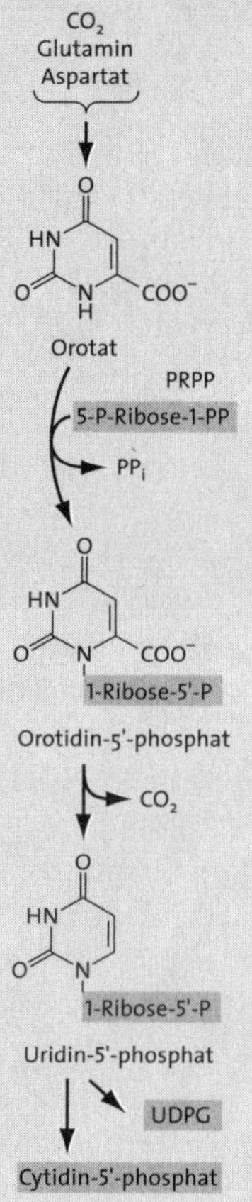

Abb. 1.12.5

Schema der Pyrimidinbiosynthese. Zuerst wird Orotat gebildet, das dann in sein Mononucleotid überführt wird. Daraus entsteht über Decarboxylierung Uridin-5´-phosphat, aus dem Cytidin-5´-phosphat und UDPG gebildet werden können. Auch die Desoxyribonucleotide lassen sich anschließen.

arabica), in Blättern des Tees (*Camellia sinensis*) und des Matebaums (*Ilex paraguariensis*) sowie in Samen der Guarana-Liane (*Paullinia cupana*). Nebenwirkstoffe sind in allen Arten Theophyllin und Theobromin. Theobromin ist der Hauptwirkstoff in Kakaobohnen (Samen von *Theobroma cacao*). Doch auch Coffein und Theophyllin sind als Nebenwirkstoffe in ihnen enthalten. Kakao wird nicht nur als Getränk, sondern auch zur Schokoladeherstellung verwendet, beides übrigens auch schon bei den Azteken.

In Pflanzen dienen die Methylxanthine als Fraßschutz und Insektizide. Besonders für das Coffein liegen entsprechende Untersuchungen vor.

Abb. 1.12.6

Lupinin.

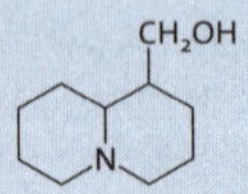

Es kommt nicht nur in Früchten vor, sondern auch in vegetativen Pflanzenteilen. Dabei ist seine Konzentration der jeweiligen Gefährdung in verschiedenen Entwicklungsabschnitten angepasst. Keimlinge des Kaffees, die aus den schützenden Hüllschichten der Frucht, besonders dem derben Endokarp herauswachsen, bilden mehr Coffein aus. Auch die sensiblen jungen Blätter (nicht nur bei Keimlingen) enthalten mit 4 % des Trockengewichts beachtliche Mengen an Coffein. Je älter und widerstandfähiger die Blätter werden, desto weniger Coffein führen sie. Während sich die Früchte entwickeln, steigt der Coffeingehalt auch in den Fruchthüllen wieder, bis das schützende Endokarp (Abb. 1.12.3) ausgebildet ist. Zur insektiziden Wirksamkeit: Die oft zu solchen Versuchen eingesetzten Raupen des Tabakschwärmers (*Manduca sexta*) werden bereits durch 0,3 % Coffein in der Nahrung getötet.

Die Biosynthese der Purine verläuft ungewöhnlich, die der Pyrimidine, der zweiten Basengruppe in den Nucleinsäuren, normal (Box 1.12.1).

1.12.2.2 Alkaloide mit speziellen Funktionen und singulärer Verbreitung

Chinolizidin-Alkaloide werden auch als Lupinen-Alkaloide bezeichnet. Denn sie kommen in Schmetterlingsblütlern (Fabaceae) wie den Lupinen (*Lupinus* spp.) vor. In ihrer Biosynthese leiten sie sich von Lysin ab (Abb. 1.12.6).

Wegen der Symbiose mit Rhizobien (→ Seite 236) gehören Lupinen zu den besten Stickstoffsammlern. Sie gedeihen auch auf sandigen Böden gut. Deshalb werden sie gerne als Gründünger angepflanzt. Besonders die blau blühende, ausdauernde Vielblättrige Lupine (*Lupinus polyphyllus*) aus Nordamerika findet man nicht nur verwildert an Waldrändern, sondern auch an Straßenrändern und Bahndämmen, wo sie zur Bodenverbesserung angesät wurde.

Abb. 1.12.7

Morphin, Codein und das halbsynthetische Heroin.

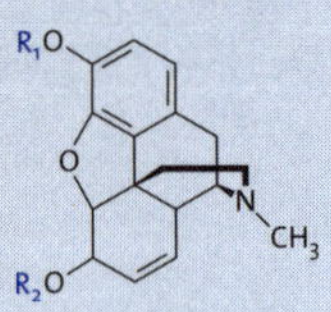

Morphin:
$R_1 = R_2 = H$

Codein:
$R_1 = H_3C; R_2 = H$

Heroin:
$R_1 = R_2 = H_3C{-}CO$

Die Samen der Lupinen sind zwar proteinreich, aber wegen ihrer bitter schmeckenden, toxischen Alkaloide weder für Mensch noch Tier genießbar. Aber gerade deswegen sind die Alkaloide ein ausgezeichneter Schutz gegen Insekten wie Käfer und Blattläuse. Sie sind auch Fraßschutz gegen Schnecken und Nager. Wenn man unter normalen Lupinen alkaloidarme sog. Süßlupinen kultiviert, werden ausschließlich diese gefressen. Im 20. Jahrhundert wurden Süßlupinen selektioniert und züchterisch so verändert, dass man von einer neuen Kulturpflanze sprechen kann. Heute ist das Interesse an Süßlupinen zurückgegangen.

Benzylisochinolin-Alkaloide. Zahlreiche Alkaloide sind psychoaktiv. Nur erwähnt werden können hier die Tropan-Alkaloide, die ein wesentlicher Bestandteil der Hexensalben des Mittelalters waren. Eingehender sollen wegen des besonderen Bezugs zur heutigen Rauschgiftszene zunächst die Benzylisochinolin- und später die Indol-Alkaloide besprochen werden.

Die wichtigste Quelle für Benzylisochinolin-Alkaloide sind die unreifen Samenkapseln des Schlafmohns (*Papaver somniferum*). Ritzt man sie an, tritt Milchsaft heraus, der nach Vortrocknen an der Luft abgeschabt und in der Sonne oder bei technischer Erwärmung auf 60 °C nachgetrocknet wird. So erhält man das bräunliche Rohopium, dessen Hauptalkaloid mit 9 bis 21 % das *Morphin* ist. *Opium*haltige Präparate, aber auch die einzelnen Alkaloide nennt man Opiate. Der Schlafmohn stammt ursprünglich wohl aus dem südlichen Mitteleuropa oder aus Südeuropa, wird heute aber in wärmeren Regionen der gesamten Alten Welt legal für die pharmazeutische Industrie oder illegal für die Heroinproduktion angebaut.

Die Benzylisochinolin-Alkaloide leiten sich von jeweils zwei Molekülen Tyrosin ab (Abb. 1.12.7). *Codein* führt in Hydroxyl 3 eine Methylgruppe. Wenn sie im Stoffwechsel der Pflanzen entfernt wird, resultiert *Morphin*, das damit zwei freie Hydroxylgruppen aufweist. Wenn an jede dieser Hydroxylgruppen eine Acetylgruppe angehängt wird, erhält man das besonders stark psychotrope *Heroin*. Morphin ist als schmerzmilderndes, einschläferndes, euphorisierendes und berauschendes Medikament bekannt. Codein wirkt ähnlich, aber schwächer als Morphin und wird darüber hinaus als Hustenmittel genutzt.

Die Wirksamkeit der Opiate beruht darauf, dass sie sich an Endorphinrezeptoren u.a. in Gehirn und Rückenmark anlagern. Bei Endorphinen handelt es sich um kleine Peptide, die opiumähnlich wirken. Partielle Strukturähnlichkeiten machen es möglich, dass sich Opiate an die Endorphinrezeptoren binden, ja sogar Endorphine von ihnen verdrängen. Mit zunehmender Dauer der Opiateinnahme werden immer höhere Dosen erforderlich, um den Effekt beizubehalten. Sucht ist die Folge. Hohe Dosen an Opiaten ruinieren die körperliche und geistige Leistungsfähigkeit; Überdosen sind tödlich.

Betalaine. Sie leiten sich ebenfalls ganz oder teilweise von Tyrosin ab. Es handelt sich um rote *Betacyane* oder gelbe *Betaxanthine*. Beide sind im Zellsaft gelöst. Sie finden sich in den meisten Familien der Ordnung Caryophyllales. Bekannte Beispiele sind die gelben oder roten Blüten von Kakteen oder die Hypokotylknolle der Roten Rübe (*Beta vulgaris* var. *conditiva*; Abb. 1.12.8). Nur die Familien der Molluginaceae und der wichtigen Nelkengewächse (Caryophyllaceae) führen Anthocyane.

Das Vorkommen der Betalaine in den meisten Familien der Caryophyllales bestätigt Systematiker, die bei der Auswertung anderer Merkmale zur gleichen Gliederung der Ordnung gekommen waren. Betalaine lassen sich also *chemosystematisch* verwerten. Nun sind auch die roten Farbstoffe im Hut des Fliegenpilzes Betalaine. Doch bei den Caryophylla-

Abb. 1.12.8

Betanidin, das Aglykon des Glykosids Betanin. Es handelt sich um ein Betacyan, das auch in der Roten Rübe vorkommt, einer Hypokotylknolle (Hy). Das untere Ringsystem ist der Betalaminsäure-Rest, der allen Betalainen gemeinsam ist, während die obere Hälfte wechseln kann.

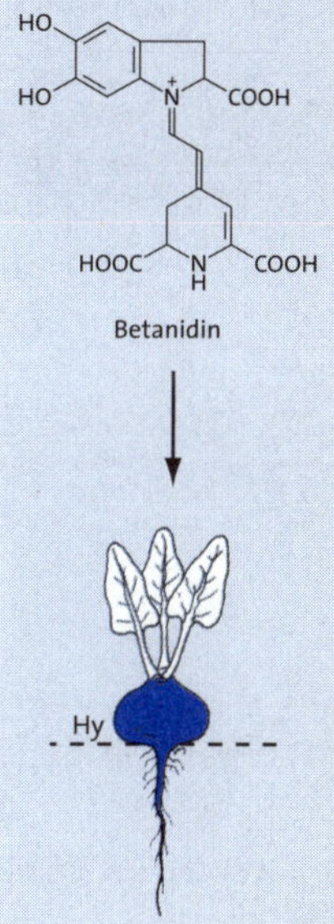

Abb. 1.12.9

Die Decarboxylierung von Tryptophan zu Tryptamin. Die Decarboxylierung von Aminosäuren zu ihrem Amin ist oft der erste Schritt in der Biosynthese der betreffenden Alkaloide.

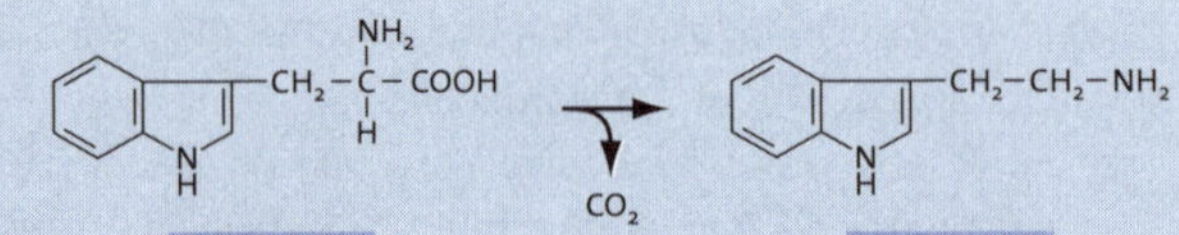

Tryptophan | Tryptamin

Abb. 1.12.10

Lysergsäure und Derivate sowie der Neurotransmitter Serotonin mit partiell ähnlicher Struktur. Blau die Tryptaminkomponente. Die restlichen Atome werden von IPP (Isopentenyl-pyrophosphat) gestellt. Varianten an der Carboxylgruppe der Lysergsäure sind grau unterlegt.

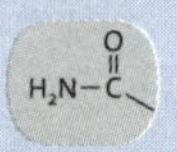

Lysergsäure-Amid

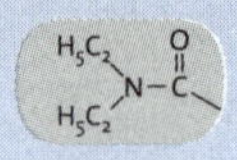

LSD

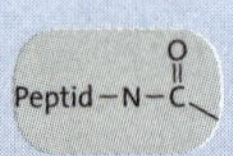

Lysergsäure-Peptide

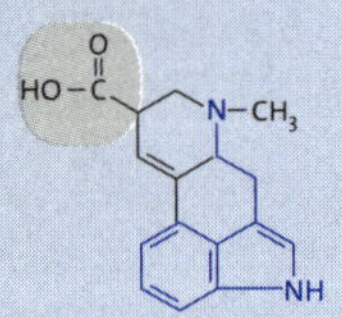

Lysergsäure

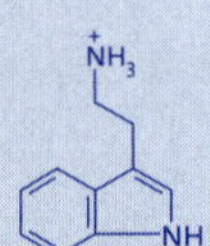

Serotonin

les ist die Verteilung der Farbstoffe nur eines aus einer ganzen Reihe von Merkmalen, die in die gleiche Richtung weisen. Der Fliegenpilz andererseits zeigt sonst keine weiteren Übereinstimmungen mit der betalainführenden Familiengruppe der Caryophyllales. Wie immer in der Taxonomie muss man also *alle* fassbaren Kriterien berücksichtigen, wenn man Fehlschlüsse vermeiden möchte.

Indol-Alkaloide bilden eine große Gruppe mit zahlreichen Varianten. Die Biosynthese geht von Tryptophan aus, das zu Tryptamin decarboxyliert wird (Abb. 1.12.9). Wir besprechen hier die Ergolin- und die Bisindolyl-Alkaloide.

- An der Synthese von **Ergolin-Alkaloiden** beteiligt sich nur ein Molekül Tryptophan. Grundgerüst ist die Lysergsäure (Abb. 1.12.10), an deren Bildung sich außer Tryptophan noch ein Molekül IPP beteiligt. Je nach der Besetzung der Carboxylgruppe unterscheidet man zwischen Lysergsäure-Amiden und Lysergsäure-Peptiden (Ergolin-Amiden und Ergolin-Peptiden).

  Zu den *Lysergsäure-Amiden* gehört das Lysergsäure-amid selbst, aber auch das halbsynthetische *L*yserg*s*äure-*d*iethylamid (LSD). Dabei handelt es sich um eines der stärksten Halluzinogene, insbesondere für Farbvisionen, aber auch eines der gefährlichsten. Es wirkt auch als Aphrodisiakum. Die Amide ähneln dem Neurotransmitter Serotonin (s. Abb. 1.12.10). Sie setzen sich an dessen Stelle an die Serotoninrezeptoren und verändern so die psychischen Funktionen.

  Bei den *Lysergsäure-Peptiden* sind in die Carboxylgruppe jeweils drei Aminosäuren als Minipeptid eingefügt. Die letzte Aminosäure ist immer Prolin, die beiden anderen können je nach Peptid wechseln und tragen Kohlenwasserstoffketten als Substituenten.

  Lysergsäure-Amide finden sich in Windengewächsen (Convolvulaceae), z.B. in *Ipomoea violacea*, *Turbina corymbosa* und *Convolvulus tricolor*. Ihre Samen, die reichlich Lysergsäure-Amide enthalten, wurden und werden in den Indianerkulturen Mittelamerikas als Aphrodisiaka und als Halluzinogene zu kultischen Zwecken genutzt, unter der Bezeichnung Ololiuqui besonders diejenigen von *Turbina* (Abb. 1.12.11).

  Ähnlich wie bei den Betalainen gibt es ein zweites Vorkommen von Ergolin-Alkaloiden in Pilzen, und zwar in Sklerotien von *Claviceps-*

Arten. Es handelt sich um Überdauerungsstadien, mit denen die Pilze über den Winter kommen. Sie bilden sich anstelle von Körnern in den Blüten von Wildgräsern und von Getreiden. Am wichtigsten ist *Claviceps purpurea*, der bevorzugt Roggen (*Secale cereale*) befällt. Die violett-schwarzen, leicht gekrümmten Gebilde werden *Mutterkorn* (*Secale cornutum*, lat. = gehörnter Roggen; Abb. 1.12.12) genannt. Von »ergot« (franz. = Hahnensporn) leiten sich die Begriffe Ergolin-Alkaloide und Ergotismus (s.u.) her.

Mutterkorn wurde unter Verabreichung geringer Dosen im Altertum kultisch genutzt. Dies soll auch für die Mysterien in Eleusis in Attika gelten, die zu Ehren der Demeter stattfanden. Demeter war Göttin der Fruchtbarkeit, des Ackerbaus und auch der Getreide. Man nimmt an, dass der Name Mutterkorn auf sie Bezug nimmt. Es wurden *Claviceps*-Arten verwendet, die auf Wildgräsern vorkommen. Sie enthalten die halluzinogenen Lysergsäure-Amide.

Der Name »Mutterkorn« könnte aber auch auf die wehenfördernden Eigenschaften von Lysergsäure-Peptiden zurückgehen, die eine Kontraktion der glatten Muskulatur hervorrufen. Vom Altertum bis heute nutzt man diesen Effekt zur Förderung der Uteruskontraktion und damit auch der Wehen.

Im Mittelalter, aber auch noch im vergangenen Jahrhundert geriet Mutterkorn über Roggen immer wieder ins Brot. Massenvergiftungen mit Tausenden, mehrmals Zehntausenden von Toten waren die Folge. Dabei gab es zwei Krankheitsformen: Brandige Stellen überziehen die Haut. Über Kontraktion der glatten Muskulatur werden die Arterien verengt. Unter furchtbaren, brennenden Schmerzen kann es bei diesem *Ergotismus gangraenosus*, der auf Lysergsäure-Peptide zurückgeht, zum Verlust von Gliedmaßen und zu einem qualvollen Tod kommen. Man sprach vom *Ignis sacer*, vom Heiligen Feuer – heilig deswegen, weil dadurch offenbar Sünden getilgt wurden! Die andere Form ist der *Ergotismus convulsivus*. Er geht auf Lysergsäure-Amide zurück, die das Nervensystem beeinflussen. Wegen der Symptome – Krämpfe, epilepsieartige Zuckungen und Delirien – sprach man von Veitstanz.

▶ Zwei Moleküle Tryptamin gehen in die deshalb so genannten **Bisindol-Alkaloide** ein. Zu ihnen zählen *Vinblastin* und *Vincristin* aus dem Madagaskar-Immergrün (*Catharanthus roseus*). Ursprünglich aus Madagaskar stammend, findet es sich heute verwildert in anderen tropischen Regionen und bei uns als Zimmerpflanze. Die beiden Alkaloide verhindern den Aufbau des Spindelapparates und wirken deshalb als Cytostatika. Sie werden als Mittel gegen einige Krebsarten wie Leukämie bei Kindern und das Hodgkin-Lymphom eingesetzt. Leider kommen

Abb. 1.12.11

Turbina corymbosa, ein Windengewächs, ist reich an Lysergsäure-Amiden (WAGNER 1969).

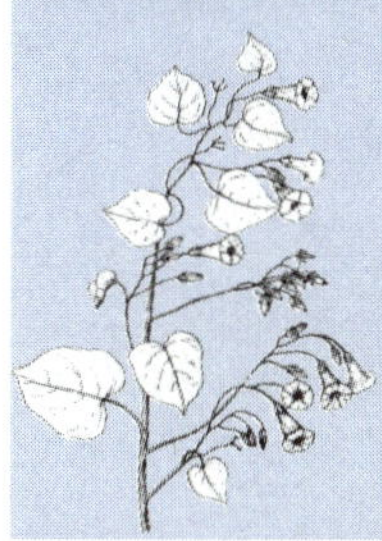

Abb. 1.12.12

Mutterkorn (*Secale cornutum*) auf Roggen (WALTER 1950).

Abb. 1.12.13

Mescalin und Noradrenalin.

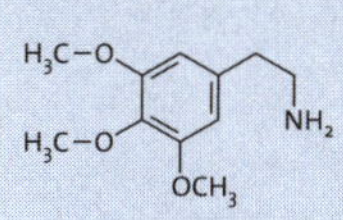

Mescalin

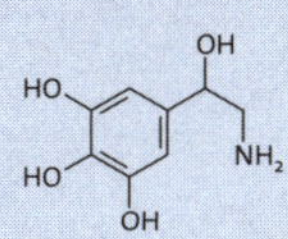

Noradrenalin

Abb. 1.12.14

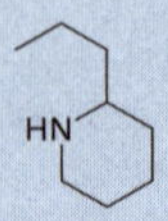

Coniin

sie in *Catharanthus* nur in geringen Mengen vor. Aus 250 kg Blättern kann man lediglich 500 mg gewinnen. Versuche, sie in Gewebekulturen in ausreichenden Quantitäten bilden zu lassen, blieben erfolglos.

Protoalkaloide. Ein Beispiel hierfür ist das *Mescalin* (Abb. 1.12.13). Sein Stickstoff stammt zwar von der Aminosäure Tyrosin, liegt aber nicht in einem Heterozyklus. Mescalin ähnelt dem Neurotransmitter Noradrenalin und setzt sich an dessen Rezeptoren. Es handelt sich um einen halluzinogenen Inhaltsstoff des Peyote (*Lophophora williamsii*), einer Kaktusart. In vorkolumbianischen und teils auch heutigen Indianerkulturen der südwestlichen USA und Mittelamerikas wurde und wird er in religiösen Kulten genutzt. »Mescal buttons« finden dort auch in christlich ausgerichteten Kirchen Verwendung.

Pseudoalkaloide. Auch hier soll nur ein Beispiel genannt werden, das *Coniin* (Abb. 1.12.14) aus dem Schierling (*Conium maculatum*). Der Stickstoff stammt bei ihm nicht aus einer Aminosäure, sondern von Ammoniak. 399 v. Chr. leerte der zum Tode verurteilte Sokrates einen Schierlingsbecher. In ihm war nicht nur das tödliche Gift Coniin enthalten, sondern zur Erleichterung des Sterbens auch Opium, eine Hinrichtungsweise, die damals üblich war.

Fragen

(Seitenverweise zur Beantwortung)

1. Welche zentral wichtigen Redoxsysteme gehören zur Gruppe der Pyridinnucleotide? (S. 108).
2. Wieso findet sich bei der Biosynthese von Chinolinsäure eine biochemische Konvergenz? (S. 110).
3. Welche Besonderheit findet sich bei der Biosynthese des Purinkerns? (S. 111).
4. Was bezeichnet man als Opium? (S. 113).
5. Wie unterscheiden sich die Strukturformeln von Morphin und Heroin? (S. 113).
6. In welchen Familien der Caryophyllales finden sich Anthocyane? (S. 113).
7. Nennen Sie Beispiele und Vorkommen für krebshemmende Alkaloide! (S. 115).
8. Gehört LSD zu den Ergolin-Peptiden oder zu den Ergolin-Amiden? (S. 114).
9. Was versteht man unter »Mutterkorn«? (S. 115).
10. Coniin ruft starke Krämpfe hervor. Warum starb Sokrates nicht unter Krämpfen, als er den Schierlingsbecher trank, sondern hielt beeindruckende Reden? (S. 116).

Grundlagen der Entwicklung | 2

Inhalt

Zunächst muss geklärt werden, was man unter den vier in der Definition genannten Begriffen zu verstehen hat:

- *Wachstum ist eine irreversible Volumenzunahme.* Dazu eine Anmerkung: Der Keimung der Samen geht in der Regel eine Quellung mit erheblicher Volumenzunahme voraus. Falls sie nicht zu lange anhält, ist sie ohne bleibenden Schaden reversibel. Es handelt sich bei ihr also nicht um einen Wachstumsprozess.
- *Differenzierung ist ein Verschiedenwerden in Struktur und Funktion,* das in der Regel auf eine entsprechend differenzielle Genaktivität zurückgeht. Eine solche Differenzierung findet sich schon innerhalb einer gegebenen Zelle. Doch wird in diesem Buch die Differenzierung der Zellen im Verbund vielzelliger Organismen im Vordergrund stehen.
- *Musterbildung ist die räumliche Anordnung differenzierter Elemente.* Wieder findet sie sich sowohl innerhalb einer gegebenen Zelle als auch im vielzelligen Organismus – und wieder soll vor allem die letztgenannte Musterbildung berücksichtigt werden.
- *Morphogenese.* Aus dem Zusammenwirken von Wachstum, Differenzierung und Musterbildung resultiert eine übergeordnete Gestalt. Diese Gestaltbildung bezeichnet man als Morphogenese.

Entwicklung:
Wachstum
+ Differenzierung
+ Musterbildung
= Morphogenese

Für Morphogenesen generell wichtige Faktoren (Phytohormone, Licht) und Abläufe (Polarität, inäquale Teilungen, Teilungs- und Streckungswachstum) werden behandelt.

Wachstum, Differenzierung und Musterbildung lassen sich nicht immer scharf voneinander abgrenzen. Das gilt besonders für Differenzierung und Musterbildung. Denn eine Differenzierung kann nach einem vorgegebenen Muster erfolgen.

2.1 Regulation durch Phytohormone

Inhalt

Phytohormone spielen bei der Regulation der Entwicklung eine zentrale Rolle. Schon bei der Schilderung des Zellzyklus werden wir auf sie stoßen. Sie sollten dann keine unbekannten Größen mehr sein. Deshalb werden Hormone mit einigen ihrer physiologischen Wirkungen gleich zu Beginn des Kapitels 2 (Entwicklung) vorgestellt. Die molekularen Wirkungsmechanismen werden zusammen mit denjenigen von Außenfaktoren unter »Signaltransduktion« besprochen

2.1.1 Die wichtigsten Phytohormone

Pflanzliche Hormone bezeichnet man als *Phytohormone*. Der Definition ist hinzuzufügen, dass bei Phytohormonen Bildungs- und Wirkungsort oft sehr nahe beieinander liegen, gegebenenfalls sogar identisch sein können. Jedoch finden sich außerdem für jede Phytohormongruppe Wirkungen, bei denen Bildungs- und Wirkungsort definitionsgemäß klar voneinander getrennt sind. Die »klassischen«, unumstrittenen Phytohormone sind die Auxine, Gibberelline, Cytokinine, Abscisinsäure und Ethylen.

2.1.1.1 Auxine

Auxine haben ihren Namen nach ihrer wachstumsfördernden Wirkung (gr. auxanein = wachsen lassen). Neben natürlichen gibt es synthetische Auxine von ganz anderer Struktur. Für die Zuordnung ist also die physiologische Wirkung ausschlaggebend.

Definition

Bei Phytohormonen handelt es sich um in niederer Konzentration wirksame organische Botenstoffe, deren Bildungs- und Wirkungsort in ein- und demselben Organismus liegen, aber voneinander getrennt sind.

Natürliche Auxine. Einige Indolderivate sind natürlich vorkommende Auxine, in erster Linie die *Indol-3-essigsäure* (IES, β-Indolylessigsäure, en. Indole-3-acetic acid = IAA; Abb. 2.1.1). IAA kommt in Pflanzen frei, aber auch in Konjugaten mit Zuckern und Aminosäuren vor.

- In der *Biosynthese* leitet sich IAA vom Tryptophan her (s. Abb. 1.11.1). Orte der Biosynthese sind verschiedene Pflanzenorgane, vor allem Sprossspitzen, junge Blätter oder Embryonen, aber auch Wurzeln. Der Abbau, der erforderlich ist, wenn ein Hormon nicht mehr benötigt wird, erfolgt durch Oxidasen. Sie bauen von der Seitenkette her ab.
- Die bekanntesten *biologischen Tests* sind der *Avena*-Sektionstest und der *Avena*-Krümmungstest. Der *Avena*-Sektionstest (Abb. 2.1.2) ist einfach durchzuführen, aber wenig spezifisch, weil auch andere Substanzen wie Zucker oder Aminosäuren eine Streckung bewirken. Der kompli-

Abb. 2.1.1

IAA und die synthetischen Auxine NAA und 2,4-D.

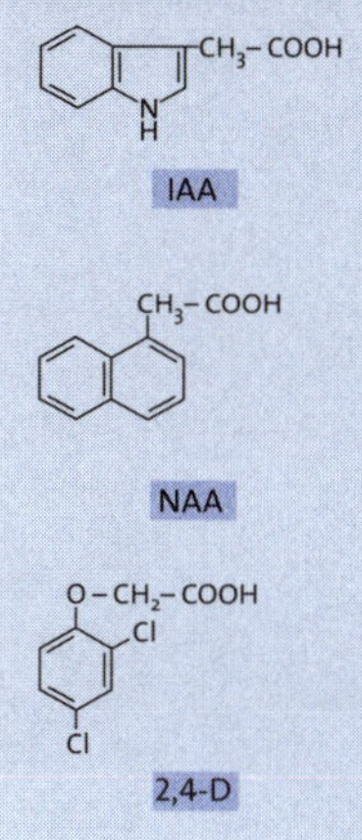

Abb. 2.1.2

Prinzip des *Avena*-Sektionstests. Aus der Hauptstreckungszone der Haferkoleoptile werden Zylinder herausgeschnitten. Der in ihnen noch enthaltene Teil des Primärblattes wird entfernt. Die Sektionen ohne Primärblatt werden in IAA-haltige Lösungen eingelegt (HESS 1999).

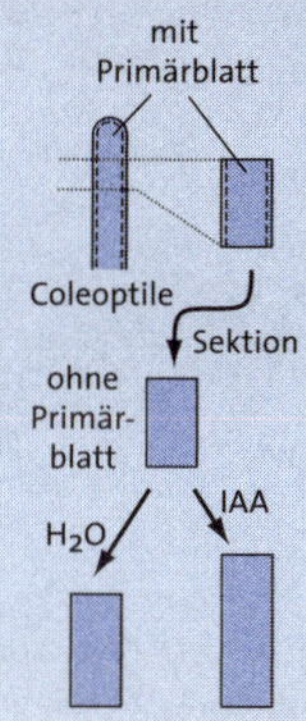

Abb. 2.1.3

Avena-Krümmungtest. Eine Hafer-Koleoptile (**a**) wird dekapitiert (**b**, **c**). Mit Entfernung der Spitze, die IAA anliefern kann, kommt es zur Verarmung an IAA und damit einer Sensibilisierung gegen IAA. Das Primärblatt wird vom Korn (unten, nicht gezeichnet) durch ruckartige Bewegungen gelöst (**d**). Ohne IAA-Einstrom vom Korn her werden die Eigenbewegungen des Primärblatts reduziert. Ein IAA-haltiges Agarblöckchen wird mit etwas Gelatine einseitig aufgeklebt (**e**). IAA wandert in der Koleoptile polar abwärts (blauer Pfeil; e, f) und löst *einseitig* Streckungswachstum aus. Es kommt zur Krümmung der Koleoptile (**f**). Der Winkel α liefert ein Maß für die Stärke der Krümmung und damit für den IAA-Gehalt im Agarblöckchen (verändert nach WALTER 1999).

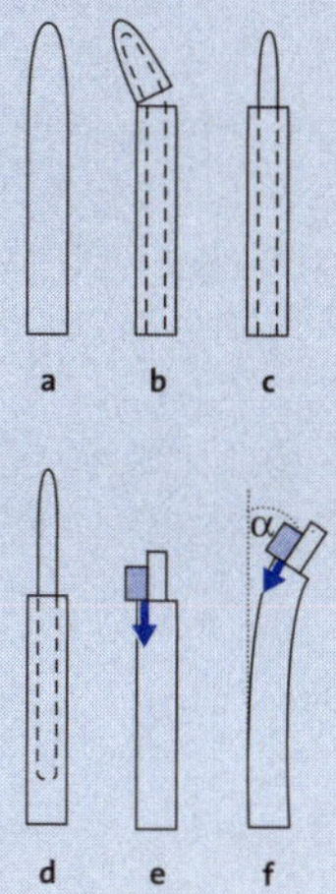

ziertere *Avena*-Krümmungstest (Abb. 2.1.3) ist empfindlicher und überdies hochspezifisch, weil er auf der polaren Wanderung der IAA basiert.

- Charakteristisch für IAA ist, dass sie in ihrer Wirkung *konzentrationsabhängige Optima* zeigt. Mit steigenden IAA-Konzentrationen steigt auch die Förderung der Streckung, durchläuft ein Optimum und geht dann in eine Hemmung über. Die Lage der Optima ist bei den einzelnen Organen verschieden. Wurzeln reagieren am empfindlichsten, Sprosse zeigen ihr Optimum erst bei höheren Konzentrationen und das Optimum für Seitenknospen liegt dazwischen (Abb. 2.1.4).
- Typisch ist auch der *polare Auxintransport (IAA-Transport)*. Man versteht darunter eine in *einer* Richtung, in der Regel basipetal verlaufende Wanderung ohne Querverschiebung. Die Schwerkraft spielt dabei keine Rolle (Abb. 2.1.5). Der Mechanismus ist noch in der Diskussion (Box 2.1.1). Es handelt sich um einen Kurzstreckentransport von Zelle zu Zelle, oft über Parenchymzellen. Der Ferntransport der IAA erfolgt über Leitbündel.
- *IAA als übergeordnetes Hormon (master hormone).* IAA aktiviert Genmaterial für die Biosynthese anderer Phytohormone und erweist sich

damit als eine Art Superhormon. So fördert IAA die Synthese der ACC-Synthase und damit von *Ethylen* (s. Abb. 2.1.15). Erinnern wir uns an die Optimumkurven des IAA-induzierten Streckungswachstums (s. Abb. 2.1.4). Ein Erklärungsversuch wäre: Die steigende Konzentration an IAA-induziertem, hemmendem Ethylen wirkt der Streckungs-

Abb. 2.1.4

Optimumkurven des Streckungswachstums von Wurzel, Seitenknospe und Spross sowie Ethylenbildung (gestrichelt) in Wurzel und Spross nach experimenteller Zufuhr steigender IAA-Konzentrationen (verändert nach GOODWIN und MERCER aus HESS 1999).

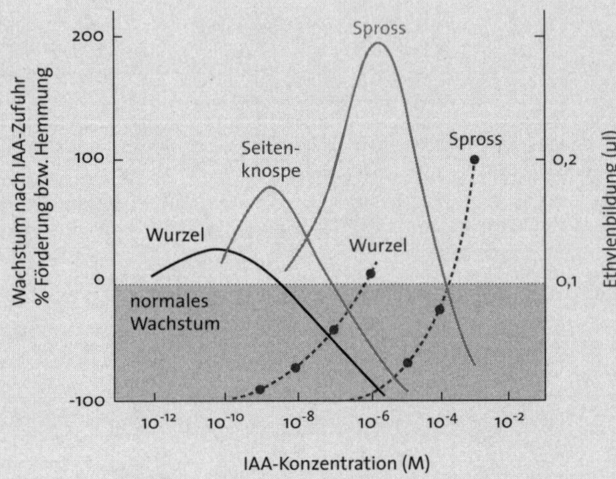

Abb. 2.1.5

Nachweis der polaren Wanderung der IAA in der *Avena*-Koleoptile. Eine Sektion wird aus der Hauptwachstumszone herausgeschnitten. Einseitig wird ein IAA-haltiges Agarblöckchen (blau) aufgelegt. Auf der jeweils anderen Seite findet sich ein Agarblöckchen zum Abfangen der durch die Sektion gewanderten IAA (weiß). Sein IAA-Gehalt kann im *Avena*-Krümmungstest bestimmt werden (s. Abb. 2.1.3). Wenn man IAA auf der morphologischen Oberseite (**A**) zuführt (IAA → A), kommt es auch gegen die Schwerkraft zu einem Transport (blauer Pfeil) in Richtung der morphologischen Unterseite (**B**). Wenn man IAA dagegen auf der morphologischen Unterseite (IAA → B) zuführt, unterbleibt der Transport selbst in Richtung der Schwerkraft (verändert nach GALSTON aus HESS 1999).

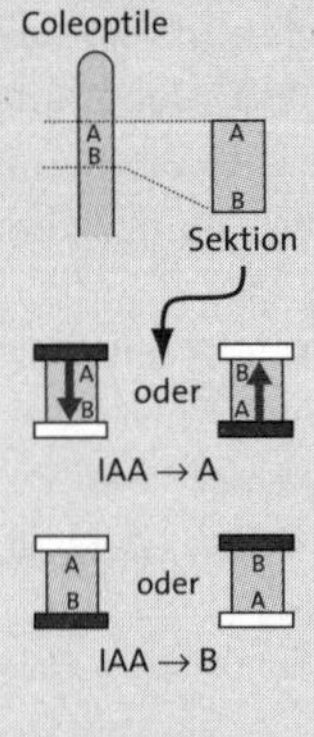

Abb. 2.1.6

Modellvorstellung zum polaren Auxintransport mit Hilfe von IAA-Carriern. Die Actinfilamente könnten dazu dienen, insbesondere die IAA-Efflux-Carrier zu fixieren. Denn deren basale Lokalisierung ist für den polaren Auxintransport entscheidend. Wenn ein Hemmstoff an das HP-Protein (Ansatzstelle für Inhibitoren der Efflux-Carrier) bindet, kommt es zu Störungen des polaren Auxintransports, ein Beleg für die Bedeutung der Efflux-Carrier bei diesem Transport. AUX1 ist ein Influx-Carrier, die PIN-Proteine sind Efflux-Carrier (s. S. 225) (verändert nach MUDAY and DELONG 2001).

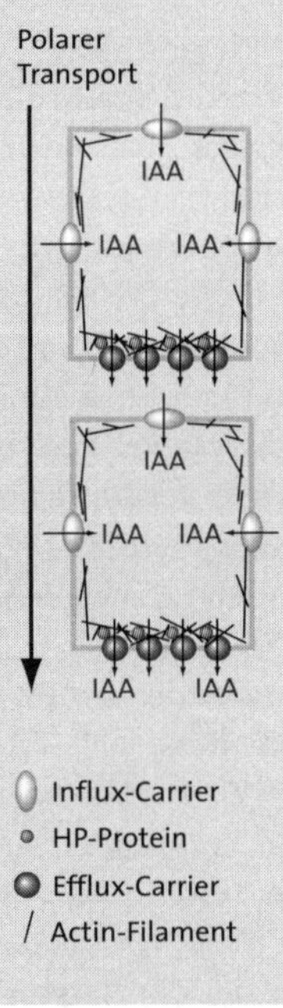

Box 2.1.1

IAA-Carrier (Auxin-Carrier) und polarer IAA-Transport

Der Mechanismus des polaren IAA-Transports ist noch nicht völlig geklärt. Alle Hypothesen setzen jedoch die Mitwirkung von im Plasmalemma lokalisierten IAA-Carriern voraus. Influx-Carrier transportieren IAA aktiv in die Zellen hinein. Wichtiger (s.u.) sind Efflux-Carrier, die IAA aus der Zelle herausbefördern. IAA-Carrier sind vor allem in der Wurzel gut untersucht (→ Seite 225). Aber auch in Sprossen sind IAA-Carrier so lokalisiert, dass sie den polaren IAA-Transport bedingen könnten (Abb. 2.1.6). Im Plasmalemma an der Basis der Zellen findet sich ein IAA-Efflux-Carrier-Protein PIN1. Geht das Gen für PIN1 über Mutation verloren, kommt es zu extremen Störungen im polaren Auxintransport. Bei basalwärts gerichteter Aktivität entsprechend lokalisierte Efflux-Carrier könnten so den polaren Transport bedingen, ganz gleich wie die IAA in die Zellen hineingelangt, mit oder ohne Hilfe von Influx-Carriern wie AUX1.

förderung durch IAA zunehmend entgegen, bis schließlich die Hemmung größer als die Förderung ist.

In MENDELS Zwergerbsen war die Länge der Internodien durch eine Mutation von *LE* zu *le* reduziert worden. Gen *LE* wird von IAA aktiviert und fördert seinerseits den letzten Schritt in der Biosynthese von GA_1 (s.u.), das dann eine Verlängerung der Internodien bewirkt.

Synthetische Auxine. IAA ist hitzesensibel, schwer wasserlöslich und lichtempfindlich. Außerdem wird sie *in vivo* durch IAA-Oxidasen abgebaut, was zwar zum Wirkungsmechanismus eines Hormons gehört, aber unerwünscht sein kann. In der Praxis werden deshalb oft *synthetische Auxine* (s. Abb. 2.1.1) eingesetzt, die eine ganz andere Struktur aufweisen können, vor allem *α-Naphthyl-essigsäure* (en. α-naphthyl-acetic acid = *NAA*). *2,4-Dichlor-phenoxy-essigsäure* (*2,4-D*) wirkt bei Zweikeimblättrigen derart wachstumsfördernd, dass sie unter Krümmungen zugrunde gehen. Einkeimblättrige dagegen bauen 2,4-D ab. Deshalb können 2,4-D und ihre Derivate zur Bekämpfung zweikeimblättriger Unkräuter im Getreidefeld eingesetzt werden.

Definition

Bei vielen Pilzen tragen die (sexuellen) Hauptfruchtformen einer gegebenen Art andere Namen als die (asexuellen) Nebenfruchtformen. *Gibberella fujikuroi* ist eine Ascosporen bildende Hauptfruchtform. Ihre Konidien bildende Nebenfruchtform ist als *Fusarium moniliforme* bekannt.

Gibberelline

2.1.1.2

Den Gibberellinen, die man 1926 zunächst als Wirkstoffe des phytopathogenen Pilzes *Gibberella fujikuroi* entdeckt hatte, liegt das Gibbanskelett (Abb. 2.1.7) zugrunde. Die physiologisch aktiven Gibberelline gehören zur *A*-Reihe, die durch die Struktureigenschaften des sog. *ent*-Gibberel-

Abb. 2.1.7

Gibbanskelett, GA_3 und GA_1, beides in Blütenpflanzen aktive Gibberelline.

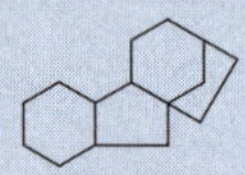

Gibban

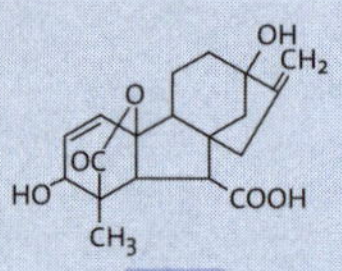

GA3

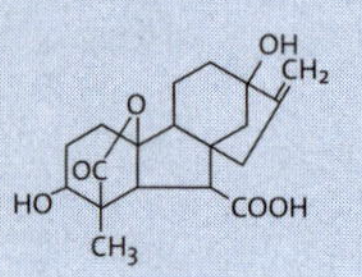

GA1

lans charakterisiert wird, deshalb die Bezeichnung GA. Die in einigen wenigen deutschen Lehrbüchern angegebene Ableitung A = en. acid ist nachgeschoben. In der Nomenklatur setzt man hinter GA (GA = Gibberellin; GAs = Gibberelline) Zahlen, um die zahlreichen Varianten der Grundstruktur zu kennzeichnen, also GA_1, GA_2, GA_3 etc. Derzeit kennt man schon über 110 verschiedene GA-Varianten in Pflanzen, die dort frei oder als Verbindungen mit Glucose vorliegen. Meistens kommen in einer Pflanzenart mehrere Varianten vor, zu denen aber auch physiologisch inaktive Formen und Vorstufen gehören können. Eine in Angiospermen häufige aktive Form ist GA_1. In Experimenten wird gerne GA_3 (Gibberellinsäure) eingesetzt. Es wird von *Gibberella* reichlich produziert. Noch vor kurzem hielt man es auch in Pflanzen für die zentrale aktive Form. Doch wird experimentell zugeführte GA_3 in den Pflanzen oft in GA_1 überführt, sodass eine Wirksamkeit von GA_3 selbst vorgetäuscht werden kann. GA_3 selbst kommt jedoch auch als aktives Prinzip vor, so offensichtlich in der Gerste (Box 2.1.2).

- Gibberelline werden an stoffwechselaktiven Stellen innerhalb der Pflanzen gebildet, u.a. in jungen Sprossen, Blättern, Wurzeln und reifenden Samen. Es handelt sich um Diterpene. Ihre *Biosynthese* beginnt in Plastiden und wird dann am ER und im Cytosol zu Ende geführt.
- *Biologische Tests* werden an Zwergmutanten durchgeführt, die in der GA-Synthese defekt sind, z.B. an Ein-Gen-Zwergmutanten des Maises. Wegen des Defekts sind sie an GAs verarmt und reagieren auf GA-Zusatz besonders sensibel. Bei GA-Zufuhr kommt es zu einer starken Förderung des Streckungswachstums (Abb. 2.1.8). Sie findet sich etwas abgeschwächt auch bei beliebigen Wildformen. Es handelt sich um die neben der Blühauslösung bei kälteabhängigen Pflanzen (→ Seite 271) augenfälligste physiologische Wirkung der GAs.

2.1.1.3 Cytokinine

Abb. 2.1.8

Test auf GA_3 an der Zwergmutante dwarf-1 des Maises (verändert nach RUHLAND 1961 aus HESS 1981).

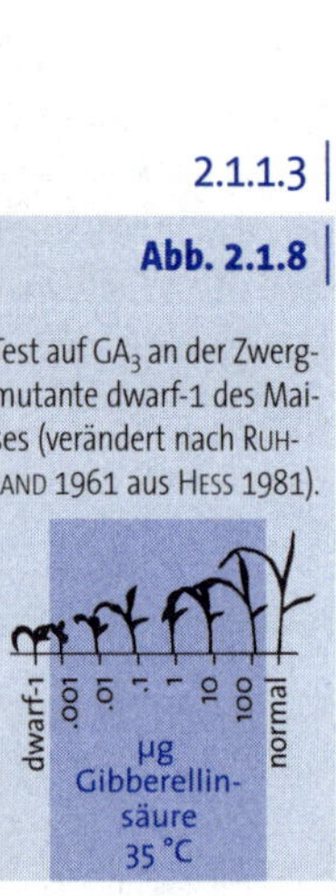

Aus autoklavierter DNA wurde 1955 ein Degradationsprodukt isoliert, das in Tabakkallus stark zellteilungsfördernd wirkte. Man nannte es Kinetin (Abb. 2.1.10). Später wurden ähnliche Stoffe auch aus Pflanzen gewonnen. Man nennt die Stoffgruppe wegen ihrer teilungsfördernden Wirkung Cytokinine (gr. Cytokinesis = Zellteilung). Es handelt sich um Derivate des Adenins, bei denen in die Aminogruppe an C_6 Substituenten eingefügt sind. Von den natürlichen Cytokininen sind *Isopentenyladenin* (IPA) und mehr noch *Zeatin* die wichtigsten, von den synthetischen neben *Kinetin* vor allem *N^6-Benzylaminopurin* (6-BA). Beide werden oft in Gewebekulturen eingesetzt.

- Die *Biosynthese* der Cytokinine (Abb. 2.1.10) findet vor allem in jungen Wurzeln statt. Sie geht von AMP aus, dessen Adenin entsprechend

Box 2.1.2

Induktion des Genmaterials für α-Amylase durch Gibberellinsäure

Einige Jahre zuvor wusste man schon, dass das Häutungshormon Ecdyson in Insektenlarven Gene aktivieren kann. Doch 1964 wurden Genaktivierungen durch ein Hormon auch von Pflanzen bekannt, und zwar bei der Keimung der Gerste. Andere Getreidekörner verhalten sich ähnlich.

Wie alle *Getreidekörner* (Abb. 2.1.9) wird auch dasjenige der Gerste von einer Hüllschicht umgeben, die aus der miteinander verwachsenen Samen- und Fruchtschale besteht. Diese Sonderbildung, die an Stelle des Samen tritt, wird *Karyopse* genannt. Innerhalb der Hülle liegen der Embryo und das Endosperm. Der Embryo lässt Spross- und Wurzelanlagen sowie die *Koleoptile* erkennen, eine Scheide umstrittener Ableitung. Das einzige Keimblatt der Einkeimblättrigen ist hier zu einem Saugorgan umgestaltet, dem *Scutellum*, das dem Endosperm anliegt. Dieses besteht aus der kornfüllenden Masse des *Stärkeendosperms* und dem außen darum liegenden, einschichtigen *Aleuron*. Das Stärkeendosperm besteht im ausdifferenzierten Zustand aus toten, mit Stärke gefüllten Zellen. Die Zellen des Aleurons sind lebend. Sie enthalten viel Protein und, für die menschliche Ernährung besonders wichtig, auch Vitamine. Bekannt ist, dass es in Ostasien bei permanentem Verzehr geschälten Reises zur Vitamin-B_1-Mangelkrankheit Beriberi kam.

Bei der Keimung muss die Stärke mobilisiert werden. Von den dazu benötigten Enzymen (→ Seite 69) ist die aus einigen Isoenzymen bestehende α-Amylase-Aktivität, hier kurz als *α-Amylase* bezeichnet, hinsichtlich ihrer Induktion am besten untersucht. Vom Embryo einschließlich des Scutellums wird GA_3 ins Endosperm abgegeben. Sie gelangt auch in die Zellen des Aleurons und aktiviert dort das Genmaterial für α-Amylase. Über dessen Expression gebildete α-Amylase wird mit einigen anderen hydrolytischen Enzymen, die ebenfalls neu gebildet werden, ins Stärkeendosperm ausgeschüttet. Dort baut sie Stärke ab. Die sonstigen Hydrolasen helfen beim weiteren Abbau der Stärke mit oder degradieren Proteine und Nucleinsäuren. Die Abbauprodukte werden vom Scutellum aufgenommen und bei der Keimung eingesetzt.

substituiert und freigesetzt wird. IPA findet sich auch in verschiedenen tRNAs. Dabei wird der Isopentenylrest in Adenin eingefügt, das sich in der *schon fertiggestellten* tRNA befindet. tRNA ist also kein Reservoir für IPA. Ebensowenig lässt sich die Zellteilungsförderung über einen Einbau von IPA in tRNA erklären. Denn diesen Einbau gibt es nicht.

- *Biologische Tests* basieren auf der zellteilungsfördernden Wirkung, die bevorzugt an Tabakkallus ermittelt wird. Sollen die Cytokinine zur Wirkung kommen, muss auch etwas Auxin im Medium vorhanden sein (Abb. 3.1.3).

2.1.1.4 Abscisinsäure (ABA)

Die bisher behandelten Phytohormone (Auxine, Gibberelline, Cytokinine) zeigen überwiegend positive Wirkungen, bei IAA allerdings nur im Optimumbereich. Im Gegensatz dazu kann man den beiden folgenden Substanzen Abscisinsäure und Ethylen eine generell negative Wirksamkeit zuschreiben. Oft sind sie Gegenspieler der drei bisher besprochenen Hormongruppen.

Abscisinsäure (*Ab*scisic *A*cid = *ABA*) wurde in Untersuchungen zum Abwurf der Baumwoll-Samenkapseln entdeckt. Sie ist identisch mit Dormin (lat. dormire = schlafen), auf das man bei Arbeiten zum Ruhezu-

Abb. 2.1.9

Mobilisierung der Stärke und anderer Reservestoffe im Gerstenkorn durch GA_3. Aus dem Embryo wird GA_3 über das Scutellum ins Aleuron transportiert. Dabei werden im Embryo unter dem Einfluss von IAA gebildete Gefäße genutzt. Im Aleuron induziert GA_3 die Aktivität einiger Gene für hydrolytische Enzyme wie für α-Amylase und Proteasen. Sie und andere Enzyme, die bereits im Aleuron vorlagen (Ribonuclease, β-3,1-Glucanase), werden ins Stärkeendosperm ausgeschüttet. Dort mobilisieren sie Reservestoffe, vor allem Stärke. Dabei soll eine Protease auch die schon vorhandene β-Amylase durch Abspalten eines Peptids aktivieren. Die Spaltprodukte wie Zucker oder Aminosäuren werden vom Saugorgan Scutellum aufgenommen und stehen für die Entwicklung des Keimlings zu Verfügung (verändert nach Black aus Hess 1981).

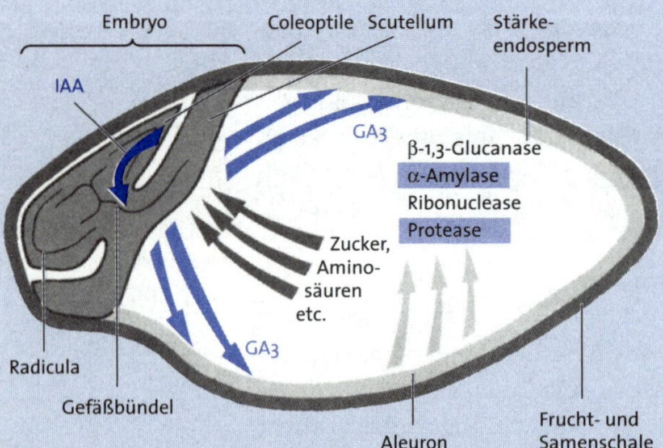

Abb. 2.1.10

Synthetische und natürliche Cytokinine. **Oben** die Grundstruktur, **unten** die Reste R verschiedener Cytokinine

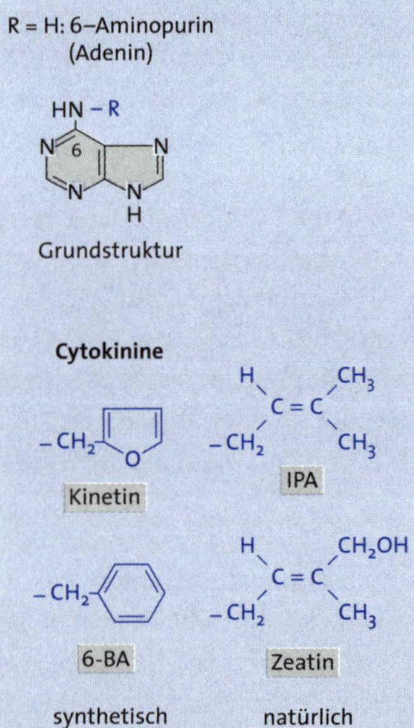

Box 2.1.3

Verzögerung der Seneszenz: ein »sink« durch Cytokinine

Eine besonders auffällige physiologische Wirkung der Cytokinine ist außer der Förderung der Zellteilung die Verzögerung der Seneszenz von Blättern. GA_3 und IAA wirken gleichsinnig, aber sehr viel schwächer. Ein sichtbares Maß für Seneszenz ist das Vergilben durch Chlorophyllabbau. Ein isoliertes Tabakblatt z.B. ist vom Cytokinineinstrom von den Wurzeln her abgeschnitten, verarmt an Cytokininen und reagiert dann besonders leicht auf ihre experimentelle Zufuhr. Behandelt man die eine Hälfte der großen Blätter mit Cytokinin und lässt die andere Hälfte als Kontrolle unbehandelt, bleibt das Grün in der behandelten Spreitenhälfte sehr viel länger erhalten (Abb. 2.1.11).

Versuche mit radioaktiv markierten Aminosäuren zeigten, dass die Radioaktivität zum Ort der Cytokininbehandlung wandert (*Attraktion*) und dort lokalisiert bleibt (*Retention*; Abb. 2.1.12). Dabei geht die Akkumulation der Aminosäuren am Ort der Cytokininbehandlung der Proteinsynthese voraus. Neuere Daten sprechen dafür, dass Cytokinine die *Entladung des Phloems* (→ Seite 180) fördern. Dadurch würde ein »sink« (→ Seite 180) im Phloem geschaffen und der Assimilatstrom dorthin, d.h. in Richtung der Cytokininwirkung verlagert. Damit vereinbar ist die beobachtete starke Akkumulation, denn sie findet sich *außerhalb* des Phloems. Die Proteinsynthese ist dann eine Folge der Akkumulation von Aminosäuren. Die *»sink«-Aktivität* der Cytokinine könnte also einer ihrer Wirkungsmechanismen bei der Verzögerung der Seneszenz sein.

Abb. 2.1.11

Verzögerung der Blattseneszenz durch Cytokinine. Ein Blatt des Bauerntabaks (*Nicotiana rustica*) wurde von der Pflanze isoliert und im oberen rechten Quadranten ein Mal mit Kinetinlösung (30 mg/l) besprüht. Dieser Quadrant ist zehn Tage später noch grün, während die übrigen Spreitenteile vergilben (MOTHES 1960).

Abb. 2.1.12

Attraktion zum und Retention am Ort der Cytokininbehandlung. Versuchsobjekte waren Fiederpaare der Sau-Bohne (*Vicia faba*). In den beiden Blättchen eines solchen Paares finden sich fast gleiche physiologische Bedingungen. Im Experiment gefundene Unterschiede können also nicht auf von Fieder zu Fieder gegebene Differenzen zurückgehen. Von verschiedenen Teilversuchen an solchen Fiederpaaren, die das Ergebnis absicherten, wurde nur der wichtigste herausgegriffen: Auf die linke Fieder wurde ^{14}C-Glycin aufgegeben, die rechte wurde mit Kinetin besprüht. Wie die Radioaktivitätsverteilung (schwarz) zeigt, wandert Glycin zum Ort der Kinetinbehandlung (Attraktion) und bleibt dort (Retention) (MOTHES 1960).

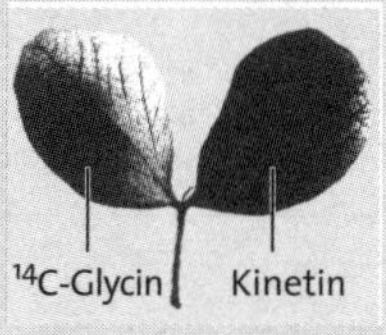

stand von Knospen gestoßen war. Ihrer Struktur nach ist sie ein Sesquiterpen. In Blütenpflanzen entsteht sie über Abbau von Violaxanthin, einem Xanthophyll. Für die physiologische Wirksamkeit muss die Carboxylgruppe frei bleiben. Der einfachste Weg zur Inaktivierung ist deshalb die Bildung von Glucoseestern an der Carboxylgruppe (Abb. 2.1.13). Syntheseorte sind die verschiedensten Organe.

Abb. 2.1.13

Abscisinsäure (ABA).

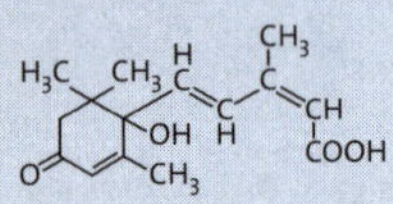

Wie schon erwähnt, arbeitet ABA anderen Phytohormonen oft entgegen. Davon abgesehen, konzentriert sich ihre Wirksamkeit auf die Einleitung von *Ruhezuständen* und die Beeinflussung des *Wasserhaushalts.*

- *Ruhezustände*: Trotz des Namens (lat. abscidere = abschneiden, trennen) mehren sich Daten, denen zufolge ABA weniger mit dem Abwerfen von Organen zu tun hat als Ethylen. Man hätte besser die Bezeichnung Dormin beibehalten, denn ABA führt Ruhezustände herbei. Bei der Einleitung der *Knospenruhe* ist dabei weniger die absolute Konzentration an ABA als das Verhältnis ABA/GA ausschlaggebend. ABA ist auch für die *Samenruhe* wichtig. Sie wird als *Reifungshormon der Samen* bezeichnet. Darüber hinaus ist sie *Keimungshemmstoff* (→ Seite 161). Auf der Keimungshemmung basieren auch biologische Testverfahren.
- *Wasserhaushalt*: Die hydraulische Leitfähigkeit der Wurzel wird durch ABA erhöht. Auch bei der Trocknung der Samen ist ABA wirksam. Besonders auffällig ist ihre Einflussnahme auf die stomatäre Transpiration (→ Seite 195).

2.1.1.5 Ethylen

Abb. 2.1.14

Biosynthese von Ethylen. Die gezeigte Formelfolge ist ein Ausschnitt aus dem Methionin-Zyklus. Die Regeneration von Methionin über den Zyklus wird durch Z ← und Z → angedeutet.
Met Methionin; SAM S-Adenosylmethionin (sonst wichtiger Methylgruppendonator); ACC 1-Aminocyclopropan-1-carboxylsäure; **1** ACC-Synthase; **2** ACC-Oxidase.

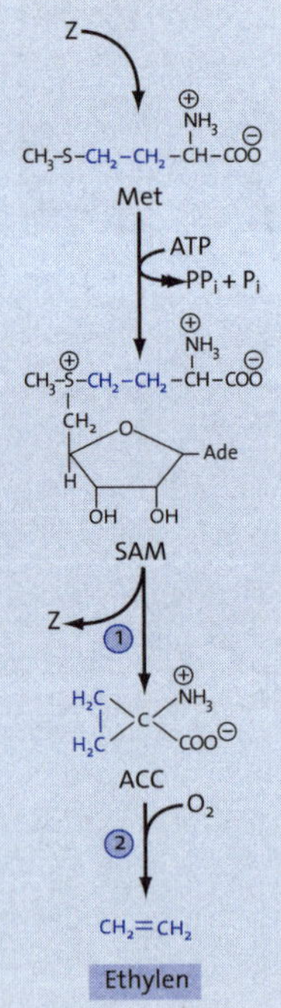

Das als Pflanzenwirkstoff schon lange bekannte Ethylen wurde als Hormon erst akzeptiert, nachdem genaue Untersuchungen unter Einsatz des Gaschromatographen seinen Hormoncharakter bestätigt hatten. Seine Biosynthese erfolgt aus S-Adenosyl-methionin (SAM), einer aktivierten Form des Methionins, die sonst als Methylgruppendonator fungiert. Es wird durch die ACC-Synthase in ACC (1-*A*mino-*c*yclopropan-1-*c*arboxylsäure) überführt. Die ACC-Oxidase setzt daraus Ethylen frei. Letztlich stellen die C-Atome 3 und 4 des Methionins die zwei C-Atome des Ethylens (Abb. 2.1.14).

Schlüsselenzym der Ethylensynthese ist die ACC-Synthase. Ihre Bildung kann durch Trockenheits- oder Kältestress, aber auch durch IAA (→ Seite 120) induziert werden. Der Rest des SAM, der nicht in ACC eingeht, kann in einem komplizierten Zyklus dazu beitragen, SAM zu regenerieren. Ein Inaktivierungsmechanismus für Ethylen ist unnötig, weil die flüchtige Substanz leicht abgegeben wird.

Eine typische Ethylenwirkung ist die »*triple response*« (dreifache Reaktion) etiolierter Erbsenkeim-

Box 2.1.4

Blattfall: Entsorgung von Ballast

Der Fall von Blättern dient dazu, überflüssig gewordene Organe zu beseitigen. In Blättern können sich über den Transpirationsstrom Mineralsalze und andere Stoffe akkumulieren, die eine Belastung bedeuten. Solche Blätter sind nicht nur überflüssig, sondern störend. Blattfall findet sich in der Flora unserer Breiten vielfach im Herbst. Die relativ zart gebauten Laubblätter würden Frost und Trockenheit des Winters nicht überstehen. Mit ihrem jahreszeitlichen Abwurf erfolgt aber auch die Entsorgung von Ballast. Bei Immergrünen findet sich ein Auswechseln der Blätter ebenfalls, nur über das Jahr verteilt und deshalb weniger auffällig.

Der Mechanismus des Abwerfens ist bei Laubblättern, alten Blüten und Früchten ähnlich. Bei Blättern ist er am besten untersucht. An der Basis des Blattstiels bildet sich ein Trennungsgewebe (Abb. 2.1.15) aus kleineren, weichwandigen Parenchymzellen. Vor dem Blattfall kann es dort zu Zellteilungen kommen, über die der Verbund der Zellen gelockert wird. Pektinasen (= Galacturonasen, lösen die (1→4)α-Bindungen zwischen Galacturonsäuren) und Cellulasen bauen die Zellwände ab. Das Blatt bricht schließlich mit Stiel in der Trennungszone ab, kann aber zunächst noch an einem Faden aus Gefäßsträngen hängen bleiben.

Das Geschehen in der Trennungszone wird von Hormonen aus dem alternden Blatt beeinflusst. IAA in niederen Konzentrationen hemmt den Blattfall, in höheren, besonders in experimentell zugeführten Konzentrationen fördert sie ihn. Sinkt die IAA-Zufuhr mit fortschreitender Seneszenz des Blattes stark ab, reagieren die Zellen auf Ethylen mit der Bildung zellwandabbauender Enzyme. Unterhalb der Trennzone kann sich bei zweikeimblättrigen Hölzern eine Schutzschicht aus stark mit Suberin inkrustierten Zellen bilden. Nach dem Blattfall deckt sie die Wundstelle ab.

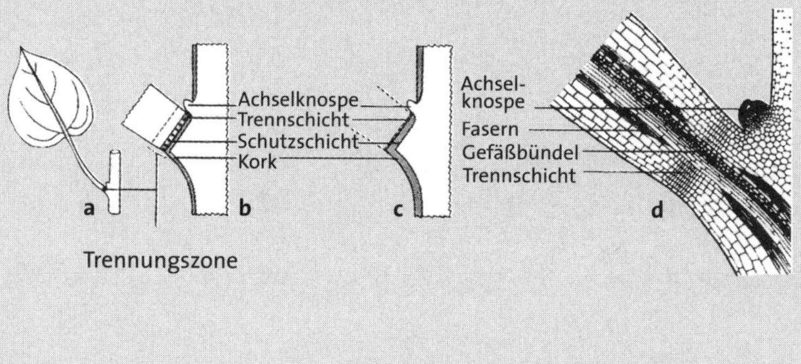

Abb. 2.1.15

Lokalisierung und Anatomie einer Trennungszone an der Blattbasis. **a**, **b**, **c** schematische Lokalisierung und Gliederung; **d** anatomische Details (Hess 1981).

Tab. 2.1.1

Multiple Wirkungsweise von Phytohormonen. Es wurden nur physiologische Wirkungen berücksichtigt, keine molekularen wie die Beeinflussung von Transkription und Translation. Daten aus Gewebekulturen sind nicht enthalten. Die Angaben beruhen teilweise auf Untersuchungen an nur wenigen Pflanzenarten, sodass die Allgemeingültigkeit nicht immer gesichert erscheint. Die Tabelle kann keinen Anspruch auf Vollständigkeit erheben.

+ Förderung
– Hemmung

Prozess	Auxine	Gibberelline	Cytokinine	Abscisinsäure	Ethylen
Zellteilung					
Apikalmeristeme					
Spross	+	+	+		
Wurzel	+				
Kambium					
Spross	+	+			
Wurzel	+		+		
Streckungswachstum					
Spross	+	+		–	– (+)
Wurzel	+			–	–
Differenzierung von Gefäßen					
Spross	+				
Wurzel	+				
Entfaltung Blätter	+	+	+		
Öffnung Stomata			+	–	
Blattfall		+		?	+
niedere Konzentrationen	–				
hohe Konzentrationen	+				
Blütenfall	–			?	+
Fruchtfall	–			?	+
Bildung von Adventivwurzeln	+		–		+
Bildung von Seitenwurzeln	+	–	–		+
Knollenbildung (Kartoffel)	–	+	+		
Ethylenbildung in Seitenknospen	+				
Austreiben Seitenknospen	–	+	+	–	+/–
Entfaltung Blätter	+	+	+		
Seneszenz Blätter	–	–	–	+	+
Blütenbildung					
Ausnahmen	+		+		+
bestimmte Gruppen		+			
Geschlecht (monözische Pflanzen)					
mehr weibliche Blüten	+				
mehr männliche Blüten		+			+
Fruchtwachstum	+	+	+		
Fruchtreife				+	+
Parthenokarpie	+	+	+		
Samenreife				+	
Samenkeimung	+	+	+	–	+/–

linge: ihr Längenwachstum wird reduziert, ihre subapikale Region schwillt an und ihre geotropische Reaktionsfähigkeit geht verloren. Letzteres lässt sich daran erkennen, dass sich die Keimlinge mehr oder weniger horizontal legen (Abb. 2.1.16). Ethylen erfasst man heute mit Hilfe des Gaschromatographen oder des Flammenionisationsdetektors.

Wie bei den etiolierten Erbsenkeimlingen demonstriert, hemmt Ethylen das *Längenwachstum*. Es ist außerdem ein Faktor der *Seneszenz* und fördert den Fall von Blättern (Box 2.1.4), alten Blüten und Früchten. Es ist aber auch das *Hormon der Fruchtreife* (→ Seite 288).

Ethylen kann als flüchtige Substanz über die produzierende Pflanze hinaus auf andere Pflanzen in der Nachbarschaft einwirken. Botenstoffe, die der Kommunikation zwischen Pflanzen verschiedener Arten dienen, nennt man *Pheromone*, wenn es sich um Pflanzen der gleichen Art handelt, und *Kairomone*, wenn Pflanzen anderer Arten beeinflusst werden. Ob Ethylen auch in der freien Natur als Pheromon oder Kairomon wirkt, ist allerdings fraglich. Entsprechendes gilt für Methyljasmonat (Abb. 3.7.27) und Methylsalicylat (Abb. 1.11.8), die beide im Gegensatz zu den zugrunde liegenden Säuren ebenfalls flüchtig sind. Denn bei ihnen sind die Carboxylgruppen der Jasmon- und der Salicylsäure mit einer Methylgruppe kaschiert, sodass der hydrophile Charakter reduziert wird.

Von weiteren Substanzen sind die *Brassinosteroide*, *Jasmonsäure* (→ Seite 246) und *Systemin* (→ Seite 248) noch nicht generell als Phytohormone akzeptiert. Auch *Salicylsäure* entspricht bislang nur in einem Sonderfall (→ Seite 102) der Definition eines Hormons.

Abb. 2.1.16

»Triple Response« von Erbsenkeimlingen (*Pisum sativum*) auf Ethylen. Links unbehandelte Kontrolle, nach rechts Keimlinge, die 48 Stunden mit den angegebenen steigenden Konzentrationen an Ethylen behandelt worden waren (verändert nach MOORE 1979 aus HESS 1999).

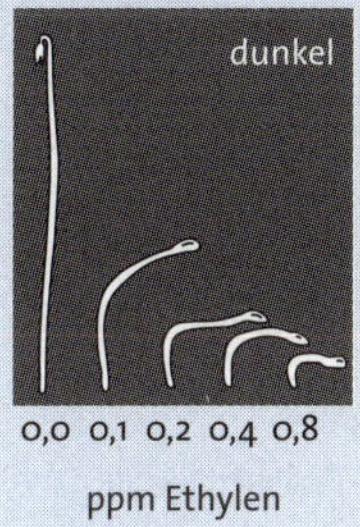

2.1.2 Multiple Wirkungsweise der Phytohormone

Hormone der Tiere weisen oft eine hohe Spezifität auf, beeinflussen also nur eine bestimmte Merkmalsbildung. Wie sich schon aus dem Vorhergehenden ergibt, ist das bei Pflanzen nicht der Fall ist. Ein und dasselbe Phytohormon kann in die verschiedensten Prozesse eingreifen. Phytohormone zeigen also eine *multiple Wirkung*. Das bedeutet aber auch, dass eine gegebene Merkmalsbildung von mehreren Phytohormonen bzw. Phytohormongruppen beeinflusst werden kann. Die Kausalanalyse wird dadurch erschwert. Tab. 2.1.1 gibt Beispiele für die multiple Wirkung.

Fragen (Seitenverweise zur Beantwortung)

1 ● Definieren Sie die Begriffe Hormon und Pheromon! (S. 118 und 129).
2 ● Nennen Sie die unumstrittenen Phytohormone bzw. Phytohormongruppen! (S. 118).
3 ● Zeichnen Sie einen Längsschnitt durch eine Getreidekaryopse und geben Sie die einzelnen Gewebe bzw. Organe an! (S. 124).
4 ● Auf welche Weise wird Stärke bei der Keimung im Aleuron der Gerste mobilisiert? (S. 123).
5 ● Welche Wirkungsschwerpunkte zeigt ABA? (S. 126).
6 ● Schildern Sie den Ablauf eines Blattfalls unter anatomischen und physiologischen Aspekten! (S. 127).
7 ● Stellen Sie sich anhand der Tab. 2.1.1 ein Beispiel für die multiple Wirkung eines Phytohormons Ihrer Wahl zusammen! (S. 128).

2.2 Regulation durch Außenfaktoren

Inhalt

Für die Regulation durch Außenfaktoren soll Licht als Entwicklungssignal besprochen werden. Als Beispiel dient das Phytochromsystem, das bestuntersuchte morphogenetische Pigmentsystem der Pflanzen.

2.2.1 Morphogenetische Pigmentsysteme

Hormone sind die wichtigsten inneren Regulatoren bei Pflanzen. Doch auch Außenfaktoren wirken bei der Regulation entscheidend mit. Für die Pflanzen besonders wichtige physikalische Faktoren sind Licht, Temperatur und Schwerkraft. Was die Regulation anbelangt, sind Lichtwirkungen am besten untersucht, vor allem auch im molekularen Bereich. Deshalb soll hier das Licht exemplarisch für regulierende Außenfaktoren besprochen werden. Dabei sollte nicht vergessen werden, dass Licht über die Photosynthese die Grundlage für alle weiteren Lebensvorgänge höherer Organismen liefert. Doch über diesen generellen Hintergrund hinaus gibt es spezifische Lichtwirkungen auf die Entwicklung der Pflanzen. Sie basieren auf *morphogenetischen Pigmentsystemen.* Dabei handelt es sich um in geringen Mengen vorliegende Lichtrezeptoren, die Morphogenesen einleiten. Unter Morphogenese versteht man den übergeordneten Prozess der Gestaltentwicklung; seine Teilvorgänge kann man, wie es häufig gerade bei Lichtwirkungen geschieht, *Morphosen* nennen. Den auslösenden Faktor setzt man davor: hier handelt es sich also um *Photomorphogenese* bzw. *Photomorphosen*. Das Licht hat dabei wie die Phytohormone Signalwirkung. Am besten untersucht ist das Phytochromsystem, das deshalb hier vorrangig behandelt werden soll.

2.2.2 Phytochrom als reversibles morphogenetisches Hellrot-Dunkelrot-System

In den 50er-Jahren des 20. Jahrhunderts stellte man fest, dass die Keimung von Salat»früchten« (Achänen) bei Belichtung mit Hellrot (HR; 730 nm) gefördert, bei nachfolgender Belichtung mit Dunkelrot (DR; 660 nm) gehemmt, bei daran anschließender Belichtung mit HR wieder gefördert wurde usf. (Abb. 2.2.1). Immer dann, wenn zuletzt HR gegeben wurde, kam es zur Keimungsförderung. Bei zahlreichen anderen Photomorphogenesen fand man später Entsprechendes.

Des Rätsels Lösung liegt in Besonderheiten der Rezeptorsysteme, die man *Phytochrome* nennt. Es handelt sich um *Sensorpigmente*, die in geringen Mengen wirksam sind. Man kennt mehrere von ihnen, in der Acker-Schmalwand (*Arabidopsis thaliana*) derzeit fünf, phyA, phyB etc. bis phyE. Am besten untersucht ist phyB. Alle Phytochrome führen die gleiche Farbstoffkomponente, ein offenkettiges Tetrapyrrol, das Phytochromobilin. Wenn man das Ringsystem der Chlorophylle aufschneidet (die Biosynthese in Plastiden verläuft ähnlich), erhält man vier N-haltige Fünfringe, vier Pyrrole, die über C_1-Brücken miteinander in Kontakt stehen. Das Phytochromobilin ist an verschiedenartige Proteine gebunden, die den Unterschied zwischen den einzelnen Phytochromen ausmachen. Gemeinsam ist den Proteinen, dass sie sich in eine sensorische Domäne am N-Terminus und eine regulatorische Domäne am C-Terminus gliedern (Abb. 2.2.2). Die sensorische Domäne trägt das Tetrapyrrol, ist also der Signalrezeptor. Die regulatorische Domäne hat Transmitterfunktion. Mit hoher Wahrscheinlichkeit enthält sie u. a. zwei Transmitterkinase-Domänen (TKD), die über Phosphorylierungen von Prote-

Abb. 2.2.1

Beteiligung des Phytochromsystems an der Keimung von Achänen des Salats (*Lactuca sativa*). Gequollene Achänen wurden wie angegeben belichtet. Das Wechselspiel in der Belichtung wurde noch bis zum achten Mal mit dem gleichen Ergebnis wiederholt: Gibt man zuletzt HR, wird die Keimung gefördert; bestrahlt man zuletzt mit DR, unterbleibt die Förderung.
HR Hellrot; DR Dunkelrot (verändert nach GOODWIN 1965 aus HESS 1999).

Abb. 2.2.2

Struktur eines Phytochroms und reversible Änderung seiner Zustandsform. Das Apoprotein (H_2N- = Aminoende, -COOH = Carboxylende) gliedert sich in eine sensorische und eine regulatorische Domäne. Die sensorische Domäne trägt an einem Cystein den Lichtrezeptor, ein offenes Tetrapyrrol. Bei Belichtung mit Hellrot (HR) geht das Tetrapyrrol von der *trans*- in die *cis*-Form über. Ring D schwenkt dabei um C15 nach oben. Das so gebildete P_{DR} ist morphogenetisch aktiv. Bei Belichtung mit DR (Dunkelrot) kommt es zur Reversion zum inaktiven P_{HR}. Die regulatorische Domäne führt wahrscheinlich u.a. zwei Transmitterkinasen (TKD = Transmitter-Kinase-Domäne), die über Proteinphosphorylierungen regulierend wirken könnten.

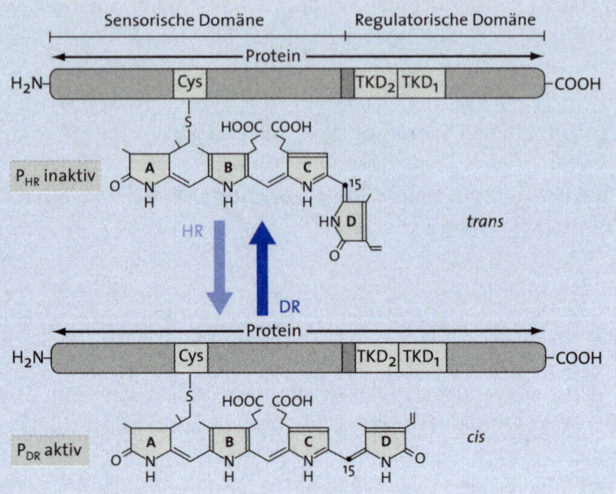

inen die Botschaft des Lichtsignals weiterleiten könnten (→ Seite 139). Die Phytochrome wirken in Dimerform.

phyB bis phyE sind stabil. Bei Belichtung mit HR geht das HR absorbierende Tetrapyrrol in eine isomere, DR absorbierende Form über. Die dazu benötigte Lichtintensität ist gering, aber höher als bei phyA. Bei Bestrahlung mit DR wird die DR-absorbierende Form wieder in die sterische Ausgangsform rückgeführt (Abb. 2.2.2). Das Spiel lässt sich wiederholen. Die HR absorbierende Form nennt man P_{HR}, die DR absorbierende Form P_{DR}. Das Pigmentsystem geht also reversibel von P_{HR} in P_{DR} über, übrigens auch im Reagenzglas. P_{HR} ist inaktiv, P_{DR} ist aktiv. Damit lässt sich die morphogenetische Wirksamkeit über das Pendeln zwischen den beiden Formen erklären. Hatte man zuletzt mit HR bestrahlt, liegt das aktive P_{DR} vor.

phyA nimmt in verschiedener Hinsicht eine Sonderstellung ein, u.a. dadurch, dass es Lichtwellenlängen absorbieren kann, die bis in den UV-Bereich herabreichen (bis 300 nm). Für die Überführung in $phyA_{DR}$ werden nur sehr geringe Lichtintensitäten benötigt. Seine Akkumulation muss in Dunkelheit erfolgen, denn $phyA_{DR}$ ist im Licht instabil. Es wird bei Belichtung unter Mitwirkung von Ubiquitin rasch abgebaut. Eine Photoreversion ist zwar prinzipiell möglich, kommt aber wegen des raschen Abbaus im Licht kaum zum Tragen (Abb. 2.2.3).

Ubiquitine sind kleinere Polypeptide, die in Eukaryonten allgegenwärtig sind (lat. ubique = überall). Sie binden unter ATP-Verbrauch an Lysin in Proteinen, die dadurch zum Abbau markiert werden. Der Abbau erfolgt über besonders große Proteasen, das *Proteasom*.

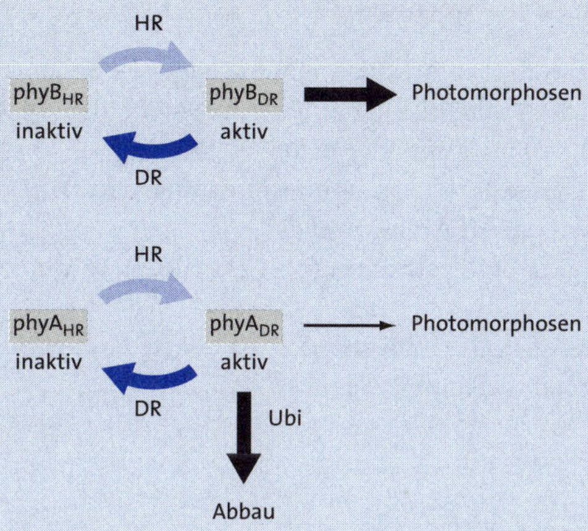

Abb. 2.2.3

Funktionsschema der Phytochrome. Dabei ist phyA einerseits (Klasse I) und phyB bis phyE andererseits (Klasse II) zu unterscheiden. phyA ist der bisher einzige Vertreter seiner Klasse. Von Klasse II wurde stellvertretend nur phyB eingezeichnet. Die Photomorphosen können Förderungen ebenso wie Hemmungen sein. Sie können auf Aktivierung von Genmaterial zurückgehen. Ubi Markierung der Proteinkomponente mit Ubiquitin zum Abbau.

Unter natürlichen Lichtverhältnissen stellt sich ein bestimmtes Verhältnis P_{HR}/P_{DR} ein. In voller Sonne können mehr als 50 % der Phytochrome als aktives P_{DR} vorliegen. Bei den von ihm eingeleiteten Morphosen kann es sich um Förderungen wie bei der Lichtkeimung des Salats (s. Abb. 2.2.1), aber auch um Hemmungen wie bei der Blühinduktion von Kurztagpflanzen (→ Seite 271) handeln. Dabei kann Genmaterial aktiviert werden, so bei der Biosynthese von Anthocyanen in Blüten oder von Nitrat- und Nitrit-Reduktasen in Blättern. Doch kennt man auch reversible Phytochromwirkungen, die nicht auf Genaktivierungen zurückgehen. Man spricht dann von Modulationen, speziell von *Photomodulationen.*

phyA ist zusammen mit phyB besonders bei der Normalisierung von etiolierten Keimlingen und bei der Keimung aktiv, nimmt also vor allem auf die ersten Entwicklungsstadien Einfluss. In der weiteren Entwicklung der Blütenpflanzen ist phyB sehr viel wichtiger. Es steht als »klassisches« reversibles Hellrot-Dunkelrot-System hinter zahlreichen Morphosen.

phyA ebenso wie phyB wirken oft zusammen mit morphogenetischen *Blaulichtrezeptoren*. Man kennt mehrere derartige Blaulichtpigmente, von denen die *Cryptochrome* die bekanntesten sind. Sie werden so benannt (gr. kryptos = verbergen; gr. chroma = Farbe), weil es sich um Farbstoffe handelt, die sich erst Mitte der 90er-Jahre des vorigen Jahrhunderts fassen und charakterisieren ließen. Sie blieben also lange Zeit »verborgen«. Es sind Proteine, die jeweils ein Pterin und ein Flavin (→ Seite 43) tragen. Pterine, gelbliche Farbstoffe, sind Komponenten der Tetrahydrofolsäure, die C_1-Gruppen überträgt. Ihren Namen haben sie von ihrem Vorkommen in Schmetterlingsflügeln (gr. pteron = Flügel). Eine lichtabhängige Reversibilität findet sich bei ihnen nicht.

Fragen

(Seitenverweise zur Beantwortung)

1 - Sie belichten gequollene Achänen einer geeigneten Salatsorte (nicht alle Sorten machen mit!) nacheinander mit HR, DR, HR, DR. Tritt eine Förderung der Keimung ein oder nicht? (S. 131).

2 - Zeichnen Sie die Grundstruktur (ohne Substituenten oder Doppelbindungen) eines offenen Tetrapyrrols! (S.132).

3 - Was ereignet sich bei Bestrahlung mit HR in der Farbkomponente von phyB? (S. 132).

4 - Nennen Sie Beispiele für Morphosen, bei denen Phytochrome über Genaktivierungen wirksam werden! (S. 133).

2.3 Signaltransduktion

Inhalt

Wenn ein Signal die Zelle erreicht, muss es, um eine Reaktion hervorrufen zu können, aufgenommen werden; dazu sind in der Regel signalspezifische Rezeptoren erforderlich. Danach muss die Botschaft des Signals von den Rezeptoren abgegriffen und in der Signaltransduktion im eigentlichen Sinn weitergeleitet werden, bis schließlich Reaktionen an der Zielstruktur stattfinden. Alle drei Vorgänge (Aufnahme, Weiterleitung, Reaktion) stehen in engem Zusammenhang und lassen sich deshalb in Ausweitung des Begriffs unter »Signaltransduktion« zusammenfassen.

2.3.1 Signalperzeption

Ganz gleich, ob es sich bei den Signalen um Hormone oder um Außenfaktoren wie Licht oder Temperatur handelt, sie müssen von der Zelle zunächst einmal aufgenommen werden. Diese *Signalperzeption* erfolgt über signalspezifische Rezeptoren. Die Rezeptoren können im Plasmalemma, aber auch innerhalb der Zelle lokalisiert sein. Letzteres liegt schon deshalb nahe, weil im Gegensatz zu vielen Hormonen der Tiere alle »klassischen« Phytohormone das Plasmalemma passieren können.

Doch die Rezeptoren müssen noch einer zweiten Anforderung genügen: sie müssen die Botschaft des Signals weitergeben. Der Nachweis, dass ein Protein die Signalbotschaft tatsächlich weitergibt, ist schwer zu erbringen. Deshalb kennt man zwar eine Vielzahl von Proteinen, die ein bestimmtes Signal binden, aber nur wenige davon sind zweifelsfrei auch Rezeptoren. Das ist umso enttäuschender, als man pro Phytohormon mit einer ganzen Reihe von spezifischen Rezeptoren rechnen muss.

So gibt es Auxin bindende Proteine im Übermaß. Doch nur das schon seit Jahrzehnten von zahlreichen Pflanzenarten bekannte *ABP1* (*A*uxin-*b*indendes *P*rotein *1*) dürfte ein Rezeptor sein. Es bindet nicht nur IAA, sondern auch synthetische Auxine wie NAA. Wie von einem Rezeptor zu fordern, wandelt es die Signalwirkung in physiologisches Geschehen um. Mit Sicherheit ist es an der IAA-induzierten Zellstreckung, vielleicht auch an der Zellteilung beteiligt. ABP1 ist bis ins Detail physikalisch-chemisch analysiert. Doch ist sein Wirkungsmechanismus immer noch unbekannt. Weitere Auxinrezeptoren siehe Auxin-Anionen-Efflux-Carrier (→ Seite 121) und Gravitropismus (→ Seite 225).

Die Rezeptoren für *GAs* und *ABA* sind noch in der Diskussion. Für *Cytokinine* und *Ethylen* sind Plasmalemmarezeptoren beschrieben worden, bei denen es sich um so genannte Zwei-Komponenten-Systeme handelt, wie sie häufig bei Bakterien vorkommen. Sie führen an der Außenseite des Plasmalemmas eine Signalrezeptor-Domäne und auf der Membraninnenseite eine Histidinkinase-Domäne, die über Phosporylierung des Histidins Signaltransduktionen einleitet. Bei der Schmalwand kennt man mehrere derartige Ethylen-Rezeptoren. In Abwesenheit von Ethylen aktivieren sie eine Proteinkinase, von der die weitere Signaltransduktion bis zu den Ethylen-Genen blockiert wird. Nach Bindung von Ethylen an die Rezeptoren unterbleibt die Aktivierung der Proteinkinase. Damit wird der weitere Signalweg zu den Ethylen-Genen gangbar. Sie werden aktiviert und liefern z.B. die »triple responose« (→ Seite 126). Möglicherweise handelt es sich bei der erwähnten Proteinkinase um eine MAPKKK, die eine MAPK-Kaskade einleitet (→ Seite 136). Jedoch sind diese und weitere Details der Signaltransduktion noch so umstritten, dass es hier bei der bloßen Erwähnung bleiben muss.

Phytochrome als Rezeptoren wurden schon beschrieben (s. Abb. 2.2.2).

Signaltransduktion | 2.3.2

Das Signal muss seine Zielstruktur in der Zelle erreichen können, dazu ist eine *Signaltransduktion* notwendig. Das ist besonders dann einsichtig, wenn das Signal schon von Rezeptoren im Plasmalemma abgefangen wird. Dann muss die Botschaft des Signals durch andere Faktoren von den Transmembranrezeptoren abgegriffen und bis zur Zielstruktur weitergeleitet werden. Die Faktoren der Signaltransduktion werden häufig als *sekundäre Messenger* bezeichnet, weil sie primären Messengern wie den Phytohormonen nachgeschaltet sind. Mit der Transduktion ist eine

Potenzierung des ursprünglichen Signals gekoppelt. Man spricht hier von einem *Kaskadeneffekt*. Auch die Signaltransduktionen sind bei Pflanzen nur lückenhaft bekannt. Die Analyse wird dadurch erschwert, dass für ein gegebenes Signal mehrere Transduktionswege vorhanden sein können, zwischen denen außerdem noch Quervernetzungen bestehen. Nur einige besonders wichtige Möglichkeiten der Signaltransduktion bei Pflanzen können hier behandelt werden.

2.3.2.1 Proteinkinasen

Proteinkinasen sind oft Elemente der Signaltransduktion. Es handelt sich um Enzyme, die Proteine mit Hilfe von ATP phosphorylieren. Die Folge ist meistens eine Aktivierung der betreffenden Proteine. Sie lässt sich mit Hilfe von Proteinphosphatasen, die den Phosphatrest hydrolytisch abspalten, wieder rückgängig machen. Die Phosphatasen sind allerdings viel schlechter untersucht als die Proteinkinasen.

Zu den wichtigsten Proteinkinasen gehören die MAPKs (*m*itogen-*a*ctivated *p*rotein *k*inases). Mitogene sind mitosefördernde Faktoren. MAPKs wurden in Tieren und Hefen in Arbeiten zur Mitose genauer untersucht. Die pflanzlichen MAPKs sind ihnen homolog. Sie phosphorylieren Serin, Threonin und Tyrosin in den Zielproteinen. Pro Pflanzenart kennt man zahlreiche nur leicht verschiedene, also hochkonservierte MAPKs, in der Acker-Schmalwand (*Arabidopsis thaliana*) mindestens 20.

Signaltransduktionen über MAPKs kommen in vielen Varianten vor. Das Prinzip ist, dass im Anschluss an einen Rezeptor MAPKs in Kette hintereinander gesetzt werden (Abb. 2.3.1). Der Rezeptor kann Kinasen führen und phosphoryliert mit ihrer Hilfe MAP*KKK*, die so genannt wird, weil es sich um die erste von *drei* hintereinander geschalteten *K*inase-Formen handelt. Es folgen MAPKK und MAPK. Eine Kinase in der Kette phosphoryliert jeweils zahlreiche Moleküle der nachfolgenden Kinase. Es kommt also zu einem *Kaskadeneffekt*. Dabei können unterschiedliche nachfolgende Kinasen phosphoryliert werden. Das bedeutet *Diversifikation*. MAPKs phosphorylieren spezifische Transkriptionsfaktoren (→ Seite 138), die dadurch aktiviert werden und sich an entsprechend spezifische DNA-Boxen im Promotor der Zielgene binden. Die Zielgene werden dann aktiviert.

Abb. 2.3.1

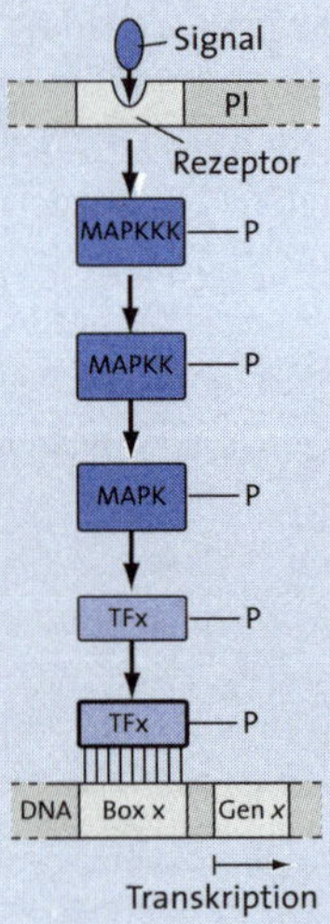

Schema einer MAPK-Kaskade (MAPK = mitogen-activated protein kinases). Ein Signal aktiviert einen Transmembran-Rezeptor. Er aktiviert über Phosphorylierung eine erste MA-Proteinkinase (MAPKKK). -P deutet jeweils die erfolgte Phosphorylierung an. Dabei werden jeweils viele und teils auch verschiedene nachfolgende MA-Proteinkinasen aktiviert (Kaskadeneffekt mit möglicher Diversifikation). So kommt man über MAPKKs zu MAPKs. Diese phosphorylieren spezifische Transkriptionsfaktoren (TF), hier TFx. Die dadurch aktivierten TF fixieren sich an entsprechende Boxen, z.B. TFx an die Box x im Promotor des Gens *x*. Dessen Transkription beginnt. Das Schema enthält nur die für das Verständnis wichtigsten Elemente.

MAPK-Kaskaden können durch Stressfaktoren wie Verwundungen, Kälte, hoher Salzgehalt, Trockenheit, Nährstoffmangel, Elicitoren aus pathogenen Pilzen (→ Seite 241), Salicylsäure (→ Seite 242), Jasmonsäure (→ Seite 247), aber auch durch die »klassischen« Phytohormone ausgelöst werden.

Ca^{2+}, Calmoduline und Calmodulin bindende Proteine

2.3.2.2

Ca^{2+}-Ionen (oder exakter: vorübergehend steigende Konzentrationen an Ca^{2+}-Ionen) sind ebenfalls zentral wichtige Faktoren der Signaltransduktion. Die Konzentration der Ca^{2+}-Ionen im Cytosol liegt bei 0,0001 mM, diejenige in Ca^{2+}-Speichern bei 0,5 bis 10,0 mM. Solche »Ca^{2+}-Speicher« sind die Vakuole, das ER, der Zellwandraum, aber auch die Mitochondrien. Bei Einwirken eines Signals öffnen sich Kanäle, über die Ca^{2+}-Ionen in das Cytosol einströmen. Danach pumpen spezielle Ca^{2+}-ATPasen in den Membranen der genannten Speicher die Ca^{2+}-Ionen wieder in die Speicher zurück. Auch die Kanäle schließen sich. Die Ca^{2+}-Konzentration im Cytosol geht so auf den Ausgangszustand zurück; die Signalgebung durch Ca^{2+} ist beendet.

Ca^{2+}-bindende Proteine: Ca^{2+} kann direkt Einfluss auf Proteine nehmen. So wird es von Proteinkinasen oder Proteinphosphatasen unter Aktivierung gebunden. Mehr Spezifität wird durch die Bindung an spezielle Ca^{2+}-bindende Proteine eingebracht. Die wichtigsten von ihnen sind die überall in der Zelle vorkommenden *Calmoduline*. Es handelt sich um Proteine aus rund 150 Aminosäuren. Die zahlreichen in Pflanzen und Tieren gefundenen Calmoduline unterscheiden sich nur in einem Dutzend Aminosäuren. Sie sind also hochkonserviert. Jedes Calmodulin kann in vier schlingenartigen Strukturen vier Ca^{2+}-Ionen binden. Dabei verändert es seine Konformation derart, dass hydrophobe Aminosäurensequenzen exponiert werden. An sie binden Zielproteine, die dabei aktiviert werden. Bisher sind zahlreiche derartige *Calmodulin bindende Proteine* gefunden, aber nur wenige von ihnen charakterisiert worden. Darunter befinden sich Proteine des Cytoskeletts, aber auch Proteinkinasen, die spezifische Transkriptionsfaktoren phosphorylieren und damit aktivieren (Abb. 2.3.2).

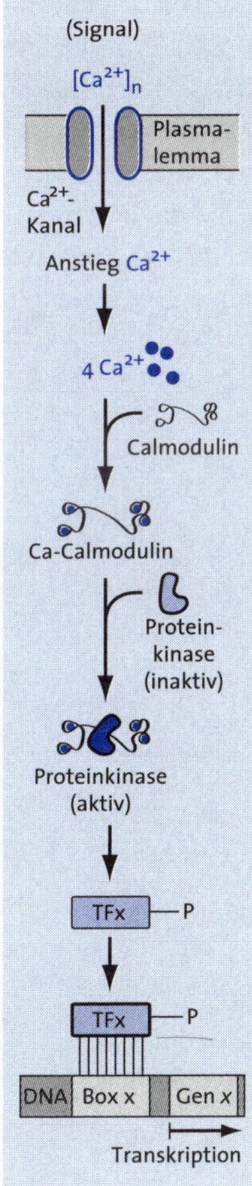

Abb. 2.3.2

Schema einer Signaltransduktion Ca^{2+} – Calmodulin – Proteinkinase. Nach Einwirken eines Signals hat sich ein Ca^{2+}-Kanal im Plasmalemma geöffnet. Ca^{2+} strömt ins Cytoplasma. Jeweils 4 Ca^{2+} können an 1 Calmodulin gebunden werden, das dadurch aktiviert wird. Calcium-Calmodulin seinerseits aktiviert eine Proteinkinase, die einen spezifischen Transkriptionsfaktor (hier Tf x) phosphoryliert (-P) und damit aktiviert. Tfx bindet an Box x im Promotor des Gens *x*. Die Transkription des Gens *x* beginnt. Das Schema enthält nur die für das Verständnis wichtigsten Elemente.

2.3.2.3 Reaktionen an Genen als Zielstrukturen

An *Zielstrukturen* kommen Proteine, besonders Enzym-, Cytoskelett- und Membranproteine, vor allem aber Gene in Frage. Seit dem Nachweis, dass GA_3 *Genaktivität* induzieren kann (→ Seite 123), hat sich das Wissen um die Einflussnahme von Signalen auf das genetische Material von Pflanzen erheblich erweitert. So fand man heraus, dass dabei spezifischen Transkriptionsfaktoren eine zentrale Rolle zukommt.

Zahlreiche Faktoren müssen in *jeder* Zelle gegeben sein, damit eine Transkription stattfinden kann. Doch außer solchen *allgemeinen Transkriptionsfaktoren* gibt es **spezifische** oder **spezielle Transkriptionsfaktoren** (TFs), die für die Transkription nur eines oder mehrerer Gene verantwortlich sind. Dabei handelt es sich um Proteine, die sich mit einer *DNA-Erkennungs-* oder *DNA-Bindungsdomäne* an spezielle DNA-Boxen im Promotorbereich anlagern. Dies setzt aktive TFs voraus. Zum Teil werden sie durch Proteinkinasen phosphoryliert und dadurch aktiviert. Mit einer *funktionellen Domäne* nehmen sie dann Einfluss auf den sonstigen Transkriptionsapparat. Dabei können sie die Transkription fördern, aber auch hemmen. Die spezifischen TFs lassen sich in mehrere Gruppen einteilen. Eine davon sind die MADS-Box-Gene (→ Seite 274).

Als Ansatzstellen für spezifische TFs finden sich im Promotor auch Boxen, die vielen Genen gemeinsam sind. Ein Beispiel ist die häufig vor-

Abb. 2.3.3

Aktivierung der Gene für α-Amylasen im Aleuron der Gerste durch GA. Für zwei Isozyme, α-Amylase 1 und α-Amylase 2, findet sich ein fast identischer Ablauf. Er wird für α-Amylase 1 beschrieben. GA, in der Gerste mit hoher Wahrscheinlichkeit GA_3, wird von einem noch unbekannten Rezeptor im Plasmalemma abgefangen. Für die Signaltransduktion kommen außer Wegen, die wir nicht besprechen konnten, vor allem Proteinkinase-Kaskaden und Ca^{2+}-Calmodulin-Signalketten in Frage. Im Zellkern wird ein Repressor inaktiviert, vermutlich GAI (gibberellin A insensitiv), der dem *GA-MYB*-Gen vorgeschaltet ist. Es kommt zur Transkription von *GA-MYB*. Die betreffende mRNA wird im Cytoplasma in den spezifischen Transkriptionsfaktor GA-MYB (MYB ist eine Gruppe von spezifischen Transkriptionsfaktoren) translatiert. GA-MYB wandert in den Zellkern zurück und bindet sich im Promotor des *α-Amylase-1*-Gens an die Sequenz TAACAAA in GARE (GA responsive element). Das *α-Amylase-1*-Gen wird transkribiert. Das Schema enthält nur die für das Verständnis wichtigsten Elemente.

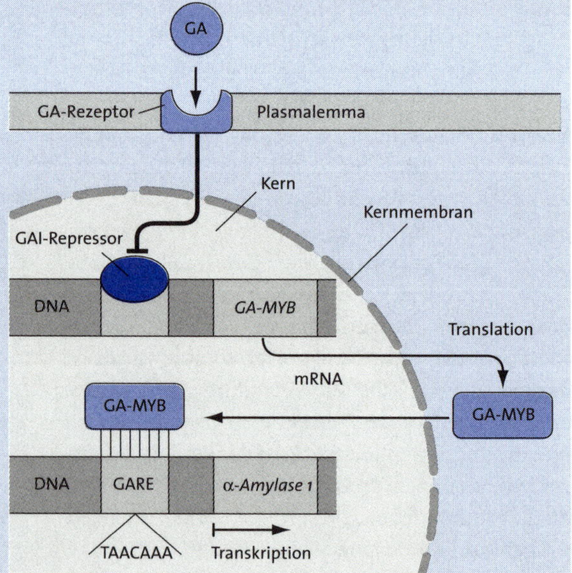

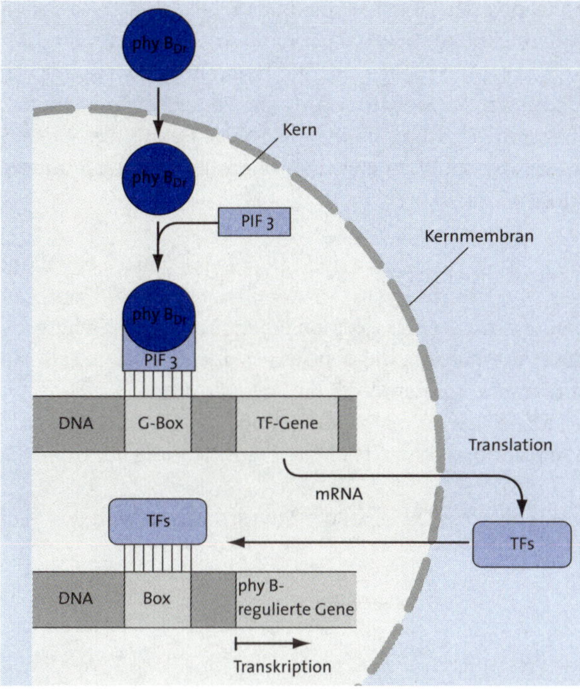

Abb. 2.3.4

Signaltransduktion bei den Phytochromen. phy A und phy B verhalten sich fast gleich. Der Ablauf wird für phyB geschildert. Die DR-Form wandert in den Zellkern und assoziiert dort mit dem Transkriptionsfaktor PIF 3 (phytochrom interacting factor 3). Der Komplex phyB_{DR}/PIF3 bindet an eine G-Box. Folge ist die Transkription von Genen für sekundäre Transkriptionsfaktoren (TF-Gene). Die betreffenden mRNAs werden im Cytoplasma zu Tfs translatiert, die in den Zellkern zurückwandern und sich an die entsprechenden Boxen binden. Folge ist die Transkription indirekt phyB-regulierter Gene. Das Schema enthält nur die für das Verständnis wichtigsten Elemente.

kommende *G-Box*, die auch auf Umweltsignale wie das Licht anspricht (s. Abb. 2.3.4). Die Spezifität wird über solche Boxen reduziert. Doch dann gibt es zusätzliche DNA-Strukturen oder Mechanismen, die ergänzend spezifizierend wirken.

Zwei Beispiele für die Mitwirkung von spezifischen TFs:

Die Reaktionen unmittelbar am Gen sind vielfach besser bekannt als die vorausgehende Signaltransduktion. So wurde noch kein GA-Rezeptor gefunden. Doch bei der **Aktivierung der Gene für Amylasen** im Aleuron der Gerste (→ Seite 123) ist nicht nur der spezifische Transkriptionsfaktor, sondern auch seine Bindesequenz in den Promotoren der α-Amylase-Gene bekannt (Abb. 2.3.3).

Eine Überraschung brachte die Analyse der **molekularen Phytochromwirkungen** mit sich (Abb. 2.3.4). Sowohl phyA als auch phyB wandern als aktive DR-Form in den Zellkern und binden dort an den speziellen Transkriptionsfaktor PIF 3 (*p*hytochrom *i*nteracting *f*actor 3). Bei der inaktiven HR-Form ist das nicht möglich. Der Komplex phy$_{DR}$/PIF3 bindet über PIF 3 an eine G-Box im Promotor von Genen, die sekundäre Transkriptionsfaktoren codieren. Diese werden im Cytoplasma gebildet, wandern in den Kern zurück und aktivieren dort phytochromabhängige Gene. Bei der raschen Wanderung der Phytochrome in den Kern sind Kaskadeneffekte kaum denkbar. Eine Kompensation dafür ist bei der Produktion der Transkriptionsfaktoren möglich. Für die Phytochrome ist somit wenigstens *eine* Möglichkeit der Signaltransduktion vom Lichtsignal bis zur Genexpression bekannt. Allerdings fehlen noch viele Details. Betont werden muss auch, dass es bei Phytochromen offensichtlich noch andere Signaltransduktionen gibt.

Fragen

(Seitenverweise zur Beantwortung)

1 ● Hormonrezeptoren müssen das Hormon binden können. Welche zweite grundlegende Anforderung müssen sie außerdem erfüllen? (S. 134).
2 ● Was versteht man unter einer MAPK-Kaskade? (S. 136).
3 ● Wie viele Ca^{2+}-Ionen kann ein Molekül Calmodulin binden? (S. 137).
4 ● Was versteht man unter »spezifischen« Transkriptionsfaktoren? (S. 138).
5 ● Wandert die HR- oder die DR-Form der Phytochrome A und B in den Zellkern? (S. 139).

2.4 Teilungswachstum und Totipotenz

Inhalt

Im Zellzyklus laufen Mitose und Cytokinese ab. Die DNA wird semikonservativ repliziert und findet sich nach der Mitose (Kernteilung) auf jeweils zwei Tochterchromatiden mit identischer Genausstattung, von denen sich die eine im ersten, die andere im zweiten Tochterzellkern befindet. Parallel dazu läuft die Cytokinese (Zellteilung) zu zwei Tochterzellen ab.

2.4.1 Teilungs- und Streckungswachstum – Begriffsabgrenzungen

Wachstum kann auf Vermehrung oder Vergrößerung der Zellen oder beidem beruhen. Die Vermehrung der Zellen erfolgt über Zellteilungen. Die Vergrößerung der Zellen ist bei Pflanzen besonders ausgeprägt. Sie erfolgt oft entlang einer Hauptachse und wird dann Streckungswachstum genannt. Das Streckungswachstum ist auch ein früher Prozess der Differenzierung und wird deshalb in Kap. 2.6 besprochen.

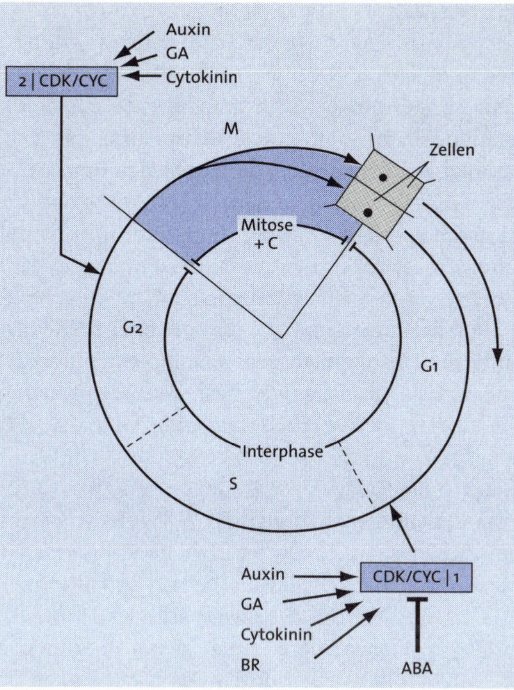

Abb. 2.4.1

Der Zellzyklus und wichtige Ansatzpunkte für seine Regulation. Die untere der beiden Zellen durchläuft den Zellzyklus und teilt sich über Mitose und Cytokinese. Beide Tochterzellen gehen hier erneut in den Zellzyklus ein. Für zwei besonders wichtige Übergänge, G1 → S und G2 → M, wurden die regulierenden CDK-CYC-Komplexe angedeutet. An den Übergängen beteiligen sich jeweils verschiedene Komplexe, was durch Zahlen symbolisiert wurde. Phytohormone greifen aktivierend oder hemmend in die komplizierten Vorgänge im Bereich der CDK-CYC-Komplexe ein (CDK = cyclin-dependant-kinase; CYC = Cycline). C Cytokinese; BR Brassinosteroide, eine Gruppe von Phytohormonkandidaten.

Der Zellzyklus 2.4.2

Der Zellzyklus besteht aus der Interphase, in der die Zellteilung vorbereitet wird, und der mitotischen Kern- und Zellteilung selbst. Diese Abfolge kann bei meristematischen Zellen wiederholt werden. Nach einer Zellteilung können aber auch eine oder beide Tochterzellen Differenzierungen eingehen. Die Interphase wird in Teilphasen gegliedert (Abb.2.4.1).

G1-Phase 2.4.2.1

Nehmen wir an, eine Zelle würde aus einer Zellteilung angeliefert und soll eine weitere Zellteilung eingehen. Sie beginnt die Interphase mit der G1-Phase, der ersten Phase ohne DNA-Synthese (G von en. gap = Lücke in der DNA-Synthese). In ihr wird die Replikation der DNA und der Chromosomen, aber auch schon die Zellteilung vorbereitet. Es handelt sich um eine Phase hoher Stoffwechselaktivität, in der Enzyme, Mikrotubuli, F-Actine und andere Proteine ebenso wie Untereinheiten der Ribosomen und Membranmaterial gebildet werden. Die Zellen werden größer.

2.4.2.2 S-Phase: Replikation der DNA

Die S-Phase (S = en. synthesis = Synthese der DNA) folgt. Sie startet mit einer Chromatide, einem nichtreplizierten Chromosom. Nach dem Einstrang-Modell besteht eine Chromatide im Prinzip aus einer durchgehenden DNA-Doppelhelix, Histonen und Nicht-Histon-Proteinen. Die Replikation der DNA erfolgt *semikonservativ*: jeder der beiden Einzelstränge dient als Matrize zur Bildung eines komplementären Stranges. Zuerst wird die Helix lokal durch spezielle Enzyme, die Helicasen, entwunden. Andere Proteine halten die Einzelstränge auf Distanz. An jedem der beiden Einzelstränge ordnen sich d-Nucleosidtriphosphate entsprechend der Regel von der Basenpaarung an und werden von einer DNA-Polymerase unter Abspaltung von PP_i zu einem neuen, komplementären DNA-Einzelstrang verbunden. Die Histone als wichtigste Strukturproteine der Chromosomen (Abb. 1.2.4) werden ebenfalls überwiegend in der S-Phase gebildet.

Schwierigkeiten durch die Länge der DNA-Doppelhelices in Chromosomen und durch die gerichtete Arbeitsweise der DNA-Polymerase lassen sich überwinden. Zunächst zur Länge der DNA. Im Wurzelmeristem der Sau-Bohne (*Vicia faba*) dauert der Zellzyklus bei 19 °C 19 Stunden, die Mitose zwei Stunden und die S-Phase rund sieben Stunden. Bei einer durchschnittlich langen Chromatide würde die Replikation jedoch 2×10^5 Stunden erfordern, falls sie an dem einen Ende einer durchgehenden DNA-Doppelhelix beginnen und am anderen enden würde! Dem wird dadurch abgeholfen, dass die Replikation bei Eukaryonten zeitsparend an vielen Abschnitten der DNA gleichzeitig stattfindet. An bestimmten Stellen, den Replikationsursprüngen (Origins) lockern Initiationsproteine den Zusammenhalt zwischen den beiden Einzelsträngen. Sie werden so exponiert, dass die Replikation beginnen kann. Bei fortschreitender Replikation bilden sich Replikationsblasen (Abb. 2.4.2). An jedem ihrer beiden Enden findet sich eine Replikationsgabel, die bei der Replikation nach außen wan-

Abb. 2.4.2

Replikation der DNA. **Oben:** Übersicht zur Replikation von verschiedenen Replikationsorigins aus, an denen sich Replikationsblasen bilden. Sie weiten sich in beiden Richtungen aus und gehen schließlich ineinander über. Aus einer Ausgangs-Doppelhelix werden zwei neue Doppelhelices. **Unten:** Ablauf in einer Replikationsgabel. Von links nach rechts werden drei verschiedene Stadien wiedergegeben (Erklärung s. Text).

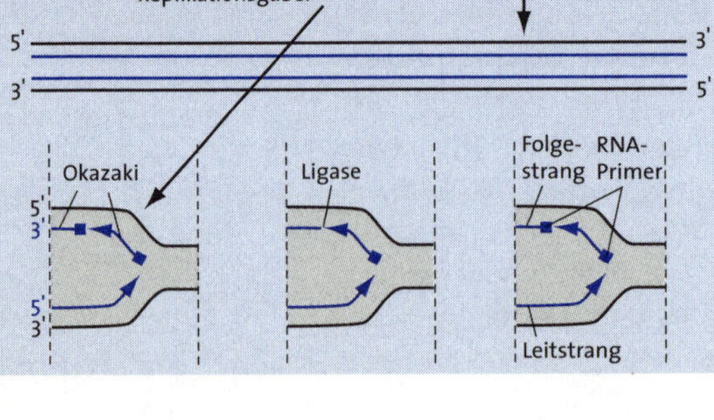

Box 2.4.1

Replikation der DNA: Leit- und Folgestrang

Das Enzym der Replikation, die DNA-Polymerase, verbindet d-Nucleosidtriphosphate, die sich an einem DNA-Matrizenstrang entsprechend den Regeln der Basenpaarung angeordnet hatten, unter Abspaltung von Diphosphat. Dabei setzt sie an einer kurzen, startenden RNA an, dem Primer, und arbeitet von 5´ nach 3´. Sie setzt also ein neues Nucleotid immer an das 3´-Ende eines wachsenden DNA-Strangs. Stellen wir uns eine Replikationsgabel im Detail vor (Abb. 2.4.2). An einem der beiden Einzelstränge, an dem die DNA-Polymerase von der Basis der Gabel in 3´-Richtung arbeiten kann, gibt es keine Probleme. Der neue Strang, den man deshalb den *Leitstrang* nennt, wird vom RNA-Primer aus zügig gelegt. Wenn die Helix weiter entwunden wird, stößt die DNA-Polymerase gleich in 3´-Richtung nach. Sie arbeitet »vorwärts«. Doch der zweite der beiden Einzelstränge, der *Folgestrang*, ist gegenläufig. An ihm legt eine RNA-Polymerase, die Primase, zunächst einen kurzen RNA-Primer. Die DNA-Polymerase setzt an ihm an und bildet von 5´ nach 3´ein *Okazaki-Fragment*. Wandert die Basis der Gabel weiter nach außen, also vorwärts, legt die Primase erneut einen RNA-Primer, an dem dann die DNA-Polymerase wieder in 3´-Richtung ansetzt. Nach Ersatz des Primers durch DNA stößt das wachsende zweite Okazaki-Fragment schließlich an das Ende des zuvor gelegten DNA-Fragments. Ligasen verbinden die beiden Enden. Am Folgestrang arbeitet die DNA-Polymerase also zwar auch in 3´-Richtung, aber in kleinen Stücken und »rückwärts«. Sollten Fehler bei der Replikation auftreten, werden sie durch eine Korrekturfunktion der DNA-Polymerase selbst berichtigt.

dert, und zwar an den beiden Enden der Replikationsblase in entgegengesetzter Richtung. Die einzelnen Replikationsblasen gehen schließlich ineinander über: Die alte DNA-Doppelhelix ist repliziert (Box 2.4.1).

G2-Phase 2.4.2.3

Eine zweite »Lücke« in der DNA-Synthese findet sich in der deshalb so genannten, an die S-Phase anschließenden G2-Phase. Wie in der G1-Phase handelt es sich, von der DNA-Synthese abgesehen, um einen Zeitraum hoher Stoffwechselaktivität. Die Mitose wird weiter vorbereitet. So werden bei den meisten Pflanzen *Centroplasmen* erkennbar, diffuse cytoplasmatische Bereiche an den Zellpolen, die als Organisatoren von Mikrotubuli im späteren Spindelfaserapparat fungieren. Zentriolen wie bei den Tieren sind selten.

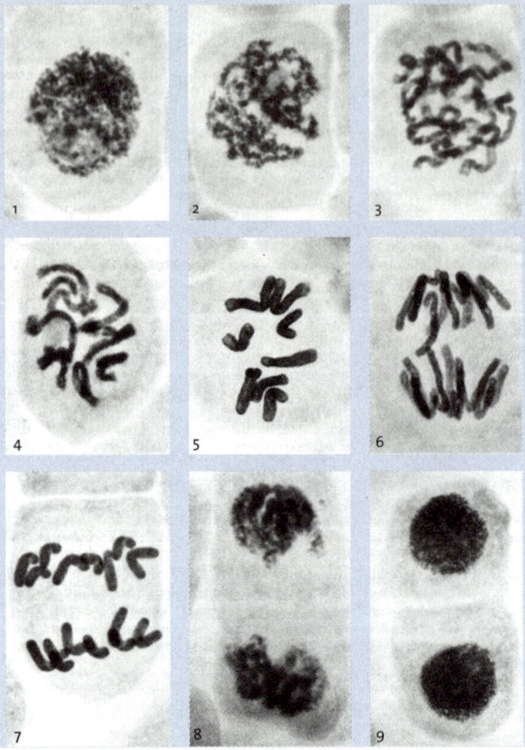

Abb. 2.4.3

Mitose im Wurzelspitzenmeristem der Römischen Hyazinthe (*Bellevalia romana*). **1** Ruhekern; **2** bis **4** Prophase; **5** Metaphase; **6** und **7** Anaphase; **8** Telophase; **9** Tochterkerne (Oehlkers 1956).

2.4.2.4 M-Phase: Mitose und Cytokinese

Die M-Phase umfasst die Mitose und in der Regel die Cytokinese. In der *Mitose* werden Schwester-Chromatiden voneinander getrennt und zwei Tochterzellkernen zugeführt, die dann Chromatiden, also nichtreplizierte Tochterchromosomen, mit gleichem Genbestand enthalten. Nucleosomen und Kernmembranen werden gebildet. Parallel zu den späteren Phasen der Mitose läuft die *Cytokinese* ab. Zunächst wird in Abb. 2.4.3 das Verhalten der Chromosomen gezeigt, Box 2.4.2 geht auf weitere Strukturen der Mitose *und* Cytokinese ein:

1 = *Prophase.* Durch Aufwendeln sind die Chromosomen sichtbar geworden. Es handelt sich um Fäden, die in der späten Prophase schon einen Längsspalt erkennen lassen.

2 = *Metaphase.* Die Chromosomen haben sich weiter zur Transportform verdickt und sind in die Äquatorialebene gerückt. Die Kernmembran hat sich aufgelöst.

3 = *Anaphase.* Die Chromatiden eines gegebenen Chromosoms werden zu jeweils entgegengesetzten Polen gezogen Die Kinetochoren, an

Box 2.4.2

Mikrotubuli in Mitose und Cytokinese

Für lichtmikroskopische Untersuchungen ist die Metaphase das beste *Mitose*-Stadium. Das Aufwendeln der Chromatiden ist auf dem Höhepunkt. Sie haben sich mit Hilfe von Mikrotubuli (Abb. 1.4.1) in der Symmetrieebene, der Äquatorialplatte angeordnet. Schwester-Chromatiden stehen über eine zentrale Einschnürung, das *Centromer* aus hochrepetitiver DNA mit mechanischer Funktion, noch miteinander in Verbindung. Am Centromer bildet sich bei beiden Chromatiden ein *Kinetochor*, ein Komplex aus geschichteten Proteinen, an dem Spindelfasern ansetzen. Die Spindelfasern, Bündel aus Mikrotubuli, sind Bestandteile eines Spindelapparates, der von den Polen aus organisiert wird. Am Kinetochor setzen Kinetochor-Mikrotubuli an; an den Polen Pol-Mikrotubuli, die sich in der Äquatorialebene überlappen können. *Alle* Mikrotubuli zeigen mit ihren Minus-Enden zu den Polen. Schwester-Chromatiden werden über Interaktionen zwischen Mikrotubuli und Kinetochoren zu jeweils entgegengesetzten Polen hin orientiert (Abb. 2.4.4).

In der folgenden Anaphase verkürzen sich die Kinetochor-Mikrotubuli durch Ausgliederung von Tubulinen am Kinetochor, nicht am Polende, wie man zunächst angenommen hatte. Dabei wirken Motorproteine unter ATP-Verbrauch mit. Folge ist, dass die Chromatiden zu den Polen hin gezogen werden. Die Kinetochor-Mikrotubuli sind also Zugfasern. Ebenfalls mit Hilfe von Motorproteinen und unter ATP-Verbrauch schieben sich in der Anaphase die Pol-Mikrotubuli in ihrer Überlappungszone auseinander. Als Stemmkörper bewirkt der Spindelapparat so eine Verlagerung der Pole nach außen.

Die Vorbereitungen zur **Cytokinese** beginnen schon vor der Prophase. Um den Äquator der Zelle bildet sich ein Gürtel aus Mikrotubuli, das *Prä-Prophase-Band*. Während der Mitose verschwindet es wieder. In der Telophase ordnen sich Mikrotubuli unter Einbe-

Abb. 2.4.4

Schema der Mitosespindel in der Metaphase. Die Minusenden aller Mikrotubuli weisen zu den Polen hin. Die Plusenden der Kinetochor-Mikrotubuli setzen an den Kinetochoren der Chromatiden an, die Plusenden der Pol-Mikrotubuli enden frei (+), teils nach Überlappung in der Äquatorialebene. Bündel aus Mikrotubuli bilden mikroskopisch fassbare Spindelfasern, auch bei den Pol-Mikrotubuli (nicht gezeigt). Die Schwesterchromatiden hängen noch über ihre DNA-Centromere zusammen. Jede Chromatide führt am Centromer ein Kinetochor vermutlich aus geschichteten Proteinplatten.

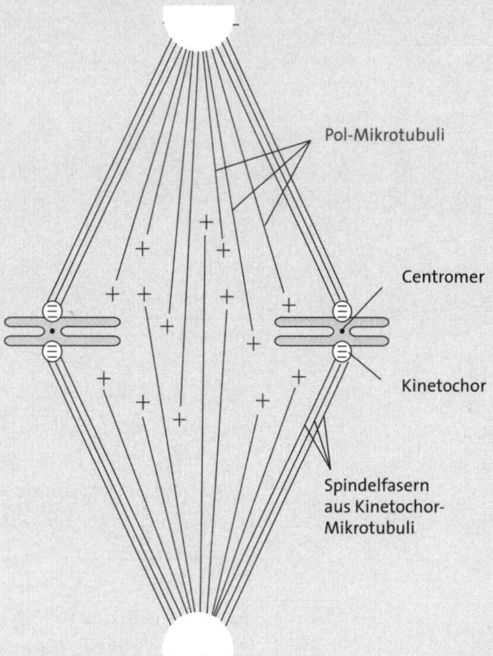

Box 2.4.2

ziehen des Materials des Spindelapparates senkrecht zur Äquatorialplatte an. Sie stellen die Grundsubstanz des tonnenförmigen *Phragmoplasten* zwischen den Polen (Abb. 2.4.5). Mit Zellwandmaterial gefüllte Golgi-Vesikel wandern zwischen diesen Mikrotubuli in die Äquatorialebene. Ihr Inhalt fusioniert zur *Zellplatte*, die von der Mitte (!) nach außen wächst. Sie berührt die alten Wände auf der Höhe, auf der früher das Prä-Prophase-Band gelegen hatte. Im weiteren Ablauf wird die Zellplatte zur Mittellamelle, zu deren beiden Seiten zunächst Plasmalemma gebildet wird. Über das Plasmalemma werden dann die Primärwände der Mittellamelle aufgelagert. Die neue Zellwand ist gebildet. Damit resultieren zwei Tochterzellen mit gleichem chromosomalem Genbestand. *Die mitotischen Zellteilungen verlaufen also erbgleich.*

Abb. 2.4.5 | Mikrotubuli im Zellzyklus **a** Interphase: Die Mikrotubuli liegen im randlichen Cytoplasma unter allen Zellwänden. **b** Präprophase: Die Mikrotubuli haben sich als Präprophase-Band um den Zelläquator konzentriert. **c** Späte Prophase. Der Spindelapparat aus Mikrotubuli (s. Abb. 2.4.4) hat sich bereits gebildet. **d** Telophase. Oben und unten die Tochterkerne mit den sich dekondensierenden Tochterchromatiden. In der Mitte die nach außen wachsende Zellplatte. Um sie herum der Phragmoplast aus Mikrotubuli, entlang derer Dictyosomen in Richtung Zellplatte gleiten und dort Vesikel abgeben, deren Inhalt für das Wachstum der Zellplatte benötigt wird. Nach der Cytokinese findet sich in den Tochterzellen wieder die Interphaseanordnung (a) (Ledbetter und Porter 1970).

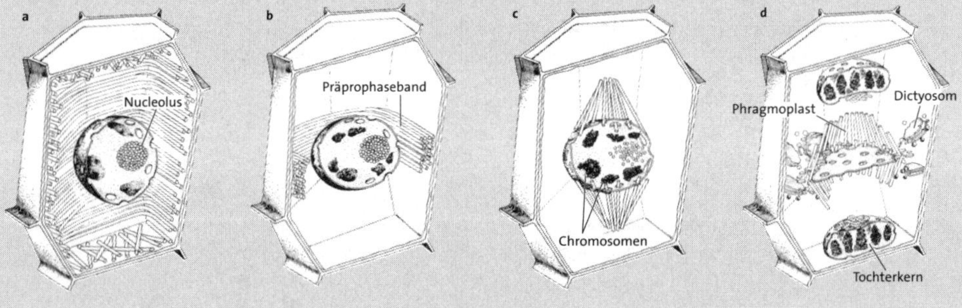

denen die Kinetochor-Mikrotubuli (Abb. 2.4.4) ansetzen, wandern dabei voraus, sodass V- oder hakenförmige Figuren entstehen.

4 = *Telophase.* Die Chromatiden (= nichtreplizierte Tochterchromosomen) sind an den beiden Polen angelangt. Sie werden durch Entschraubung dünner. In der Mitte der Äquatorialplatte hat sich eine Zellplatte gebildet, die nach außen zu wächst.

5 = *Tochterzellen.* Neue Kerne haben sich gebildet. Innerhalb der Kernmembranen liegen die jetzt nicht mehr lichtoptisch fassbaren Tochterchromosomen. Eine neue Zellwand ist entstanden.

Die Regulation des Zellzyklus

2.4.2.5

Kontrollpunkte des Zellzyklus (Abb. 2.4.1) finden sich in und vor allen Phasen, vor allem aber vor Beginn der DNA-Synthese-Phase (Übergang G1 → S) und vor Beginn der Mitose (Übergang G2 → M). Die Prinzipien der Regulation scheinen dabei bei allen Eukaryonten prinzipiell gleich zu sein. Zwei Proteingruppen wirken zusammen, die ihrerseits von anderen Proteinen beeinflusst werden können:

- *Cycline (CYC).* Bei ihnen handelt es sich um Aktivatoren der zweiten Gruppe (CDK). Ihr Abbau wird durch das Ubiquitin-Proteasom-System (→ Seite 132) kontrolliert.
- *Cyclinabhängige Proteinkinasen (CDK = cyclin-dependant-kinase).* Die CDKs gehen Komplexe mit den Cyclinen ein und werden dabei aktiviert.

Im Einzelnen liegt ein Netzwerk von Reaktionen vor, dessen Klärung besonders bei Pflanzen erst begonnen hat. Immerhin steht fest, dass die Bildung der CDK-CYC-Komplexe von Phytohormonen gefördert, durch ABA auch gehemmt werden kann. Cytokinine, als Hormone der Zellteilung von besonderem Interesse, fördern sowohl den Übergang G1 → S als auch den Übergang G2 → M.

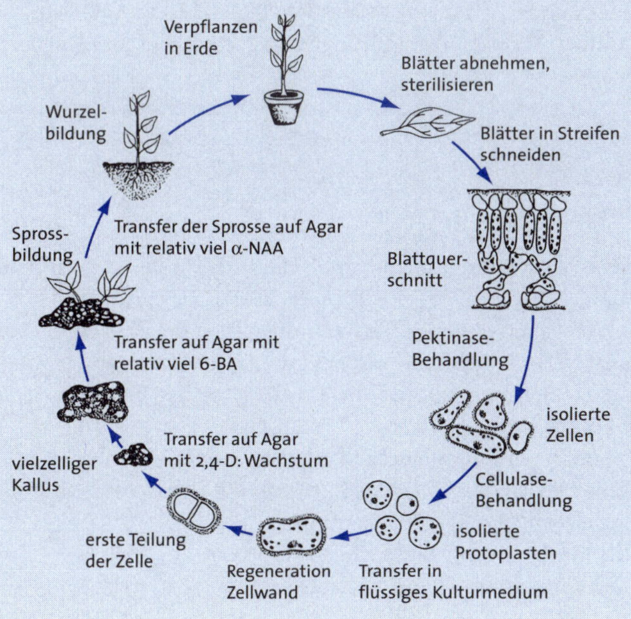

Abb. 2.4.6

Regeneration ganzer Pflanzen aus isolierten Mesophyllprotoplasten (Schema). Blattschnitte werden zuerst mit Pektinase zur Auflösung der Mittellamelle behandelt. Die dadurch freigesetzten Zellen werden zur Entfernung der Zellwand in Cellulaselösung suspendiert. Die so erhaltenen Protoplasten bilden in geeigneten Medien zuerst die Zellwand zurück. Erst danach kommt es zur ersten mitotischen Zellteilung. Für ein weiteres Wachstum werden die kleinen, undifferenzierten Zellmassen (Kalli) auf Agarmedium mit 2,4-D kultiviert. Für eine Organogenese (s. S. 158) muss man 2,4-D absetzen. Auf Medien mit relativ viel 6-BA bilden sich dann aus dem Kallus Sprosse, die man auf Medien mit relativ viel NAA bewurzelt (HESS 1992).

2.4.3 Totipotenz

Abb. 2.4.7

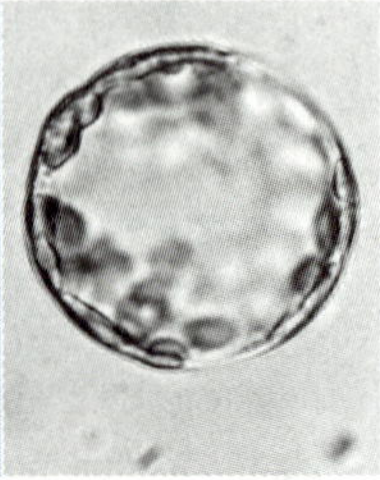

Isolierter Protoplast aus dem Mesophyll von Petunien (*Petunia × hybrida*) (Orig. D. HESS).

Aus mitotischen Zellteilungen hervorgehende Zellen sind erbgleich, was die auf den Chromosomen lokalisierten Gene anbelangt. Das war gerade gezeigt worden. Eine Reihe von biochemischen und molekularen Daten (die hier nicht besprochen werden können) bestätigen dies. Die Probe aufs Exempel liefern aber biologische Befunde, nämlich solche zur Regeneration. In ihnen wurde die Totipotenz auch schon weitgehend differenzierter Zellen belegt. Dabei sind Regenerationen von Zellen *in* Blättern wenig beweiskräftig, denn die betreffenden Zellen sitzen im Verbund des Blattgewebes und damit der ganzen Pflanze, sodass eine Nachbarschaftshilfe über Lieferung komplexer und hochspezifischer Stoffe nicht ausgeschlossen werden kann. Dann wären sie aber nicht mehr totipotent.

Definition

Unter Totipotenz versteht man, dass eine Zelle (eines vielzelligen Organismus) noch über alle Gene verfügt, die in der Zygote vorhanden gewesen waren, und sie alle auch noch zur Expression bringen kann.

Abhilfe kam zunächst über die In-vitro-Regeneration *isolierter Einzelzellen*, die allerdings relativ selten durchgeführt wurde und nur wenige Zelltypen einbezog. Überzeugender war es, dass man seit 1972 bei derzeit weit über hundert Pflanzenarten komplette neue Pflanzen *in vitro* aus *isolierten Protoplasten*, also sogar aus Zellen ohne Zellwand, regenerieren konnte. Dabei wurden differenzierte Zellen aus den verschiedensten Geweben verwendet, oft aus dem Mesophyll (Abb. 2.4.6, Abb. 2.4.7). Sicherlich können Mitosen über Störungen auch einmal erbungleich sein. Doch das ändert am Prinzip nichts: *Normalerweise sind Zellen aus mitotischen Zellteilungen erbgleich. Auch differenzierte Pflanzenzellen können deshalb noch totipotent sein.*

Fragen

(Seitenverweise zur Beantwortung)

1 • In welche Unterphasen gliedert sich die Interphase des Zellzyklus? (S. 141).
2 • Was versteht man unter semikonservativer DNA-Replikation? (S. 142).
3 • Mit welchen DNA-Bausteinen arbeitet die DNA-Polymerase? (S. 142).
4 • In welcher Richtung arbeitet die DNA-Polymerase beim Legen des neuen DNA-Strangs? (S. 143).
5 • Was versteht man unter einem Okazaki-Fragment? (S. 143).
6 • In welcher Phase der Mitose ordnen sich die Chromosomen in der Äquatorialebene des Spindelapparates an? (S. 144).
7 • Erklären Sie den Begriff Kinetochor-Mikrotubuli? (S. 145).
8 • Was versteht man unter Totipotenz? (S. 148).

Polarität und inäquale Zellteilungen

2.5

Inhalt

Über eine Polarisierung von Zellen und die nachfolgenden inäqualen Teilungen entstehen Tochterzellen, in denen sich das gleiche chromosomale Genmaterial in einem jeweils verschiedenen Milieu befindet. Damit lässt sich verstehen, dass die Tochterzellen eine differenzielle Genaktivität aufweisen können, die zu entsprechenden Differenzierungen führt.

Differenzielle Genaktivität, Differenzierung und Musterbildung

2.5.1

Die von der Zygote über erbgleiche Teilungen angelieferten Zellen eines vielzelligen Organismus sind totipotent. Damit entfällt die früher propagierte Möglichkeit, die Differenzierung über Verluste oder irreversible Stilllegung von Genen zu erklären. Nur die Gene sollten in aktiver Form erhalten bleiben, die für eine bestimmte Differenzierung verantwortlich waren, alle anderen sollten in den betreffenden Zellen auf Dauer entfallen. Je nach der Differenzierung hätten die Zellen dann einen unterschiedlichen Genbestand aufweisen müssen. Eine Totipotenz differenzierter Zellen hätte es nicht geben dürfen.

Die Totipotenz ist jedoch belegt. Zur Erklärung der Differenzierungen bleibt damit nur eine *differenzielle Genaktivität*: Alle Gene sind noch vorhanden und können gegebenenfalls aktiv werden. Nur sind es *jeweils andere* Gene, die in Zellen einer bestimmten Differenzierungsrichtung aktiv bzw. passiv sind, in Laubblättern andere als in Blütenblättern. Um nun jeweils andere Gene aktivieren bzw. vorübergehend inaktivieren zu können, muss es Unterschiede im sich entwickelnden pflanzlichen System geben – und das von Anfang an. Die *Polarität* führt zu solchen Unterschieden, inäquale Zellteilungen sind das Verfahren, sie auf bestimmte Zellen zu verteilen. Das definitionsgemäße Auftreten von Unterschieden an entgegengesetzten Seiten eines lebenden Systems, gefolgt von inäqualen Teilungen, ist eine *Musterbildung*.

Definition

Unter Polarität versteht man das Auftreten von molekularen, physiologischen, strukturellen und morphologischen Unterschieden an entgegengesetzten Seiten (Polen) eines lebenden Systems.

Polarität

2.5.2

Polare Systeme können bei Pflanzen aus Zellbestandteilen, Einzelzellen, aber auch aus einem vielzelligen Organismus bestehen. Die Polarität muss induziert werden, kann zunächst noch labil sein, wird aber schließlich definitiv fixiert.

Abb. 2.5.1

Polarisierung einer Braunalgen-Zygote. Das vorhergehende erste Stadium, in dem das eindringende Spermatozoid vorübergehend polarisiert hatte, wurde fortgelassen. **a** Induktion der Polarität. **b** Ausbau der Polarität. Golgi-Vesikel transportieren F2-Fucan heran und entleeren es über Exozytose in die Zellwand am Rhizoidpol. Dort öffnen sich auch Kanäle, über die Ca^{2+} einströmt.

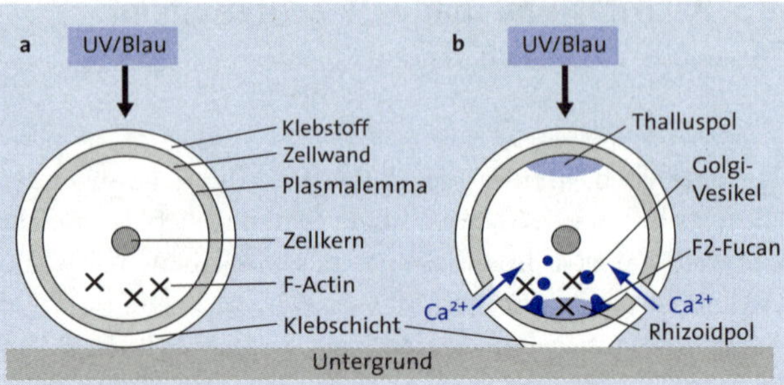

2.5.2.1 Induktion der Polarität

Die Induktion der Polarität lässt sich nur in Sonderfällen untersuchen. Denn normalerweise bedingt die polar gebaute Pflanze auch eine Polarität ihrer Unterstrukturen. So prägt sich die Polarität der Pflanze dem Embryosack (→ Seite 263) und dessen Polarität der Eizelle und dann auch der Zygote auf. Man darf annehmen, dass so die meisten, wenn nicht alle Zellen eines pflanzlichen Organismus polarisiert sind. Einer der wenigen Sonderfälle, an denen die Induktion der Polarität untersucht werden kann, sind die Eizellen bzw. Zygoten von Braunalgen wie *Fucus* und *Pelvetia*. In beiden Gattungen ist der Ablauf fast gleich. Die Arten wachsen auf Felsen der Küstenregion. Sie setzen ihre Spermatozoiden und Eier frei. Die runden Eier sind nicht polarisiert. Sie flottieren über dem Grund und werden dort befruchtet. An der Stelle, an der ein Spermatozoid eindringt, bilden sich Lagen aus F-Actin (Abb. 2.5.1). Damit ist eine erste Polaritätsachse gesetzt: Wenn keine überlagernden Reize einwirken, entwickelt sich dort der Rhizoidpol. Doch normalerweise wird die erste Polaritätsachse wieder rückgebildet. Anzeichen dafür ist, dass das F-Actin resorbiert wird. Einige Stunden nach der Befruchtung gibt die Zygote ein Sekret nach außen ab, über das sie am Boden festklebt.

Abb. 2.5.2

Inäquale Teilung einer polarisierten Braunalgen-Zygote (*Fucus*) in Thallus- und Rhizoidzelle, aus denen sich Thallus und Rhizoid entwickeln (Fortsetzung zu Abb. 2.5.1). Ein Protoplast aus der Rhizoidzelle regeneriert zu einem kompletten *Fucus* (verändert aus HESS 1999).

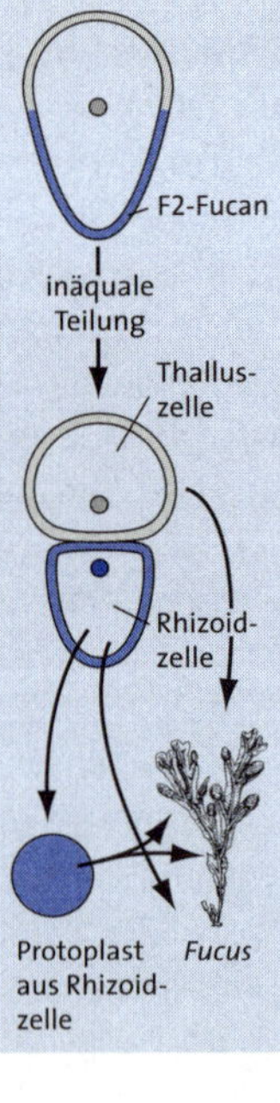

Von der Vielzahl von Außenfaktoren, die dann polarisierend wirken, ist in der Natur das Licht am wichtigsten (Abb. 2.5.1). Erst wenn sich die Zygote festgesetzt hat, kann es zur Wirkung kommen. Dabei sind UV- und Blaulicht am effektivsten. In Zygoten einer *Pelvetia*-Art konnte Retinal in erheblichen Mengen festgestellt werden. So wäre es möglich, dass ein dem tierischen Sehfarbstoff Rhodopsin verwandter UV-Blaulicht-Rezeptor das polarisierende Licht abfängt und dann eine noch weitgehend unbekannte Signaltransduktion einleitet. Dass das auf der lichtabgewandten Seite weniger stark geschieht als auf der lichtzugewandten, könnte die Ursache der Polarisierung sein. Erstes derzeit fassbares Endprodukt sind F-Actine am Rhizoidpol.

Ausbau der Polarität 2.5.2.2

Wie dem auch sei, eine neue Polaritätsachse wird gelegt: An der lichtabgewandten Seite der Zygote befindet sich der definitive Rhizoidpol. Die Polarität wird nun ausgebaut (Abb. 2.5.1), wozu offensichtlich F-Actin notwendig ist. Am Rhizoidpol erhöht sich die Ca^{2+}-Konzentration, auch Kanäle öffnen sich, über die Ca^{2+}-Ionen einströmen; Golgi-Vesikel geben über Exocytose F2-Fucan, ein sulfatisiertes Polysaccharid, in die wachsende Zellwand ab; die Klebschicht wird dicker.

Fixierung der Polarität 2.5.2.3

Permanente Strukturen, die nach Legen der definitiven Polaritätsachse entstanden waren, können die Polarität fixieren. Dabei handelt es sich im Wesentlichen um die Zellwände, die bei der Thalluszelle mit F2-Fucan inkrustiert sind. Entfernt man sie, verhalten sich die Protoplasten, als wären sie nicht polarisiert. Aus Protoplasten der *Fucus*-Rhizoidzelle können sich z.B. vollständige Individuen aus Thallus und Rhizoid entwickeln (Abb. 2.5.2).

Inäquale Teilung von Braunalgen-Zygoten 2.5.2.4

Stunden später nimmt die Zygote eine birnenförmige Gestalt an und teilt sich, wobei die neue Zellwand senkrecht zur Polaritätsachse gezogen wird. Dabei handelt es sich um eine *inäquale oder asymmetrische Teilung*. Denn die Tochterzellen entstehen aus sehr unterschiedlichen Bereichen der Zygote und behalten entsprechende Unterschiede bei. Aus dem Thalluspol entwickelt sich eine Thalluszelle und daraus ein Thallus; aus dem Rhizoidpol eine Rhizoidzelle und daraus ein Rhizoid, das der Verankerung im Untergrund dient (Abb. 2.5.2).

Inäquale Zellteilungen 2.5.3

Die ungleiche Verteilung bezieht sich nur auf Komponenten außerhalb der Chromosomen. Denn wie bei jeder mitotischen Zellteilung werden die auf den Chromosomen lokalisierten Gene auf die Tochterzellen gleich verteilt. Das gilt jedoch nicht für außerkaryotisches Genmaterial. So können nicht nur Gene in Plastiden und Mitochondrien, sondern auch mRNA der Kerngene ungleich verteilt werden. Nach einer inäqualen Teilung befinden sich die Kerngene in einem von Tochterzelle zu Tochterzelle sehr unterschiedlichen Milieu, das auf ihren Aktivitätszustand Einfluss nehmen kann. Das resultierende Muster aktiver und passiver Gene kann von Tochterzelle zu Tochterzelle sehr verschieden sein. Diese *differenzielle Genaktivität* führt zu entsprechenden Differenzierungen.

Inäquale Zellteilungen sind meistens wenig auffällig. Doch lassen sie sich mehrfach auch schon unter dem Mikroskop als solche erkennen. Dazu zwei Beispiele:

Abb. 2.5.3

Inäquale Teilung bei der Entwicklung von Spaltöffnungen und Kurzzellen von Gräsern (HESS 1999).

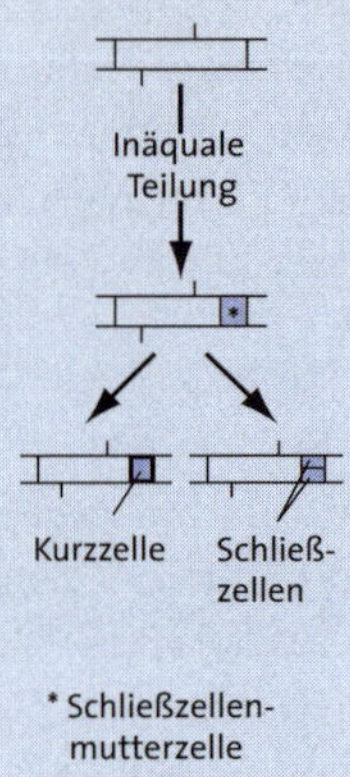

- *Spaltöffnungen und Kurzzellen von Gräsern* (Abb. 2.5.3). Die Entwicklung beginnt meistens damit, dass sich eine Epidermiszelle inäqual in eine größere Zelle und eine kleinere, plasmareichere Urmutterzelle teilt. Über weitere Teilungen entsteht aus ihr schließlich eine Schließzellenmutterzelle, die sich äqual in die beiden Schließzellen teilt. Bei vielen Monokotyledonen ist die Entwicklung verkürzt: über die inäquale Teilung entsteht sofort die Mutterzelle, die in äqualer Teilung die Schließzellen liefert. Sie kann aber auch ohne Teilung zu einer Kurzzelle werden, in der z.B. Silikate gespeichert werden. Sie sind der Grund dafür, dass man sich an Grashalmen leicht schneiden kann.

Abb. 2.5.4

Pollenentwicklung bei Lilien. PK Pollenkorn; 1. PM inäquale, erste Pollenmitose; 2. PM äquale, zweite Pollenmitose. Die zweite Pollenmitose findet hier erst nach dem Auskeimen auf der Narbe statt (verändert nach HESS 1999).

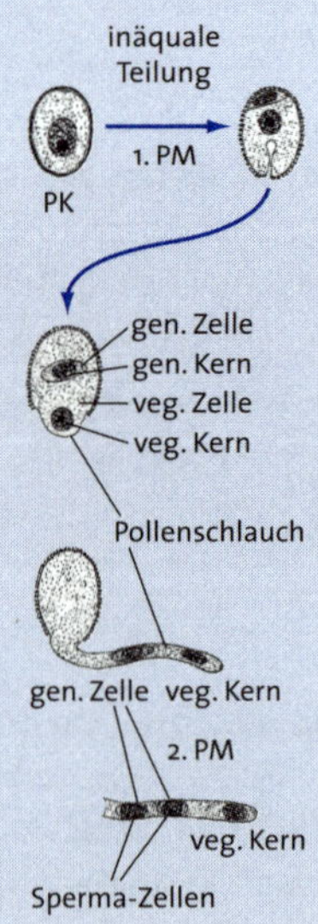

- *Erste Pollenmitose* (Abb. 2.5.4). Aus der Meiosis (→ Seite 253) werden vier einzellige Mikrosporen angeliefert, die jungen Pollenkörner oder Pollenzellen. Jede von ihnen durchläuft eine erste, inäquale Zellteilung zu einer vegetativen und einer generativen Zelle. Die vegetative Zelle ist größer und reicher an Cytoplasma. Ihr Kern ist groß und diffus gebaut und zeigt starke Genexpression. Die generative Zelle ist kleiner und führt einen kompakten Zellkern mit nur sehr geringer Genaktivität. Oft schwimmt sie spindelartig in der vegetativen Zelle, die auf der Narbe zum Pollenschlauch auswächst. Vor oder nach der Übertragung des Pollens auf die Narbe kommt es zur zweiten, äqualen Pollenteilung. Sie liefert die beiden Spermazellen.

(Seitenverweise zur Beantwortung)

Fragen

- Definieren Sie den Begriff Polarität! (S. 149) 1
- Warum lässt sich die Induktion der Polarität nicht an pflanzlichen Eizellen im Verbund des Embryosacks untersuchen? (S. 150). 2
- Was versteht man unter F-Actin? (Suchen Sie selbst nach der Textstelle!). 3
- Definieren Sie den Begriff »inäquale Zellteilung«! (S. 151). 4
- Welche der beiden Mitosen bei der Entwicklung des Pollenkorns ist inäqual? (S. 152). 5

Streckungswachstum 2.6

Inhalt

Das Streckungswachstum ist gleichzeitig ein Prozess der Volumenvergrößerung, der Musterbildung und der Differenzierung. Wie die dazu notwendige Dehnung der Zellwände erfolgt und wie IAA darauf Einfluss nehmen könnte, ist Gegenstand dieses Teilkapitels.

Streckungswachstum: Wachstum, Musterbildung, Differenzierung 2.6.1

Eine Zelle, die sich innerhalb eines lebenden Systems in einer bestimmten Position befindet, kann Informationen erhalten, die von dieser Position abhängen. Beispielsweise kann die Zelle eine bestimmte Lage in einem Auxingradienten einnehmen, die für Hemmung oder Förderung entscheidend ist. Diese *Positionsinformationen* bestimmen die Reaktionsweise der Zellen. Sie üben also eine *Positionskontrolle* aus. Die lokale Einflussnahme auf Wachstum und Differenzierung der Zelle wird als *Positionseffekt* bezeichnet. Positionseffekte sind Faktoren der *Musterbildung*. Sie zeigen Korrelationen zwischen verschiedenen Teilen der Pflanze an.

Definition

Unter Streckungswachstum versteht man eine irreversible Volumenerhöhung, die bevorzugt entlang einer bestimmten Achse erfolgt.

Eine volle Teilungsaktivität findet sich nur in verhältnismäßig eng umgrenzten Bereichen, so in den Apikalmeristemen von Spross und Wurzel. Bei Stammzellen (→ Seite 167) teilt sich dabei nur die eine Tochterzelle unvermindert weiter, die andere und ihre Dervate differenzieren sich allmählich. Mit zunehmendem Abstand von den Apikalmeristemen erlischt die Teilungsaktivität schließlich. Die Zellen können dann ihr Volumen irreversibel erhöhen. In der Regel handelt es sich dabei um ein Streckungswachstum. Da die Zellen über das apikale Teilungswachstum nach unten (Spross) bzw. nach oben (Wurzel) verlagert werden, also in eine andere Position gebracht werden, handelt es sich dabei um einen Positionseffekt. Das Streckungswachstum ist ein früher Prozess der *Differenzierung*. Mit seinem Einsetzen kommt es durch Bildung eines subapikalen Bereichs mit der Hauptstreckungszone auch zu einer Musterbildung.

2.6.2 Viel-Netz-Wachstum und Säure-Wachstum

Abb. 2.6.1

Lösen von Wasserstoffbrücken zwischen Xyloglukanen und Cellulose-Mikrofibrillen durch Expansine. Die Füllmasse der Rhamno-galacturonane und Arabino-galactane wurde fortgelassen (s. Abb. 1.7.8).

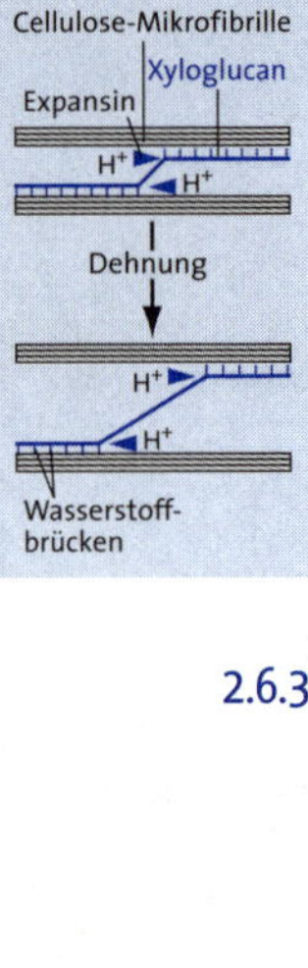

Die Zellstreckung findet nur in der Primärwand (→ Seite 73) statt. Dabei lösen sich Haftpunkte zwischen den Makromolekülen der Zellwand, die Wand wird durch den Turgordruck gedehnt und damit ausgedünnt. Zur Verstärkung der gedehnten Wand wird neues Zellwandmaterial eingebracht. Von wenigen Ausnahmen (Spitzen wachsender Pollenschläuche oder Wurzelhaare) abgesehen findet sich dabei ein *Appositionswachstum*. Vom Plasmalemma her wird auf die alte Wand ein neues Netz aus Wandmakromolekülen aufgelagert. Das wiederholt sich bei weiterer Volumenvergrößerung. Da viele solche Netze von innen her aufgelagert werden können, spricht man von *Viel-Netz-Wachstum (multi-net-growth)*. Die Haftpunkte müssen jeweils neu gebildet werden. Herstellung, Transport und Auflagerung des neuen Wandmaterials erfordern eine intensive Synthesetätigkeit.

Beim Einbringen von *Avena*-Sektionen (→ Seite 118) in saures Medium strecken sie sich für bis zu zwei Stunden erheblich. Verantwortlich für dieses *Säure-Wachstum* sind Protonen, die in der Zellwand Haftpunkte aus Wasserstoffbrücken (s.u.) lockern können und dadurch eine Streckung ermöglichen.

2.6.3 IAA und Zellstreckung

Der momentan meist vertretenen Hypothese nach soll IAA das Säure-Wachstum fördern. H^+-ATPasen im Plasmalemma werden durch IAA aktiviert und außerdem schon früh nach IAA-Zufuhr neu gebildet. Sie pumpen H^+ in den Bereich der Zellwand. Dadurch lockern sich dort als Haftpunkte fungierende Wasserstoffbrücken, vor allem diejenigen zwischen den Xyloglucanen und den Cellulose-Mikrofibrillen (Abb. 1.7.8). Heute nimmt man an, dass die Aktivität der H^+-ATPasen nicht immer ausreicht, die Dehnung zu ermöglichen. Als Helfer kommen neben Enzymen, die kovalente Bindungen zwischen und in Zellwandpolymeren über Hydrolyse lösen, vor allem die Expansine in Frage.

Bei den *Expansinen* handelt es sich um eine Proteinfamilie, die in Blütenpflanzen allgegenwärtig ist. Sie werden im sauren Milieu aktiviert, das über die Tätigkeit der H^+-ATPasen geschaffen wurde, und brechen dann Wasserstoffbrücken zwischen den Xyloglukanen und den Cellulose-Mikrofibrillen (Abb. 1.7.8). Dabei könnten Protonen Vorarbeit leisten. Zelldehnung ist die Folge.

IAA aktiviert sehr schnell *Gene*, z.B. solche für H^+-ATPasen oder die SAUR-Gene (*s*mall *a*uxin *u*pregulated *R*NA). Schon 2,5 min nach IAA-Zufuhr können solche Gene mit der Expression beginnen. Im Plasmalemma von Maiskoleoptilen ließen sich neu gebildete H^+-ATPasen bereits 10 min nach Beginn der IAA-Behandlung nachweisen. Die frühere Vorstellung, eine Beteiligung von Genen gäbe es wegen ihrer mutmaßlich langen lag-Phase erst in späteren Etappen der Zellstreckung, muss also korrigiert werden: IAA unterstützt das der Dehnung folgende Appositionswachstum von Anfang an über Genaktivierungen. Neu gebildetes Zellwandmaterial und H^+-ATPasen werden dann über die Exocytose von Golgi-Vesikeln frühzeitig als Nachschub in den Bereich der Zellwand ausgeschüttet.

Wandfibrillen, Mikrotubuli und Zellstreckung 2.6.4

Die Fibrillen der Primärwand zeigen vor der Streckung zunächst Streutextur (Abb. 1.7.5). Während der Streckung ordnen sie sich im Sprossbereich parallel zueinander und senkrecht zur Längsachse an. Die longitudinale Streckung stößt so auf den geringsten Widerstand. Bei weiterer Streckung orientieren sich die Fibrillen zunehmend auch parallel zur Längsache. Mit der Auflagerung von Sekundärwand-Schichten mit ihrer Paralleltextur wird die Streckung unterbunden.

Der Verlauf der Wandfibrillen wird von Mikrotubuli unter dem Plasmalemma vorgegeben. Die wachsenden Fibrillen folgen diesen Leitschienen. Bildung und Ausrichtung der Mikrotubuli werden ebenfalls von IAA gesteuert.

(Seitenverweise zur Beantwortung)

Fragen

- Wie nennt man das besondere Appositionswachstum während der Streckung? (S. 154). 1
- Was versteht man unter H^+-ATPasen? (S. 34). 2
- Welche Bindungen zwischen welchen Zellwandkomponenten lösen Expansine? (S. 154). 3
- Gene können von IAA aktiviert werden. Wie *schnell* nach Beginn der IAA-Behandlung kann das sein? Nach Minuten, nach Stunden oder nach Tagen? (S. 155). 4
- Wie müssen die Wandfibrillen in Bezug zur Längsachse orientiert sein, um die Streckung möglichst zu erleichtern? (S. 155). 5

3 Bildung, Bau und Funktionen der vegetativen Organe

Inhalt

Die vegetativen Organe sind keine statischen Größen, sondern entwickeln sich in ständiger Wechselwirkung mit der Umwelt weiter. Voraussetzung dafür ist eine genetische Variabilität.

In den beiden vorausgegangenen Hauptkapiteln wurden die Zelle und ihre Funktionen sowie Grundlagen der Entwicklung behandelt. Damit ist die Basis dafür gelegt, sich nun mit dem Gesamtorganismus Pflanze zu befassen: In Embryonalentwicklung und Keimung wird die selbstständige grüne Pflanze gebildet. Ihre weitere vegetative Entwicklung bis zur Blühreife schließt sich an. Dabei werden die im Keimling schon vorhandenen Grundorgane Spross, Blatt und Wurzel ausgebaut. Dieses dritte Hauptkapitel geht vor allem auf Bildung, Bau und Funktionen der voll ausgestalteten vegetativen Organe ein.

3.1 Embryogenese

Inhalt

Die Embryogenese beginnt mit einer inäqualen Teilung der Zygote. Die prospektive Bedeutung der nachfolgend gebildeten Zellen des noch jungen Embryos wird angegeben. Bei der Suche nach den Ursachen für die Determination der Hauptorgane Spross und Wurzel, also einem zentralen Problem der Entwicklung, werden Befunde zur Organogenese in Gewebekulturen entscheidend wichtig.

3.1.1 Ablauf der Embryogenese

In der reproduktiven Phase überlappen sich die Generationen. Die alte Pflanze stellt die Organe, in denen sich nach der Befruchtung die neue Generation entwickelt. Die betreffenden Organe der alten Pflanze werden später behandelt.

An dieser Stelle interessiert vorrangig die Embryogenese der neuen Generation. Der Ablauf ist bei allen Blütenpflanzen weitgehend gleich. Als Beispiel soll das Hirtentäschel dienen (Abb. 3.1.1). Seine Zygote ist sichtbar polarisiert. Die untere Hälfte ist stark vakuolisiert, in der oberen, plasmareicheren Hälfte liegt der Zellkern. Die erste, inäquale Teilung der Zygote führt zu einer kleineren Apikal- und einer größeren Basalzelle. Aus der Apikalzelle wird sich fast der ganze *Embryo* entwickeln, aus der Basalzelle der *Suspensor*, dessen oberste Zelle *Hypophyse* ganannt wird. Der Suspensor dient der Verankerung im Gewebe der Mutterpflanze und der Ernährung des Embryos durch sie. Ähnlich wie die Wände der Rhizoidzelle bei *Fucus* F2-Fucosan, enthalten die Wände der Basalzelle bis auf den Bereich der späteren Hypophyse ein spezielles Arabinogalactan-Protein. Glykoproteine dieses Typs werden als Faktoren der Signaltransduktion diskutiert.

Die beiden Zellen bilden zunächst einen wenigzelligen Faden, den Proembryo. Aus der Apikalzelle entsteht eine dem Suspensor aufsitzende Kugel, die bei Dikotyledonen dann in das Herzstadium übergeht. Bei Monokotyledonen bildet sich an Stelle des Herzstadiums eine zylindrische Form. Schon vom achtzelligen frühen Kugelstadium an steht die weitere Entwicklung der Zellen fest: die Zellen sind determiniert. Aus den oberen vier Zellen wird später das Sprosssystem gebildet, aus den unteren vier das Hypokotyl, die Embryonalachse, und große Teile der Wurzel. Das Protoderm, das spätere Hautgewebe der Wurzel, und ihr zukünftiger Zentralzylinder lassen sich ebenfalls bereits erkennen. Auch die oberste Zelle des Suspensors, die Hypophyse, wird einbezogen: Aus ihr entstehen die zentrale Wurzelhaube mit der Columella (Statolithenzone, → Seite 202) und das ruhende Zentrum der Wurzel (→ Seite 201). Der restliche Suspensor stirbt später ab. Der Embryo geht nach dem Herzstadium über Verlängerung der Kotyledonen in ein »Torpedostadium« über, das schließlich U-förmig umgebogen wird.

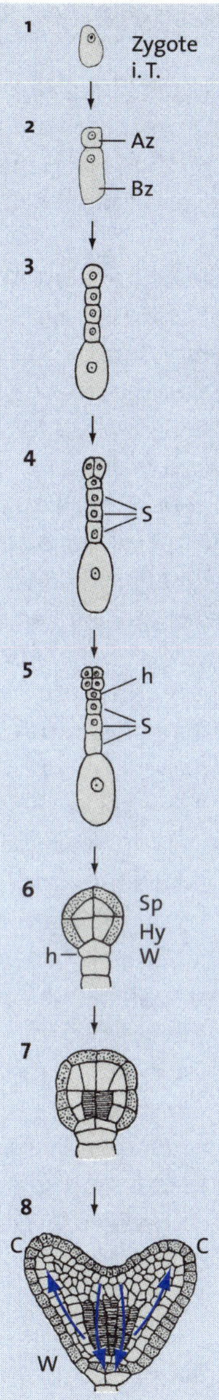

Abb. 3.1.1

Embryogenese des Gewöhnlichen Hirtentäschel (*Capsella bursa-pastoris*). Aus der polarisierten Zygote (**1**) bilden sich über inäquale Teilung (i.T.) eine Apikalzelle (Az) und eine Basalzelle (Bz; **2**). Aus ihnen entsteht ein fädiger Proembryo aus Apikalzelle und Suspensor (**3**). Dann beginnt sich die Apikalzelle zu teilen (**4**, **5**) und geht über das Oktettstadium (**6**, Determinierung: Sp Spross, Hy Hypokotyl, W Wurzel ohne Wurzelhaube und ruhendes Zentrum, die sich von der Hypophyse h herleiten) in das Kugelstadium (**7**) über. Das Herzstadium (**8**) folgt. Nicht gezeigt wird, dass sich aus dem Herzstadium durch Verlängerung der Kotyledonen ein Torpedostadium bildet, das bei weiterer Verlängerung zu einem U-Stadium umbiegt. C Kotyledonen; Punktiert: Protoderm; schraffiert: späterer Zentralzylinder der Wurzel; blau: IAA-Gradienten (sie wurden in der Schmalwand gefunden) (teils verändert nach WALTER 1956).

3.1.2 Kausalanalyse der Embryogenese

Der Embryo lässt bereits Spross- und Wurzelpol erkennen. In der Embryogenese wird also ein zentrales Problem der Entwicklung gelöst, die Bildung der Hauptorgane Spross und Wurzel. Die Frage muss sein, welche Faktoren dabei tätig sind.

3.1.2.1 IAA-Gradienten als Positionsinformation in Embryonen?

Einen Hinweis zur Klärung gibt die Verteilung der IAA in Embryonen: Ihre Konzentration ist im Sprossmeristem am geringsten, steigt zu den Anlagen der Kotyledonen hin an und ist in der Wurzelanlage am höchsten (s. Abb. 3.1.1). Diese IAA-Gradienten könnten eine Positionsinformation bedeuten: wenig IAA = Sprosse, viel IAA = Wurzeln. Doch ohne Experimente lässt sich nur schwer klären, ob die IAA-Gradienten Ursache oder Folge sind. Entsprechende Versuche müsste man an sehr jungen Embryonen durchführen. Doch der wenigzellige Embryo ist derart in das Gewebe der Mutterpflanze eingebettet, dass er experimentell nur schwer zugänglich ist. Auch seine Kultur in vitro ist problematisch.

3.1.2.2 Phytohormone und Organogenese in Gewebekulturen

Gewebekulturen dienten als Ersatz. Man gewinnt sie aus den verschiedensten Organen der Pflanze, soweit sie noch teilungsfähige Zellen aufweisen, aber auch aus isolierten Zellen und Protoplasten. Häufig legt man ein isoliertes Internodium auf Agar mit Hormonzusätzen aus. Die teilungsfähigen Zellen wachsen dann an der Schnittfläche zu einer undifferenzierten Zellmasse aus (Kallus; Abb. 3.1.2). Ein solcher *Kallus* lässt sich isolieren und weiter kultivieren. Bei Zusatz bestimmter Phytohormone kann man ihn auch zur Regeneration ganzer Pflanzen bringen. Dabei muss man zwischen Embryogenese und Organogenese unterscheiden.

Abb. 3.1.2

Isoliertes Internodium aus der Petunie (*Petunia × hybrida*). Kallusgewebe ist besonders an der linken Schnittfläche ausgebildet. Der Kallus kann abgetrennt und weiterkultiviert werden (HESS 1992).

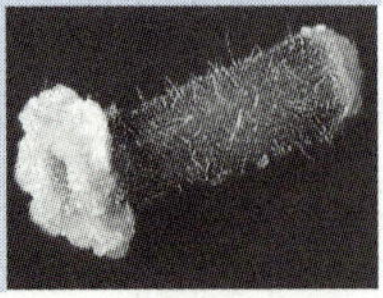

Bei der **Embryogenese** entwickelt sich sofort ein kompletter Embryo. Eine Embryogenese aus vegetativen Zellen wird, um von der normalen »zygotischen« Embryogenese abzugrenzen, auch »somatische« Embryogenese genannt. Besonders bei Koniferen und Gräsern lässt sich unter Einfluss von 2,4-D eine somatische Embryogenese leicht induzieren.

Bei der **Organogenese** wird zunächst die Bildung des Sprosses, danach die Bildung der Wurzel induziert. Die Art der Regenerate wird durch Phytohormone bestimmt, wie man zuerst 1957 herausgefunden hatte (Abb. 3.1.3). Explantate aus dem Markgewebe des Tabaks wurden auf Agarmedium mit bestimmten Hormonzusätzen gebracht. Sie bildeten permanent Kallus, wenn außer Kinetin auch IAA im Medium vorhanden war. Kinetin allein blieb wirkungslos. Wurde verhältnismäßig viel IAA

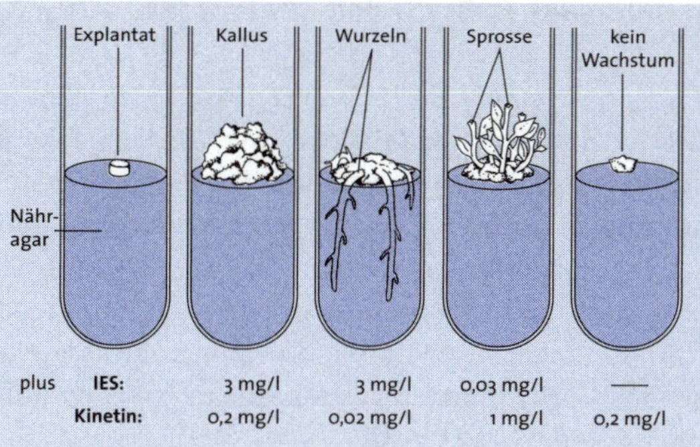

Abb. 3.1.3

Kalluswachstum bzw. Organogenese in Abhängigkeit von den Mengenverhältnissen an IAA und Kinetin. Explantate aus dem Mark des Tabaks wurden auf Nähragar mit den jeweils angegebenen Hormonzusätzen kultiviert (nach RAY aus SCHOPFER und BRENNICKE 1999).

geboten, bildeten sich Wurzeln, war umgekehrt relativ mehr Kinetin im Medium, regenerierten Sprosse. Zahlreiche weitere Untersuchungen an den verschiedensten Pflanzenarten zeigten, dass es sich bei der Abhängigkeit der Organogenese von den Mengenverhältnissen der genannten Phytohormone um eine Regel handelt.

Auch im normalen Embryo finden sich im zukünftigen Sprossbereich relativ wenig und im zukünftigen Wurzelbereich relativ viel Auxine. Die Befunde an Gewebekulturen stützen damit die Hypothese, dass IAA-Gradienten die Ursache der Organbildung in der »zygotischen« Embryogenese sein könnten.

Merksatz

Relativ viel Cytokinine und relativ wenig Auxine → Spross; relativ wenig Cytokinine und relativ viel Auxine → Wurzel.

Der fertige Embryo

3.1.3

Der fertige, in den Samen eingeschlossene Embryo enthält als Anlagen bereits alle wesentlichen Organe der zukünftigen Pflanze. Das bedeutet, dass mit seiner Fertigstellung die Hauptprobleme der Entwicklung bereits gelöst wurden – ohne dass unsere Kenntnisse darüber zufriedenstellend wären. Bei Gymnospermen finden sich mehrere, bei Dikotyledonen zwei Keimblätter, bei Monokotyledonen ein Keimblatt. An der Basis der Keimblätter liegt das Sprossmeristem, das sich auch schon zu einem Büschel winziger Blättchen (*Plumula*) weiterentwickelt haben kann. Oft ist die zukünftige Wurzel deutlich als *Radicula* ausgebildet, bei anderen Arten besteht sie fast nur aus dem Wurzelmeristem und der abdeckenden Wurzelhaube.

Bei den Embryonen der Gräser ist die Plumula von der Koleoptile, die Radicula von der Koleorrhiza umgeben. Beides sind scheidenartige Hüllorgane. Das Keimblatt ist zum Scutellum umgebildet.

Der Embryo ist im Samen von Hüll- und Nährgeweben umgeben. Aber auch die Kotyledonen und die Embryonalachse können Reservestoffe speichern (s. Abb. 4.4.13).

3.1.4 ABA als Reifungshormon des Embryos und des Samens

In der späten Embryogenese steigt die ABA-Konzentration in den Embryonen an. Das Hormon ist wesentlich dafür verantwortlich, dass der Embryo in einen Trocken- und Ruhezustand übergeht, in dem die Stoffwechselvorgänge auf ein Minimum herabgesetzt werden. ABA fördert dabei auch die Resistenz der Embryonen gegen Trockenheit, u.a. über die Aktivierung von Genen, die für trockenheitsresistente Proteine, die *Dehydrine*, codieren. In der Regel sind Embryo und Samen am Ende der Samenreifung weitgehend dehydratisiert, Voraussetzung für den Ruhezustand, in den der reife Samen nun eingeht.

Fragen (Seitenverweise zur Beantwortung)

1 • Was versteht man bei der Embryogenese unter Hypophyse? (S. 157).
2 • Aus welchen Zellen des achtzelligen Kugelstadiums und des Suspensors werden sich welche Pflanzenteile entwickeln? (S. 157).
3 • Definieren Sie Embryogenese und Organogenese aus Gewebekulturen? (S. 158).
4 • Sie möchten in einer dafür geeigneten Gewebekultur einen Spross induzieren. In welchem Mengenverhältnis setzen Sie dem Medium Auxine und Cytokinine zu? (S. 159).

3.2 Keimung

Inhalt

Der in einen Samen eingeschlossene, reife Embryo befindet sich in der Regel zunächst in einem Stadium der Dormanz, der Keimruhe. Sie erlaubt es, widrige Außenbedingungen wie Frost und/oder Wassermangel zu überstehen. Die Beseitigung der Keimsperren erfolgt unter Bedingungen, die die Wasserversorgung nicht nur für die Keimung, sondern auch für die nachfolgende Keimlingsentwicklung gewährleisten. Einige der dabei wirksamen Kontrollmechanismen werden geschildert.

3.2.1 Keimruhe (Dormanz) und Keimungshemmstoffe

Der Samen ist nicht nur ein Ruhe- sondern auch ein Überdauerungszustand. In den gemäßigten Breiten ermöglicht er es, zumindest den ersten Winter zu überstehen. Doch die Keimruhe kann noch länger andauern. Auch wenn biochemische Tests die Aussage erlauben, Samen seien keimungsfähig, sind sie oft nicht dazu bereit. Man muss also *Keimungsfähigkeit* und *Keimungsbereitschaft* unterscheiden.

Ursache für eine fehlende Keimungsbereitschaft ist eine Dormanz, die man als *Keimruhe* bezeichnet. Charakteristisch für sie ist, dass sie auch anhält, wenn die äußeren Bedingungen für eine Keimung optimal zu sein scheinen. Die Dormanz ist also keine Hemmung durch vorübergehend schlechte Außenbedingungen. Für die Dormanz der Samen und in ihnen der Embryonen gibt es die verschiedensten Ursachen: unvollständige Embryonen, die noch ergänzt werden müssen; Hüllschichten, die besonders hart oder für Wasser und Gase impermeabel sind, und auch Keimungshemmstoffe.

Keimungshemmstoffe finden sich in allen Teilen von Frucht und Samen, auch in den Embryonen selbst. Chemisch sind sie sehr verschieden. Amygdalin als cyanogenes Glykosid gehört ebenso zu ihnen wie ABA (Abscisinsäure), Zimtsäuren (→ Seite 99) und Cumarine (→ Seite 101). Zwei Beispiele:

Eine Kombination von Impermeabilität für Gase mit einem gasförmigen Keimungshemmstoff findet sich bei den Samen das Apfels und anderer Rosaceae. Auch wenn man sie genügend quellen lässt, keimen sie nicht – selbst dann nicht, wenn man die Samenschale entfernt (Abb. 3.2.1). Grund ist, dass im Embryo Amygdalin, ein cyanogenes Glykosid enthalten ist. Es dient als Speicher für Blausäure. Bei Wasserzutritt wird ein Gemisch aus zwei Glucosidasen aktiviert, das Emulsin. Es spaltet von Amygdalin zwei Moleküle Glucose unter Bildung von Mandelsäurenitril ab. Daraus wird spontan Blausäure freigesetzt (Abb. 3.2.2). Die Blausäure wird vom hier gasundurchlässigen Endosperm zurückgehalten. Erst wenn man auch das Häutchen des Endosperms entfernt – in der Natur zersetzt es sich – kommt es zur Keimung.

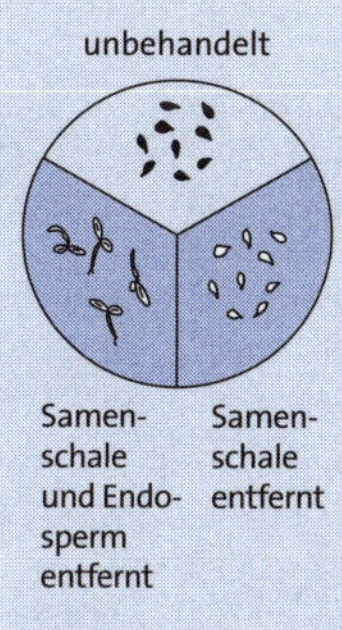

Abb. 3.2.1

Keimung von gequollenen Apfelsamen nach Entfernung von Samenschale und Endosperm (verändert nach RUGE 1966 aus HESS 1999).

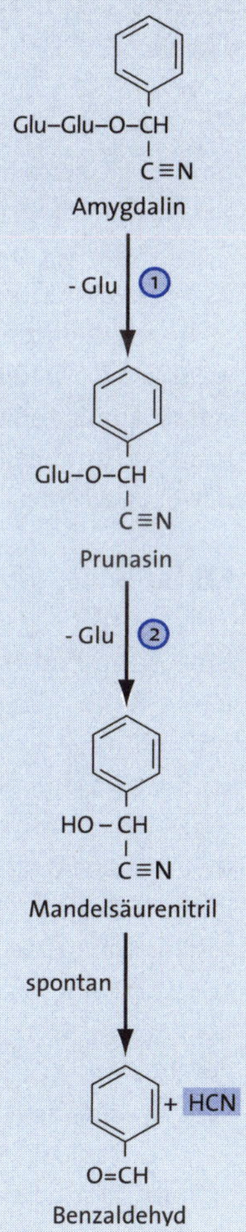

Abb. 3.2.2

Enzymatische Freisetzung von Blausäure aus Amygdalin. Das Gemisch aus den Glucosidasen Amygdalin-Hydrolase (**1**) und Prunasin-Hydrolase (**2**) ist als »Emulsin« bekannt.

Abb. 3.2.3

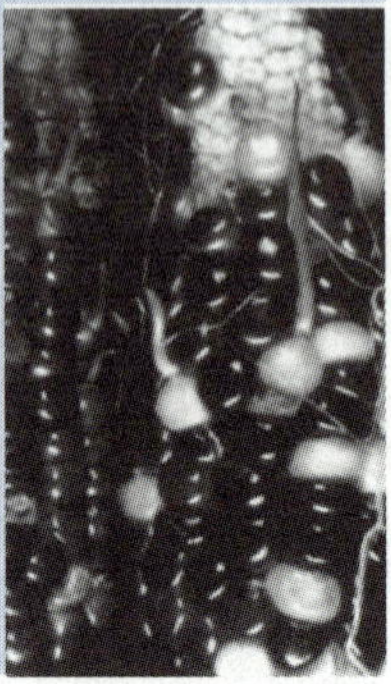

Viviparous-1-Mutante beim Mais (*Zea mays*). Über die Mutation wird die Sensibilität gegenüber ABA (Abscisinsäure) stark reduziert. Der Hemmstoff fällt funktionell weitgehend aus, die Keimung der hier gelben, mutierten Körner beginnt viel zu früh, schon auf dem Kolben (SCHWECHHEIMER und BEVAN 1998).

Auch ABA dient als Keimungshemmstoff, u.a. im Fruchtfleisch der Tomate. Der Wassergehalt des Fruchtfleisches könnte eine Keimung ermöglichen. Eine ABA-freie Mutante der Tomate keimt in der Tat im Fruchtfleisch aus. Doch wenn der Boden außerhalb der Frucht trocken wäre, müsste der Keimling später zugrunde gehen. Wegen der keimungshemmenden ABA im Fruchtfleisch muss dieses normalerweise zuerst verrotten. Das geschieht mit Hilfe von Mikroorganismen, für die ausreichend Feuchtigkeit gegeben sein muss. Diese Feuchtigkeit gestattet dann auch die weitere Entwicklung des Keimlings.

Wie entscheidend wichtig ABA für das Aufrechterhalten der Dormanz ist, demonstrieren »lebendgebärende« Mutanten z.B. beim Mais. Körner einer gegen ABA unempfindlichen Mutante keimen schon auf dem Kolben aus (Abb. 3.2.3).

Wie die Beispiele zeigen, unterbinden Keimungshemmstoffe nicht nur ein vorzeitiges Keimen an milden Wintertagen, sondern lassen vielfach eine Keimung nur dann zu, wenn genügend Wasser auch für die weitere Entwicklung nach der Keimung gegeben ist. Außerdem werden selten alle Samen gleichzeitig keimungsbereit sein. Die zeitliche Dehnung verhindert es, dass alle Samen zugrunde gehen, wenn später in der Entwicklung schlechte Außenbedingungen eintreten.

3.2.2 Faktoren der Keimung

Eine Keimung erfolgt auch nach Beseitigung von Hemmstoffen nur dann, wenn adäquate Keimungsbedingungen gegeben sind. Dazu gehören keimungsfördernde Hormone wie v. a. GAs, die geradezu Gegenspieler der ABA sind und hinter der Reservestoffmobilisierung (→ Seite 163) stehen, aber ebenso Außenfaktoren wie Wasser (s.o.), Temperatur und Licht.

Die Lichtwirkungen auf die Keimung werden vor allem über Phytochrome vermittelt (→ Seite 131). Bei lichtempfindlichen Samen unterscheidet man zwischen Dunkelkeimern und Lichtkeimern. Da die Reaktion der Samen nicht 100%ig ist (zeitliche Dehnung), spricht man jedoch besser von dunkelheits- und lichtgeförderten Keimern (Tab. 3.2.1). Besonders bei Kulturpflanzen können sich die verschiedenen Varietäten sehr unterschiedlich verhalten. Beim Salat (*Lactuca sativa*) z.B. reagiert 'Grand Rapids' auf HR- und DR-Bestrahlung heute noch wie an ihm schon vor Jahrzehnten gefunden (Abb. 2.2.1), das 'Wunder von Stuttgart' dagegen so gut wie gar nicht.

Lichtkeimer	Dunkelkeimer
Digitalis purpurea	*Amaranthus caudatus*
Epilobium hirsutum	*Cucurbita pepo*
Lythrum salicaria	*Nigella damascena*
Lactura sativa var. 'Grand Rapids'	*Phacelia tanacetifolia*
Nicotiana tabacum	*Prenanthes purpurea*
Oenothera biennis	

Tab. 3.2.1

Einige Licht- und Dunkelkeimer (in der Keimung lichtgeförderte oder dunkelheitgeförderte Samen).

3.2.3 Keimung

Der Keimung geht die Quellung voraus, in der eine Rehydratisierung der Gewebe stattfindet. Die Quellung ist einer üblichen Definition folgend eine reversible Volumenvergrößerung durch Wasseraufnahme. Die Keimung dagegen ist nicht umkehrbar. Prozesse wie der auch zur Definition herangezogene Durchbruch der Keimwurzel durch die Samenschale lassen sich nicht mehr rückgängig machen. Dieser Durchbruch wird über von der Radicula abgegebene GAs dadurch gefördert, dass sie zellwandauflösende Enzyme induzieren. Die Mobilisierung von Reservestoffen, teils ebenfalls durch GAs induziert, war schon besprochen worden (→ Seite 124), ebenso der Glyoxylat-Zyklus (→ Seite 82). Von den anderen Phytohormonen fördern besonders Cytokinine die Keimung.

Definition

Keimung ist dann gegeben, wenn die Radicula die Samenschale durchbricht.

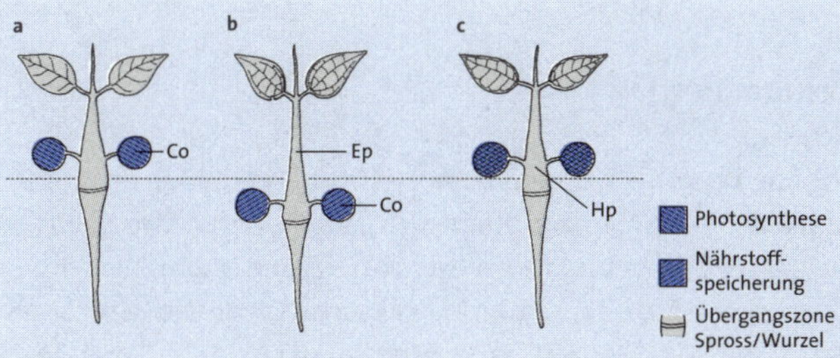

Abb. 3.2.4

Epigäische (**a** und **c**) und hypogäische Keimung (**b**). Der Sprossbereich zwischen den Kotyledonen (Co) und dem ersten Laubblatt, dem Primärblatt, wird Epikotyl (Ep) genannt. Vom Ansatz der Kotyledonen bis zum Wurzelansatz verläuft das Hypokotyl (Hp), die Embryonalachse (verändert nach BELL 1994).

Auffällig ist, wie unterschiedlich sich die Keimlinge der einzelnen Arten hinsichtlich der Stellung ihrer Kotyledonen verhalten. Man unterscheidet hier eine *hypogäische Keimung*, bei der die Keimblätter unter der Erdoberfläche bleiben, von einer *epigäischen Keimung*, bei der sie über die Erde gehoben werden. Sogar nahe Verwandte wie die Bohnen können sich hier verschieden verhalten (Abb. 3.2.4).

Mit dem Ergrünen des Keimlings ist die Keimlingsphase abgeschlossen. Sie endet mit einer selbstständig lebensfähigen jungen Pflanze.

Fragen (Seitenverweise zur Beantwortung)

1 - Was versteht man unter Keimungsfähigkeit, was unter Keimungsbereitschaft? (S. 161).
2 - Auf welche Weise wirkt Amygdalin in Samen des Apfels keimungshemmend? (S. 161).
3 - Nennen Sie einige lichtgeförderte Keimer! (S. 163).
4 - Definieren Sie den Begriff »Quellung«! (S. 163).
5 - Was versteht man unter einer epigäischen Keimung? (S. 163).

3.3 Bildung, Bau und Funktionen der Sprossachse

Inhalt

Als erstes Organ wird die Sprossachse besprochen. Zunächst werden Bau und Funktion des Sprossapikalmeristems geschildert, von dem aus auch die Blätter gebildet werden. Bildung und Bau der von ihm abgeleiteten primären und sekundären Sprossachse folgen. Was die Funktionen anbelangt, wird der Langstreckentransport von Wasser und Assimilaten erklärt, über den erhebliche Distanzen bewältigt werden. Funktionsbedingt sind auch die zahlreichen, teils erstaunlichen Metamorphosen der Sprossachse.

3.3.1 Bautyp der Kormophyten

Schon Keimlinge lassen erkennen, dass es sich bei den hier im Vordergrund stehenden Blütenpflanzen nicht um Thallophyten wie z.B. *Fucus* handelt. Denn sie bauen sich nicht aus einem Thallus, sondern aus einem *Kormus* aus Sprossachse, Blättern und Wurzel auf (s. Abb. 3.3.1). Dementsprechend nennt man sie Kormophyten. Zu ihnen gehören die Farnpflanzen (Pteridophyten) und die Blütenpflanzen (Spermatophyten oder Anthophyten). Ihre, verglichen mit den Thallophyten, den »Niederen« Pflanzen, höhere Organisationsform hängt damit zusammen, dass sie zum Landleben übergegangen sind.

Abb. 3.3.1

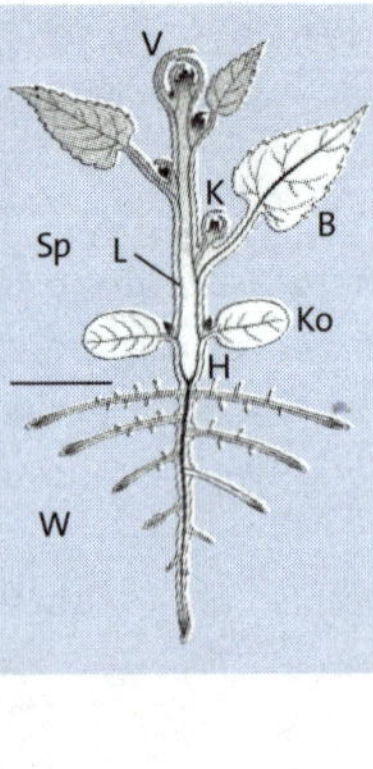

Die Urpflanze im vegetativen Zustand. Es handelt sich um eine zweikeimblättrige Pflanze. Sp Spross; W Wurzel; V Vegetationskegel; K Seitenknospe; B Laubblatt; L Leitbündel; Ko Kotyledone; H Hypokotyl (verändert nach Sachs aus Oehlkers 1956).

Der Kormus bei *Dikotyledonen* besitzt eine in Nodien (Knoten) und Internodien gegliederte Sprossachse, an deren Spitze sich der Vegetationskegel mit dem Spross-Apikalmeristem befindet. An den Knoten sitzen Blätter, von denen die Kotyledonen die erstgebildeten sind. Danach kommen Primär- und Folgeblätter. In den Blattachseln befinden sich Knospen, die zu Seitentrieben auswachsen können. Die Hauptwurzel trägt Seitenwurzeln.

Bei *Monokotyledonen* ist der Kormus etwas verändert. Das einzige Keimblatt tritt wenig oder überhaupt nicht in Erscheinung. Die Primärwurzel, die aus der Wurzelanlage im Embryo hervorgegangen war, verkümmert und wird durch Adventivwurzeln aus den unteren Sprossknoten ersetzt (s. Abb. 3.5.9).

Die Sprossachse während der Individualentwicklung | 3.3.2

Die dikotyledone Urpflanze (Abb. 3.3.1) ist eine erwachsene, vegetative Pflanze im primären Zustand. Sie hatte sich aus dem Embryo über den

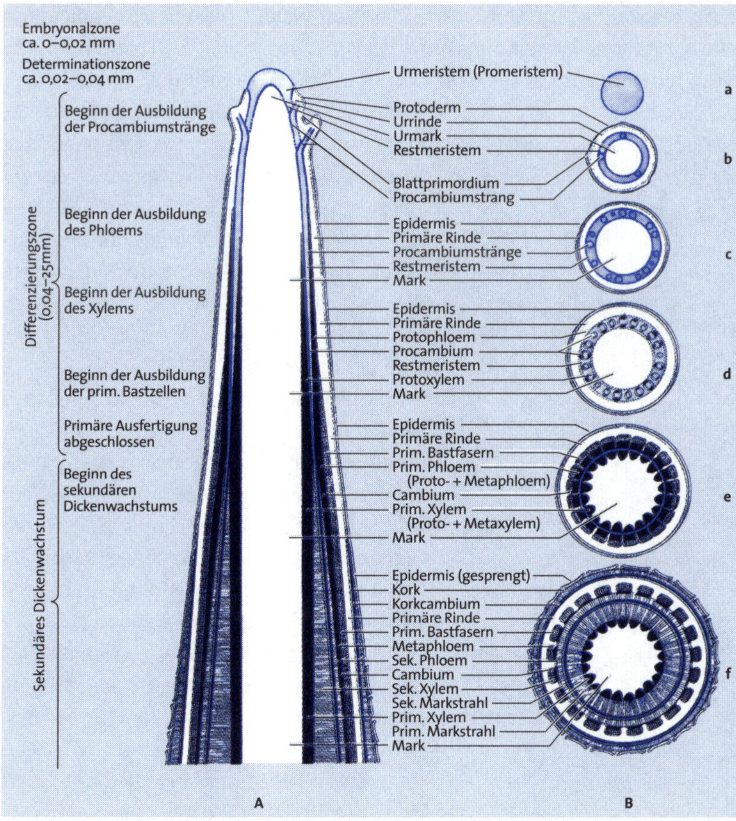

Abb. 3.3.2

Schematischer Längsschnitt durch eine Dikotyledonen-Sprossachse. (**A**) mit sekundärem Dickenwachstum, daneben entsprechende Querschnitte (**B**). Die Abb. sollte während der Besprechung der Sprossachse immer wieder eingesehen werden (STRASBURGER 1991).

Keimling entwickelt. Vielfach bleibt es bis zum Absterben bei diesem primären Zustand, etwa bei allen Kräutern. Die Pflanze kann aber auch, so bei den Holzgewächsen, über ein sekundäres Dickenwachstum noch in einen sekundären Zustand übergehen. Die Sprossachse durchläuft entsprechende Veränderungen (Abb. 3.3.2). Sie sind Gegenstand der folgenden Abschnitte.

3.3.3 Das Spross-Apikalmeristem (SAM) und die Anlage der Sprossgewebe

An der Spitze des Sprosses befindet sich der *Vegetationskegel* aus *Spross-Apikalmeristem* (SAM), der allerdings nicht bei allen Arten wirklich kegelförmig emporgewölbt ist. Nach unten zu folgen Blattprimordien (s. Abb. 3.4.1) und junge Blätter, die ihn schützend umhüllen.

Meristeme sind *Bildungsgewebe*, die durch eine hohe Zellteilungsaktivität charakterisiert sind. Das im Embryo angelegte SAM wird nach der Samendormanz im Samen im Keimling erneut aktiv und behält diese Aktivität, von Dormanzphasen etwa im Winter oder bei Trockenheit abgesehen, bis zum Absterben der Pflanze bei. Dem SAM kommt außer der Verlängerung des Sprosses als wesentliche Aufgabe auch die Ausbildung der *Lateralorgane* (Blätter, Seitensprosse) zu. Während der Entwicklung ändert es seine »Identität«: aus dem vegetativ tätigen Meristem werden Meristeme für Blütenstände und Blüten (→ Seite 268). Hier werden das vegetativ tätige SAM und seine Derivate behandelt (Abb. 3.3.2).

Die **Teilungstätigkeit** geht bei niederen Pflanzen, Moosen und Farnen von einer einzigen Scheitelzelle und bei Gymnospermen von einer Lage von Initialzellen aus. Unter den Angiospermen finden sich bei vielen Monokotyledonen zwei Lagen, bei den meisten Dikotyledonen drei Lagen von *Initialzellen*, L1 bis L3 (Abb. 3.3.3). L1 und L2 bilden die *Tunica*. Sie teilen sich so, dass die neuen Zellwände antiklin stehen. L3 stellt den *Corpus*, in dem die neuen Zellwände anti- *und* periklin gezogen werden. Diese Teilungsweise bedingt, dass der Corpus (lat. = Körper) die kompakte

Abb. 3.3.3

Struktur des Spross-Apikalmeristems (SAM) von Samenpflanzen (Schema). I Initialenzone; D Determinationszone mit Flankenmeristem (F), Markmeristem (Urmark, M), Restmeristem (R); Pk Prokambium; Bp Blattprimordien in verschiedenen Entwicklungszuständen. Ihre Anlage beginnt mit vermehrten antiklinen Teilungen in der L2. Die zu ihnen führenden Leitbündel (tiefblau) münden als Prokambiumstränge in das Restmeristem bzw. Prokambium (Pk) des Sprosses ein. A Anlagen für Seitenknospen. Die blauen Pfeile geben die Richtung an, in der Tochterzellen abgegeben werden. In der Teilzeichnung **rechts unten** sind die neuen Zellwände rot gehalten: in L1 und L2, der Tunica, finden sich nur antikline Teilungen, in L3, dem Ausgangmaterial für den Corpus, antikline *und* perikline Teilungen (oben verändert nach STRASBURGER 1991).

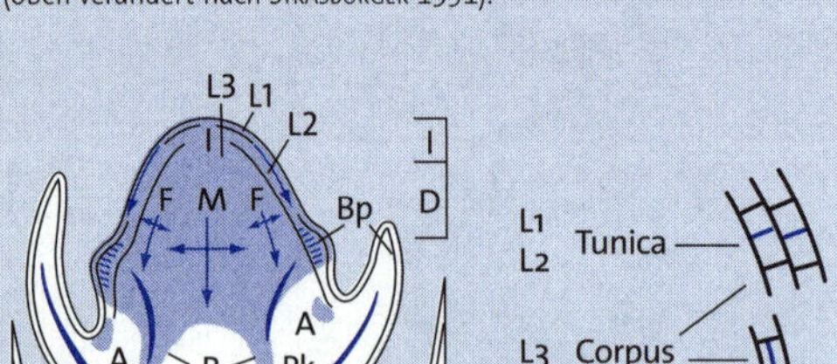

Box 3.3.1

Gene steuern die räumliche Ausdehnung des SAM

Bei Arabidopsis greifen dabei neben anderen Genen drei *CLAVATA*-Gene regulierend ein. Die Ausdehnung des SAM wird durch ein Peptid CLAVATA 3 gesteuert. Gen *CLAVATA* 1 codiert für eine plasmalemma-gebundene Rezeptorkinase mit leucin-reichen Wiederholungen (LRRs, vgl. Abb. 3.7.21), Gen *CLAVATA* 2 für ein Protein mit ebenfalls LRRs, das mit der Rezeptorkinase assoziiert. Der so gebildete Rezeptorkomplex fängt dann das CLAVATA 3-Peptid ab. Bei Mutation eines der beteiligten Gene weitet sich das SAM stark aus.

Innenmasse des Sprosses liefert, der sich die darum liegende Tunica (lat. = Tunika) über Ausweitung anpasst. Sie beteiligt sich an der Bildung peripherer Gewebe.

Wenn eine L2-Zelle sich ausnahmsweise periklin teilt und damit eine der Tochterzellen in den Bereich des Corpus gerät, teilt sie sich nicht herkunftsgemäß antiklin, sondern ihrer neuen Position entsprechend anti- *und* periklin. Solche Befunde belegen, dass Positionsinformationen das Geschehen im SAM bestimmen.

Das SAM besteht aus der eigentlichen Initialenzone und der ebenfalls meristematischen Determinationszone. Die räumliche Ausdehnung des SAM im Apex ist nachweislich genetisch gesteuert (s. Box 3.3.1).

Die **Initialenzone** (*Urmeristem*) liegt zentral oben im SAM. Sie führt *Stammzellen* aus L1 bis L3. Solche Stammzellen teilen sich inäqual: Die eine Tochterzelle teilt sich ohne Determination weiter, die andere geht in die Determinationszone ein. Dadurch wird der Zellbestand der Determinationszone aufgefüllt, die Zellen zur Differenzierung abgibt.

In der anschließenden **Determinationszone** sind die Zellen nach wie vor meristematisch. Sie weisen eine Teilungsaktivität auf, die oft höher als diejenige in der Initialenzone ist. Aber die Zellen im sich jetzt ausbildenden Flanken- und Markmeristem werden determiniert. Das ringförmige *Flankenmeristem* (*Urrinde*) besteht aus L1, L2 und Teilen von L3 , also aus Tunica und peripherem Corpus. Das zentral unterhalb der Initialenzone liegende *Markmeristem (Urmark)* wird aus L3 geliefert, also aus dem Corpus. Nach innen zu bleibt im Anschluss an das Flankenmeristem ein Zylinder an zunächst noch nicht determinierten, meristematischen Zellen erhalten. Dieses *Restmeristem* erscheint im Querschnitt als Meristemring. Flankenmeristem, Markmeristem und Restmeristem, die unmittelbaren Derivate der Initialenzone, werden als *Primärmeristeme* bezeichnet (s. Abb. 3.3.2 und 3.3.3).

Merksatz

Tunica: neue Zellwände antiklin;
Corpus: neue Zellwände anti- und periklin.
Periklin = Zellwand parallel zur Oberfläche,
antiklin = Zellwand senkrecht zur Oberfläche.

Basalwärts folgt die **Differenzierungszone**. Sie ist durch *Zellstreckung* gekennzeichnet. In ihr werden aus den bereits determinierten Meristemen *Dauergewebe*. Von der Urrinde leiten sich die Lateralorgane ab. Auch die Epidermis geht auf die Urrinde zurück, und zwar auf L1. Sie wird als Protoderm schon im Kugelstadium der Embryogenese fassbar (s. Abb. 3.1.1). Das Grundgewebe der primären Rinde wird ebenfalls von der Urrinde gestellt. Das Urmark differenziert zum Mark. Im Bereich des Restmeristems entwickelt sich ein Prokambiumring aus prosenchymatischen Zellen. In ihm können *Prokambiumstränge* auftreten, aus denen die ersten Xylem- (Protoxylem) und Phloemelemente (Protophloem) entstehen.

3.3.4 Der Bau der primären Sprossachse

Eine Sprossachse wird solange als primär bezeichnet, wie sie noch kein sekundäres Dickenwachstum (s. Abb. 3.3.2) zeigt. Basalwärts des SAM sind die Zellen der Primärmeristeme zu Dauergeweben differenziert.

3.3.4.1 Dauergewebe der primären Sprossachse (ohne Leitgewebe)

Die im Folgenden aufgeführten Dauergewebe kommen nicht nur im primären Spross, sondern in Varianten in der ganzen Pflanze vor.

Grundgewebe wird so genannt, weil es als Grundmasse andere, stärker differenzierte Zellbereiche umgibt. Eine weitere Bezeichnung ist *Parenchym*. Die Zellen sind isodiametrisch, weisen also in allen Richtungen ungefähr gleiche Durchmesser auf. Eine Ausnahme bilden die längs gestreckten Zellen des Palisadenparenchyms (→ Seite 190). Die Zellen sind je nach der Sonderform des Parenchyms leicht differenziert (s. Holzparenchym). Im primären Spross können sie Chlorophyll führen. Sie finden

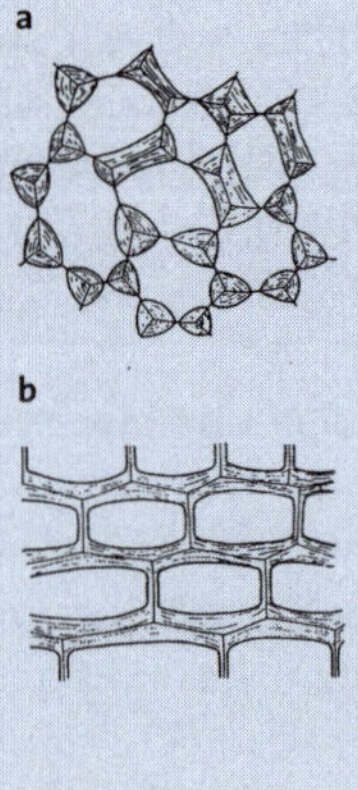

Abb. 3.3.4 Kollenchym. **a** Kantenkollenchym; **b** Plattenkollenchym; jeweils im Querschnitt (WALTER 1950).

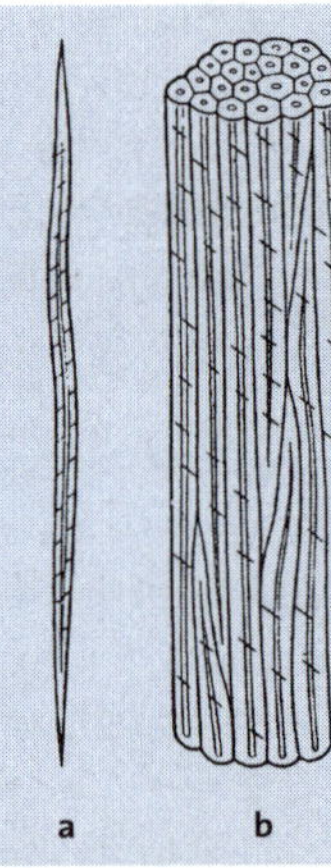

Abb. 3.3.5 Sklerenchymfasern. **a** Faser im Längsschnitt; die kleinen Querstriche sind Tüpfel; **b** Faserbündel; die einzelnen Faserzellen sind ohne Interzellularen fest zusammengeschlossen (TROLL 1973).

sich im Sprossbereich vor allem in der primären Rinde, in den primären Markstrahlen und im Mark.

Abschlussgewebe gibt es im Inneren der Pflanze und an ihrer Oberfläche. Bei der Sprossoberfläche handelt es sich in erster Linie um die *Epidermis* (→ Seite 190), ein einschichtiges Hautgewebe, das Haare tragen kann.

Festigungsgewebe. Ein für wachsende Pflanzenteile typisches Festigungsgewebe ist das *Kollenchym* (Abb. 3.3.4). In der Sprossachse besteht es aus langgestreckten Zellen, die auch im ausdifferenzierten Zustand lebend bleiben. Sie sind in Strängen angeordnet. Beim Kantenkollenchym finden sich Wandverdickungen in den Kanten der Zellen. »Kante« bezieht sich also nicht auf die Kanten von Stängeln, obwohl sich Kollenchym oft gerade dort findet, z.B bei den Lippenblütlern (Lamiaceae). Beim Plattenkollenchym sind einige, aber *nicht alle* Längswände verdickt. Die Wandauflagen im Kollenchym bestehen aus Cellulose- und Pektinschichten. Sie sind plastisch dehnbar und finden sich deshalb in wachstumsfähigen Zellen.

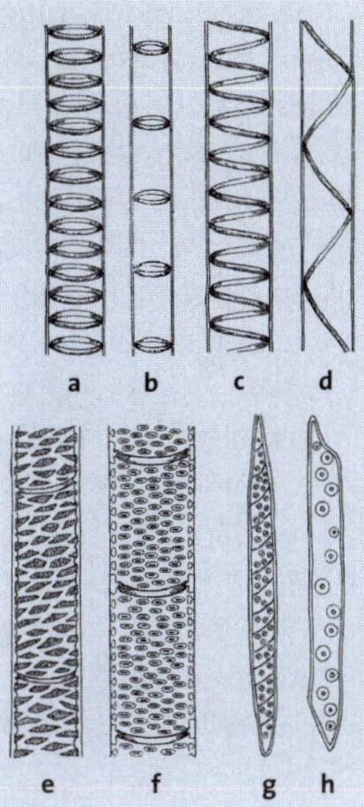

Abb. 3.3.6

Tracheen und Tracheiden. Ringtracheen: **a** jünger, **b** älter und gedehnt; Schraubentracheen: **c** jünger, **d** älter und gedehnt; Netztracheen **e** und Tüpfeltracheen **f**, jeweils mit ringförmigen Resten der Querwände; **g** Tracheide mit Schraubenverdickungen und kleinen Hoftüpfeln; **h** typische Tracheide der Nadelhölzer mit großen Hoftüpfeln (verändert nach WALTER 1950).

Ein zweites Festigungsgewebe ist das *Sklerenchym*. Man kennt von ihm isodiametrische Formen, die *Sklereiden* (Steinzellen), und *Sklerenchymfasern* (Abb. 3.3.5), die sich strangweise in Sprossen finden und dort oft das Leitgewebe begleiten. Wegen stark ausgebauter Sekundärwände bleibt vom Lumen ihrer langgestreckten Zellen nur wenig übrig. Im ausdifferenzierten Zustand sind sie abgestorben. Weichfasern vermitteln vor allem Zugfestigkeit, dicke Bündel von Hartfasern mit verholzten Wänden außerdem auch Druckfestigkeit.

Auch die Tracheen und vor allem Tracheiden des Xylems tragen entscheidend zur Festigung bei.

Leitgewebe: das Xylem

3.3.4.2

Die Leitgewebe liegen als Bündel vor (s. Abb. 3.3.9). Die leitenden Systeme in ihnen sind Xylem und Phloem. Das Xylem (Holzteil) dient neben seiner Festigungsfunktion überwiegend der Leitung von Wasser und Mineralstoffen. Die leitenden Strukturen sind vor allem die »Gefäße«, nämlich die stark verholzten Tracheen und Tracheiden (Abb. 3.3.6). Beide sind im ausdifferenzierten Zustand abgestorben, wodurch der Widerstand gegen den Wassertransport reduziert wird.

Tracheen sind weitlumige, in Längsrichtung verlaufende Röhren. Sie entstehen dadurch, dass sich die Querwände in übereinander stehenden Zellen bis auf einen ringförmigen Rest auflösen. Der Wassertransport wird dadurch wesentlich erleichtert. Ein Quertransport zwischen Tracheen ist über Hoftüpfel (s.u.) möglich. Bei der Transpiration (→ Seite 191) entsteht eine Sogwirkung, der die Gefäße über Aussteifungen ihrer Wände begegnen. Ring- und Schraubentracheen lassen ein Streckungswachstum zu und finden sich deshalb in noch wachsenden Pflanzenteilen. Netz- und Tüpfeltracheen sind nicht mehr dehnbar.

Bei den **Tracheiden** handelt es sich nicht um Fusionen, sondern um langgestreckte Einzelzellen mit ebenfalls verdickten Wänden. Sie sind nicht nur in Quer-, sondern auch in Längsrichtung über Hoftüpfel miteinander verbunden. Der Wassertransport stößt auf mehr Widerstand als in den Tracheen. Im Holz der Gymnospermen fehlen Tracheen. Ausschließlich Tracheiden bewerkstelligen den Wassertransport – ein einfaches System, das dem phylogenetisch höheren Alter der Nacktsamer entspricht.

Anders als bei Tüpfeln (Abb. 1.7.9) erweitern sich bei den **Hoftüpfeln** die beiderseitigen Tüpfelkanäle durch die Sekundärwände *trichterartig* in Richtung Schließhaut (Abb. 3.3.7). Unter dem Mikroskop sieht man dann in Aufsicht einen »Hof« um die äußere Tüpfelöffnung, den Porus (lat. = Pore). Bei Nadelhölzern ist die aus Mittellamelle und beiderseitiger Primärwand bestehende Schließhaut in der Mitte zu einem Torus (lat. = Polster) verdickt, dessen Durchmesser etwas größer ist als derjenige des äußeren Porus. Der Torus ist an Strängen von Zellwandmaterial aufgehängt, zwischen denen ein Wasserdurchtritt möglich ist. Bei Druckänderungen wird der Torus gegen den äußeren Porus gepresst und verschließt ihn völlig. Zwischen zwei toten Gefäßen bildet sich ein doppelt behöfter Tüpfel. Stößt eine Holzparenchymzelle an ein Gefäß, entfällt auf ihrer Seite der Hof, es handelt sich dann um einen einseitig behöften Tüpfel.

Abb. 3.3.7

Hoftüpfel. **a** Tracheide; **b** Aufsicht auf Hoftüpfel; **c** Schnitt durch Hoftüpfel, Torus mittenständig; **d** Aufsicht auf Schließhautstränge, in denen der Torus aufgehängt ist; **e** Schnitt durch Hoftüpfel, Torus einseitig angepresst, etwa bei Unterdruck links; **f** Schnitt durch einseitig behöften Tüpfel, rechts schließt eine Holzparenchymzelle an. P Porus; T Torus; MP Mittellamelle und Primärwände; S Sekundärwand; H Hof; Sh Schließhautstränge; Hp Holzparenchym.

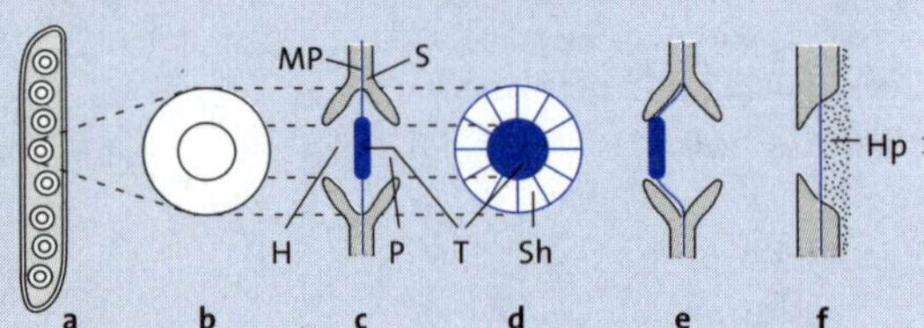

Holzfasern können der Gestalt nach schmalen Tracheiden ähneln, dienen aber nicht der Wasserleitung, sondern der Festigung. Ausdifferenziert sind die stark lignifizierten Zellen *abgestorben*.

Holzparenchymzellen dagegen sind *lebend*. Sie dichten die leitenden Elemente nach außen hin ab, sodass keine Luft eindringen kann, und kontrollieren die Einspeisung von Ionen und anderen wasserlöslichen Stoffen in die Gefäße (→ Seite 210). Außerdem dienen sie der Speicherung, in geringerem Ausmaß auch der Leitung organischer Stoffe.

Leitgewebe: das Phloem

3.3.4.3

Im Phloem (Siebteil) dienen **Siebelemente** der Leitung von Assimilaten. Die Siebelemente verdanken ihren Namen dem Vorliegen von Siebporen (s.u.). Sie sind auch im ausdifferenzierten Zustand lebend. Bei Farnen, Gymnospermen und manchen Angiospermen handelt es sich um langgestreckte **Siebzellen**, die in Reihe übereinander stehen und an ihren Querwänden meist besonders viele Siebporen führen.

Merksatz

Gymnospermae: Siebzellen; Angiospermae: Siebröhren mit Geleitzellen.

Bei den meisten Angiospermen bringen **Siebröhren** einen wesentlichen Fortschritt. Über eine inäquale Teilung bilden sich aus einer gemeinsamen Mutterzelle eine Geleitzelle (die sich noch quer teilen kann) und das spätere Siebröhren-Glied (Abb. 3.3.8). Die *Geleitzelle* behält ihren Zellkern und steuert über ihn das Geschehen auch in der zweiten Zelle. Vor allem können über sie die Siebröhren beladen werden. Zahlreiche Plasmodesmen zu den Siebröhren hin erleichtern das. Das *Siebröhren-Glied* weitet sich und verliert seinen Zellkern. Es führt zwar einen cytoplasmatischen Wandbelag, der durch das Plasmalemma nach außen abgegrenzt wird. Sein Tonoplast wird jedoch resorbiert. Die Assimilate werden deshalb unmittelbar innerhalb des Cytoplasmabelags transportiert. Die Querwände zwischen übereinander angeordneten Siebröhren-Gliedern, die *Siebplatten*, werden durch große *Siebporen* durchbrochen, die sich aus Plasmodesmen entwickeln. Durch die Siebporen ziehen Stränge des ER und von P-Proteinen (= Phloemproteine; Funktion unbekannt). Sie sind mit *Kallose* ausgekleidet, einem Glucan aus (1→3)β-verknüpften Glucosemolekülen. Trotzdem erlauben sie den freien Durchfluss der As-

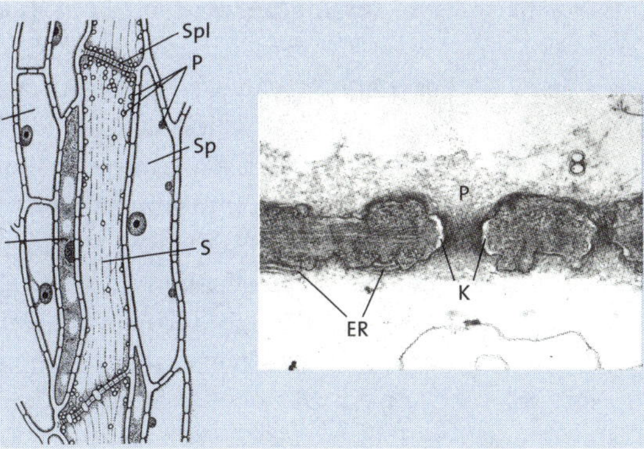

Abb. 3.3.8

Siebröhren und Geleitzellen. **Links**: Längsschnitt durch den Geleitzellen-Siebröhren-Komplex beim Tabak (*Nicotiana*). S Siebröhre mit Strängen an P-Protein, die durch die Poren der Siebplatten (Spl) hindurch verlaufen; G Geleitzelle mit dichtem Cytoplasma und Zellkern; Sp Siebparenchym; P Plastiden. **Rechts**: EM-Längsschnitt durch Siebporen einer Siebplatte der Weißen Lupine (*Lupinus albus*). ER Reste des endoplasmatischen Reticulums; P P-Protein; K Kallose (links verändert nach OEHLKERS 1956, rechts GUNNING und STEER 1996).

similate aus einem Siebröhren-Glied in das nächste. Die Siebporen sind von Ausnahmen abgesehen nur eine Vegetationsperiode lang funktionsfähig. Dann werden sie verschlossen, wahrscheinlich durch Kallose.

Phloemparenchym kann der Speicherung dienen. **Phloemsklerenchym** hat Festigungsfunktion. Im Querschnitt findet es sich oft in Sichelform auf der Außenseite des Siebteils (Abb. 3.3.9).

3.3.4.4 | Leitbündeltypen

Xylem und Phloem sind Bestandteile von Leitbündeln. Je nach ihrer Anordnung dort unterscheidet man eine ganze Reihe verschiedener Leitbündelformen. Bei ihnen wird auch das Vorhandensein oder das Fehlen eines *faszikulären Kambiums* (s.u.) berücksichtigt. Die häufigsten Leitbündeltypen bei Blütenpflanzen sind kollateral mit oder ohne faszikuläres Kambium (mit Kambium = *kollateral offener Typ*, s. Abb. 3.3.9; ohne Kambium = *kollateral geschlossener Typ*). Im Sprossquerschnitt ist bei beiden Typen das Phloem stets nach außen, das Xylem nach innen zu orientiert (s. Abb. 3.3.2 e). Offen kollaterale Leitbündel finden sich bei Gymnospermen und den meisten Dikotyledonen. Die Mehrzahl der Monokotyledonen dagegen führt geschlossen kollaterale Leitbündel ohne die Möglichkeit zu einem sekundären Dickenwachstum (s.u.).

3.3.4.5 | Der primäre Spross

Die genannten Gewebe werden zum primären Spross integriert. Als Beispiel sei ein Spross mit offen kollateralen Leitbündeln gewählt. Im Querschnitt (Abb. 3.3.2.e) erkennt man von außen nach innen die *Epidermis*, die *primäre Rinde* aus parenchymatischen Zellen, einen Ring aus offen kollateralen *Leitbündeln* und das wieder parenchymatische *Mark*. Von der primären Rinde bis zum Mark verlaufen zwischen den Leitbündeln parenchymatische *primäre Markstrahlen*.

3.3.5 | Sekundäres Dickenwachstum und sekundärer Bau der Sprossachse

Dikotyle Kräuter zeigen in der Regel nur ein von den Apikalmeristemen ausgehendes *primäres Dickenwachstum*. Der Apex wächst auch in die Breite und bedingt dadurch einen entsprechenden Durchmesser, der von oben nach unten gleich bleiben kann. Wenn das Apikalmeristem seinen Durchmesser während der Entwicklung ändert, führt das zu einem *Erstarkungswachstum* des Sprosses. Bei Monokotyledonen findet sich ebenfalls nur ein primäres Dickenwachstum. Das gilt auch für die Palmen mit ihren beachtlich dicken Stämmen. Sie haben eine sehr breite meristematische »Scheitelgrube«, die einen entsprechenden Stammdurchmesser bedingt. Er bleibt von oben nach unten gleich groß.

Schon manche einjährige Zweikeimblättrige wie die Sonnenblume (*Helianthus annuus*) weisen gegen das Ende der Vegetationsperiode ein *sekundäres Dickenwachstum* auf. Bei ausdauernden zweikeimblättrigen Holzgewächsen und ebenso bei Gymnospermen wie den Nadelhölzern ist es die Regel. Sekundär nennt man es deswegen, weil es nicht ausschließlich auf der Aktivität der apikalen Primärmeristeme beruht, sondern zum Großteil auf derjenigen von *Folgemeristemen*, die über Dedifferenzierung von Zellen entstehen. Das Kambium ist zum Teil ein Folgemeristem, das Korkkambium sogar völlig. Beide tragen das sekundäre Dickenwachstum.

Abb. 3.3.9

Kollateral offenes Leitbündel. **Links**: Lage im Sprossquerschnitt; **rechts**: einzelnes Leitbündel. Im Siebteil sind die Geleitzellen dunkel gehalten. Im Holzteil sind die weitlumigen Tracheen besonders auffallend. Bei geschlossen kollateralen Leitbündeln entfällt das faszikuläre Kambium (mit anliegenden Zellen blau) (z.T. nach TROLL 1973 aus HESS 1981).

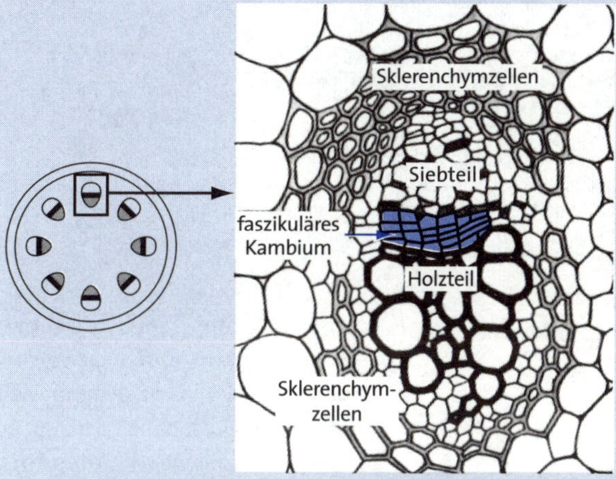

Das Kambium und seine Derivate

3.3.5.1

Das Kambium beteiligt sich am sekundären Dickenwachstum in Form von Kambiumzylindern, im Querschnitt gesehen von Kambiumringen. Die Art ihrer Entstehung wechselt. So kann der Prokambiumring wie bei z.B. bei Koniferen in einen Kambiumring übergehen. Er leitet sich dann über eine ununterbrochene Folge meristematischer Zellen von den Primärmeristemen des Apex ab, ist also ein primäres Meristem. In den häufigen offen kollateralen Leitbündeln (Abb. 3.3.9) bleibt jedoch nur das vom Prokambiumring abgeleitete, *faszikuläre Kambium* meristematisch. Um zu einem Ring zu kommen, wird im anschließenden Parenchym der primären Markstrahlen *interfaszikuläres Kambium* ausgebildet. Dabei handelt es sich um ein sekundäres Meristem oder Folgemeristem. Der Kambiumring setzt sich dann teils aus primärem Meristem (faszikuläres Kambium), teils aus sekundärem Meristem (interfaszikuläres Kambium) zusammen.

Das Kambium besteht im Querschnitt aus *einer* Lage von Initialzellen, den Fusiforminitialen und den Strahlinitialen. Meist überwiegen die **Fusiforminitialen** (Abb. 3.3.10). Diese »spindelförmigen« (lat. fusus = Spindel) Initialen sehen im Querschnitt wie abgeflachte Rechtecke aus, deren

Abb. 3.3.10

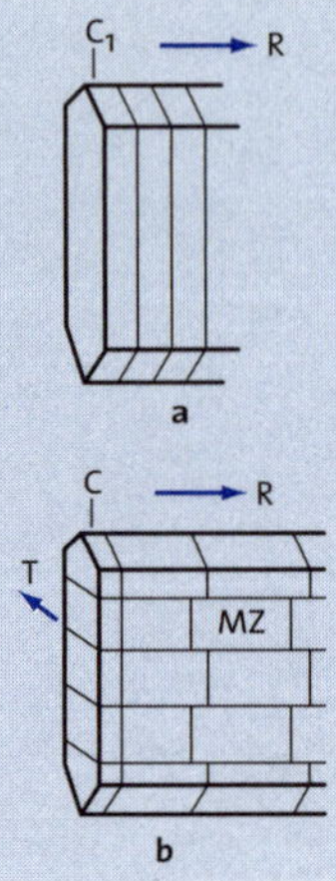

Initialzellen im Kambium. Der Übersichtlichkeit wegen wurden einseitig arbeitende Initialen wiedergegeben. Solche monopleurischen Initialen gibt es auch in der Natur. **a** Doppelseitig abgeschrägte *Fusiforminitiale* (C_1). Sie gibt in radialer Richtung (R) Zellen ab. **b** *Strahlinitialen.* Eine Fusiforminitiale wie C_1 teilt sich mehrfach quer und liefert so die Strahlinitialen (C). Diese können sich noch längs teilen, sodass mehrere Serien nebeneinander stehen. Die Spindelform des Querschnitts wird aber auch dann beibehalten. Die Initialen geben zukünftige Markstrahlzellen (Mz) ab. Sie strecken sich frühzeitig in radialer Richtung (R). T Tangentiale Richtung (verändert nach GUTTENBERG 1952).

Abb. 3.3.11

Schema der Teilung einer bipleurischen (nach beiden Seiten arbeitenden) Fusiforminitiale. H Holz; S Siebteil (Bast); H1 bis H3 neu abgegebene Holzelemente; S1 bis S3 neu abgegebene Siebteilelemente. Die Initiale (blau) verlagert sich nach außen (in der Abb. außen = unten) (verändert nach WALTER 1950).

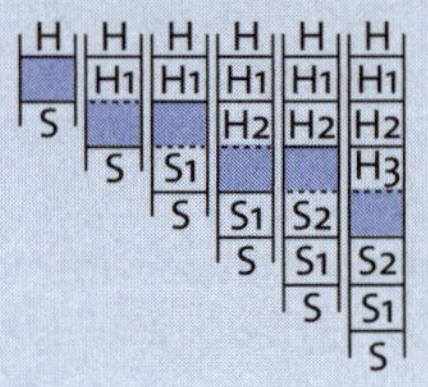

schmalere Seiten radiär ausgerichtet sind. Für meristematische Zellen sind sie ungewöhnlich langgestreckt und stark vakuolisiert. An den Enden sind sie ein- oder doppelseitig zugespitzt. Die Teilungen erfolgen meistens periklin, aber gelegentlich auch antiklin, um den größer werdenden Umfang des Kambiumrings über ein Erweiterungswachstum auszugleichen.

Kambiumzellen sind Stammzellen. Nach einer Teilung bleibt die eine Tochterzelle Kambiumzelle, die andere wird zu einem Derivat. Die Derivatzellen werden meistens abwechselnd nach innen und nach außen zu abgegeben (Abb. 3.3.11). So entstehen lange, radial verlaufende Reihen von Derivaten, die sich schon früh differenzieren. Die Gesamtheit der nach innen abgegebenen Zellen bezeichnet man, auch wenn sie nicht lignifiziert sein sollten, als **Holz** (sekundäres Xylem), die Gesamtheit der nach außen abgegebenen Zellen als **Bast** (sekundäres Phloem).

Die Fusiforminitialen liefern Elemente, die den Transport in Längsrichtung ermöglichen. Der sich weitende Stamm benötigt aber mehr Leitbahnen auch in radialer Richtung. Die primären Markstrahlen allein genügen nicht mehr. Sie werden dadurch funktionell ergänzt, dass sich Fusiforminitialen mehrfach quer teilen und so zu **Strahlinitialen** (Abb. 3.3.10) werden. Sie sind ungefähr isodiametrisch und ihrer Herkunft entsprechend in senkrechten, im tangentialen Längsschnitt spindelförmigen Reihen angeordnet. Sie geben wie die Fusiforminitialen Derivatzellen nach innen und nach außen zu ab, die sich in radialer Richtung verlängern. So entstehen nach innen zu **Holzstrahlen**, nach außen zu **Baststrahlen**. Sie sind um so länger, je früher sie angelegt wurden, und enden blind im Holz bzw. Bast. Tracheidale Elemente (s. Abb. 3.3.12) dienen speziell der Wasserleitung. Interzellularen entlang der Strahlen ermöglichen den Gasaustausch. Markstrahlen können aber auch Speicherorte sein.

Holz

3.3.5.2

Die zellulären Bestandteile des Holzes sind bei **Laubhölzern** die gleichen wie im primären Xylem. Auch sonst gibt es innerhalb des Kambiums keine prinzipiellen Veränderungen. Auffallend ist, dass die Gefäße, insbesondere die Tracheen, im Frühjahr sehr weite Lumina zeigen. Im Lauf des Sommers gehen die Lumina allmählich zurück. Im Herbst werden oft nur noch englumige Tracheiden gebildet. Im nächsten Frühjahr werden mit scharfer Grenze wieder weite Gefäße angelegt. Grund ist, dass beim Austrieb und beim Einsetzen der Transpiration durch die Blätter plötzlich besonders hohe Anforderungen an den Wassertransport gestellt werden. Bei einer deutlichen Grenze im Frühjahr lassen sich die *Jahresringe*, also der jährliche Zuwachs, gut zählen, Grundlage für die *Dendrochronologie*. Nur die Gefäße der äußeren Jahresringe, bei bestimmten Typen sogar nur diejenigen im äußersten Ring, sind funktionsfähig. Oft wachsen blasenartige Gebilde, die Thyllen, aus umgebenden Holzparenchymzellen in stillzulegende Gefäße ein und verstopfen sie.

Das Holz der **Koniferen** ist einfacher gebaut (Abb. 3.3.12). Von den Markstrahlen abgesehen besteht es nur aus *Tracheiden*. Jahresringe finden sich auch hier. *Harzgänge* verlaufen teils längs, in Holzstrahlen auch

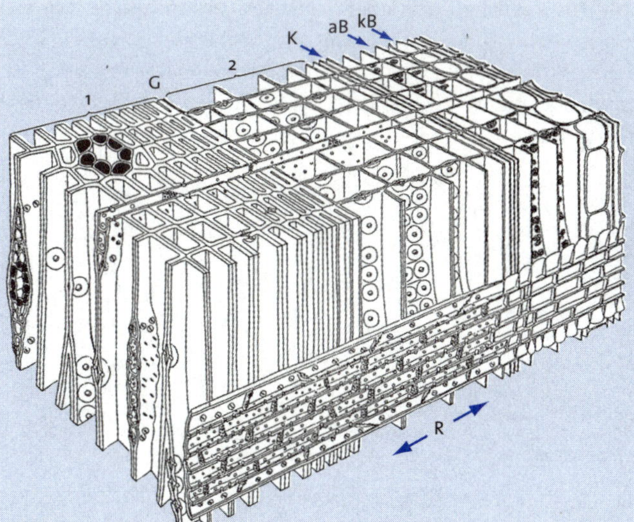

Abb. 3.3.12

Blockdiagramm eines Nadelholzstamms. Spätholz (**1**) mit vertikalem und im Markstrahl links außen horizontalem Harzgang (dunkle Zellen). Auf die englumigen Tracheiden des Spätholzes folgen nach rechts die Grenze des Jahresrings (G) und dann die weitlumigen Tracheiden des Frühholzes (**2**). K Kambium; aB jüngster, aktiver Bast; kB kollabierter Bast; Hoftüpfel finden sich nur in den Radialwänden der Tracheiden, deutlich sichtbar im Frühholz (2). Umso wichtiger werden für den Quertransport die Markstrahlen, von denen einer unten im Radialschnitt längs aufgeschnitten wurde. Im Bereich des Holzes zeigt er oben und unten tracheidale, dazwischen parenchymatische Zellen. R Radiäre Richtung (verändert nach STRASBURGER 1991).

radial und bilden ein zusammenhängendes Netz. Bei Verwundungen fließt Harz aus und ergibt einen Wundverschluss, dessen Terpenoide antiseptisch wirken. Die Stilllegung von Tracheiden erfolgt so, dass sich jeweils der Torus an einen Porus anpresst.

Das äußere, lebende Holz nennt man *Splintholz*. Weiter innen sterben die ohnedies wenigen lebenden Zellen (Holzparenchym bei Laubhölzern) ab. Dieses tote Holz, das man als *Kernholz* bezeichnet, ist oft mit Farbstoffen, Gerbstoffen und anderen Schutzstoffen imprägniert.

3.3.5.3 Bast, Kork und Borke

Im Bereich des Bastes finden beim sekundären Dickenwachstum mehr Veränderungen statt als im Holz. Grund ist die Ausweitung des Stammes (s. Abb. 3.3.2 f). Die primären Markstrahlen passen sich durch ein Erweiterungswachstum (Dilatationswachstum) an. Im Querschnitt werden sie nach außen zu breiter. Am stärksten wird die ganz außen liegende Epidermis gedehnt, die sich überdies kaum teilt. Sie reißt auf und wird durch ein neues Abschlussgewebe, den **Kork** ersetzt. In der äußersten Rindenschicht direkt unter der Epidermis bildet sich ein Folgemeristem, das *Korkkambium* oder *Phellogen* (Abb. 3.3.13). Seine Stammzellen können nach innen zu Zellen abgeben, das meist chloroplastenführende *Phelloderm*. Entscheidend sind nach außen abgegebene radiale Reihen von Korkzellen, das *Phellem*. Es zeigt keine Interzellularen. Dadurch und durch die Auflagerung von Korkstoff (Suberin) bildet sich ein wenig wasserdurchlässiges Abschlussgewebe. Leider lässt es auch kaum Luft durch. Die Durchlüftung wird jedoch über *Lentizellen* gewährleistet: Wo sich Spaltöffnungen befunden hatten, lösen sich die Korkzellen voneinander und werden zu runden Füllzellen, zwischen denen ein Gasaustausch mit tiefer liegenden Rindenschichten möglich ist (Abb. 3.3.13). Die Lentizellen bilden linsenförmige Erhebungen, daher ihr Name (lat. lens = Linse).

Abb. 3.3.13

Lentizellen im Kork des Holunders (*Sambucus nigra*). **a** Zweig mit Lentizellen (»Korkporen«); **b** einzelne Lentizelle im Querschnitt. Pg Phellogen; Pl Phellem; Pd Phelloderm (einschichtig); E Epidermis; F Füllzellen mit Interzellularen (verändert nach TROLL 1973).

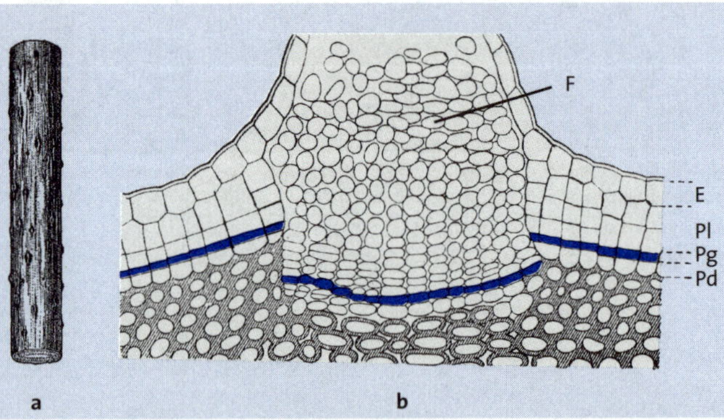

Bei weiterem Dickenwachstum wird die erste, nur kurzlebige Korkschicht gesprengt. Weiter innen bilden sich neue Korkkambien. Gewebe, das außerhalb des jeweils innersten Korkkambiums liegt, bezeichnet man als **Borke**. Durch tangentiale Dehnung wird sie meistens längsrissig.

Funktionen der Sprossachse

3.3.6

Die Sprossachse dient der Festigung, der Speicherung und der Leitung. Dieses Unterkapitel befasst sich nur mit der Leitungsfunktion.

Langstreckentransport von Wasser und Nährsalzen im Xylem

3.3.6.1

Mit dem Wasser werden Mineralsalze, aber auch Phytohormone und gegebenenfalls in erheblichen Mengen Aminosäuren und Zucker transportiert. Man unterscheidet einen *Kurzstreckentransport*, der innerhalb einer Zelle stattfindet, einen *Mittelstreckenstransport* von Zelle zu Zelle innerhalb eines Gewebes und einen *Langstreckentransport*, der definitionsgemäß an Leitgewebe gebunden ist. Kurz- und Mittelstreckentransport des Wassers werden später besprochen (→ Seiten 180, 207). Wir widmen uns hier zunächst dem Langstreckentransport.

Die Kohäsionstheorie des Wassertransports. Die Höhen, die beim Langstreckentransport erreicht werden, sind beachtlich: *Sequoia*-Arten in den USA werden über 100 m hoch, *Eucalyptus*-Arten in Australien sollen die 150-m-Grenze knapp übersteigen. Demgegenüber nehmen sich die rund 50 m Maximalhöhe bei unseren Tannen (*Abies alba*) und Fichten (*Picea abies*) bescheiden aus. Aber auch bei ihnen fragt man sich erstaunt, über welchen Mechanismus der Wasserstrom so hoch aufsteigen kann.

Die Kohäsionstheorie gibt die Erklärung. Was darunter zu verstehen ist, zeigt ein einfacher Versuch (Abb. 3.3.14). Man schließt einen Gipsblock ebenso wie einen Zweig an wassergefüllte Röhren an, die ihrerseits in Schalen mit Quecksilber stehen. Bei Verdunstung wird in beiden Fällen das Wasser in der Röhre hochgesaugt. Das Quecksilber folgt. Eine zusammenhängende Säule aus Wasser und dann Quecksilber bewegt sich nach oben. Kohäsionskräfte sorgen dafür, dass sie nicht abreißt. Im Fall des Wassers gehen sie auf dessen Dipolnatur zurück (Abb. 1.1.2): Plus- und Minuspole der Wassermoleküle binden unter Beteiligung von Wasserstoffbrücken aneinander.

Abb. 3.3.14

Nachweis der Kohäsion. Bei Verdunstung von einem Gipsblock oder bei Transpiration von einem Zweig aus wird ein kohärenter Wasserfaden und dann Quecksilber (schwarz) in einer Glasröhre hochgesaugt (WALTER 1950).

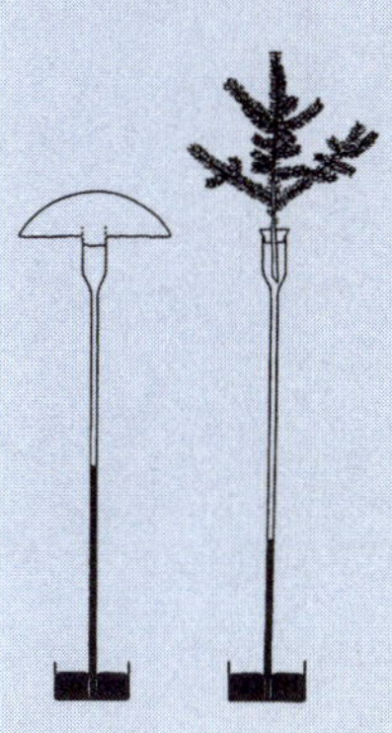

Die Verdunstung erfolgt im Fall des Zweigs über die Transpiration durch die Blattorgane. Darauf wird später eingegangen (→ Seite 191). Nehmen wir es hier als gegeben an, dass es über sie zu einem Wasserdefizit kommt. Zum Ausgleich wird über die Zellen des Blattparenchyms Wasser nachgesaugt. Die Parenchymzellen ihrerseits decken ihr Wasserdefizit aus den feinen Verästelungen des Xylems im Blattbereich, das seinerseits an die Xylembahnen im Stamm und dann in der Wurzel anschließt. Eine »Wassersäule« aus ununterbrochenen Wasserfäden wird von der Wurzel bis zu den transpirierenden Blättern hochgezogen. *Kohäsionskräfte* lassen kein Reißen zu. Hinzu kommt die *Adhäsion* an die Gefäßwände, die ein Loslösen der Wasserfäden verhindert.

Weil die Transpiration die treibende Kraft ist, spricht man gerne von einem »Transpirationsstrom«. Diese Bezeichnung kann irreführend sein, wenn wir die landläufigen Vorstellungen von »Strömen« unterstellen. Denn wesentlich ist, dass über die Transpiration ein *Sog* ausgeübt wird. Folge ist, dass in den Elementen des Xylems *Unterdruck* herrscht. Die mit ausgefeilten Methoden gemessenen Druckgradienten reichen aus, um den Wassertransport bis in die Wipfel der höchsten Bäume zu gewährleisten.

Der Unterdruck bringt aber auch die Gefahr mit sich, dass Luft in die Gefäße gelangt (*Embolie*) und der Wasserfaden reißt. Wenn man Blumen abschneidet, kann das eintreten. Luftblasen können in so viele Gefäße eindringen, dass der Wassertransport blockiert wird und die Blumen welken. Erneutes Abschneiden weiter stängelaufwärts in einem emboliefreien Bereich und unter Wasser bringt Abhilfe. Die Anatomie der Xylemelemente ist im Übrigen auf Unterdruck abgestimmt, ein Beleg für das Zutreffen der Kohäsionstheorie. Das gilt auch für Luftembolie. Bei Dikotyledonen dichten Holzparenchymzellen die Gefäße so ab, dass Luft nur bei größeren Verletzungen eindringen kann. Auch bei Frost kann es zur Embolie kommen, weil Luft beim Gefrieren frei wird. Einzelne Gefäße mit Lufteinschluss werden vom Xylemstrom über Nachbargefäße im »Bypass« umgangen. Bei den Koniferen wird der Torus der Hoftüpfel in Sogrichtung gegen den Porus gepresst. Für Luft, die unter Sog in eine Tracheide gelangt sein sollte, ist dann der Weg in die benachbarte Tracheide blockiert. Zu weiteren Vorkehrungen gegen Unterdruck gehört der tertiäre Ausbau der Endodermis (→ Seite 203). Er verhindert ein Kollabieren bei Unterdruck. Auch die Gefäße sind so ausgesteift, dass sie bei Unterdruck nicht kollabieren.

Wurzeldruck: Keimlingsentwicklung und Knospentreiben von Laubhölzern. Triebkraft hinter dem Langstreckentransport nach der Kohäsionstheorie ist die Transpiration. Nun kann aber ein Ferntransport erforderlich werden, ohne dass die Möglichkeit zur Transpiration gegeben ist, so in der Keimlingsentwicklung und beim Knospentreiben von laubabwerfenden Bäumen. Hier wird der Wurzeldruck eingesetzt.

Abb. 3.3.15

Guttation an Getreidekeimlingen (WALTER 1950).

Immer wieder kann man beobachten, dass bei höherem Feuchtigkeitsgrad der Atmosphäre Wassertröpfchen an Spitzen oder Zähnen von Blättern hängen, etwa bei jungen Gräsern (Abb. 3.3.15), beim Frauenmantel (*Alchemilla* sp.) oder der Kapuzinerkresse (*Tropaeolum majus*). Dabei handelt es sich nicht etwa um Tau, sondern um eine aktive, energieabhängige Ausscheidung, die man als *Guttation* bezeichnet. Sie geht auf einen *Wurzeldruck* zurück. Das kann man dadurch belegen, dass man Keimlinge an der Basis abschneidet; die Wasserausscheidung wird dann über die Schnittfläche fortgesetzt. Vermutlich entsteht der Wurzeldruck dadurch, dass in der Wurzel von Zellen des Holzparenchyms Ionen in die Gefäße abgeschieden werden. Folge ist ein vermehrter Wassereinstrom in diese Gefäße und damit ein Überdruck in ihnen. Der Wasseraustritt erfolgt bei intakten Pflanzen über eigene Drüsen, die *Hydathoden.* Passive Hydathoden wie bei den Gräsern ermöglichen den Austritt des Wassers ohne eigenen Energieaufwand allein auf Basis des Wurzeldrucks. Aktive Hydathoden wie bei der Kapuzinerkresse, Steinbrech-Arten (*Saxifraga* spp.) oder Bohnen (*Phaseolus* spp.) scheiden unter eigenem Energieaufwand osmotisch wirksame Stoffe aus, die dann Wasser nach sich ziehen. Gelöste Mineralsalze können nach Verdunsten des Wassers als Staub oder Krusten zurückbleiben (s. Abb. 1.1.9).

Die Guttation erlaubt es, auch bei höherer relativer Luftfeuchtigkeit einen Wasserstrom aufrecht zu erhalten. Eine solche hohe Luftfeuchtigkeit kann im oder am Boden gegeben sein. Dort durchlaufen Keimlinge ihre ersten Entwicklungsschritte. Im Experiment wuchsen Keimlinge auch bei 100 % relativer Luftfeuchtigkeit maximal, obwohl dann keinerlei Transpiration möglich ist. Für *Keimlinge* kann deshalb der Wurzeldruck für den Wassertransport ausschlaggebend sein.

Der Druck einer Wassersäule von 10 m Höhe beträgt 0,1 MPa. Aber nicht nur sie müsste angehoben werden, sondern auch Strömungsgeschwindigkeiten und -widerstände sind zu berücksichtigen. Der Wurzeldruck bleibt meist unter 0,1 MPa. Für Keimlinge wäre er damit ausreichend. Allerdings kann er bis zu 0,6 MPa erreichen. Dann könnte er auch für das *Knospentreiben laubabwerfender Bäume* wichtig werden. Im blattlosen Zustand gibt es bei ihnen keine nennenswerte Transpiration. Wenn man das Xylem verletzt, treten jedoch erhebliche Mengen an »Blutungssaft« aus, der reichlich Zucker oder auch Aminosäuren enthalten kann. Beim Zucker-Ahorn (*Acer saccharum*) Nordamerikas fängt man den Xylemsaft ab und dickt ihn zu »maple syrup« oder Blockzucker ein. Holzparenchymzellen scheiden Assimilate in die Gefäße aus. Xylemsaft des Zucker-Ahorns enthält dann 2 bis 7 % Saccharose. Bei anderen Baumarten sind die Werte niedriger, betragen aber oft immer noch knapp 1 %. Die osmotischen Werte sind entsprechend hoch. Im Wurzelbereich wird dann so viel Wasser in die Gefäße gesaugt, dass es zum »Blutungsdruck« kommt. Man nimmt an, er könne ausreichen, das Knospentreiben zu ermöglichen.

3.3.6.2 Langstreckentransport von Assimilaten im Phloem

Der Langstreckentransport von Assimilaten findet im Phloem statt, und zwar im Prinzip nach der MÜNCHschen Druckstromtheorie.

Abb. 3.3.16

Aphidentechnik. Eine Blattlaus hat eine Siebröhre angebohrt. Danach wird das Tier betäubt und so abgeschnitten, dass der Saugrüssel stehen bleibt. Der aus dem Rüssel unter Druck ausströmende Siebröhreninhalt wird gesammelt (HESS 1999).

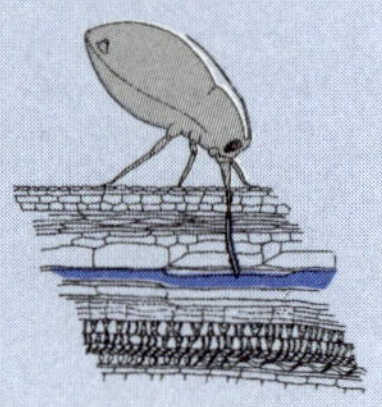

Art der transportierten Stoffe. Die *Aphidentechnik* ermöglicht genaue Aussagen zu den im Phloem transportierten Stoffen. Die Blattläuse stechen Siebröhren an (Abb. 3.3.16). Die Tiere werden betäubt und am Rüsselansatz abgeschnitten. Aus den in der Pflanze verbliebenen Rüsseln strömt der Siebröhreninhalt aus und kann gesammelt werden. Das Ausströmen erfolgt unter Druck, ein Hinweis auf den Transportmechanismus.

Die transportierten Stoffe bestehen zu über 90 % des Trockengewichts aus Zuckern, vor allem Saccharose, oft auch Raffinose (Galactose-(6→1) α-Saccharose). Hinzu kommen Aminosäuren, die verschiedensten niedermolekularen organischen Stoffe, in geringeren Mengen auch Proteine.

Alle »klassischen« Phytohormone können nicht nur im Xylem, sondern auch im Phloem transportiert werden.

Die Druckstromtheorie. Schon 1926 stellte MÜNCH eine Druckstromhypothese (Abb. 3.3.17) zum Transport im Phloem auf, für deren Zutreffen die meisten seither gewonnen Daten sprechen. Ihr zufolge gibt es von den Stellen des Beladens der Siebröhren, der »source«, eine Massenströmung zu den Stellen des Entladens an den Orten des Verbrauchs oder der Speicherung, dem »sink«. An den Beladungsstellen weisen die Siebröhren einen hohen, an den Entladungsstellen einen niedrigen osmotischen Wert auf. An den Beladungsstellen wird dann Wasser durch selektiv permeable Membranen nachgesogen. Es entsteht ein Überdruck, der die Massenströmung zu den Entladungsstellen in Gang setzt. Nach ihrer Entladung kann Wasser die Siebröhren verlassen und z.B. ins Xylem übertreten. Die Strömung selbst erfolgt ohne zusätzlichen Energieaufwand allein nach physikalischen Gesetzmäßigkeiten. Voraussetzung ist eine selektiv permeable Membran, die das System nach außen abdichtet. Sie ist mit dem Plasmalemma gegeben, das auch die sonst degradierten Siebröhren noch aufweisen.

Die Strömung läuft allerdings nicht von der Beladungsstelle, etwa den Blättern, kontinuierlich zur Entladungsstelle in z.B. einer Speicherwurzel durch. Dann wäre es überflüssig, auf der ganzen Strecke Geleitzellen beizubehalten, über die Beladungen möglich sind. Vielmehr ist während der gesamten Strömungsstrecke ein Nachschub oder eine Abgabe von Wasser oder auch eine erneute Beladung mit Assimilaten möglich, um den Strom zu unterhalten. Das System ist also funktionell gegliedert.

Beladung und Entladung des Phloems. Die Druckströmung selbst erfordert wie erwähnt keinen zusätzlichen Energieaufwand. Aber für das Be- und teilweise auch für das Entladen, beides Vorgänge eines Kurzstreckentransports, kann er erforderlich sein. Dann spricht man von *aktivem* Beladen bzw. Entladen.

Beladen und Entladen können über den Apoplasten (apoplastisch) oder den Symplasten (symplastisch) erfolgen. *Beladungsstellen* sind vor allem photosynthetisch aktive Laubblätter, aber auch Speicherorgane, deren Inhalt mobilisiert wird. *Entladungsstellen* sind Speicherorgane wie Stamm, Rhizome, Knollen, Wurzel, Früchte oder Wachstumszonen für Spross, Wurzel und Blüten. Wie die Aufzählung zeigt, ist der Phloemtransport in allen Richtungen möglich.

Für das aktive *Beladen* kennt man mehrere Möglichkeiten. Saccharose, das häufigste Transportkohlenhydrat, wird apoplastisch in die Siebröhren eingebracht (Abb. 3.3.17). Im Blatt gelangt sie von photosynthetisch

Abb. 3.3.17

Modell der Druckstromtheorie. Als Assimilat wurde der häufigste Transportstoff Saccharose (S) angegeben. S wandert von photosynthetisch aktiven Source-Zellen unter erheblichem »Source-Druck« über Plasmodesmen bis zum Geleitzellen-Siebröhren-Komplex. Dort kommt es zum Beladen der Siebröhren. Die Leitung über Plasmodesmen findet dann ein Ende, wenn sie gegen ein Konzentrationsgefälle erfolgen müsste. Die Plasmamembran der letzten Source-Zelle kann S noch ohne zusätzlichen Energieaufwand mit Hilfe eines S-Translokators passieren. Doch das Plasmalemma der anschließenden Geleitzelle kann nur mit Hilfe eines S-H^+-Symporters (s. S. 34) unter Energieaufwand überwunden werden. Aus der Geleitzelle gelangt S dann durch die reichlich vorhandenen Plasmodesmen in die Siebröhre. Außerdem kann S aber auch über Symporter direkt in die Siebröhre importiert werden. Wasser strömt in die Siebröhren nach. An der Beladungsstelle entsteht ein Überdruck, der zu einem Druckstrom führt, im Beispiel abwärts. Auf der Transportstrecke kann es zu zusätzlichem Beladen mit Hilfe von S-H^+-Symportern kommen. An der Entladungsstelle kann S durch besonders leicht gängige Plasmodesmen in Sink-Zellen von Wachstumszonen gelangen. Bei Speicherorganen wird sie in den Apoplasten transloziert und dort durch eine Invertase in Glucose und Fructose zerlegt. Beide Zucker werden durch für sie spezifische Monosaccharid-H^+-Symporter in die Sink-Zelle eingebracht. Aus der Siebröhre tritt Wasser aus und kann letztlich wieder ins Xylem und damit in den Transpirationsstrom gelangen. Das Plasmalemma mit Translokatoren wurde eingezeichnet. Darum herum liegt der grau gehaltene Apoplast. Blaue Kreise: passive Translokatoren; blau gefüllte Kreise: aktive S-H^+-Symporter; hellblau: Monosaccharid-H^+-Symporter; P Plasmodesmen; IN Invertase, F Fructose, G Glucose (in Anlehnung an WILLIAMS et al. 2000).

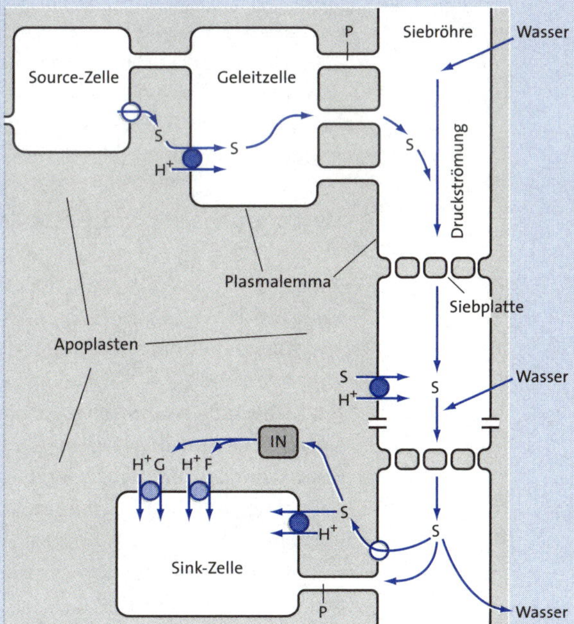

aktiven Source-Zellen über Plasmodesmen zum Geleitzellen-Siebröhren-Komplex. Wegen des hohen Saccharosedrucks von den Source-Zellen kann die Saccharose über Translokatoren das Plasmalemma der letzten Source-Zelle noch ohne Energieaufwand passieren. Das Plasmalemma der Geleitzelle wird dann mit Hilfe eines *saccharosespezifischen H^+-Symporters* (s. Abb. 1.3.7 f) überwunden. Aus der Geleitzelle gelangt die Saccharose über reichlich vorhandene, speziell gebaute Plasmodesmen in die Siebröhre. Anstatt über die Geleitzelle kann der Saccharose-H^+-Symport aber auch direkt in die Siebröhre erfolgen.

Die *Entladung* des Phloems (Abb. 3.3.17) kann *symplastisch* über Plasmodesmen erfolgen, so in Wachstumszonen wie der Spross- oder der Wurzelspitze. Die betreffenden Plasmodesmen sind für Assimilate leichter passierbar als sonstige Plasmodesmen. Ein Energieaufwand scheint zumindest für die ersten Schritte nicht erforderlich zu sein. In Speicherorganen verläuft das Entladen *apoplastisch*. Für Saccharose gibt es dabei verschiedene Möglichkeiten, z.B. folgende: Die über die Siebröhren herantransportierte Saccharose diffundiert zunächst in die Zellwand zu einer angrenzenden Sink-Parenchymzelle. In der Zellwand wird sie durch Invertase in Glucose und Fructose gespalten. Beide Zucker werden dann mit Hilfe von glucose- bzw. fructosespezifischen H^+-Symportern durch das Plasmalemma in die Parenchymzelle eingebracht – also unter Energieaufwand wie beim Import von Saccharose in Geleitzellen.

Beladen und Entladen sind die notwendige Ergänzung für die originäre Druckstromhypothese: Über das Beladen wird der namengebende Druck geschaffen, über das Entladen gegebenenfalls ein Sog. Beide zusammen ermöglichen die Massenströmung.

3.3.7 Metamorphosen des Sprosses

Bislang hatten wir uns die Sprossachse als vereinfachten Typus vorgestellt (s. Abb. 3.3.1). Doch damit werden wir ihr nicht gerecht. Denn es gibt für sie die verschiedensten, funktionell bedingten Metamorphosen.

3.3.7.1 Verzweigung und Sprossaufbau

Apikaldominanz und Verzweigung. Im Gipfel von Fichten beobachtet man immer wieder, dass sich nach Fortfall des Haupttriebs ein Seitentrieb aufrichtet und die Funktion des bisherigen Haupttriebs übernimmt. Offensichtlich hatte der Haupttrieb eine derartige Entwicklung verhindert. In der Tat bestimmt das Apikalmeristem das Verhalten von Seitentrieben und damit die Verzweigung über Phytohormone, vor allem IAA. Man spricht hier von *Apikaldominanz*. Wenn man z.B. bei der Buntnessel die Sprossspitze entfernt, treiben die Seitenknospen aus (Abb. 3.3.18).

Ersetzt man die Sprossspitze durch IAA-haltige Lanolinpaste, unterbleibt das Austreiben. Der Wirkungsmechanismus der IAA ist umstritten. Diskutiert wird, dass IAA ihre Hemmwirkung über die Induktion der Ethylensynthese ausüben könnte (→ Seite 120). Cytokinine fördern das Austreiben.

In der Natur kann die Apikaldominanz verschieden stark ausgeprägt sein. Ist sie absolut, treiben wie bei der Sonnenblume überhaupt keine Seitenknospen aus; ist sie schwächer, treiben Seitenknospen weiter unten am Spross aus; ist sie kaum vorhanden, kommt es zum Auswachsen auch der Seitenknospen oben am Spross. Außerdem können sich die Seitenknospen unterschiedlich stark entwickeln. Die Apikaldominanz ist ein Beispiel für Positionsinformationen bzw. für Korrelationen zwischen verschiedenen Pflanzenteilen.

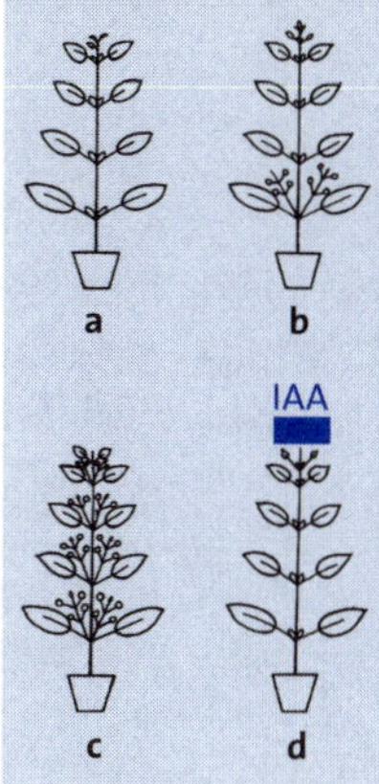

Abb. 3.3.18

Apikaldominanz. Das Wachstum der Seitenknospen kann völlig (**a**) oder nur in der Nähe des SAM (**b**) blockiert sein. Entfernt man das SAM, erlischt die Apikaldominanz (**c**). Aufbringen von IAA auf die Schnittfläche stellt sie wieder her (**d**). Derartige Versuche wurden u.a. an der Buntnessel (*Coleus blumei*) durchgeführt (verändert nach Black und Edelmann aus Hess 1999).

Sprossaufbau (Abb. 3.3.19). Wenn die Hauptachse während der Lebenszeit stets gegenüber den Seitenknospen dominiert, entsteht ein *Monopodium* mit einer durchgehenden Hauptachse wie bei Fichte, Lärche oder auch der Esche. Die Hauptachse kann ihr Wachstum aber auch nach einer Vegetationsperiode einstellen, und Seitenknospen wachsen zu einer neuen Hauptachse aus. Dann liegt ein *Sympodium* vor. Sympodien finden sich bei den meisten unserer Laubbäume.

Lang- und Kurztriebe. Eine Sprossachse mit gestreckten Internodien bezeichnet man als *Langtrieb*. Bleiben Seitenachsen gestaucht, nennt man sie *Kurztriebe*. Kurztriebe mit zahlreichen Nadeln weist z.B. die Lärche (Abb. 3.3.20) auf.

Funktionswechsel

3.3.7.2

Sprosse können über entsprechende Metamorphosen die Funktionen anderer Organe übernehmen. Einige wenige Beispiele müssen genügen.

Sprosse mit Blattfunktionen. Die Photosynthese ist eine charakteristische Funktion des Blattes. Sprosse von Kräutern sind meist grün und photosynthetisch tätig. Bei *geflügelten Sprossen* sind die Kanten des Sprosses blattartig ausgezogen. Beim Flügelginster (Abb. 3.3.21 a) tragen sie die Hauptlast der Photosynthese, denn die Blätter sind stark reduziert. Noch kleiner sind die Blätter bei blattartigen Sprossen. *Blattartige Kurztriebe, Phyllokladien*, findet man beim Mäusedorn (*Ruscus*; Abb. 3.3.21 b). Dass es sich um Kurzsprosse handelt, erkennt man daran, dass sie in den Achseln von kleinen Tragblättchen stehen, und dass sich mitten aus dem »Blatt« in der Achsel von Tragblättchen eine Blüte und später eine deko-

Abb. 3.3.19

Monopodium (**a**) und Sympodium (**b**). Beim Monopodium verläuft die Hauptachse bis zur Spitze. Beim Sympodium (hier wurde die bei Hölzern wichtigste Variante wiedergegeben) endet die Hauptachse in einer Seitenknospe, und eine bisherige Seitenknospe stellt jeweils die neue Hauptachse. Bei jüngeren Trieben lässt sich erkennen, dass beim Monopodium die Seitenknospen in Blattachseln sitzen. Beim Sympodium sitzen die Seitenknospen den Blättern gegenüber, ein brauchbares Unterscheidungsmerkmal (verändert nach OEHLKERS 1956).

Abb. 3.3.20

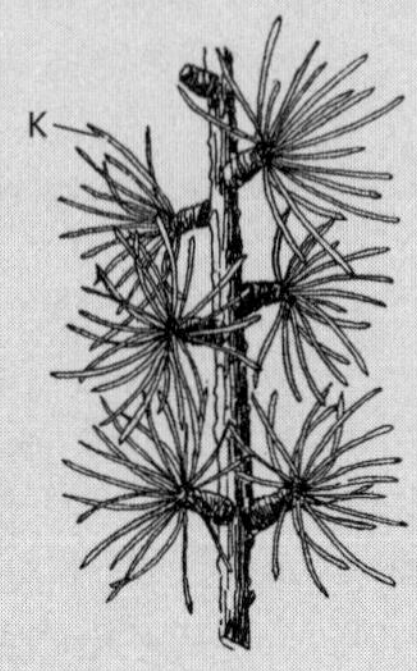

Kurztriebe (K) bei der Lärche (*Larix decidua*). Ein Ausschnitt aus einem älteren Zweig wird abgebildet. Die Lärche wächst als Monopodium (verändert nach WALTER 1950).

Abb. 3.3.21

Blattartige Sprosse. **a** Flügelginster (*Genista sagittalis*), nichtblühend, mit blattartig ausgezogenen Sprossachsen (Sa). **b** Ausschnitt aus einem Trieb des Mäusedorns (*Ruscus aculeatus*). Auf der Mitte der Phyllokladien sitzen Blüten. **c** Kladodien-Büschel bei einem Spargel (*Asparagus*). **d** Platykladien mit Areolen (Ar) und Blüte (Bl) bei einer Opuntie (*Opuntia*) (teils verändert nach a BELL 1994, b WALTER 1950, c GUTTENBERG 1952, d TROLL 1973).

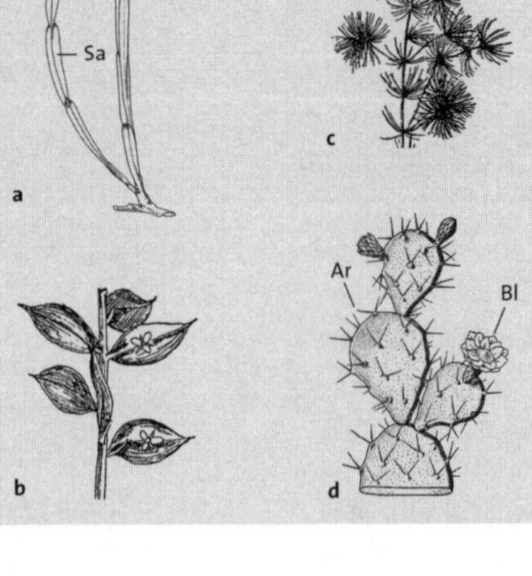

Abb. 3.3.22

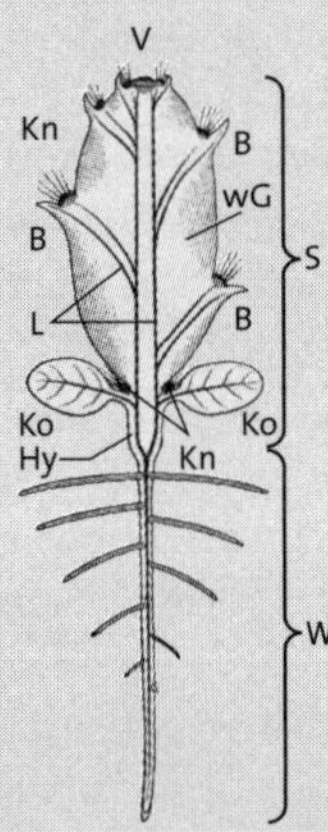

Schema der Kakteenform. Sie lässt sich leicht von der Urpflanze (s. Abb. 3.3.1) ableiten: die Rinde wird zum wasserspeichernden Gewebe (wG) und die Seitenknospen (Kn) mit ihren Blättern zu Dornbüscheln (Areolen); die Blätter (B) sind nur als Rudimente oder überhaupt nicht mehr vorhanden. Zum besseren Vergleich werden Abkürzungen wie bei der Urpflanze verwendet: V Vegetationskegel; Ko Kotyledone; Hy Hypokotyl; L Leitbündel; S Spross; W Wurzel (verändert nach TROLL 1973).

rative rote Beere entwickelt. Bei Spargel-Arten (*Asparagus*) werden die Phyllokladien nadelartig und heißen dann *Kladodien* (Abb. 3.3.21 c). Zudem sind sie zu Büscheln gehäuft. *Blattähnliche Langtriebe* nennt man *Platykladien*. Bei Opuntien z.B., einem Kaktusgewächs, sitzen die Internodien von Langtrieben als Platykladien scheibenartig übereinander (Abb. 3.3.21 d).

Platykladien finden sich im Prinzip auch bei *Stammsukkulenten*, nur dass hier der Sprosscharakter von der Sukkulenz stark überlagert wird. Bekannte Stammsukkulenten stellen die Kaktusgewächse der Neuen Welt (die Opuntien im Mittelmeergebiet sind dort verwildert), aber auch verschiedene Wolfsmilchgewächse. Bei beiden Familien speichert der verdickte Spross nicht nur Wasser, sondern ist auch photosynthetisch tätig. Die Blätter sind zu Blattdornen reduziert, die zur Unterscheidung der äußerlich oft sehr ähnlichen Formen dienen können. Bei Kakteen finden sich Dornbüschel, die Areolen. Sie entsprechen den Blättern von achselständigen Kurztrieben (Abb. 3.3.22). Bei Wolfsmilchgewächsen stehen an den Kanten oft zwei Dornen nebeneinander, bei denen es sich um umgewandelte Nebenblätter handelt.

Konvergenz, Analogie und Homologie. Wenn in Anpassung an die Umwelt Angehörige systematisch verschiedener Gruppen gleiche Merkmale ausbilden, spricht man von *Konvergenz*. Ein Beispiel dafür sind die Kaktus- und Wolfsmilchgewächse, die beide in Anpassung an eine trockene Umgebung stammsukkulente Formen entwickelten. Ein Beispiel für biochemische Konvergenz findet sich bei der Biosynthese der Chinolinsäure (→ Seite 109).

Definition

Homologie: gleiches Grundorgan → unterschiedliche Gestalten.

Analogie: verschiedene Grundorgane → ähnliche Gestalt.

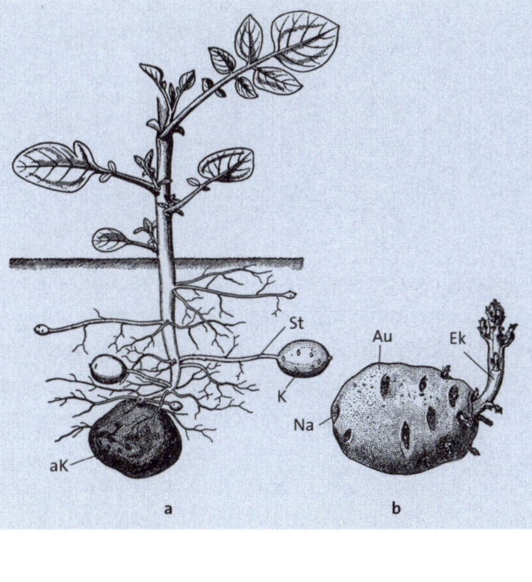

Abb. 3.3.23

Kartoffelpflanze (*Solanum tuberosum*) mit Sprossknollen. **a** Pflanze mit Stolonen (St) deren Enden Knollen (K) unterschiedlichen Alters tragen. Ganz unten die alte Knolle (aK), aus der sich die Pflanze entwickelt hatte. **b** Knolle im Austrieb. Na Nabel, über den die Knolle mit dem Stolon verbunden war; Ek Endknospe, dem Nabel polar entgegengesetzt, im Austrieb; Au Augen (Seitenknospen), die zu treiben beginnen (verändert nach TROLL 1973).

Box 3.3.2

Hormonelle Steuerung der Bildung von Kartoffelknollen

Abb. 3.3.24

Bildung von Stolonen und Knollen bei der Kartoffel (*Solanum tuberosum*). **a** Normale Pflanze. **b** Entfernung der Sprossspitze; die Stolonen durchbrechen das Erdreich und werden zu normalen Seitenzweigen ohne Knollen. **c** IAA (Indol-3-acetic acid) wird anstelle der entfernten Sprossspitze aufgetragen (GA wirkt ähnlich). Die Situation wird normalisiert (wie in a). **d** Sprossspitze und Wurzeln werden entfernt. Die Stolonen bleiben unterirdisch, bilden aber höchstens Ansätze von Knollen. **e** Mutmaßliches Zusammenspiel der Phytohormone (nach Black und Edelman aus Hess 1981).

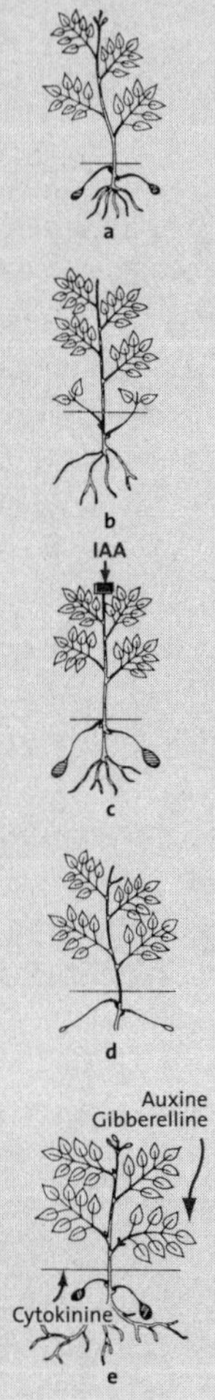

Entfernt man die Spitze der Kartoffelpflanze (Abb. 3.3.24 a, intakte Pflanze), so wird die Apikaldominanz aufgehoben. Die Stolonen brechen durch die Erdoberfläche und werden zu normalen Seitensprossen. Kartoffeln werden an ihnen ebensowenig gebildet wie sonst an der oberirdischen Pflanze (b). Die Spitze lässt sich, wie oft bei der Apikaldominanz, durch IAA und GA ersetzen (c). Entfernt man außer der Spitze auch die Wurzeln, bleiben die Stolonen wieder unter der Erde. Aber Knollen werden höchstens ansatzweise gebildet (d). Wurzeln sind ein zentraler Bildungsort für Cytokinine, die das Austreiben von Seitenknospen fördern. Beim Fehlen der Wurzeln bleiben die Stolonen deshalb unterirdisch. Aber mit den Cytokininen fehlt nun auch ein wichtiger Faktor für die Knollenbildung. Offensichtlich wird das Verhalten der Stolonen und die Knollenbildung über ein Zusammenspiel von IAA und GA einerseits und Cytokininen andererseits gesteuert (e): Die Cytokinine sind wesentlich an der Knollenbildung beteiligt, würden aber auch bewirken, dass die Stolonen das Erdreich als normale knollenfreie Seitentriebe durchbrechen. IAA und GA verhindern das und wirken außerdem auch bei der Knollenbildung mit.

Werden vom *gleichen* Grundorgan aus in Anpassung an die Umgebung unterschiedliche Formen ausgebildet, spricht man von *Homologie*. Phyllokladien und Platykladien sind normalen Sprossen homolog. Wenn dagegen *verschiedene* Grundorgane ähnliche Formen annehmen, liegt eine *Analogie* vor. Phyllokladien und Laubblätter sind einander analog.

Sprosse mit Wurzelfunktionen. Sprosse sind wie die Wurzel oft Speicherorgane. Sie können dabei aber auch unterirdisch verlaufen und außerdem über die Bildung sprossbürtiger Wurzeln der Nährstoffaufnahme und der Verankerung im Boden dienen. Damit übernehmen sie wurzeltypische Funktionen. *Rhizome* oder Wurzelstöcke sind derartige unterirdische Sprosse. Sie wachsen wie oberirdische Sprosse monopodial oder sympodial, aber in der Horizontale.

Kartoffeln sind unterirdische Sprossknollen (Abb. 3.3.23). An der unterirdischen Hauptachse der Ausgangspflanze treiben Seitensprosse zu ebenfalls unterirdischen Ausläufern (Stolonen) aus. Am Ende der Ausläufer bilden sich Sprossknollen, die Kartoffeln. Ihr Sprosscharakter lässt sich schon an den »Augen« erkennen, bei denen es sich um Seitenknospen handelt. Aus der Endknospe der Knolle, die auch Endknospe des Stolons ist, wird sich im nächsten Jahr eine neue Pflanze entwickeln, bei uns nach frostfreier Lagerung. Bei der Bildung der Kartoffelknolle findet sich ein Zusammenspiel von IAA und GA mit Cytokininen (Box 3.3.2).

Fragen

(Seitenverweise zur Beantwortung)

- 1 Was versteht man unter einer antiklinen, was unter einer periklinen Zellteilung? (S. 167).
- 2 Wie definieren Sie eine Stammzelle? (S. 167).
- 3 Nennen Sie Eigenschaften eines Grundgewebes! (S. 168).
- 4 Geben Sie Gemeinsamkeiten und Unterschiede von Tracheen und Tracheiden an! (S. 170).
- 5 Was ist der Torus in einem doppelt behöften Tüpfel? (S. 170).
- 6 Welche wichtige Zellorganelle finden Sie in ausdifferenzierten Siebröhren nicht? (S. 171).
- 7 Schildern Sie den wichtigsten Leitbündeltyp bei Dikotyledonen! (S. 172).
- 8 Beschreiben Sie das Aussehen einer Fusiforminitiale im tangentialen Längsschnitt! (S. 173).
- 9 Was sind Holz-, was sind Baststrahlen? (S. 174).
- 10 Welches sind die wichtigsten wasserleitenden Elemente im Koniferenholz? (S. 175).
- 11 Was versteht man unter einer Lentizelle? (S. 176).
- 12 Welche Theorie macht den auf die Transpiration zurückgehenden Langstreckentransport des Wassers verständlich? (S. 177).
- 13 Was versteht man unter aktiven Hydathoden? (S. 179).
- 14 Wie kommt es zur Druckströmung in Siebröhren? (S. 180 ff.).
- 15 Definieren Sie den Begriff »Apikaldominanz«! (S. 182).

3.4 | Bildung, Bau und Funktionen des Blattes

Inhalt

Zunächst werden die Bildung der Blätter aus Primordien im SAM und ihr Bautyp behandelt. Die erste Hauptfunktion der grünen Blätter, die Photosynthese, wurde schon besprochen. Die zweite Hauptfunktion ist die Transpiration, die überwiegend stomatär erfolgt. Bau und Funktion der Schließzellen bzw. Spaltöffnungsapparate, die dafür zuständig sind, werden geschildert. Von den Metamorphosen des Blattes ist die Xeromorphie besonders wichtig.

3.4.1 | Bildung der Laubblätter

Die *Blattanlagen* (*Blattprimordien*) werden vom SAM aus gebildet. Sie werden am Vegetationskegel als Höcker sichtbar, die nach unten zu größer werden (Abb. 3.4.1). Das für ihr Wachstum zuständige Blattmeristem entsteht in peripheren Zellschichten, also exogen. Bei den Dikotyledonen kommt es zuerst zu vermehrten antiklinen Teilungen in der L2, danach auch zu periklinen Teilungen. Die Lage der Blattprimordien im SAM geht auf ein Sperreffektmuster zurück (Box 3.4.1).

Größere Blattprimordien sind nicht mehr vollmeristematisch. Ihr Wachstum erfolgt zunächst über ein Blatt-Apikalmeristem (Abb. 3.4.3). Doch bei Angiospermen verlagert sich die meristematische Zone bald an die Basis der Blattanlage. Dort teilt sie sich in eine Wachstumszone für das Oberblatt und eine für das Unterblatt. Bei Monokotyledonen bleibt es bei der Zweigliederung; bei Dikotyledonen, die einen Blattstiel ausbilden, gibt die Wachstumszone für das Oberblatt noch einen meristematischen Bereich für die Stielausbildung ab. Randliche Meristeme übernehmen das Breitenwachstum. Sie bleiben als meristematische Reste in denjenigen Randbereichen länger aktiv, die zu seitlichen Auswüchsen der Blattspreite werden.

Mit fortschreitender Entwicklung wird bei Monokotyledonen das Unterblatt betont. Es wächst zu der stark ausgeprägten Blattscheide aus. Das Oberblatt ist bei

Abb. 3.4.1 |

Vegetationskegel, angeschnitten. Die Blattanlagen gehen von L2 aus (HESS 1981).

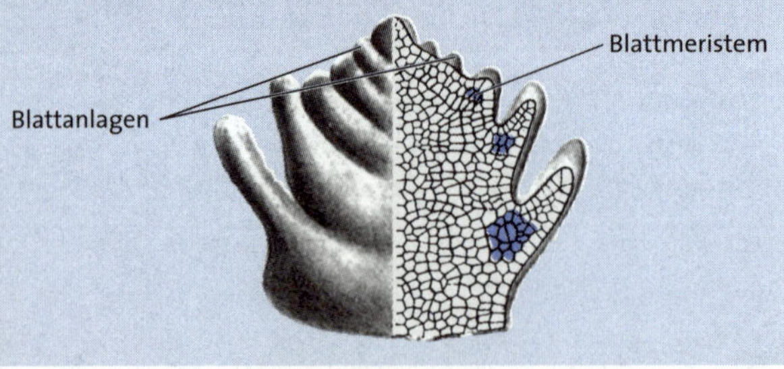

Box 3.4.1

Blattprimordien, Sperreffektmuster und Blattstellung

In den Achseln der Blattprimordien entwickeln sich die Anlagen für Seitenknospen. Die Frage muss sein, warum sich dort, wenn schon Raum dafür gegeben ist, nicht neue Blattprimordien bilden. Die Ursache ist ein *Sperreffekt*, den bereits vorhandene Blattprimordien auf die Ausbildung neuer Blattprimordien ausüben: Es liegt ein für Meristemoide typischer Positionseffekt vor. Bei solchen *Meristemoiden* handelt es sich um teilungsaktive Zellgruppen, die innerhalb differenzierter Gewebe liegen. Im Gegensatz zu Meristemen führen sie keine Stammzellen, denn ihr gesamtes Zellmaterial geht in Dauergewebe über. Meristemoide mit Sperreffekten finden sich auch bei der Spaltöffnungsentwicklung oder der Bildung von Haaren an Spross und Wurzel. Physiologische Untersuchungen an Vegetationskegeln von Farnen und genetische Befunde an Mutanten der Schmalwand (*Arabidopsis*) zeigten, dass tatsächlich eine Hemmung vorliegt und nicht etwa eine Konkurrenz um Nährstoffe.

Neue Blattprimordien bilden sich erst am Rand eines Hemmfelds, das vom Umriss der vorhandenen Primordien und der Hemmstärke abhängt. Die Sperreffektmuster bedingen damit *unterschiedliche Blattstellungen* (Abb. 3.4.2). Da sich in den Achseln der Blattprimordien Anlagen für Seitentriebe entwickeln, kann auch die Stellung der Seitentriebe und damit die gesamte Wuchsform bestimmt werden.

Abb. 3.4.2

Hypothese zur Entstehung von Blattstellungen durch Sperreffekte, die von Blattprimordien ausgehen. Die Primordien sind schwarz abgebildet, sie sind umgeben von Hemmfeldern. Oben Aufsicht, darunter Blattstellungsdiagramme. **a** schraubige, **b** kreuzweise gegenständige, **c** wechselständige Blattstellung (nach von Denffer aus Kühn 1965).

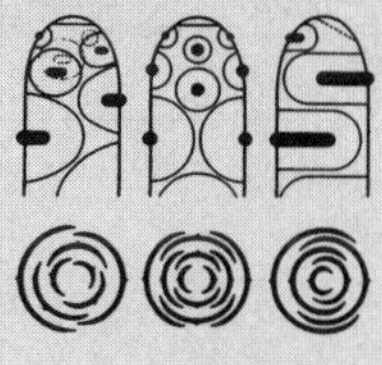

Monokotyledonen meist länglich und ungegliedert. Bei Dikotyledonen können stark gegliederte Spreiten gebildet werden. Das Unterblatt wird hier zum Blattgrund. Dabei kann es sich um ein Polster, eine Scheide, aber auch um zwei Nebenblätter handeln (Abb. 3.4.3).

Die jungen Blätter eilen den auf gleicher Höhe befindlichen Sprossabschnitten in der Differenzierung voraus. Auf ihrer Außenseite strecken sie sich stärker als auf ihrer Innenseite, sodass sie sich schützend über dem Vegetationskegel zusammenneigen.

3.4.2 Anatomie der Blattspreite

Je nach der Anordnung der Gewebe im Blattquerschnitt unterscheidet man bifaziale, äquifaziale und unifaziale Blätter (Abb. 3.4.4). Der Normaltyp ist *bifazial*, d.h. Unter- und Oberseite sind verschieden. *Äquifaziale* Blätter zeigen auf der Ober- und Unterseite die gleiche Ausbildung, vor allem auch Palisadenparenchym. Die Blattmitte mit den Gefäßen ist wie beim bifazialen Typ gestaltet. *Unifaziale* Blätter entstehen dadurch, dass (meistens) die Unterseite so stark wächst, dass sie über Zwischenstufen schließlich die *eine*, gesamte Oberfläche bildet.

Im Querschnitt des bifazialen Normaltyps (Abb. 3.4.5) erkennt man folgende Zellschichten, wobei man das zwischen der oberen und der unteren Epidermis liegende Gewebe aus Palisaden- und Schwammparenchym als *Mesophyll* zusammenfasst:

- die **obere Epidermis**, die von einer *Cuticula* überzogen ist, die über die Zellgrenzen hinweg eine zusammenhängende Schicht bildet. Außerdem können die Außenwände der Epidermiszellen stark cutinisiert sein. Eine Transpiration über sie wird dadurch erheblich reduziert. In Aufsicht gesehen können sich die Zellwände so verzahnen, dass die Verbindung sehr fest wird (Abb. 3.4.6). Die Epidermiszellen führen von Sonderfällen abgesehen keine oder nur wenige ausdifferenzierte Chloroplasten.
- das **Palisadenparenchym**, das aus meist zwei Schichten länglicher Palisadenzellen besteht, die parallel zueinander und senkrecht zur Blattoberfläche gestellt sind. Schneidet man sie quer, sind sie rundlich. Interzellularen finden sich längs der Palisaden. Sie führen reichlich Chloroplasten und sind damit die wichtigsten Orte der Photosynthese. Bei einer gegebenen Art kann es Unterschiede in der Ausbildung des Palisadenparenchyms geben: Bei schwacher Belichtung entwickeln sich *Schattenblätter* mit nur einer Palisadenschicht anstelle der zwei Schichten in *Sonnenblättern* (Abb. 3.4.7). Bei vielen Alpenpflanzen werden sogar drei Schichten Palisaden ausgebildet, um die starke Einstrahlung voll für die Photosynthese nutzen zu können.
- das **Schwammparenchym** aus sternartig verzweigten Zellen, zwischen denen deshalb reichlich Interzellularen zu finden sind. Über die Interzellularen wird der Gasaustausch erleichtert. Das gilt besonders für den *Hinterhof* der Spaltöffnungen. Die Zellen führen ebenfalls Chloroplasten. Deren Dichte ist jedoch geringer als im Palisadenparenchym.
- die **untere Epidermis.** Sie ist einschließlich der Cuticula wie die obere Epidermis gebaut. Doch

Abb. 3.4.3

Meristemverlagerung in den Blattanlagen von Angiospermen. **a** Die meristematische Zone verlagert sich an die Basis. **b** Bei Monokotyledonen teilt sich die meristematische Zone in eine weiterhin basale Zone für das Unterblatt (U) und eine interkalare Zone für das Oberblatt (O). **c** Bei Dikotyledonen gibt es entsprechend ein basales Meristem für den Blattgrund (G) und ein interkalares Meristem für das Oberblatt (O). Doch dieses kann noch ein zweites interkalares Meristem für den Stiel (St) abgliedern (verändert nach RAUH aus OEHLKERS 1956).

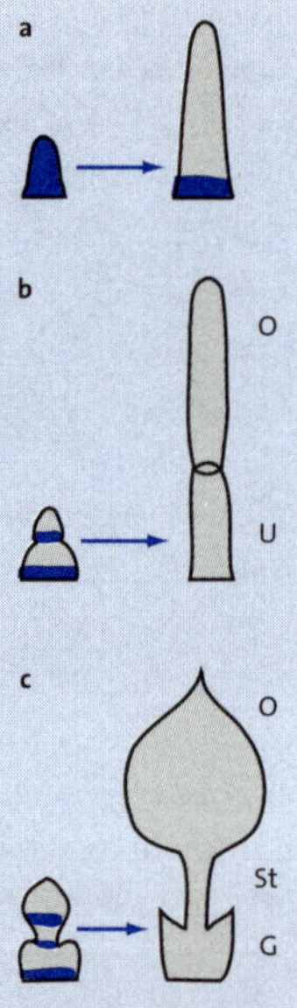

Abb. 3.4.4

Schema des Blattaufbaus (Querschnitte). **a** bifazial; **b** äquifazial; **c**, **d** Ableitung unifazial. Palisadenparenchym punktiert, in den kollateralen Leitbündeln Phloem weiß und Xylem schwarz (verändert nach OEHLKERS 1956).

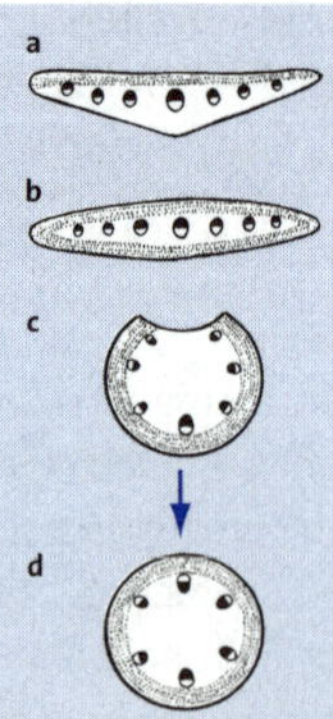

Abb. 3.4.5

Querschnitt durch ein Buchenblatt (bifazialer Bau) mit einem Leitbündel. Gft Gefäßteil; Sbt Siebteil; Pal Palisadenparenchym; Sch Schwammparenchym; Skl Sklerenchym; Sp Spaltöffnung; Hh Hinterhof; Ox Oxalatkristall; oE obere Epidermis; uE untere Epidermis; Cu Cuticula (oben viel dicker) (verändert nach WALTER 1950).

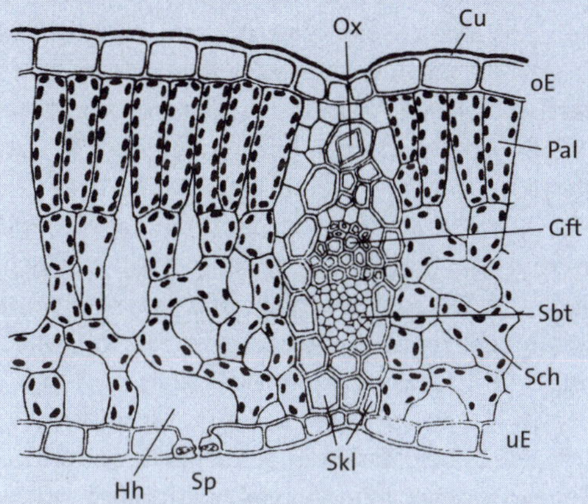

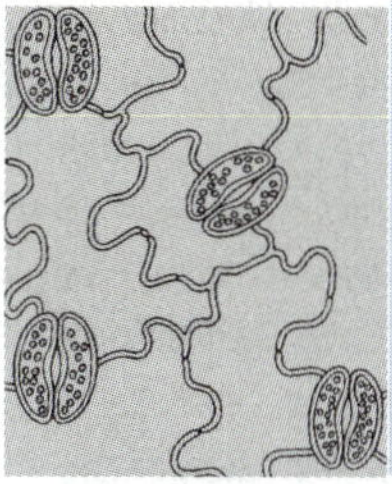

Abb. 3.4.6

Blattunterseite der Nieswurz (*Helleborus*) mit Spaltöffnungen in Aufsicht (OEHLKERS 1956).

Abb. 3.4.7

Sonnen- und Schattenblätter der Buche (*Fagus sylvatica*) im Querschnitt (HESS 1981).

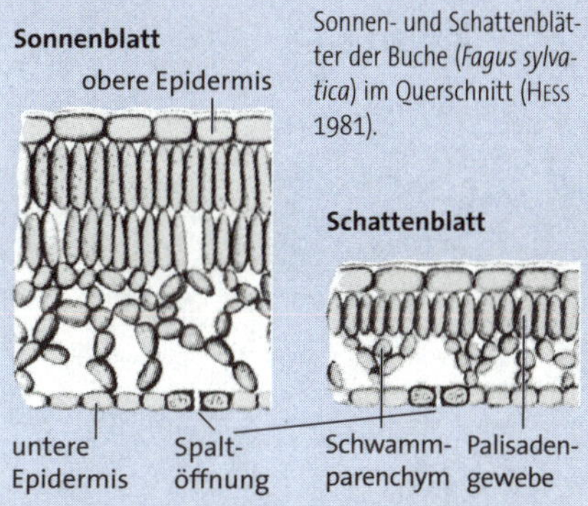

beim Normaltyp finden sich in ihr *Spaltöffnungen*, gegebenenfalls hinter einem *Vorhof.*

- die **Leitbündel.** In der Längsachse der Spreite liegt das Hauptbündel, das sich nach den Seiten zu verästelt. Wenn die Sprossachse (wie oft) kollaterale Leitbündel führt, liegt in der Blattspreite das Xylem oben, das Phloem unten. Das ist leicht einzusehen, wenn man sich vorstellt, dass ein kollaterales Leitbündel aus dem Spross (Xylem innen, Phloem außen; Abb. 3.3.9) nach oben und außen zu in ein Blatt abbiegt.

Funktionen des Blattes: Photosynthese und stomatäre Transpiration | 3.4.3

Zentral wichtige Funktionen des Blattes sind die Photosynthese und die Transpiration. Die Photosynthese wurde bereits behandelt (→ Seite 48); hier folgt nun die Besprechung der *Transpiration.* Sie verläuft zu weniger als 10 % durch die Cuticula, ansonsten über Stomata. Dabei sollte man nicht vergessen, dass über sie nicht nur eine Wasserabgabe, sondern ganz generell ein *Gasaustausch* stattfindet. Er ist auch für die Photosynthese unabdingbar, die ja CO_2 und H_2O benötigt. Dass dabei Konfliktsituationen eintreten können, etwa wenn bei Hitze und Trockenheit die

Transpiration unterbunden werden, die CO_2-Aufnahme für die Photosynthese aber eigentlich weitergehen sollte, wurde schon besprochen. C_4-Pflanzen und Sukkulente haben dieses Problem gelöst (→ Seite 59).

3.4.3.1 Bildung der Spaltöffnungen

Eine *Spaltöffnung* oder ein *Stoma* (gr. stoma = Mund, Öffnung, Plural stomata; Abb. 3.4.8) besteht aus zwei *Schließzellen*, die einen Spalt in Cuticula und Epidermis umgeben, der über Turgorbewegungen geöffnet oder geschlossen werden kann. Der Spalt weitet sich nach innen zu einem Hinterhof, nach außen gegebenenfalls zu einem Vorhof. Im Gegensatz zu den sonstigen Epidermiszellen enthalten Schließzellen reichlich Chloroplasten.

Abb. 3.4.8

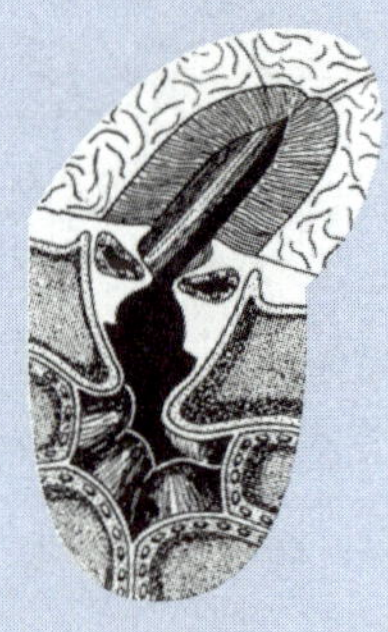

Spaltöffnung von *Helleborus*, teils quer, teils in Aufsicht. Im Querschnitt erkennt man die Verdickungsleisten der Schließzellen und den Hinterhof, in Aufsicht die Cuticularleisten auf der Epidermis und die quer orientierten Cellulose-Mikrofibrillen in den Schließzellen (verändert nach WETZEL aus WALTER 1950).

Abb. 3.4.9

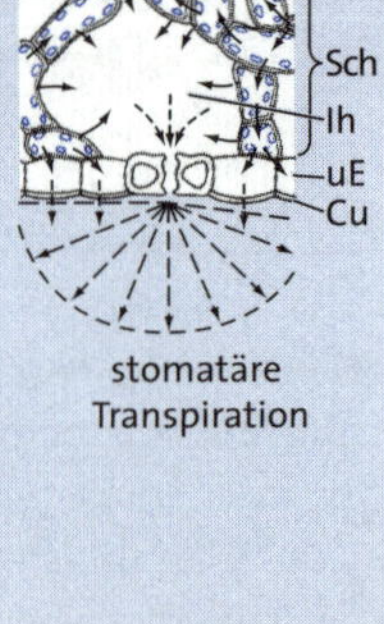

Transpirationsströme in einem Laubblatt.
Bei der stomatären Transpiration kommt es zu einem Randeffekt: Die Spaltöffnungen befinden sich in einem bestimmten Abstand voneinander (s. Abb. 3.4.7), die Wassermoleküle können deshalb bei Windstille auch nach den Seiten zu diffundieren, ohne sich gegenseitig zu behindern.
Gestrichelt: Wasserabgabe; Cu Cuticula; oE obere Epidermis; uE untere Epidermis; Pal Palisadenparenchym; Sch Schwammparenchym; Ih Innenhof (verändert nach KULL 2000, dort in Anlehnung an NULTSCH).

Die Stomata können sich wie bei der Mehrzahl unserer Laubgehölze auf der unteren Blattseite befinden. Kräuter können Spaltöffnungen auf beiden Seiten besitzen; Schwimmblätter zeigen Stomata verständlicherweise auf ihrer Oberseite.

Die *Bildung der Schließzellen* beginnt mit einer inäqualen Teilung zu einer Schließzellen-Urmutterzelle. Bei vielen Monokotyledonen bildet sich bei der ersten Teilung bereits die Schließzellen-Mutterzelle (Abb. 2.5.3). Doch meistens folgt noch eine artspezifisch verschiedene Zahl weiterer Teilungen, bis die Schließzellen-Mutterzelle entsteht. Sie liefert über eine äquale Teilung die beiden Schließzellen. Insgesamt liegt ein Meristemoid vor, das einen *Sperreffekt* auf die Bildung weiterer Spaltöffnungen in der unmittelbaren Nachbarschaft ausübt (→ Seite 189). Möglicherweise wird ein Hemmstoff über die Zellwand geleitet. Von Mutanten der Schmalwand liegen jedenfalls erste Befunde vor, dass für solche Signale ein Rezeptorkomplex vorhanden ist. Er ähnelt demjenigen, der von den *CLAVATA*-Genen (→ Seite 167) ausgebildet wird.

Außerdem wird die Spaltöffnungsdichte auch von *adulten Blättern* her beeinflusst. Wenn man sie nur schwach belichtet oder in eine Atmosphäre mit viel CO_2 einbringt, zeigen die sich gerade entwickelnden jungen Blätter eine höhere Spaltöffnungsdichte. Auf welche Faktoren diese systemische Wirkung zurückgeht, ist unbekannt. Sinnvoll ist sie auf jeden Fall, weil die jungen Blätter auf die Bedingungen abgestimmt werden, mit denen sie als fertige Blattorgane konfrontiert werden könnten.

Die Spaltöffnungen haben also einen gewissen Abstand voneinander (Abb. 3.4.6). Dadurch wird die stomatäre Transpiration über den *Randeffekt* gefördert. Darunter versteht man, dass die Wassermoleküle nach Austritt aus den Spaltöffnungen ungehindert auch nach den Seiten diffundieren können (Abb. 3.4.9). Über einer geschlossenen Wasserfläche wäre das nicht möglich. Die Verdunstung von einer Blattspreite mit Stomata ist deshalb höher als von einer gleich großen Wasseroberfläche.

Abb. 3.4.10

Helleborus-Typ der Spaltöffnung. Spaltöffnungen **links** geöffnet, **rechts** geschlossen. Jeweils unten Aufsicht, oben Querschnitt bei A (Walter 1950).

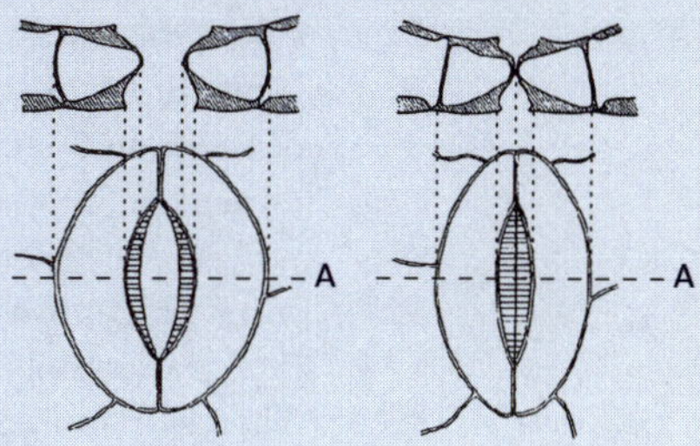

Spaltöffnungstypen: Bau und Mechanik der Bewegung

3.4.3.2

Die Bewegungsmöglichkeiten der Schließzellen werden durch Wandverdickungen und die Textur der Cellulose-Mikrofibrillen in den Schließzellen bedingt. Auch spezielle Nebenzellen oder benachbarte Epidermiszellen sind in den Mechanismus einbezogen. Zwei von mehreren *Spaltöffnungs-Typen* seien hier vorgestellt:

Der *Helleborus-Typ* (Abb. 3.4.10) findet sich bei vielen Dikotyledonen. In Aufsicht sind die Schließzellen bohnenförmig. Wandverdickungen finden sich zum Vorhof und zur Außenseite hin, die Wände zu den Nebenzellen sind dünn. Die Mikrofibrillen in den Schließzellen verlaufen quer und lassen somit eine Dehnung nur in Längsrichtung zu. Die lagemäßige Einbindung in Nebenzellen und die Verdickungsleisten erlauben jedoch keine Längsstreckung, sondern nur eine Krümmung in die seitlichen Nebenzellen hinein. Bei Turgorerhöhung kommt es dadurch zur Öffnung.

Beim *Poaceen-Typ* (Abb. 3.4.11) sind die Schließzellen hantelförmig. Das Mittelstück ist wandverdickt, die Enden nicht. Die Mikrofibrillen in den Schließzellen und den beidseitigen Nebenzellen verlaufen längs, erlauben also im mittleren Bereich eine Bewegung in Querrichtung. Bei Turgorerhöhung dehnen sich die beiden Enden aus und schieben so die starren Mittelstücke auseinander.

Abb. 3.4.11

Poaceen-Typ der Spaltöffnung. Spaltöffnungen **links** geöffnet, **rechts** geschlossen. Jeweils unten Aufsicht, oben Querschnitt bei A. Nz Nebenzellen; Sz Schließzellen (verändert nach Troll 1973).

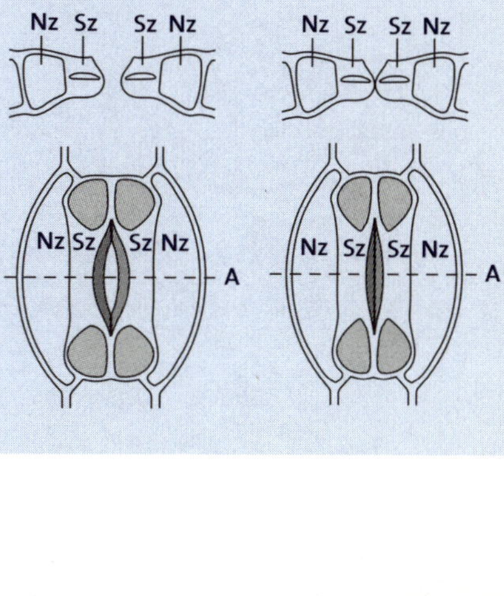

3.4.3.3 Physiologie der Spaltöffnungsbewegungen

Besprochen wird zuerst die Art der Turgorveränderungen in den Schließzellen und danach ihre Auslösung.

Das *Öffnen der Stomata* erfolgt über *Turgorerhöhung*. Maßgeblich dafür ist eine Erhöhung des osmotischen Wertes über den Einstrom von K^+ sowie von Malat und auch Cl^- als Gegenionen. In späteren Phasen der Bewegung kann auch Saccharose als Osmotikum dienen. Die Erhöhung des osmotischen Wertes zieht einen Wassereinstrom und damit eine Volumenerhöhung der Schließzellen nach sich.

Genauer betrachtet läuft Folgendes ab: Nach entsprechender Auslösung werden im Plasmalemma der Schließzellen H^+-ATPasen aktiv, die Protonen in die Zellwand pumpen. In sekundär aktivem Transport werden K^+-Ionen über spezielle, sich jetzt nach innen öffnende K^+-Kanäle in die Zelle aufgenommen (Abb. 1.3.7 c). In den Schließzellen der Dikotyledonen wird auch eine PEP-Carboxylase (→ Seite 60) aktiv. Das von ihr angelieferte Oxalacetat wird zu Malat hydriert. Bei dessen Dissoziation werden einmal Protonen für die H^+-ATPasen, zum anderen Malatanionen zum Ladungsausgleich innerhalb des Plasmalemmas nach Export der Protonen geliefert. Bei Monokotyledonen wird zum Ladungsausgleich auch Cl^- importiert.

Beim *Schließen der Stomata* laufen diese Vorgänge *im Prinzip* umgekehrt ab. Doch treten im Einzelnen Unterschiede auf. So werden die K^+-Ionen durch andere Kanäle exportiert als sie aufgenommen wurden.

Auslösung der Tugorveränderungen. Bei den Bewegungen der Schließzellen handelt es sich um *Nastien* (→ Seite 217), die durch verschiedene Faktoren ausgelöst werden können. Endogene *diurnale Rhythmen* legen die Basis dafür, dass die Spaltöffnungen in der Regel tags geöffnet und nachts geschlossen sind. Ausnahmen sind die CAM-Pflanzen, die ihre Spaltöffnungen *regelmäßig* nachts geöffnet und tags geschlossen halten (→ Seite 59). Die endogenen Rhythmen können die Sensibilität gegenüber

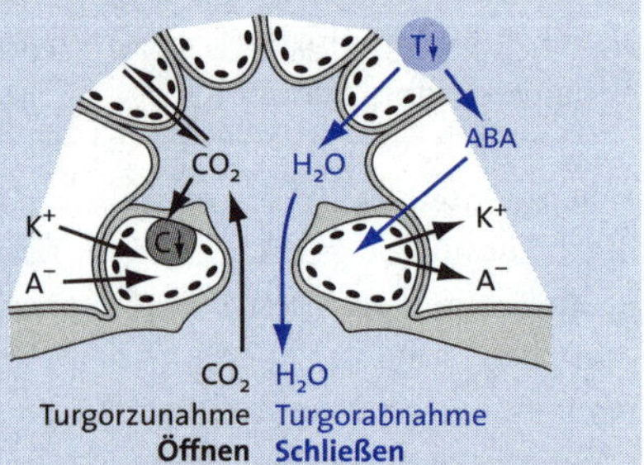

Abb. 3.4.12

Chemonastische Regulation (Faktor CO_2) und hydronastische Regulation (Faktor H_2O) der Spaltöffnungsbewegungen (Schema). Wenn ein CO_2-Sensor (C) auf der Innenseite der Schließzellen eine Abnahme der CO_2-Konzentration registriert, strömen K^+ und Anionen (A^- = Malat bzw. Cl^-) in die Schließzellen ein. Eine Turgorerhöhung führt zum Öffnen. Nimmt ein entsprechender Sensor (T) im Mesophyll eine starke Abnahme des Turgors (Wasserstress) wahr, kommt es zum Import von ABA (Abscisinsäure) in die Schließzellen, die dort ein Ausströmen von K^+ und A^- aus den Schließzellen induziert. Eine Turgorsenkung führt zum Schließen (in Anlehnung an NULTSCH 2001).

nastisch wirkenden Außenfaktoren fördern. Sie können von ihnen aber auch überlagert werden. Solche Außenfaktoren sind z.B. Licht (Photonastie: Öffnung), das über Phototropine als Blaulichtrezeptoren (→ Seite 222) wirkt, und erhöhte Temperatur (Thermonastie: Öffnung). Doch entscheidend wichtig sind der CO_2-Gehalt und vor allem das Wasserpotenzial der Schließzellen (Abb. 4.3.12).

Chemonastie (Faktor CO_2): Ein unbekannter Sensor in den Schließzellen misst die CO_2-Konzentration. Sinkt sie wegen der CO_2-Fixierung ab, im Normalfall tags, bei CAM-Pflanzen nachts, öffnen sich die Spaltöffnungen, um atmosphärisches CO_2 einzulassen; steigt die CO_2-Konzentration, schließen sie sich.

Hydronastie (Faktor H_2O): Sensoren im umgebenden Mesophyll messen die Saugspannung, also das Wasserpotenzial. Sinkt es ab, kommt es zu Schließbewegungen. Bei *Trockenstress* wird *ABA* in die Schließzellen eingeleitet. Das Hormon blockiert die H^+-ATPasen und setzt Ca^{2+} aus Speichern in den Schließzellen frei oder leitet es von außen ein. Der Anstieg an Ca^{2+}-Ionen führt letztlich zum Verschluss der einwärts führenden Kanäle für K^+ und Anionen sowie zur Öffnung der entsprechenden, aus den Schließzellen herausführenden Kanäle. Wasser folgt den Ionen, der Turgor sinkt und die Stomata schließen sich sehr rasch. ABA setzt andere Regulationsmechanismen außer Kraft, darunter auch die Chemonastie. Damit wird die Priorität der Wasserversorgung deutlich.

Metamorphosen der Blätter | 3.4.4

Bislang hatten wir uns überwiegend auf ein typisches Laubblatt bezogen. Doch ebenso wie beim Spross finden sich auch bei Blättern die verschiedensten Metamorphosen. Dafür einige Beispiele.

Laubblattformen | 3.4.4.1

Das eben erwähnte typische Laubblatt hat im einfachsten Fall eine ungegliederte Spreite. Das ist für Monokotyledonen charakteristisch. Bei Dikotyledonen dagegen kann die Spreite nicht nur einfach, sondern auch auf verschiedene Weise gegliedert sein. Einige Beispiele gibt Abb. 3.4.13. Bei ihnen allen ist die Spreite flach und relativ zart gebaut. Das bedeutet, dass sie stark transpiriert. Bei anhaltend starker Trockenheit können solche Laubblätter nicht überleben.

Xeromorphie | 3.4.4.2

In trockenen Regionen muss die Transpiration so weit wie möglich herabgesetzt werden. Dazu kann man die stark transpirierende Blattfläche ersetzen oder so gestalten, dass sie weniger Wasser abgibt. Dass das

Abb. 3.4.13

Einige Laubblattformen. **I** Ungeteiltes Laubblatt mit Blattgrund (Bg), Stip Stipeln (Nebenblätter), St Stiel und Sp Spreite; **II** Schildblatt; **III** gefingertes Blatt; **IV** unpaarig gefiedertes Blatt; **V** paarig gefiedertes Blatt (WEBERLING 2000).

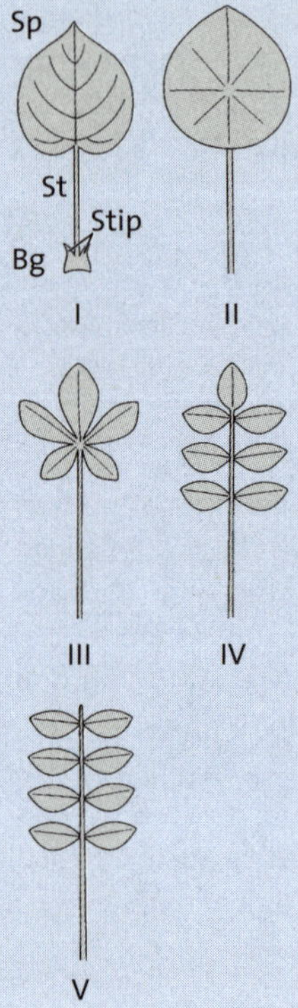

Abb. 3.4.14

Blattquerschnitt des Oleanders (*Nerium oleander*). Skleromorphes Blatt mit dicker Cuticula, mehrschichtiger Epidermis-Hypodermis, dreifach gestaffelten Palisaden und einem windstillen Hinterhof auf der Blattunterseite, in den mehrere Spaltöffnungen eingesenkt sind (LARCHER 1994).

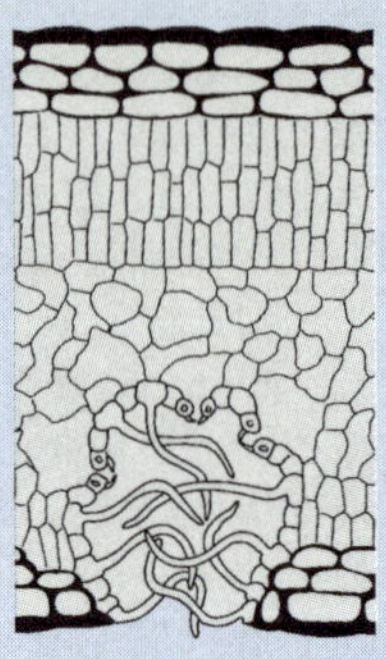

Abb. 3.4.15

Rollblatt der Krähenbeere (*Empetrum nigrum*) im Querschnitt (GUTTENBERG 1952).

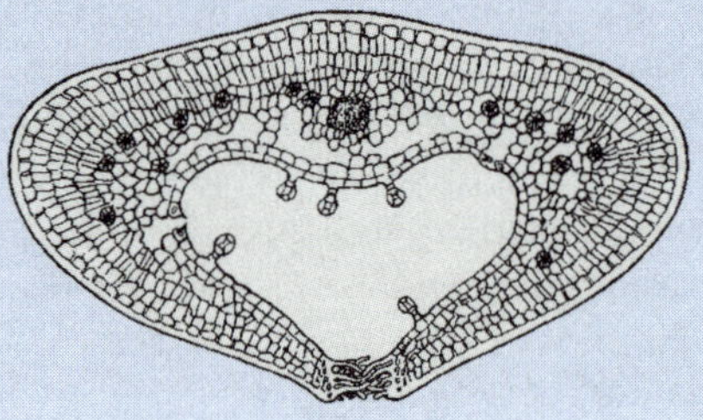

Blatt durch veränderte Sprossachsen ersetzt werden kann, wurde bereits behandelt (→ Seite 183). Was die Blätter selbst anbelangt, kommt es zu trockenheitsbedingten Metamorphosen, die man als *Xeromorphie* bezeichnet. Dazu gehören eine dicke Cuticula und/oder eine mehrschichtige stark cutinisierte Epidermis, um die kutikuläre Transpiration weitgehend auszuschalten. Wichtiger ist es jedoch, die stomatäre Transpiration zu reduzieren, über die mehr als 90 % des Wassers abgegeben wird. Bei zahlreichen Arten sind die Spaltöffnungen in einen Vorhof versenkt, wodurch die Wasserabgabe erschwert wird (Abb. 3.4.14). Ähnliches gilt für das unifaziale Rollblatt, wie es sich u.a. bei Heidekrautgewächsen findet. Die Blattränder rollen sich so stark zurück, dass sie einen dem Vorhof funktionell entsprechenden Hohlraum bilden (Abb. 3.4.15).

Auch die *Nadeln* unserer Koniferen sind xeromorph gebaut. Denn für wintergrüne Gewächse ist der Frost nicht nur direkt gefährlich, sondern auch über die Festlegung des Wassers als Eis. Sie müssen also eine winterliche Trockenperiode überstehen. Ein Querschnitt zeigt, dass es sich bei den Nadeln um äquifaziale Blattorgane handelt (Abb. 3.4.16). Die Epidermiszellen sind klein und zeigen stark verdickte Wände. Die Spaltöffnungen sind eingesenkt. Unter der Epidermis liegt eine mehrschichtige, aus Sklerenchym bestehende Hypodermis. Eine Trennung in Palisaden- und Schwammparenchym fehlt. Statt dessen finden sich rundum angeordnete »Armpalisaden«, so genannt, weil ihre Zellwände Vorsprünge nach innen zu aufweisen. Sie dienen der Photosynthese. Ein Transfusionsgewebe verbindet die Gefäßbündel mit den Armpalisaden.

Abb. 3.4.16

Querschnitt durch eine Kiefernnadel. Sp Spaltöffnung mit versenkten Schließzellen; Hk Harzkanal; Ap Armpalisaden; Hy Hypodermis; Ep Epidermis; Tg Transfusionsgewebe; Lb Leitbündel (Phloem dunkel) (verändert nach WETTSTEIN aus OEHLKERS 1956).

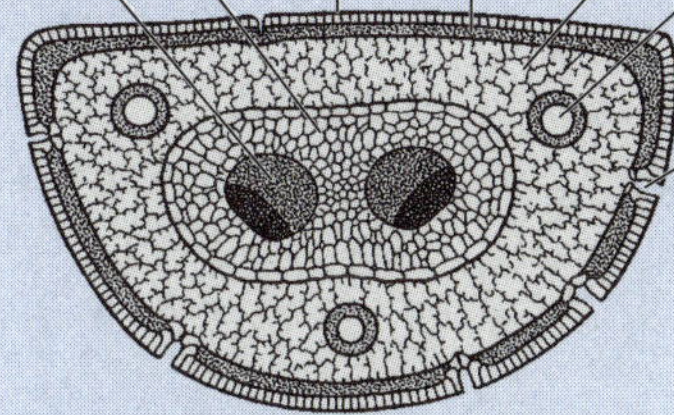

Über reichlich Wasser scheinen *Blattsukkulente* zu verfügen. Aber die Wasserspeicherung in Blättern ist ebenfalls eine Anpassung an trockene Standorte. Schon die oft derbe Epidermis mit dicker Cuticula und Wachsüberzug erinnert an andere Xerophyten. Bekannte Blattsukkulente finden sich bei den deshalb so genannten »Fettblattgewächsen« (Crassulaceae) u.a. in den Gattungen Mauerpfeffer (*Sedum*) und Hauswurz (*Sempervivum*), aber auch in anderen Familien wie z.B. den Agavengewächsen (*Agave;* Abb. 3.4.17).

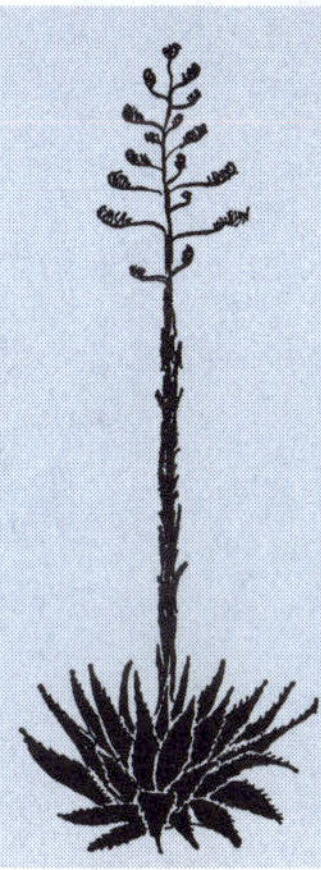

Abb. 3.4.17

Die Agave (*Agave americana*), eine Blattsukkulente (HARRANT und JARRY 1963).

Geradezu begeisternd angepasst ist das Fensterblatt (*Fenestraria rhopalophylla*; Aizoaceae; Abb. 3.4.18) aus Südafrika. Die wie kleine Keulen gestalteten Blätter speichern innen Wasser. Darum herum liegt das Parenchym mit Chloroplasten, das aber die Blattspitze frei lässt. In der Natur sitzen die Blätter so tief in Sand und Geröll, dass nur durch diese Spitze Licht für die Photosynthese einfällt.

Zwiebeln

3.4.4.3

Zwiebeln finden sich vor allem bei Einkeimblättrigen. Sie können der vegetativen Fortpflanzung dienen (→ Seite 251). Meistens sind sie auch Reservestoffspeicher. Die Sprossachse ist bei ihnen zum Zwiebelboden gestaucht (Abb. 3.4.19). Im Zentrum steht der Blütenspross, umgeben von Laubblättern, deren verdicktes Unterblatt der Stoffspeicherung dient. In ihren Achseln stehen Anlagen für neue Zwiebeln. Nach außen können Niederblätter folgen, die unterirdisch bleiben und ebenfalls Reservestoffe speichern. Ganz an der Peripherie befinden sich als Schutzschicht abgestorbene, trockenhäutige Zwiebelschalen.

Abb. 3.4.18

Fensterblätter bei *Fenestraria rhopalophylla*.
1 Fensterblätter; **2** Längsschnitt durch Blatt mit Palisadenparenchym (**a**), das oben das »Fenster« freilässt. Die Blätter sitzen in der Regel bis auf Höhe der »Fenster« im Untergrund (GUTTENBERG 1952).

1

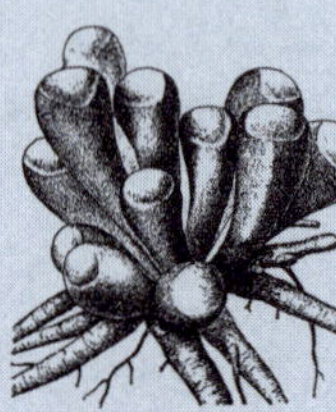

2

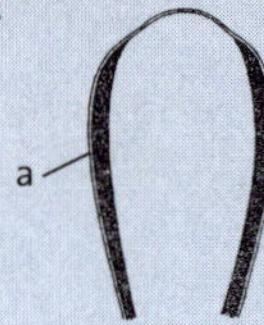

Abb. 3.4.19

Schema eines Zwiebelgewächses (*Hyacinthus*). Lb Laubblätter; iS innere Zwiebelschalen, die hier aus stoffspeichernden Unterblättern bestehen, aS äußere, als Schutz dienende, abgestorbene Zwiebelschalen. A Zwiebelboden mit Erneuerungszwiebeln (schwarz) (TROLL 1973).

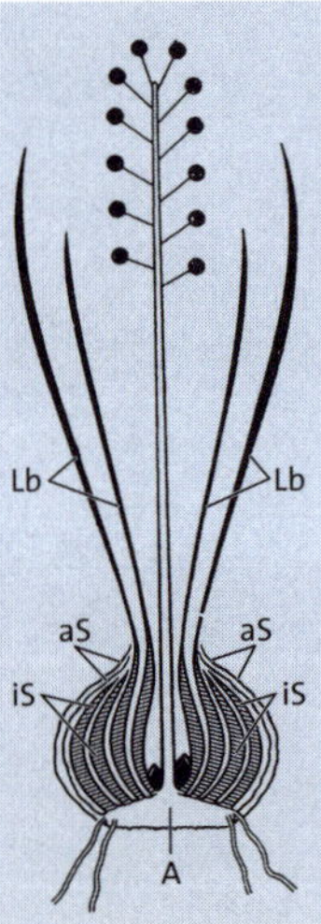

Abb. 3.4.20

Haare (Trichome). **a** einzelliges Borstenhaar des Boretsch (*Borago officinalis*); **b** Drüsenhaar vom Kelchblatt des Ruprechtskrauts (*Geranium robertianum*); **c** verzweigtes Haar der Königskerze (*Verbascum* sp.); **d** Klimmhaar des Hopfens (*Humulus lupulus*); **e** Schuppenhaar des Sanddorns (*Hippophae rhamnoides*); **f** Drüsenschuppe des Pfefferminzblattes (*Mentha* sp.); **g** Drüsenhaar des Salbeis (*Salvia pratensis*). Das von der Köpfchenzelle abgegebene Sekret an ätherischen Ölen hat die Cuticula (Cu) angehoben. Sie wird reißen und die ätherischen Öle freisetzen (a bis f WALTER 1950, g TROLL 1973).

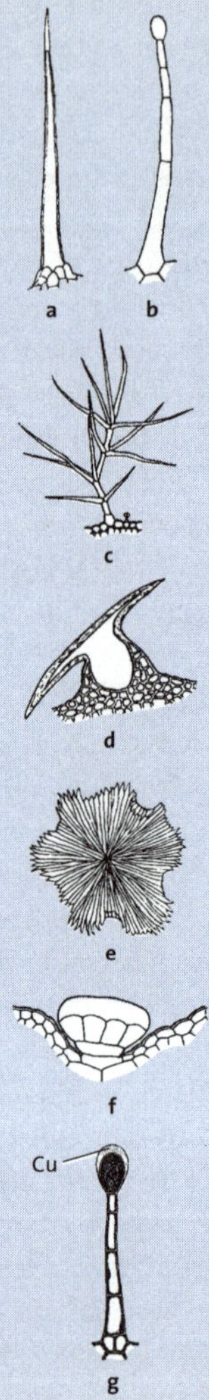

3.4.4.4 Haare, Emergenzen und Dornen

Haare (*Trichome*) sind Anhangsgebilde der Epidermis, die sich aus jeweils einer Initiale entwickeln. Wie die Samenhaare der Baumwolle können sie über 5 cm lang werden und doch einzellig bleiben. Viele Haare werden aber durch Teilungen mehrzellig und sehr vielgestaltig (Abb. 3.4.20).

Auch Trichome üben einen Sperreffekt auf die Ausbildung weiterer Haare in ihrer Nachbarschaft aus. Sie fungieren als Drüsenhaare, als Absorptionshaare für Wasser und Lösungen oder im abgestorbenen Zustand als Schutz gegen Sonnenstrahlung, Austrocknung und Kälte. Hochgebirgspflanzen sind oft durch tote Haare weißwollig (Abb. 3.4.21). Sogar das Klettern kann durch Klimmhaare erleichtert werden.

An der Bildung von *Emergenzen* beteiligen sich außer der Epidermis auch subepidermale Schichten. Hierher gehören die Tentakel des Sonnentaus (Abb. 3.7.6) und auch die »Dornen« der Rose. *Stacheln* wäre für sie die botanisch korrekte Bezeichnung. Denn der Begriff »Stacheln« ist für entsprechend gestaltete Emergenzen reserviert.

Teilweise Emergenzen sind die Brennhaare der Brennnesseln (*Urtica*), teilweise insofern, als in einem Postament, bei dem es sich um eine Emergenz handelt, ein echtes Haar sitzt (Abb. 3.4.22). Die Zellen des Postaments üben Druck auf die unverdickte Basalwand des Haares aus, dessen Inhalt dadurch unter Spannung steht. Darüber ist die Haarwandung mit Calciumcarbonat inkrustiert, im oberen Bereich zunehmend verkieselt. Unterhalb des rundlichen Köpfchens an seiner Spitze befindet sich eine Dünnstelle, die wegen ihrer Verkieselung brüchig ist. An ihr bricht das Köpfchen bei Berührung ab. Das abgeschrägte Ende unterhalb der Bruchstelle fungiert als Kanüle, über die Natriumformiat, Acetylcholin und Histamin injiziert werden – mit den bekannten unangenehmen Folgen.

Abb. 3.4.21

Saussurea simpsoniana aus dem Hohen Himalaya wird von den Einheimischen »Baumwollballpflanze« genannt. Die hier fußballgroße Pflanze verschwindet unter dem Schutz weißer, abgestorbener Haare (Orig. D. HESS).

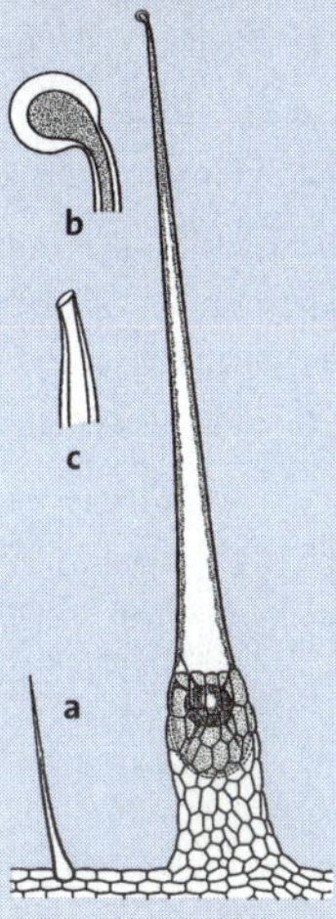

Abb. 3.4.22

Brennhaar der Brennnessel (*Urtica dioica*). **a** Blattoberfläche mit einzelligem Borstenhaar und daneben dem Postament (Emergenz), in dem das einzellige Brennhaar sitzt; **b** Spitze des Brennhaars; **c** Brennhaar, Spitze abgebrochen (OEHLKERS 1956).

Dornen sind keine Emergenzen, sondern umgestaltete Sprosse (Sprossdornen) wie bei Schlehe (*Prunus spinosa*) oder Weißdorn (*Crataegus*), umgestaltete Blätter (Blattdornen) wie bei Kakteen, stammsukkulenten Wolfsmilchgewächsen (→ Seite 185) und der Berberitze (*Berberis*), sowie selten umgewandelte Wurzeln (Wurzeldornen) wie bei den sprossbürtigen Wurzeln an der Basis einiger Palmen. Dornen haben meistens Schutzfunktion.

Merksatz

Rosen haben keine Dornen, sondern Stacheln; Kakteen haben keine Stacheln, sondern Dornen.

Von den weiteren Metamorphosen des Blattes sollen die *Blattranken* hier wenigstens erwähnt werden. Blätter als *Insektenfallen* werden ab Seite 230 behandelt.

Fragen (Seitenverweise zur Beantwortung)

1 - Aus welchen Schichten des SAM werden die Blattprimordien gebildet? (S. 188).
2 - Definieren Sie den Begriff Meristemoid! (S. 189).
3 - Nennen Sie Beispiele für Meristemoide mit Sperreffekt! (S. 189, 192).
4 - Welche Gewebe finden sich im Querschnitt durch ein bifaziales Normalblatt? (S. 190, 191).
5 - Was versteht man unter einem Randeffekt bei der Transpiration bzw. Evaporation? (S. 193).
6 - Schildern Sie Bau und Bewegungsmechanismus beim Poaceen-Typ der Schließzellen! (S. 193).
7 - Durch welche Osmotika kann es zur Turgorerhöhung in Schließzellen kommen? (S. 194).
8 - Welches Phytohormon bedingt einen raschen Verschluss der Stomata? (S. 195).
9 - Warum kann die Transpiration bei Vorhandensein eines Vorhofs reduziert werden? (S. 196).
10 - Wie unterscheiden sich Haare von Emergenzen? (S. 198).

3.5 Bildung, Bau und Funktionen der Wurzel

Inhalt

Die Wurzel, bei der Transpiration als Wasser aufnehmendes Organ notwendige Ergänzung der Blätter, wird besprochen. Aus Initialzellgruppen bilden sich geradezu »lehrbuchmäßig« Histogene, die zu den Geweben und Organen der primären Wurzel differenzieren. Von den wichtigsten Funktionen, 1. Befestigung, 2. Speicherung, 3. Aufnahme von Wasser und Nährsalzen mit deren Mittelstreckentransport quer durch die Wurzel bis zu den Gefäßen, wird hier besonders der dritte Aspekt berücksichtigt.

3.5.1 Bildung der Wurzel

Die Wurzel geht auf die Keimwurzel der Embryonen zurück. Exogen und früh in der Entwicklung gebildete, schützende Seitenorgane wie die Blätter am SAM fehlen. Der beim Durchdringen des Bodens doppelt notwendige Schutz der Wurzelspitze wird stattdessen von einer *Wurzelhaube* oder *Kalyptra* übernommen (s. Abb. 3.5.1).

Bei Höheren Pflanzen geht die Wurzelbildung auf Gruppen von Initialzellen zurück. Dabei gibt es mehrere Möglichkeiten. Bei Angiospermen finden sich prinzipiell getrennte Initialengruppen für Wurzelhaube, Rhizodermis, Rinde und Zentralzylinder. Dabei kommt es allerdings zu verschiedenen Varianten. So kann es eigene Initialen für die Kalyptra geben, das *Kalyptrogen*. Bei den meisten Dikotyledonen werden Rhizodermis und Haube jedoch von gemeinsamen Initialen, dem Dermatokalyptrogen gebildet. Eine zweite, darunter liegende Initialenschicht liefert die Rinde, eine dritte noch weiter basalwärts liegende den Zentralzylinder. In anderen Fällen gehen die Initialengruppen später in einen ungegliederten Komplex an Initialzellen über.

Abb. 3.5.1

Schematischer Längsschnitt durch eine Dikotyledonenwurzel mit Zoneneinteilung (OEHLKERS 1956).

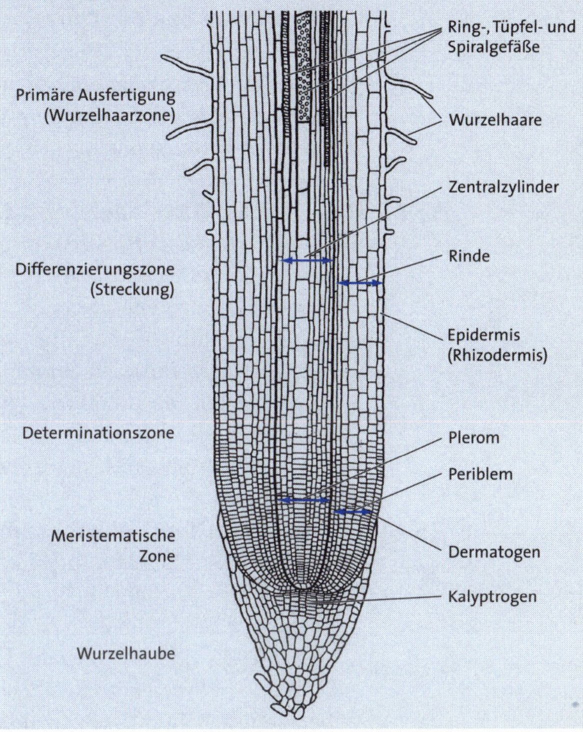

Von den Initialengruppen zu den genannten Dauergeweben führen deutlicher als im Spross bestimmte Zelllinien, die *Histogene*. Dabei handelt es sich um Primärmeristeme. Das *Protoderm* bzw. *Dermatogen* liefert die Rhizodermis, das *Periblem* die Rinde und das *Plerom* den Zentralzylinder. Beim weiteren Wurzelwachstum wird in der zentralen Initialenregion, aus der die drei Histogene hervorgehen, die Teilungsaktivität verringert. Man spricht deshalb von einem *ruhenden Zentrum*. Die Zonen darum herum, das Kalyptrogen und der apikale Bereich der Histogene, zeigen dagegen hohe Teilungsaktivität.

Auf die *Initialenzone* und die *meristematische Zone* folgt basalwärts die *Determinationszone*. In ihr wird die weitere Entwicklung der Histogene endgültig festgelegt, auch wenn deren Zelllinien kaum Zweifel an der prospektiven Potenz zu lassen scheinen. Die *Differenzierungszone* schließt sich an. Sie beginnt mit der Zellstreckung. Die Streckungszone umfasst nur mehrere Millimeter. Dennoch geht auf sie die gesamte Streckung der Wurzel zurück. Denn basalwärts von ihr findet sich keine Streckung mehr. Auch die Ausbildung der Wurzelhaare ist ein früh einsetzender

Differenzierungsprozess. Am Ende der Differenzierung steht der *primäre Zustand*, äußerlich durch nun voll entwickelte, funktionsfähige Wurzelhaare charakterisiert (Abb. 3.5.1).

3.5.2 Der primäre Bau der Wurzel

Auch die Wurzel zeigt ein sekundäres Wachstum. Bis zu seinem Eintreten liegt die Wurzel in ihrem primären Zustand vor, dessen Bau im Folgenden beschrieben wird (Abb. 3.5.2).

3.5.2.1 Kalyptra (Wurzelhaube) mit Columella

Die Wände der peripheren, ältesten Zellen der Kalyptra verschleimen rasch. Die Zellen selbst sterben ab und werden aus dem Kalyptrogen oder funktionell entsprechenden meristematischen Bereichen ergänzt. Die Schleimschicht erleichtert das Hineingleiten zwischen den Bodenpartikeln. Die mittleren Zellreihen der Kalpytra, die Columella, führen Amyloplasten mit besonders großen *Statolithen*. Diese *Statocyten* beteiligen sich an der Aufnahme des Schwerereizes (→ Seite 222). Die Columella geht auf die Hypophyse des frühen Embryos zurück.

3.5.2.2 Rhizodermis mit Wurzelhaaren

Aus dem Dermatogen entwickelt sich die erste Abschlussschicht der Wurzel, die aus einer Zelllage bestehende *Rhizodermis*. Der Lage nach entspricht sie der Epidermis. Doch führt sie keine Spaltöffnungen und ihren Zellen einschließlich der Wurzelhaare fehlt die Cuticula. Die Aufnahme von Wasser und Nährsalzen, die in der Regel auf die Wurzelhaarzone beschränkt ist, wird dadurch wesentlich erleichtert. Die Rhizodermis mit den Wurzelhaaren stirbt frühzeitig ab und wird dann durch eine Exodermis als zweite Abschlussschicht ersetzt (s.u.).

Die einzelligen Wurzelhaare bilden sich aus Rhizodermiszellen. Dabei kann fast jede Rhizodermiszelle ein Wurzelhaar bilden, es kann aber auch zu Sperreffektmustern kommen. Denn eine Rhizodermiszelle kann sich inäqual in einen kleineren, cytoplasmareichen *Trichoblasten* und eine zweite, größere Zelle teilen. Die zweite Zelle kann sich noch mehrfach teilen oder stattdessen Endomitosen eingehen (bei Endomitosen findet keine Spindelbildung statt; die Chromosomen bleiben in einem Kern vereint). Insgesamt ist damit ein Meristemoid gegeben, das einen Hemmeffekt auf die Bildung weiterer Wurzelhaare ausüben kann. Aus

Abb. 3.5.2

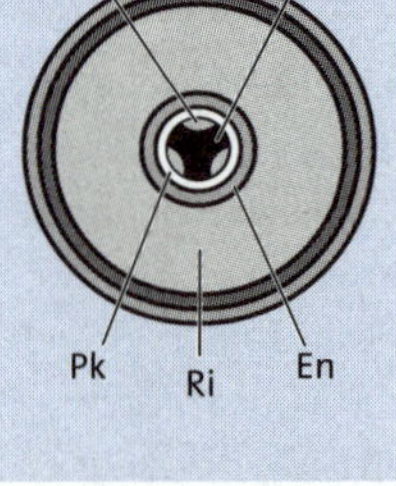

Schematischer Querschnitt durch eine triarche Wurzel im primären Zustand. Rh Rhizodermis (mit Wurzelhaaren); Hy Hypodermis (wird später zu Exoderm); Ri Wurzelrinde; En Endodermis; Pk Perikambium (= Perizykel); Ph Phloem; Xy Xylem (verändert nach STRASBURGER 1991).

dem Trichoblasten entwickelt sich das Wurzelhaar (Abb. 3.5.3). Die zahlreichen, verzweigten Wurzeln und ebenso ihr Besatz mit Wurzelhaaren führen zu einer starken Vergrößerung der aufnehmenden Oberfläche. Die Wurzelhaare nehmen engen Kontakt mit Bodenpartikeln auf (Abb. 3.5.4).

Wurzelrinde mit Endodermis

3.5.2.3

Die Wurzelrinde leitet sich vom Periblem her. Die oben erwähnte *Exodermis* entsteht aus hypodermalen Schichten. Sie besteht überwiegend aus Zellen, auf deren Wände von innen her Suberinschichten aufgelagert wurden. Derartige Zellen bezeichnet man als *Cutiszellen* bzw. -gewebe. Aufnahmevorgänge sind über unverkorkte Durchlasszellen möglich. Nach innen schließen sich parenchymatische, wenig differenzierte Zellen an. Sie können jedoch erhebliche Mengen an Stärke speichern. Eine

Abb. 3.5.3

Bildung von Wurzelhaaren (HESS 1981).

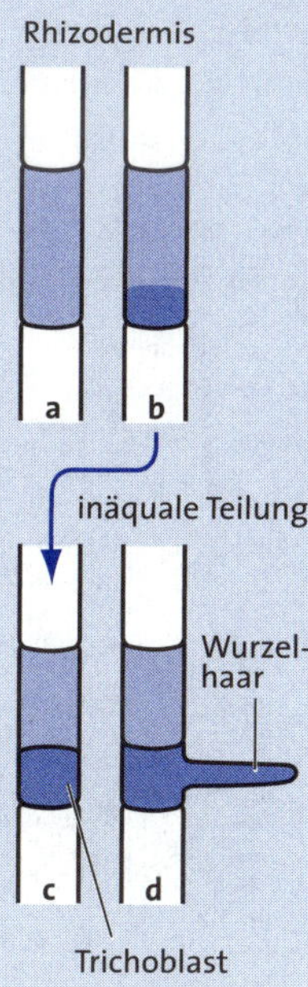

Abb. 3.5.4

Querschnitt durch eine junge tetrarche Wurzel. Die Wurzelhaare haben so engen Kontakt mit den Bodenteilchen, dass diese beim Herausziehen an den Haaren kleben bleiben (Oehlkers 1956).

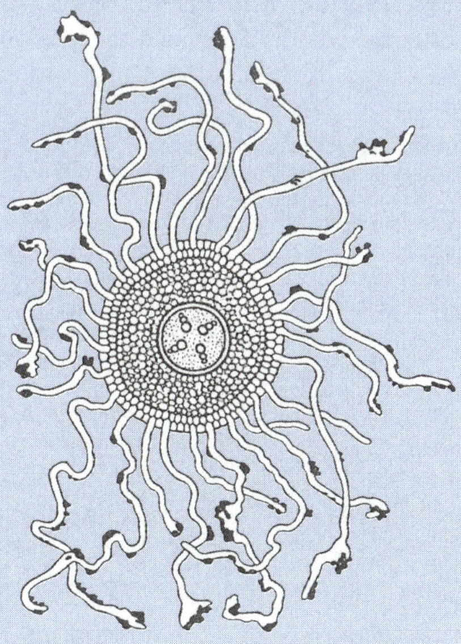

Abb. 3.5.5

Endodermis im Querschnitt. **a** primärer Zustand mit CASPARYschen Streifen (Cs) in den radiären Wänden; **b** sekundärer Zustand mit zusätzlicher rundum laufender Suberinlamelle (Sl) und Durchlasszelle (Dz); **c** tertiärer Zustand mit zusätzlichen Wandverdickungen, die oft an den äußeren Tangentialwänden schwächer und dann im Querschnitt U-förmig sind.

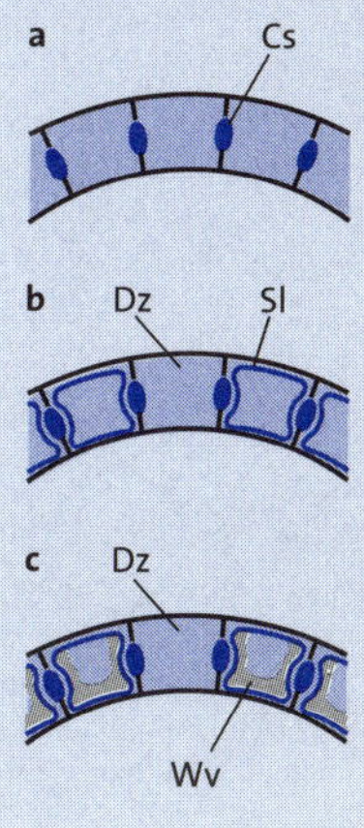

Ausnahme macht die **Endodermis**, die innerste Schicht der Rinde. Es handelt sich um eine *physiologische Scheide*, die in drei Differenzierungszuständen vorliegen kann (Abb. 3.5.5):

Primärer Zustand. Die radial gestellten Wände tragen *CASPARYsche Streifen*, die aus Suberin und Lignin bestehen. Durch die Streifen wird der Transport von Wasser und Nährsalzen durch den Apoplasten gestoppt und in den Symplasten umgeleitet (→ Seite 210).

Sekundärer Zustand. Auf *alle* Wände wird eine Suberinschicht aufgelagert. Die Endodermis wird damit zu Cutisgewebe, in dem der Transport von Wasser und Nährsalzen erschwert wird. Ausnahmen machen nichtsuberinisierte Durchlasszellen. Falls wie bei Gymnospermen und Dikotyledonen ein sekundäres Dickenwachstum stattfindet, wird die primäre Rinde gesprengt und stirbt ab. Dann kann die Endodermis höchstens diesen sekundären Zustand erreichen.

Tertiärer Zustand. Die Wände werden stark verdickt und lignifiziert. Im Querschnitt bilden sich oft U-förmige Zellen, weil die äußere Tangentialwand ausgespart bleiben kann. Der Boden des »U« weist also nach innen. Bei starkem Transpirationssog kann die Rinde dann kaum kollabieren. Nur Durchlasszellen erlauben den Transport. Der tertiäre Zustand findet sich vor allem bei Monokotyledonen ohne sekundäres Dickenwachstum.

3.5.2.4 | Zentralzylinder mit Leitbündel und Seitenwurzeln

Der Zentralzylinder leitet sich vom Plerom ab. Er führt generell ein einziges *radiäres Leitbündel*. Der Name nimmt darauf Bezug, dass im Quer-

Abb. 3.5.6 |

Querschnitt durch die innerste Rinde und den Zentralzylinder der pentarchen Wurzel von *Allium ascalonicum*. En Endodermis im tertiären Zustand mit Durchlasszellen (Dz); Pk Perikambium; G großes zentrales Gefäß (TROLL 1973).

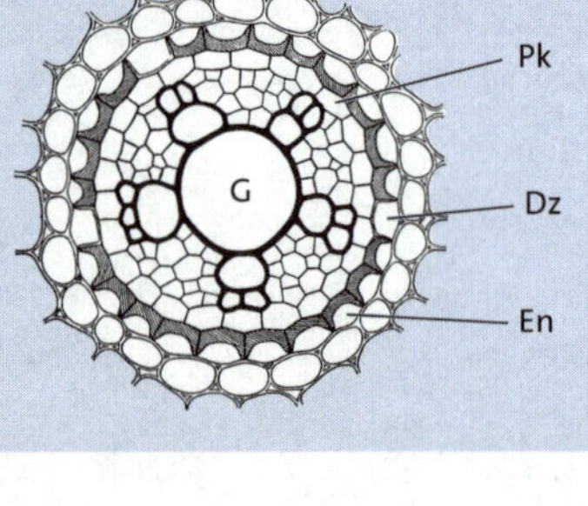

Abb. 3.5.7 |

Bildung von Seitenwurzeln (Wiesen-Kümmel, *Carum carvi*). **a** antikline Teilungen im Perizykel, schon gefolgt von den ersten periklinen Teilungen; **b** beginnender Durchbruch durch die Rinde; Ho Gefäßteil (Holz); Pe Perizykel; En Endodermis im primären Zustand mit Caspary-Streifen; Ri Rinde (OEHLKERS 1956).

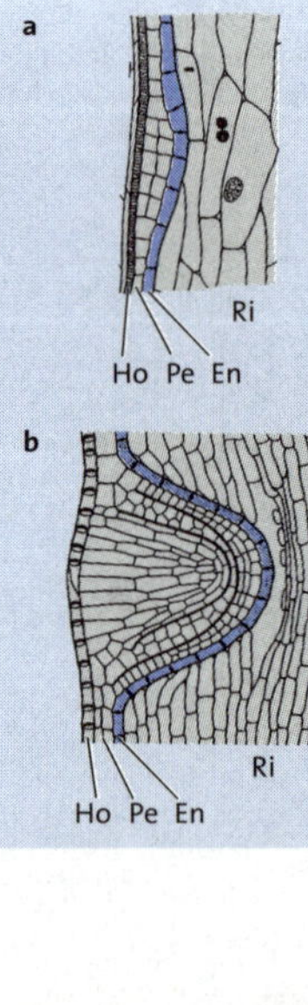

schnitt von seinem Zentrum aus Gefäße radial ausstrahlen. Das Zentrum wird entweder ebenfalls von Xylem oder von Markparenchym oder Marksklerenchym gebildet. In den Buchten zwischen den Xylemsträngen liegt Phloem (Abb. 3.5.6). Je nach der Zahl der Xylemstrahlen unterscheidet man biarche (2), triarche (3), tetrarche (4), pentarche (5) bis polyarche (n) Leitbündel.

Die äußerste Schicht des Zentralzylinders ist das *Perizykel oder Perikambium*, ein Hohlzylinder meristematischer Zellen, von dem aus als Lateralorgane die *Seitenwurzeln* gebildet werden. Sie werden unter Beteiligung von IAA induziert. Am Beginn stehen antikline Teilungen in einem Perizykelbereich, der oft vor Xylemstrahlen liegt (Abb. 3.5.7). Perikline Teilungen folgen. Die wachsende Seitenwurzel durchbricht schließlich die Wurzelrinde. Seitenwurzeln entstehen also *endogen*, und zwar basalwärts der Wurzelhaarzone.

Merksatz

Endodermis: innerste Schicht der Rinde; Perizykel (Perikambium): äußerste Schicht des Zentralzylinders.

Sprossbürtige Wurzeln, Allo- und Homorhizie

3.5.2.5

Sprossbürtige Wurzeln oder **Adventivwurzeln.** Sie entstehen ebenfalls endogen, bilden sich aber im Sprossbereich. Häufig entstehen sie an Knoten. Sie können an oberirdischen Sprossen, an der Basis der Sprosse nahe der Erdoberfläche und an Erdsprossen wie Rhizomen (Abb. 3.5.8) gebildet werden.

Allo- und Homorhizie (Abb. 3.5.9). Zwischen Dikotyledonen und Monokotyledonen finden sich entscheidende Unterschiede in Herkunft und Gestaltung des Wurzelsystems. Bei den meisten Dikotyledonen setzt die Primärwurzel die Sprossachse als senkrecht nach unten wachsende

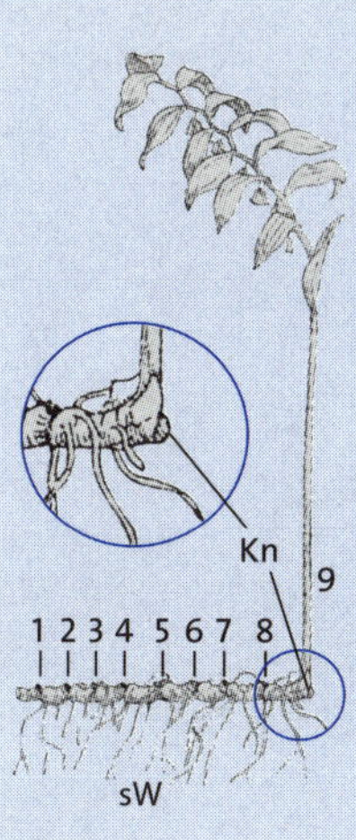

Abb. 3.5.8

Sprossbürtige Wurzeln am Rhizom der Vielblütigen Weißwurz (*Polygonatum multiflorum*). **1** bis **8** Narben von Haupttrieben, die nach oben abgebogen und einen Blütentrieb gebildet hatten; **9** diesjähriger Haupttrieb in Blüte. Das Rhizom war jeweils durch einen Seitentrieb fortgesetzt worden. Kn Seitenknospe, die im Folgejahr das Rhizom fortsetzen wird; sW sprossbürtige Wurzeln. Bei der Wuchsform des Rhizoms handelt es sich um ein Sympodium (WALTER 1950).

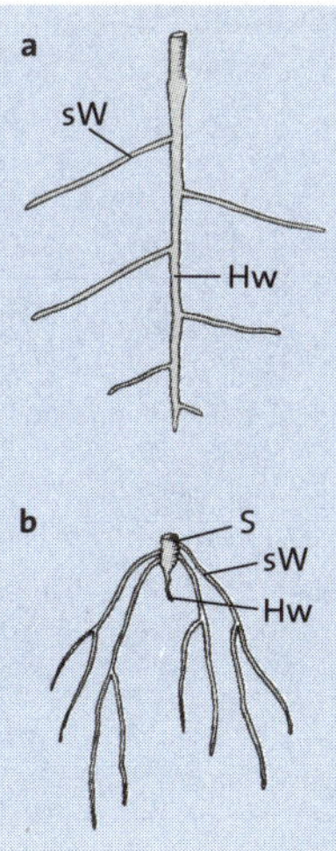

Abb. 3.5.9

Allorhizie (**a**) und Homorhizie (**b**). Sw Seitenwurzel; Hw Hauptwurzel (aus Radicula entwickelt); S Sprossende; sW sprossbürtige Wurzeln (verändert nach BELL 1994).

Merksatz

Dikotyledonen: Allorhizie; Monokotlyedonen: Homorhizie.

Hauptwurzel fort. Von ihr zweigen Seitenwurzeln ab. Dabei unterscheidet man Seitenwurzeln 1. Ordnung (irreführend oft Sekundärwurzeln genannt), die annähernd horizontal verlaufen und sich zu Seitenwurzeln 2. Ordnung usw. verzweigen. Haupt- und Seitenwurzeln sind also verschieden, deshalb für diese Art Wurzelsystem die Bezeichnung **Allorhizie** (gr. allos = anders gestaltet; gr. rhiza = Wurzel). Bei manchen Dikotyledonen und allen Monokotyledonen bleibt die Hauptwurzel im Wachstum zurück und wird schließlich völlig durch sprossbürtige Wurzeln ersetzt. Dann geht die Bewurzelung auf weitgehend gleichartige Komponenten zurück. Man spricht deshalb von **Homorhizie** (gr. homoios = gleichartig).

3.5.3 Sekundäres Dickenwachstum und sekundärer Bau der Wurzel

Wie bei der Sprossachse wird ein geschlossenes Kambium gebildet, das allerdings im Querschnitt zunächst keine Ringform aufweisen kann. Denn zwischen Xylem und Phloem befinden sich parenchymatische Zellen, die wieder meristematisch werden. Sie bilden die eine Komponente des Kambiums. An der Spitze der Xylemstrahlen stoßen sie auf die zweite Komponente, das Perizykel, dessen andere Bezeichnung Perikambium nun gerechtfertigt erscheint. Beide schließen sich zum **Wurzelkambium** zusammen. Im Querschnitt bildet es einen Stern, dessen Strahlen den Xylemstrahlen entsprechen (Abb. 3.5.10 a). Wie im Spross wird vom Kambium nach innen zu Holz, nach außen zu Bast abgegeben. Dabei ist die Holzproduktion reichlicher, sodass die Sternfigur des Xylems zum Ring ausgeglichen wird (Abb. 3.5.10 b). In älteren Wurzeln erinnert nur noch das Zentrum an die Primärstrukturen. Holz- und Baststrahlen ent-

Abb. 3.5.10

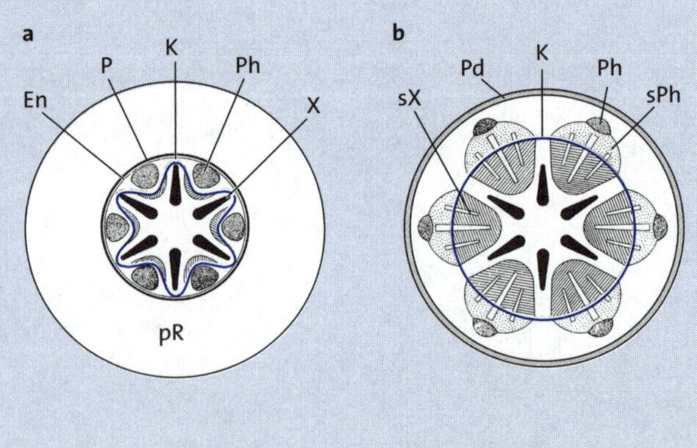

Sekundäres Dickenwachstum der Wurzel bei krautigen Dikotyledonen (Schema). **a** Primärer Zustand mit gerade beginnendem Dickenwachstum: nur wenige sekundäre Gefäße (sX) haben sich bereits innerhalb des Kambiums (K) gebildet. **b** Fortgeschrittenes Dickenwachstum. Aus dem sternförmigen Kambium wurde ein Kambiumring (K). Die primäre Rinde (pR) ist bereits abgeworfen. Den Abschluss nach außen bildet ein aus dem Perizykel (P) gebildetes Periderm (Pd). Bast- und Holzstrahlen sind im sekundären Phloem (sPh, Bast) und sekundären Xylem (sX, Holz) zu sehen. En Endodermis; Ph primäres Phloem; X primäres Xylem (verändert nach TROLL 1973).

Abb. 3.5.11

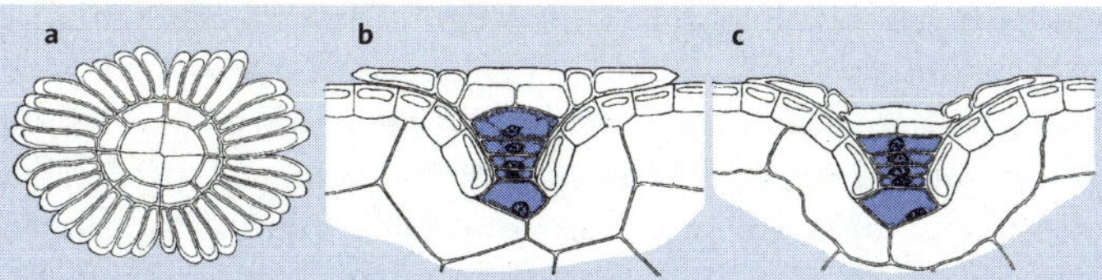

Saugschuppe auf der Blattoberseite von *Vriesea* sp. (Bromeliaceae). Es handelt sich um eine Haarbildung aus einer Schuppe mit abgestorbenen Zellen (vier mittlere Zellen, umgeben von Zellkreisen), über die Wasser wie durch Fließpapier aufgesaugt und an ein in die Epidermis eingesenktes Fußstück aus lebenden, plasmareichen Zellen (hellblau) weitergegeben wird. **a** Aufsicht; **b** Querschnitt nach Wasseraufsaugen; **c** Querschnitt bei Wasserverlust (verändert nach Guttenberg 1952).

sprechen denjenigen im Spross. Durch Dilatationswachstum kommt es zur Sprengung der peripheren Teile. Als neues Abschlussgewebe wird ein Periderm gebildet.

Funktionen der Wurzel 3.5.4

Die Wurzeln dienen einmal der Verankerung im Boden. Tiefe und/oder seitliche Ausdehnung des Wurzelsystems dienen dieser Funktion. Ihr radiäres Leitbündel bedingt dabei eine erhebliche Zugfestigkeit. Darüber hinaus halten die Wurzeln, z.B. von Bäumen, hohe Belastungen aus, dies allerdings zusammen mit dem tragenden Untergrund. Eine weitere Funktion ist die Speicherung von Assimilaten, z.B. von Stärke. Doch vor allem sind die Wurzeln als Gegenpol der Blätter die Organe, über die Wasser und Mineralsalze aufgenommen und in einem Mittelstreckentransport bis zum zentralen Xylem geleitet werden.

Aufnahme von Wasser und Mineralsalzen 3.5.4.1

In geringem Ausmaß können Wasser und Nährsalze auch von *anderen Pflanzenteilen* aufgenommen werden. Die Möglichkeit einer Blattdüngung belegt das. In der Natur haben sich z.B. manche Epiphyten über Saugschuppen (Abb. 3.5.11) an eine Aufnahme über Blätter adaptiert. Andere Epiphyten haben wasseraufnehmende Luftwurzeln (s. Velamen) ausgebildet. Ähnliches gilt für Wasserpflanzen, die Wasser nicht nur über ihre Wurzeln, sondern auch über submerse Blätter aufnehmen können. Doch überwiegend erfolgt die Aufnahme über die Wurzelhaarzone. Von dort findet ein Mittelstreckentransport (Quertransport) bis zu den Gefäßen statt.

Aufnahme und Quertransport von Wasser. Wasser liegt im Boden teils in Kapillaren (Kapillarwasser), teils an Kolloide (Quellungswasser) gebunden vor. Nur das Kapillarwasser ist für die Pflanzen verfügbar. Die Wurzelhaare dringen weit in die Bodenkapillaren ein und nehmen Wasser zunächst in ihren Apoplasten auf. Im Kapillarwasser sind jedoch Ionen gelöst, die seinen osmotischen Wert ausmachen. Hinzu kommen Kapillarkräfte. Wenn es zu einer Wasseraufnahme aus den Zellwänden in das Cytoplasma kommen soll, muss der osmotische Wert der Wurzelhaarzellen so hoch sein, dass beides überwunden wird. Von Ausnahmen wie auf Salzböden (→ Seite 11) abgesehen, enthält das Kapillarwasser so wenig Ionen, dass diese Voraussetzung erfüllt ist. Wasser wird dann osmotisch vor allem im Symplasten, daneben aber auch im Apoplasten bis zur Endodermis transportiert.

Aufnahme von Ionen. Nur ein geringer Anteil der Ionen ist im Kapillarwasser gelöst; die meisten sind an Bodenkolloide gebunden. Sie werden über *Austauschabsorption* freigesetzt. Die Wurzel gibt dazu vor allem H^+ und HCO_3^- als Austauschionen ab. Die Protonen werden überwiegend von H^+-ATPasen geliefert. HCO_3^- bildet sich aus dem CO_2 der Biologischen Oxidation und H_2O. Die Aufnahme kann wie beim Eisen problematisch sein.

Eisen nehmen die Wurzeln in der Regel als Fe^{2+} auf. In *alkalischen Böden* liegt aber dreiwertiges Eisen vor, teils als $Fe(OH)_3$, überwiegend jedoch als wasserunlösliches Fe_2O_3. Dikotyledonen und die Monokotyledonen mit Ausnahme der Poaceae scheiden Citrat und Malat als Chelatbildner aus. H^+-ATPasen pumpen Protonen nach außen (protonenmotorische Kraft; Absenken des pH). Nach der Ansäuerung aus unlöslichem Fe_2O_3 gebildete lösliche Fe_3-Chelate werden am Plasmalemma über eine spezielle Reduktase zu Fe^{2+}-Chelaten reduziert. Fe^{2+} wird über einen spezifischen Fe^{2+}-Transporter in die Zelle aufgenommen (Abb. 3.5.12).

Die Poaceen einschließlich unserer Getreide schlagen einen anderen Weg ein. Ihre Wurzeln scheiden *Phytosiderophore* (PS) als Chelatbildner aus. PS wie die Muginsäure werden aus drei Einheiten S-Adenosyl-methionin gebildet. Die PS bilden Komplexe mit Fe^{3+}, die dann über ein spe-

Abb. 3.5.12

Mobilisierung und Aufnahme von Fe bei Di- und Monokotyledonen mit Ausnahme der Poaceen. H^+-ATPase (1) im Plasmalemma (Pl); in der Rhizosphäre (von der Wurzel beeinflusster Raum des Bodens) Mobilisierung von an Bodenpartikel (Bp) gebundenem Fe^{3+} durch Chelatbildner (Malat und Citrat), Reduktion zu Fe^{2+} durch eine Reduktase (2) im Plasmalemma, Transport von Fe^{2+} ins Cytoplasma mit Hilfe eines hochspezifischen Transporters (3). 1 bis 3 werden bei Eisenmangel induziert.

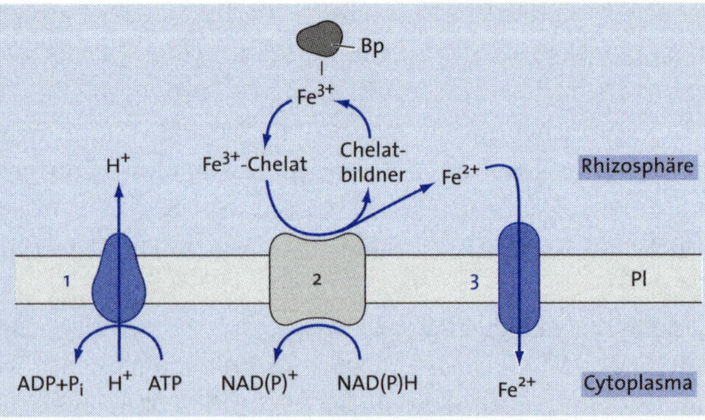

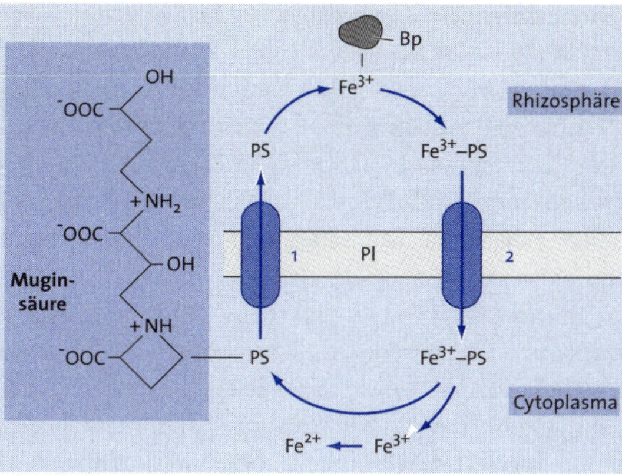

Abb. 3.5.13

Mobilisierung und Aufnahme von Fe bei Poaceen. Phytosiderophore (PS) wie u.a. Muginsäure werden mit Hilfe eines Transporters (1) durch das Plasmalemma (Pl) in die Rhizosphäre abgegeben; dort Mobilisierung von an Bodenpartikel (Bp) gebundenem Fe^{3+} über Bildung eines Fe^{3+}-PS-Chelats, das über einen Transporter (2) ins Cytoplasma überführt wird, dort Freisetzen von PS und von Fe^{3+}, das zu Fe^{2+} reduziert werden kann. 1 und 2 sind jeweils spezifisch und werden bei Eisenmangel induziert.

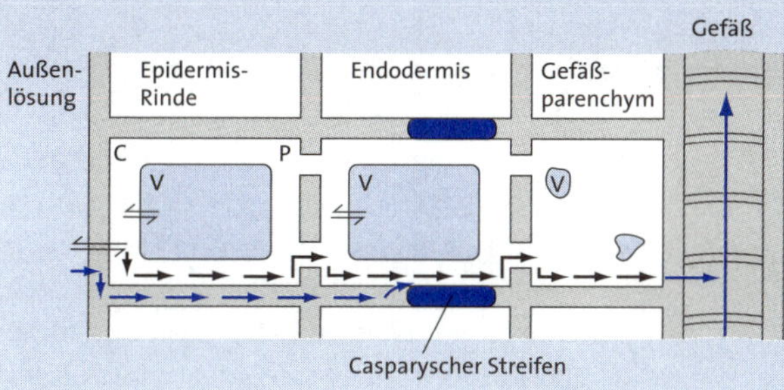

Abb. 3.5.14

Quertransport von Wasser und Mineralsalzen von den Wurzelhaaren (links außerhalb) bis zu den Gefäßen im Zentralzylinder (rechts). Schwarze Pfeile: symplastischer Transport innerhalb des Plasmalemmas (Plasmalemma nicht eingezeichnet); blaue Pfeile: apoplastischer Transport, bei Endodermis zwangsweise in symplastischen Transport umgeleitet. Symplastisch durchs Holzparenchym, von dessen Zellen unter Energieaufwand in die Gefäße abgegeben, in diesen apoplastisch weiter. C = Cytoplasma; P = Plasmodesmos; V = Vakuole (verändert nach LÜTTGE aus HESS 1999).

zifisches Transportersystem in die Zelle eingeschleust werden. Dort wird Fe^{3+} zu Fe^{2+} reduziert (Abb. 3.5.13).

Quertransport von Ionen. Ionen gelangen in den Wurzelhaaren zunächst in den Apoplasten, der ihrer Diffusion »offenbar« keinen Widerstand entgegensetzt und deshalb als »apparent free space«(AFS) bezeichnet wird. Teils diffundieren die Ionen im AFS frei, teils werden zumindest die Kationen an negativ geladenen Gruppen der Zellwandbestandteile, etwa an den Carboxylgruppen der Pektinstoffe, reversibel gebunden. Die meisten Ionen werden gleich nach der Aufnahme aus dem Apoplasten in den Symplasten aufgenommen. Beim anschließenden Transport in radialer Richtung können weitere Ionen aus dem Apoplasten in den Symplasten übergehen. Die Aufnahme in den Symplasten führt zu Konzentrierungen, muss also schließlich gegen das Konzentrationsgefälle erfolgen. Sie verläuft deshalb für die verschiedensten Ionen über sekundär aktive Prozesse. Die beteiligten Kanäle oder Transporter sind meistens ionenspezifisch, sodass eine Selektion möglich ist.

An der Endodermis schließlich zwingen die CASPARYschen-Streifen, die schon in primären Zustand der Endodermis vorhanden sind, alle Ionen in den Symplasten (Abb. 3.5.14). Soweit die Ionenaufnahme nicht schon bei einem früheren Übergang in den Symplasten kontrolliert worden war, ist das jetzt der Fall. Nach der Endodermis erfolgt der Transport symplastisch bis zum Gefäßparenchym. Dessen Zellen scheiden die Ionen in die Gefäße aus, wahrscheinlich über aktive Prozesse; Wasser strömt nach.

Wenn die Transpiration fehlt oder schwach ist, also kein Sog nach oben ausgeübt wird, kann sich so in den Gefäßen ein positiver hydrostatischer Druck entwickeln, der als *Wurzeldruck* schon besprochen wurde (→ Seite 178). Wenn umgekehrt bei starker Transpiration ein entsprechender Sog gegeben ist, verhindert die Endodermis ein unkontrolliertes Ansaugen von Wasser und darin gelösten Ionen, wie es aus dem Apoplasten möglich wäre.

3.5.5 Metamorphosen der Wurzel

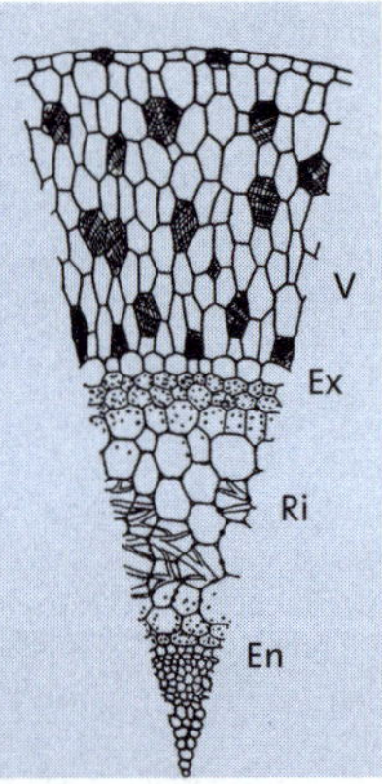

Abb. 3.5.15

Teil eines Querschnitts durch die Luftwurzel von *Stanhopea oculata* (Orchidaceae). V Velamen aus abgestorbenen Zellen, die sich mit Wasser vollsaugen können; Ex Exodermis; Ri Rinde; En Endodermis (verändert nach GUTTENBERG 1952).

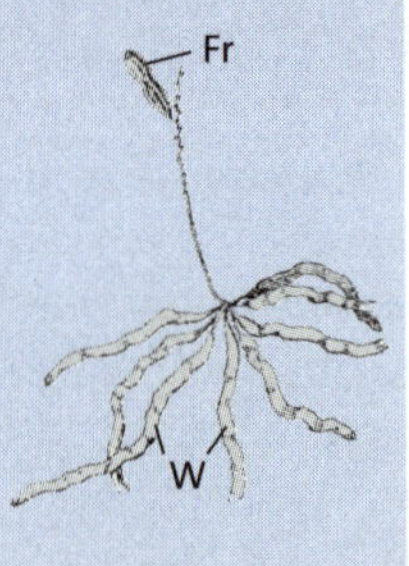

Abb. 3.5.16

Taeniophyllum, eine epiphytische Orchidee. Der kleine Epiphyt hat am blattlosen Spross eine Frucht (Fr) gebildet. Bandförmige, chlorophyllführende Luftwurzeln (W) dienen nicht nur der Befestigung, sondern ersetzen auch die Laubblätter (WALTER 1950).

Funktionell bedingte Sonderformen finden sich bei der Aufnahme von Wasser und Nährsalzen, bei der Befestigung im Untergrund und bei der Speicherung, also bei zentralen Funktionen der Wurzel. Sie treten aber auch im Zusammenhang mit Ranken, Klettern, Gasaustausch und Photosynthese auf. Besonders auffällig werden sie dann, wenn sie nicht im ureigensten Medium der Wurzel, in der Erde, sondern oberirdisch in Erscheinung treten. Gliedern wir nach den drei genannten zentralen Funktionsbereichen und schließen daran weitere Metamorphosen an.

Aufnahme von Wasser und Nährsalzen. Von Epiphyten hängen sprossbürtige Luftwurzeln herab, die Luftfeuchtigkeit absorbieren und auch als Staub herangetragene Mineralien abfangen können. Viele epiphytische Orchideen bilden um sprossbürtige Wurzeln herum ein mehrschichtiges *Velamen* (Abb. 3.5.15) aus. Es entsteht durch perikline Teilungen des Dermatogens. In älteren Wurzeln reicht das Velamen bis zur inzwischen ausgebildeten Exodermis. Seine Zellen sterben früh ab; die tote Zellmasse saugt leicht kapillar Regenwasser auf. Das vom Velamen aufgenommene Wasser ge-

Box 3.5.1

Baumwürger: tödliche Halbepiphyten

Zahlreiche *Ficus*-Arten wachsen zunächst als Vollepiphyten auf anderen Bäumen. Ihre Wurzeln wachsen am Stamm der Baumunterlage abwärts. Haben sie den Boden erreicht, erstarken sie zu einem Netzwerk (Abb. 3.5.17 e), das die Unterlage immer enger umgibt und oft erstickt (Baumwürger). Später kann z.B. der Banyan (*Ficus bengalensis*) Seitenäste ausbilden, von denen Luftwurzeln nach unten wachsen und stammartig erstarken (Abb. 3.5.17 d). Dann handelt es sich nicht mehr um Epiphyten, deshalb die Bezeichnung Halbepiphyten. Wenn die Verbindung über die Seitenäste unterbrochen wird, können kleine Wälder entstehen.1965 betrug bei einem 199 Jahre alten Riesenbanyan im Botanischen Garten von Kalkutta der Durchmesser des Kronenraums 310 m.

langt durch Durchlasszellen der Exodermis ins Wurzelinnere. Nach Befeuchtung wird das Velamen oft durchsichtig grün, weil Chloroplasten durchscheinen. Denn die Luftwurzeln führen in Exodermis und Rinde durchweg Chloroplasten und sind photosynthetisch tätig. Bei der epiphytischen Orchidee *Taeniophyllum* werden die Laubblätter sogar völlig durch bandartige Luftwurzeln ersetzt (Abb. 3.5.16).

Epiphyten entnehmen ihrer Unterlage weder Wasser noch sonstige Stoffe, dürfen also nicht mit Parasiten verwechselt werden. Durch das Aufsitzen erhalten sie mehr Sonnenlicht und mehr Regen. Dennoch können Halbepiphyten für ihre Unterlage tödlich werden (Box 3.5.1).

Befestigung. Die Wurzelsysteme von Bäumen lassen sich in verschiedene Typen gliedern, wobei die Gestaltung von Haupt- und Seitenwur-

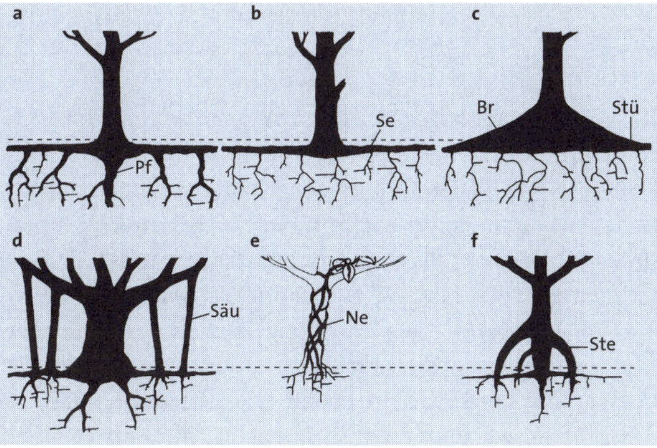

Abb. 3.5.17

Beispiele für Wurzelsysteme von Bäumen. **a** Pfahlwurzel (Pf); **b** Flachwurzler mit Seitenwurzeln 1. Ordnung (Se); **c** Stützwurzeln (Stü), als Brettwurzeln (Br) ausgebildet; **d** Säulenwurzeln (Säu); **e** Netzwurzeln (Ne); **f** Stelzwurzeln (Ste) (Bell 1994).

Box 3.5.2

Mangroven

Abb. 3.5.18

Mangrove: Pioniervorkommen zum offenen Meer hin. — = Schlickboden; ~~ = obere Flutgrenze (VARESCHI 1980).

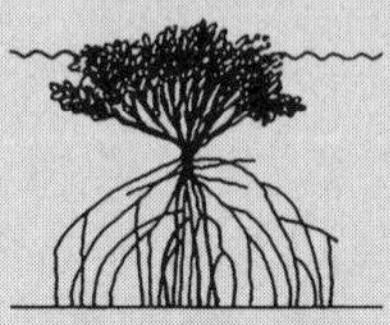

Abb. 3.5.19

Schema zur Viviparie u.a. bei *Rhizophora*. **a** Der Embryo mit schwertartigem Hypokotyl (Hy) wächst aus Fruchtschale (F) und Samenschale (S) heraus. **b** Der Embryo reißt an den Kotyledonen (Ko) ab und bohrt sich mit dem Hypokotyl in den Schlick ein (TROLL 1973).

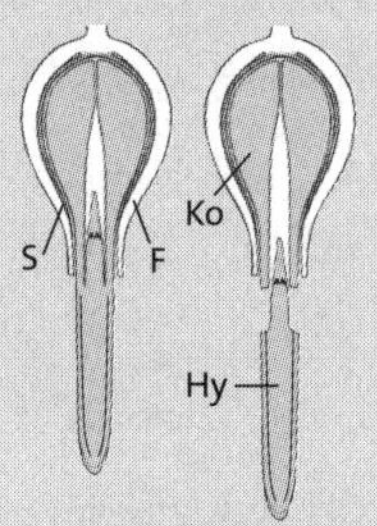

Abb. 3.5.20

Knieartig ausgebildete Atemwurzeln (Kniewurzeln) in der Mangrove (VARESCHI 1980).

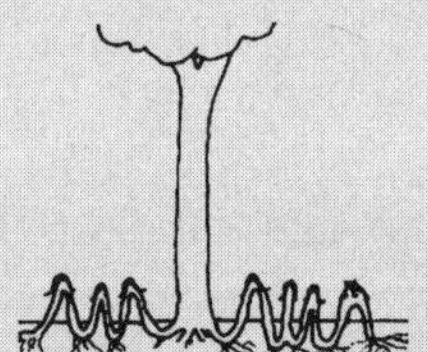

Bei der Mangrove handelt es sich um Gehölze im Gezeitenbereich tropischer und subtropischer Flachstrände auf Schlickboden. Frost und harter, dauernder Wellenschlag verhindert ihre Ausbildung. Die wichtigste Gattung ist der Mangrovebaum *Rhizophora* (Abb. 3.5.18), auf den sich auch der Name bezieht (mangle = hispanisierter Indioname für *Rhizophora*; en. grove = Gehölz). Bei *Rhizophora* und Verwandten kann der Same schon auf der Pflanze keimen, denn Wasser ist immer genug vorhanden. Der Embryo reißt an den Kotyledonen ab (Abb. 3.5.19), fällt herab und wird über das schwere, langgestreckte Hypokotyl im Schlick versenkt.

Je nach den lokalen Gegebenheiten wechselt der Salzgehalt des Bodens. Insgesamt gesehen handelt es sich bei den Mangrovearten um Halophyten verschiedener Ausprägung mit den auf Seite 11 ff. beschriebenen Anpassungen. So liegt der osmotische Wert der Arten immer höher als derjenige des Untergrunds, in dem sie wurzeln. Sie werden täglich überflutet und stehen deshalb meist auf sprossbürtigen Stelzwurzeln (Abb. 3.5.17 f). Oft sind Seitenwurzeln als Atemwurzeln ausgebildet (Abb. 3.5.20). Der Gasaustausch erfolgt über reichlich vorhandene Lentizellen, die mit weitlumigen Interzellularen weiter innen in Verbindung stehen.

zeln sowie von sprossbürtigen Wurzeln als Kriterien dienen (Abb. 3.5.17 a–f). Viele Bäume besitzen eine Hauptwurzel, die wie bei der Tanne (*Abies alba*) als tiefgreifende *Pfahlwurzel* (a) ausgebildet ist, andere sind wie die Fichte (*Picea abies*), über Seitenwurzeln *Flachwurzler* (b). Von ihnen lassen sich Bäume mit *Brettwurzeln* (c) herleiten, die in tropischen Regenwäldern häufig sind. Dabei handelt es sich oft um *Stützwurzeln* aus Seitenwurzeln erster Ordnung, die stark nach oben wachsen. Stützwurzeln können auch von Ästen aus als zunächst dünne sprossbürtige Wurzeln abgesenkt werden. Wenn sie im Boden eingewurzelt sind, können sie wie bei *Ficus*-Arten zu *Säulenwurzeln* erstarken (d). Von Halbepiphyten ausgehende *Netzwurzeln* (e) wurden bereits behandelt (Box 3.5.1). *Stelzwurzeln* (f) sind sprossbürtige Wurzeln, die sich häufig in Mangrovewäldern finden. Gasaustausch ist bei Stelz- und Brettwurzeln möglich, vor allem aber über Atemwurzeln in der Mangrove (Box 3.5.2).

Erwähnt werden soll noch, dass unser Efeu (*Hedera helix*) ein *Wurzelkletterer* und die Vanille-Orchidee (*Vanilla planifolia*) ein *Wurzelranker* ist.

Speicherung. Verdickte Organabschnitte bezeichnet man als Knollen. Je nach dem Organ unterscheidet man Spross- und Wurzelknollen. Oft findet man eine beim Auswachsen des Sprosses erschöpfte alte Knolle und eine neue Knolle für das nächste Jahr nebeneinander. Knollen dienen der Speicherung, in manchen Fällen von Wasser, meist von Stärke.

- *Sprossknollen* haben wir bereits bei der Kartoffel kennen gelernt (→ Seite 187). Auch Topinambur (*Helianthus tuberosus*), Knolliger Hahnenfuß (*Ranunculus bulbosus*), Herbstzeitlose (*Colchicum*; Abb. 3.5.21) oder Krokus (*Crocus*) weisen Sprossknollen auf.
- *Wurzelknollen* (Abb. 3.5.21) finden sich bei den Bataten Ostasiens (*Dioscorea*), wichtigen stärkeführenden Nahrungsmitteln, beim Scharbockskraut (*Ranunculus ficaria*, in Dreizahl), bei Orchideen oder der Dahlie.
- *Rüben* können durch sekundäres Dickenwachstum stark verdickte Hauptwurzeln sein, die in der Regel Stärke speichern. Beim sekundären Wachstum wird meistens die Rinde (Möhre, Abb. 3.5.22) stärker ausgebildet, weniger häufig der Holzteil.

Am Aufbau einer Rübe kann sich auch das Hypokotyl beteiligen. Das gilt schon für Varietäten einer gegebenen Art. So ist die Zuckerrübe (Abb. 3.5.23a) eine *Wurzelrübe*, die verwandte Rote Rübe (s. Abb. 1.12.8) eine *Hypokotylrübe*. Außer Mischformen aus Hypokotyl und Spross können auch reine Sprossrüben gebildet werden (Abb. 3.5.23).

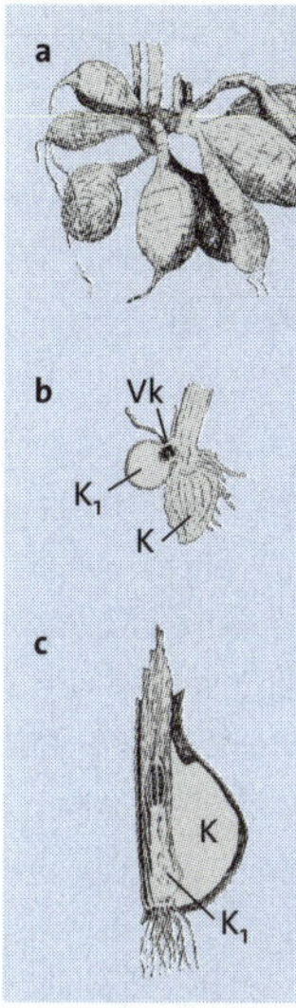

Abb. 3.5.21

Spross- und Wurzelknollen. **a** Wurzelknollen der Dahlie (*Dahlia*), **b** des Helm-Knabenkrauts (*Orchis militaris*); **c** Sprossknolle der Herbstzeitlose (*Colchicum autumnale*); K alte, entleerte Knolle; K_1 junge Knolle; Vk Sprossvegetationskegel (WALTER 1950).

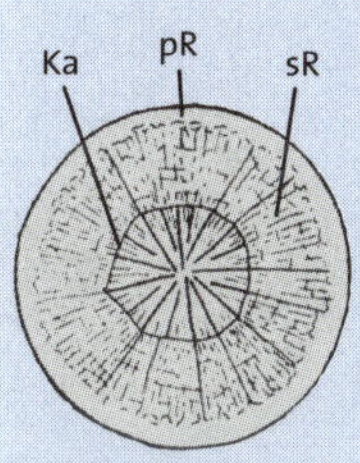

Abb. 3.5.22

Querschnitt durch die Möhre (*Daucus carota*) mit stark erweiterter Rinde. Ka Kambium; pR primäre Rinde; sR sekundäre Rinde (WALTER 1950).

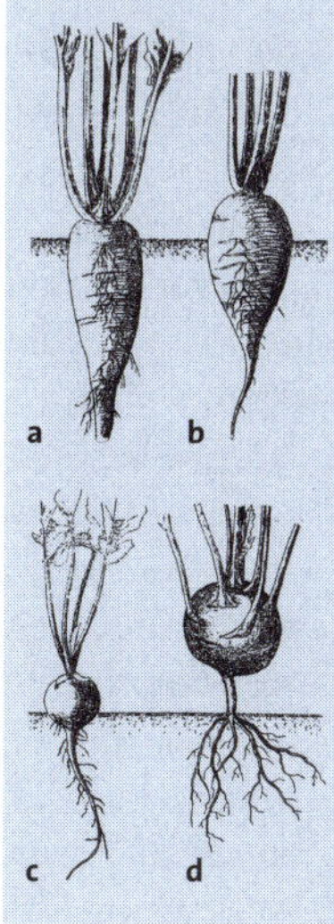

Abb. 3.5.23

Wurzel, Hypokotyl und Spross als Rübenbildner. **a** Zuckerrübe (Hauptwurzel); **b** Rettich (Wurzel und Hypokotyl; oberer Teil ohne Seitenwurzeln); **c** Radieschen (nur Hypokotyl); **d** Kohlrabi (nur Spross).

Fragen (Seitenverweise zur Beantwortung)

1 - Nennen Sie die Histogene der Wurzel! (S. 201).
2 - Geben Sie wenigstens einen der Unterschiede zwischen Epidermis und Rhizodermis an! (S. 202).
3 - Was verstehen Sie unter einem Trichoblasten? (S. 202).
4 - Gehört die Endodermis zum Zentralzylinder oder zur Wurzelrinde? (S. 203).
5 - Welche funktionell wichtige Wandstruktur weist die Endodermis schon in ihrem primären Zustand auf? (S. 204).
6 - Welcher Leitbündeltyp findet sich in den Wurzeln? (S. 204).
7 - Entstehen die Seitenwurzeln aus dem Perizykel oder aus dem Perikambium? (S. 205).
8 - Was verstehen Sie unter Allorhizie, was unter Homorhizie? (S. 205).
9 - Welche Austauschionen gibt die Wurzel bei der Ionenaufnahme ab? (S. 208).
10 - Nennen Sie eine Pflanzenart mit Wurzelknollen! (S. 213).

3.6 Bewegungen von Pflanzenorganen

Inhalt

Pflanzen können auf ihre Umwelt auch mit Bewegungen reagieren. Von ihren aktiven Bewegungen werden zunächst die Nastien besprochen. Die nastischen Blattbewegungen der Mimose zeigen eine elektrische Reizleitung. Dass Pflanzenzellen ein Ruhe- und gegebenfalls ein Aktionspotenzial aufweisen, ist für Botaniker nichts Neues, war aber für Fachfremde Grund genug, Pflanzen ein Nervensystem wie bei Tieren und sogar eine Seele zu unterstellen. Besonders wichtige aktive Bewegungen sind die ebenfalls behandelten Tropismen. Ohne Reaktion auf Licht- und Schwerkraftreize, also Photo- und Gravitropismus, könnte die Pflanze ihre Umwelt nicht erfassen.

3.6.1 Einteilung der Bewegungserscheinungen

Eine erste Einteilung kann nach *Bewegungsmechanismen* erfolgen. Bei *passiven Mechanismen* ist der pflanzliche Stoffwechsel nicht eingeschaltet. Die Bewegung erfolgt automatisch aufgrund des Organbaus. Das gilt z.B.

Box 3.6.1

Kohäsionsmechanismus der Öffnung von Farnsporangien

In Farnsporangien liefert die Meiosis Sporen (→ Seite 260) an, die über einen Kohäsionsmechanismus ausgeschleudert werden. Die Sporangien werden seitlich von einer Zellreihe begrenzt, die an den Raupenhelm früherer bayerischer Kürassiere erinnert, den *Anulus* (Abb. 3.6.1). Seine Zellen haben dünne Außenwände. Die verdickten Radial- und Innenwände bilden in Aufsicht ein »U«. Bei der Reifung verlieren die Anuluszellen über die dünnen Außenwände nach und nach Wasser. Die Wände werden nachgezogen: die Enden des »U« nähern sich. Dabei ist fast nur die Kohäsion der Wassermoleküle wirksam. Der Anulus als Ganzes geht von konvex in konkav über; das Sporangium reißt auf. Dabei werden die ersten Sporen frei. Doch schließlich wird bei weiterem Wasserverlust die Wandspannung so hoch, dass die Kohäsionskräfte überwunden werden: die Radiärwände der Anuluszellen springen ruckartig in die Ausgangsstellung zurück. Auch dabei werden Sporen ausgeschleudert.

Die in den Zellen des Anulus wirksamen Kohäsionskäfte sind hoch. Um sie zu brechen, sind Drücke zwischen −2 MPa und −36 MPa erforderlich.

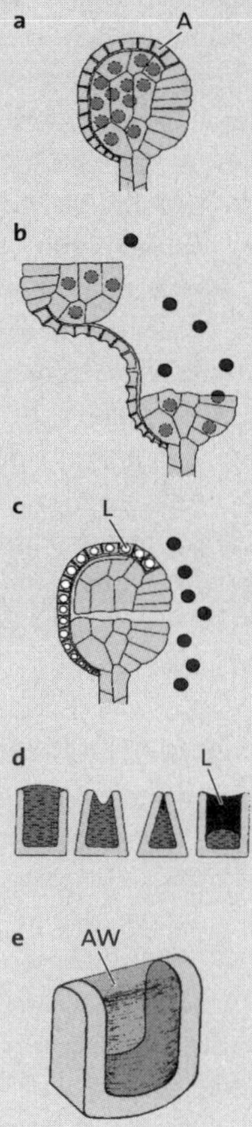

Abb. 3.6.1

Kohäsionsmechanismus bei der Öffnung von Farnsporangien. A Anulus; AW Außenwände; L Luftblase. **a–c**: Bewegungen des Sporangiums bei steigendem Wasserverlust. **d**: Anuluszellen von der Seite bei steigendem Wasserverlust. Ganz rechts ist das Rückspringen in die Ausgangslage bereits erfolgt. In den Zellen befindet sich dann über einem Wasserrest eine Luftblase. **e**: Anuluszelle zu Beginn (entspricht d ganz links), räumlich. Die dünnen Außenwände lassen sich nun erkennen (a–c verändert nach Lösch 2003; d und e Walter 1950).

für Quellungs- und Kohäsionsbewegungen. Zu den letztgenannten gehört die Öffnung von Farnsporangien (Box 3.6.1).

Aktive Mechanismen der Bewegung setzen die Lebenstätigkeit der Pflanze voraus. Solche Bewegungen finden sich schon innerhalb der Zellen, so bei Cytoplasmaströmungen. Auf zellulärem Niveau gehören hierher die freien Ortsbewegungen einzelliger Pflanzen oder einzelliger Entwicklungszustände vielzelliger Pflanzen, z.B. von Zoosporen oder Gameten. Man nennt sie *Taxien*. Die wirksame Reizart wird dem Wort vorangestellt. Taxien können positiv, d.h. zum Reiz hin, oder negativ, vom Reiz weg gerichtet sein. Positive Chemotaxis z.B. ist gut untersucht bei Braunalgen, deren Eizellen Spermatozoide chemisch anlocken.

Definition

Bei Nastien wird die Bewegungsrichtung durch den Bau des reagierenden Organs bestimmt und ist deshalb von der Reizrichtung unabhängig. Bei Tropismen bestimmt die Reizrichtung die Bewegungsrichtung.

Bei festgewachsenen Pflanzen können sich nur vegetative oder reproduktive Pflanzen*teile* bewegen. Im Folgenden werden die aktiven Bewegungserscheinungen vegetativer Organe behandelt. Sie können aus inneren Ursachen heraus, also endogen, erfolgen oder durch Außenreize induziert werden. Zu den endogenen Bewegungen zählen die Schlafbewegungen von Blättern. Zu den induzierten Bewegungen gehören viele *Nastien* und die *Tropismen*. Beide unterscheiden sich in ihrer *Reaktionsart*.

Zur weiteren Charakterisierung setzt man die Reizart vor die beiden Begriffe, also z.B. Seismonastie oder Gravitropismus.

Was den Bewegungsmechanismus anbelangt, unterscheidet man zwischen Turgorbewegungen (Variationsbewegungen) und Wachstumsbewegungen (Nutationsbewegungen). Den Nastien liegen *vor allem* Turgor-, den Tropismen *vor allem* Wachstumsbewegungen zugrunde. Die Einteilungen nach Reaktionsart und Bewegungsmechanimus überschneiden sich also. Hier erfolgt die Gliederung nach der Reaktionsart, also nach Nastien und Tropismen. Dabei können sich an ein- und demselben Bewegungsablauf gelegentlich nastische *und* tropistische Reaktionen beteiligen.

3.6.2 Einige Grundbegriffe der Reizphysiologie

Nastien und Tropismen sind überwiegend durch Reize induziert. Bei dem Reiz handelt es sich um die Zufuhr einer meist nur geringen Energiemenge, die auslösenden Charakter hat. Wie uns schon von Signalen wie Phytohormonen oder Licht bekannt, muss ein Reiz zuerst aufgenommen werden (*Reizperzeption*). Danach muss er in ein zelluläres Signal umgewandelt werden (*Reizumwandlung*). Oft schließt sich eine *Signalleitung* (»Reizleitung«) an. Sie erfolgt meistens auf elektrischem, gelegentlich auch auf chemischem Weg. Nach Leitung zu den Zielsystemen wird von diesen die *Reizreaktion* eingeleitet. Die Zeitspanne zwischen Beginn der Reizeinwirkung und der Reizreaktion bezeichnet man als *Latenzzeit*. Der Reizreaktion folgt ein *Refraktärstadium*, in dem ein erneuter Reiz zunächst ohne Reaktion bleibt (absolutes Refraktärstadium) und dann eine nur schwächere Reaktion hervorruft (relatives Refraktärstadium), weil sich das zelluläre System erst regenerieren muss.

Damit überhaupt eine Reaktion eintritt, muss über den Reiz eine Mindestenergiemenge zugeführt werden. Sie ist gering und hat wie erwähnt lediglich auslösenden Charakter. Keinesfalls entspricht sie der Energiemenge, die letztlich bei der Reizreaktion aufgewendet werden muss. Sie muss nur hoch genug sein, um eine *Reizschwelle* zu überschreiten. Ist das der Fall, ist die Reaktionsstärke in der Regel von der darüber hinaus zugeführten Energiemenge unabhängig. Es handelt sich also um eine *»Alles-oder-Nichts-Reaktion«*. Eine andere Möglichkeit ist, dass die Reaktionsstärke von der Reizstärke und der Zeit der Reizeinwirkung, d.h. von der Reizmenge abhängig ist.

Nastien

3.6.3

Mit den Spaltöffnungsbewegungen (→ Seite 194) hatten wir bereits Beispiele für Nastien kennen gelernt, an denen sich auch endogene Rhythmen beteiligen. Das Paradebeispiel für Nastien sind jedoch die Blattbewegungen der Mimose (*Mimosa pudica*).

Nastien: Beispiel Mimose

3.6.3.1

Blattbewegung. Die im tropischen Amerika heimische Mimose trägt an einem Blattstiel vier gefiederte Teilblätter. Setzt man an einem endständigen Fiederblättchen einen Reiz etwa durch Drücken, klappen die Fiederblättchen des betreffenden Teilblatts nach oben zusammen, und zwar von der Reizstelle nach unten fortschreitend. Bei einem starken Reiz wie Anbrennen greift der »Reiz« auf die drei anderen Teilblätter und den Blattstiel über. Die Fiederblättchen der Teilblätter klappen ebenfalls nach oben zusammen, die Teilblätter nähern sich einander und der Blattstiel senkt sich (Abb. 3.6.2).

Die Blattbewegungen werden durch die verschiedensten Reize ausgelöst. Die Pflanze ist nach einer starken Reaktion weniger auffallend als vorher und könnte sich so der Aufmerksamkeit eines Fraßfeindes entziehen, der entsprechende Reize gesetzt hat.

Bei den Blattbewegungen handelt es sich um Alles-oder-Nichts-Reaktionen, die über Turgorveränderungen zustande kommen. An der Basis jedes Fiederblättchens, jedes Teilblattes und jedes Blattstiels befindet

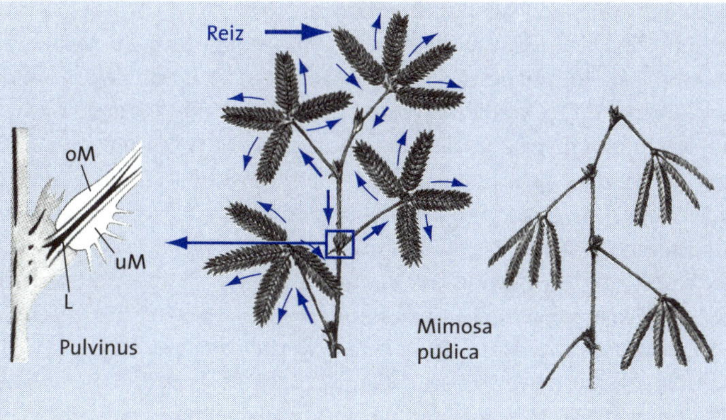

Abb. 3.6.2

Blattbewegungen bei der Mimose (*Mimosa pudica*) nach einem starken Reiz an der Spitze eines Teilblattes. **Mitte**: bei Reizung; **rechts**: nach Reizreaktion; **links**: Pulvinus. Derartige Pulvini befinden sich an allen Gelenken. L Leitbündel; oM obere motorische Zellen; uM untere motorische Zellen (verändert nach HESS 1981).

Abb. 3.6.3

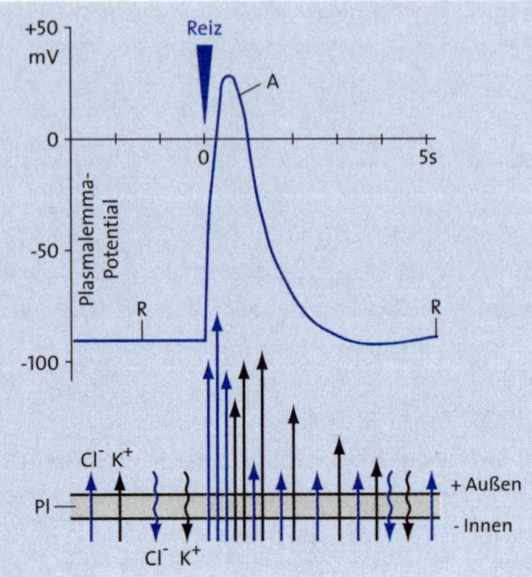

Ruhe- und Aktionspotenzial am Plasmalemma (Pl) von Pflanzen (Schema). Gerade Pfeile: passiver Efflux; gewellte Pfeile aktiver Influx; schwarze Pfeile K^+; blaue Pfeile Cl^-. Die Länge der Pfeile deutet die Stärke der Ionenflüsse an. Im Ruhepotenzial R tritt weniger Cl^- als K^+ aus, deshalb innerhalb des Plasmalemmas negative Ladung. Durch Reizeinwirkung wird ein Aktionspotenzial A ausgelöst, das auf einem starken Efflux von Cl^- basiert. Zur Rückkehr zum Ruhepotenzial kommt es durch einen nachfolgenden, ausgleichenden Efflux von K^+. Nach fünf Sekunden sind die Ionenflüsse des Ruhepotenzials wieder erreicht (verändert nach HAUPT 1977).

Merksatz

Ruhepotenzial und vor allem das Aktionspotenzial, beides Selbstverständlichkeiten bei lebenden Pflanzenzellen, waren für geschäftstüchtige Autoren, die bald über das Geheimnis der Cheopspyramide, bald über das Seelenleben der Pflanze schreiben, mit ein Anlass, Pflanzen ein Nervensystem und schließlich auch eine Seele zu unterstellen. Doch der in Abb. 3.6.3 skizzierte Ablauf kommt ganz ohne Seele aus. Trotzdem sind auch für den Autor »seine« Pflanzen nichts weniger als minderwertig.

sich ein Gelenk, der Pulvinus (Abb. 3.6.2). In ihm sind die Leitbündel zu einem dünnen, zentralen Strang zusammengefasst, der die Bewegung nicht behindert. Darum liegen große, »motorische« Parenchymzellen, die bei der Reizreaktion ihren Turgor verändern.

Reizperzeption. Alle lebenden Pflanzenzellen weisen ein *Ruhepotenzial* (Abb. 6.3.3) auf, und zwar ein Plasmalemmapotenzial: die Innenseite des Plasmalemmas ist gegenüber der Außenseite negativ geladen. Die Potenzialdifferenz beträgt je nach der Zellart −50 bis −190 mV. Ohne Reizeinwirkung diffundieren Cl^-- und K^+-Ionen ständig passiv nach außen und werden umgekehrt aktiv mit Hilfe von H^+-ATPasen nach innen transportiert. Dabei überwiegen im Inneren die Cl^--Ionen, die den dort negativen Ladungszustand bedingen. Als Summe der Hin- und Herbewegungen stellt sich das »Ruhe«potenzial ein.

Wenn ein Fiederblättchen gereizt wird, erfolgt dort die Reizperzeption unter Auslösung eines Aktionspotenzials. Das Plasmalemma ändert nach einer nur sekundenkurzen Latenzzeit seine Permeabilität. Es kommt zu einem raschen Efflux von Cl^-. Das Membranpotenzial wird dadurch weniger negativ oder sogar leicht positiv. Die betreffende Potenzialänderung nennt man *Aktionspotenzial* (Abb. 3.6.3). Der Rückgang zum Ruhepotenzial erfolgt über einen zeitlich nur leicht verzögerten Efflux von K^+ und Reduktion der Permeabilität für Cl^-. Der Ionenaustritt geht zurück. Nach rund 5 s ist das Ruhepotenzial wieder hergestellt.

Signalleitung. Die Aktionspotenziale werden offensichtlich symplastisch bis zu den motorischen Zellen der Pulvini weitergeleitet. Die Geschwindigkeit der Leitung kann 10 cm/s erreichen. Daneben gibt es eine langsamere chemische Reizleitung, möglicherweise über Phenolcarbonsäuren, die auch im Apoplasten erfolgen könnte.

Reizreaktion. Die motorischen Zellen der Pulvini bringen die Bewegungen über Turgorveränderungen zustande. Bei einer *Hebung* der Organe (Fiederblättchen) schrumpfen die Zellen in der oberen Pulvinushälfte über einen massiven Export von zuerst Cl^- und dann von K^+, gefolgt von einem entsprechenden osmotischen Ausströmen von Wasser in den Apoplasten und die Interzellularen. In der unteren Pulvinushälfte nehmen die motorischen Zellen umgekehrt Wasser auf, weil durch Erschlaffen der oberen Zellen ihr Wanddruck reduziert und ihr osmotischer Wert damit erhöht wird (→ Seite 31). Durch Anschwellen verstärken sie die Hebung. Bei einer *Senkung* (Blattstiel) schrumpft umgekehrt die untere Pulvinushälfte, während die obere anschwillt. Unter aktiver Aufnahme von K^+ und Cl^- und nachfolgend Wasser in die geschrumpften Zellen wird nach rund 20 min der Ausgangszustand wieder erreicht.

Nyktinastische Bewegungen

3.6.3.2

Ganz unabhängig von den besprochenen Reizeinwirkungen nehmen die Blätter der Mimose nachts Schlafstellungen ein, die dem gereizten Zustand entsprechen. Auch bei anderen Mimosengewächsen, bei der verwandten Familie der Schmettterlingsblütler (Fabaceae) sowie bei zahlreichen weiteren Pflanzenarten finden sich Tag- und Nachtstellungen von Blättern. Auch viele Blüten zeigen Nachtstellungen ihrer Blattorgane. Solche Schlafbewegungen bezeichnet man als *nyktinastische Bewegungen*.

Vielfach beteiligt sich nachgewiesenermaßen die Phytochromklasse II (→ Seite 133) an der Auslösung der Bewegung. Sowohl bei der Mimose als auch bei dem verwandten Mimosengewächs *Albizzia* löst aktives P_{DR}, das über Bestrahlung mit Hellrot (HR) gebildet wurde, die Schlafbewegungen aus. Bei Belichtung mit Dunkelrot (DR) wird es in inaktives P_{HR} rücküberführt. Dann wird wieder die Tagstellung eingenommen. Es handelt sich um Turgorbewegungen wie bei der Mimose.

Die Bewegungen lassen sich leicht registrieren (Abb. 3.6.4) und so längerfristig verfolgen. Dabei stellte man fest, dass sie auch in Dunkelheit weiterlaufen, soweit der Ausfall der Photosynthese kein Limit setzt. Es handelt sich also um endogene Bewegungen. Allerdings wird oft die Amplitude der aufgezeichneten Schwingungen verringert. Auch ihre Periode bleibt nicht konstant. Sie pendelt sich auf Werte um 24 Stunden herum ein. Man spricht deshalb von *circadianen endogenen Rhythmen* (lat. circa = ungefähr; lat. dies = Tag).

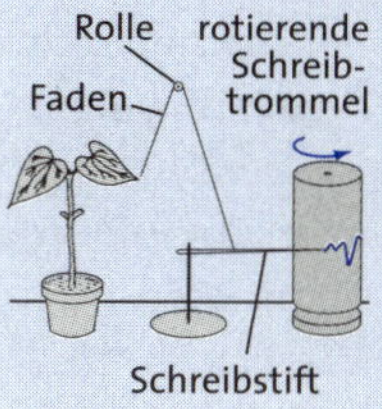

Abb. 3.6.4

Registrierung der nyktinastischen Bewegungen von Bohnenblättern. Hebung des Blattes = Senkung bei der Aufzeichnung; Senkung des Blattes = Hebung bei der Aufzeichnung (HESS 1981).

Licht wirkt dabei als *Zeitgeber*, d.h. es steuert den Beginn der Rhythmen. Das zeigt sich besonders deutlich, wenn man einen inversen Licht-Dunkel-Zyklus bietet, also die Nacht zum Tage macht (Abb. 3.6.5). Die rhythmische endogene Bewegung bleibt erhalten, wird aber auf die neuen Belichtungsverhältnisse umgestellt.

Außer circadianen finden sich auch endogene Monats- oder Jahresrhythmen. Zu den molekularen Mechanismen der *physiologischen Uhren*, von denen alle diese Rhythmen eingesteuert werden, gibt es bei Blütenpflanzen bislang fast nur stark hypothetische Vorstellungen.

Abb. 3.6.5

Endogener Rhythmus und Licht als Zeitgeber bei den nyktinastischen Blattbewegungen der Jackbohne (*Canavalia ensiformis*). Registrierung wie in Abb. 3.6.4. Lichtzeiten hell, Dunkelzeiten grau. Anfänglich war normal belichtet worden. Am 19.X. wurde erstmals nachts belichtet und tags verdunkelt. Noch am gleichen Tag passen sich die Bewegungen diesem inversen Licht-Dunkel-Zyklus an. Der Beginn der Belichtung fungiert dabei als Zeitgeber. Im Dauerdunkel (ab 22.X.) gehen die Bewegungen weiter und zeigen damit ihren endogenen Charakter an (HESS 1981).

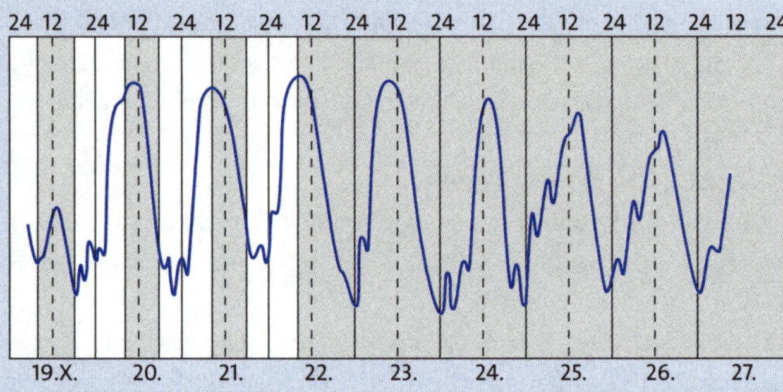

3.6.4 Tropismen

Tropismen werden zunächst wie Nastien nach dem auslösenden Reiz eingeteilt. Da bei ihnen die Bewegungsrichtung von der Reizrichtung abhängt, unterscheidet man außerdem noch zwischen Bewegungen zur Reizquelle hin (positive Tropismen) und von der Reizquelle fort (negative Tropismen). Die in der Natur wichtigsten Tropismen sind der Photo- und der Gravitropismus, die auf allgegenwärtige Licht- bzw. Schwerkraftreize zurückgehen.

3.6.4.1 Phototropismus

Beim Phototropismus finden sich lichtinduzierte Bewegungen durch Wachstum, in erster Linie durch das Streckungswachstum. Kultiviert man eine Pflanze so, dass Licht sowohl den Spross wie die Wurzel erreichen kann, wendet sich bei normalen Lichtintensitäten der Spross dem Licht zu, die Wurzel vom Licht ab (Abb. 3.6.6). Der Spross zeigt also *positiven*, die Wurzel *negativen* Phototropismus. Wenn die Lichtintensität nicht zu hoch ist, stellen sich die Blattflächen senkrecht zum Licht ein. Das entspricht den Anforderungen in der Natur.

Die *Avena*-Koleoptile ist das hinsichtlich des Phototropismus bestuntersuchte Sprossorgan. Im Einzelnen zeigt sie bei steigenden Lichtintensitäten eine erste, zweite und dritte positiv phototrope Reaktion. Übergehen wir diese Komplikationen und fragen wir vereinfachend, wie es überhaupt zu einer positiv phototropen Reaktion, also zu einer Krümmung zum Licht hin kommen kann.

Die **Perzeption** des Lichtreizes findet in der Koleoptilspitze statt, denn wenn man sie abdunkelt, unterbleibt die Reaktion (Abb. 3.6.7). Wirksam ist Blaulicht, das von Phototropinen (Box 3.6.2) perzipiert wird. Die unmittelbar anschließende *Signaltransduktion* ist noch unbekannt. Doch führt sie schließlich dazu, dass in der Koleoptilspitze IAA von der Lichtseite auf die Schattenseite verschoben wird. Außerdem wird der polare IAA-Transport auf der Lichtseite gehemmt. Auf der Schattenseite findet sich also mehr IAA, die außerdem ohne Blockierung basipetal in die Hauptstreckungszone wandern kann, die unterhalb der Koleoptilspitze liegt. Die Folge ist eine Krümmung zum Licht hin.

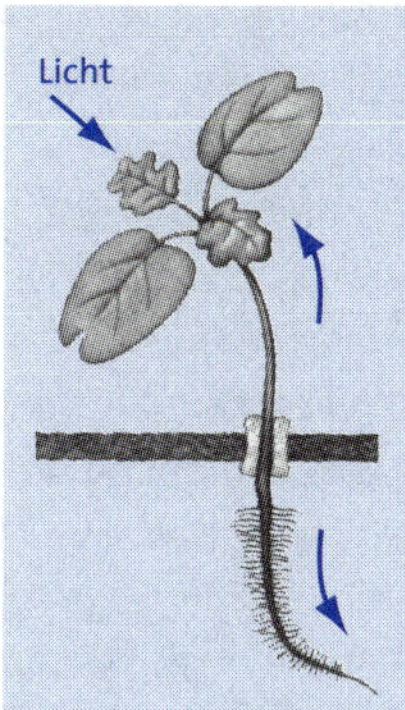

Abb. 3.6.6

Phototropismus eines zweikeimblättrigen Keimlings. Die Pflanze wurde auf einem Korken schwimmend gehalten und von links oben belichtet. Der Spross zeigt eine positiv, die Wurzel eine negativ phototrope Wachstumsreaktion (HESS 1981).

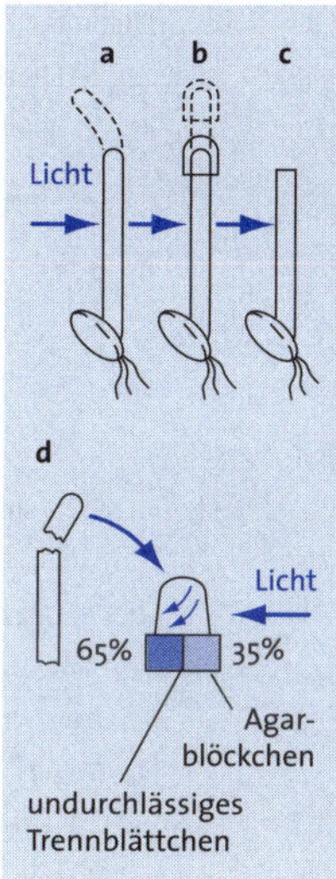

Abb. 3.6.7

Perzeption des Lichtes und IAA-Querverschiebung in der Spitze der *Avena*-Koleoptile. **a** positiv phototrope Reakion bei Belichtung; **b** keine Reaktion bei Abdecken der Spitze; **c** keine Reaktion bei Entfernung der Spitze; **d** Abnehmen der Spitze, Aufsetzen auf Agarblöckchen, das durch ein undurchlässiges Trennplättchen halbiert wurde, dann in beiden Blöckchenhälften quantitative Bestimmung der eindiffundierten IAA. Die Verteilung der IAA in beiden Hälften ist angegeben (HESS 1981).

Gravitropismus

3.6.4.2

Beim Gravitropismus (Geotropismus) handelt es sich um durch die Schwerkraft ausgelöste Bewegungen, die wiederum auf Streckungswachstum zurückgehen. Legt man z.B. einen Keimling horizontal, wächst der Spross an seiner Unter-, die Wurzel an ihrer Oberseite stärker. Der Spross richtet sich dann im Gegenlot negativ gravitrop auf, während die Wurzel positiv gravitrop nach unten wächst. Blätter nehmen eine Querrichtung zum Lot ein (Abb. 3.6.9). Dass die Schwerkraft bestimmend ist, demonstriert jeder Waldhang. Denn das Wachstum der Bäume orientiert sich nach ihr und erfolgt nicht etwa senkrecht zur Hangoberfläche.

Box 3.6.2

Phototropine als Blaulichtrezeptoren

Abb. 3.6.8 | Struktur der Phototropine phot 1 und phot 2 aus der Acker-Schmalwand (*Arabidopis thaliana*). LOV-1- und -2 -Domänen, Kinase-Domäne. aa Aminosäuren (Briggs und Christie 2002).

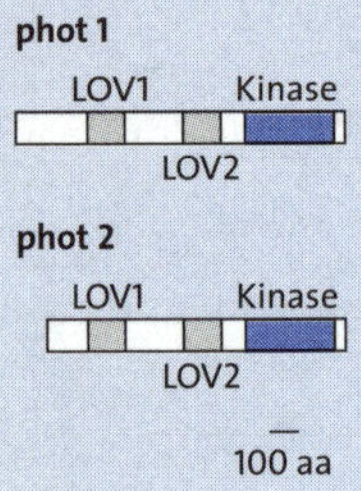

Einige der lange gesuchten Blaulichtrezeptoren wurden in den letzten Jahren in der Acker-Schmalwand (*Arabidopsis thaliana*) gefunden. Es handelt sich bisher um die Phototropine 1 und 2 (Abb. 3.6.8), beides Kinasen. Die Proteinkomponenten führen zwei LOV-Domänen. Die Domänen wurden so benannt, weil sie Aminosäurensequenzen aufweisen, die durch Licht (*L*ight), Sauerstoff (*O*xygen) oder elektrische Reize (*V*oltage) über die entsprechenden Gene einreguliert werden. Diese Sequenzen kommen auch in anderen Proteinen aus den verschiedensten Lebewesen vor. Jede der LOV-Domänen bindet ein Molekül FMN (→ Seite 43). Am C-terminalen Ende liegt eine Kinasedomäne. Unter Blaulichtanregung wird eine kovalente Bindung zwischen FMN und einem Cysteinrest in den LOV-Domänen gelegt. Folge ist eine Autophosphorylierung der Kinase an Serin- und Threoninresten. Sie wird dadurch aktiviert.

Phototropine als Blaulichtrezeptoren finden sich auch bei Chloroplastenbewegungen und bei der lichtinduzierten Öffnung der Stomata (→ Seite 195).

Die **Perzeption der Schwerkraft** erfolgt über *Druck* auf subzelluläre Strukturen. Dabei wird angenommen, dass schon der Protoplast Druck auf die Bereiche des eigenen Plasmalemmas ausüben kann, denen er gerade aufliegt. Der Protoplast selbst würde dann als »Statolith« fungieren. Alternativ könnten es aber auch Membranen des ER sein, die durch den aufliegenden sonstigen Zellinhalt unter Druck geraten. Druckverstärkend wirken Zelleinschlüsse, die dem Begriff des *Statolithen* wortwörtlich entsprechen (gr. statos = [durch die Schwerkraft] eingestellt; gr. lithos = Stein). Wenn man Wurzeln aus ihrer normalen Lage bringt, sie z.B. horizontal legt, verlagern sich die Amyloplasten in der Columella der Wurzelhaube positiv gravitrop (Abb. 3.6.10), bevor sich die Wurzel nach unten krümmt. Entfernt man die Kalyptra, unterbleibt die Reaktion. Die Amyloplasten fungieren also als Statolithen.

Gleiches gilt für Sprosse: In Zellen von Knoten verlagern sich Amyloplasten positiv gravitrop. Die dann folgende Reizreaktion ist bekannt: von Unwettern niedergedrückte Grashalme richten sich durch stärkeres Wachstum auf der Unterseite der Knoten wieder auf (Abb. 3.6.11). Zellen können nun gravitrop reagieren, ohne Statolithen in Form von Amyloplasten oder anderen Einschlusskörpern zu besitzen. Deshalb nimmt man wie erwähnt an, dass die Statolithen nur verstärkend wirken.

Signalleitung. Bei Wurzeln ist der Perzeptionsort Wurzelhaube von der Streckungszone weit entfernt. Die erforderliche Signalleitung ist unbekannt (s. aber Box 3.6.3).

An der **Reizreaktion** spielen *Auxine* mit ihrem wichtigsten Vertreter IAA eine wesentliche Rolle. In horizontal gelagerten Koleoptilen reichert sich IAA auf der Unterseite an (Abb. 3.6.12). Im Hypokotyl der Sojabohne zeigt die mRNA bestimmter auxinregulierter Gene, der SAUR-Gene (Small Auxin Up-Regulated), bei normaler Ausrichtung der Koleoptile eine gleichmäßige Verteilung in den Zellen der Wachstumszone. Bei ho-

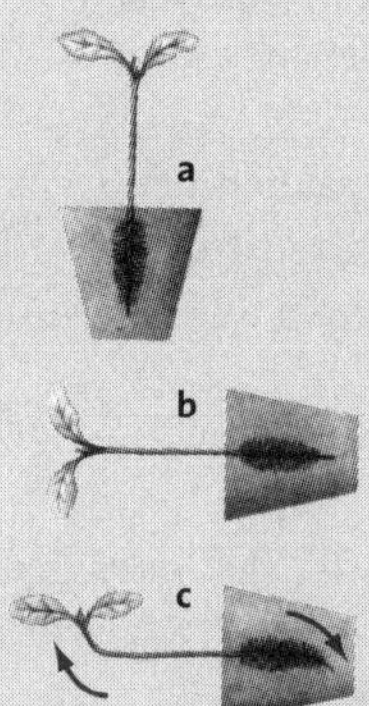

Abb. 3.6.9

Geotropismus eines zweikeimblättrigen Keimlings. **a** normaler Wuchs: Spross negativ, Wurzel positiv geotrop; **b** horizontale Lage (seitlicher Schwerereiz); **c** Wachstumskrümmungen aus der horizontalen Lage: Spross negativ, Wurzel positiv geotrop (HESS 1981).

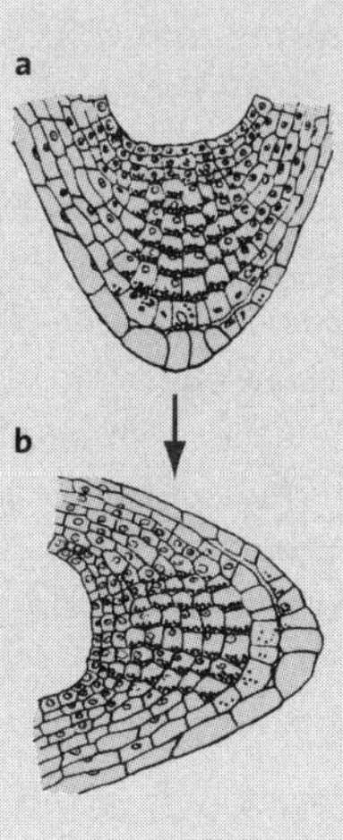

Abb. 3.6.10

Verlagerung der Statolithen (Amyloplasten) in der Kalyptra von Hirse. **a** normale Orientierung, Amyloplasten auf der Unterseite der Zellen; **b** horizontale Lage, Verlagerung der Amyloplasten auf die jetzige Unterseite (WALTER 1950).

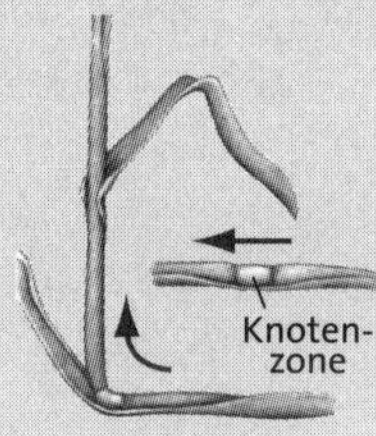

Abb. 3.6.11

Wiederaufrichten eines Grashalms aus horizontaler Lage. Die negativ geotrope Wachstumsreaktion erfolgt in den Knoten, die auch bei älteren Gräsern noch streckungsfähig sind (HESS 1981).

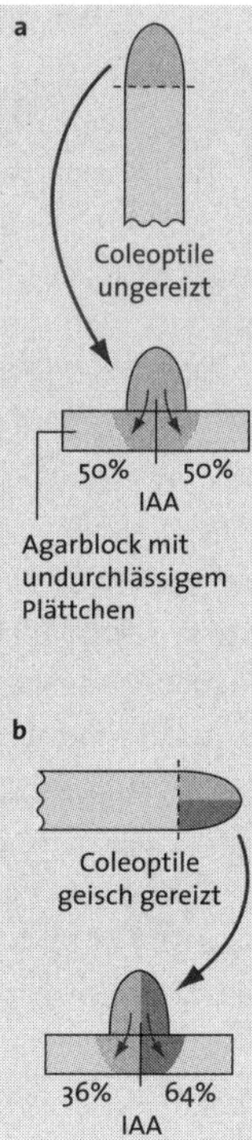

Abb. 3.6.12

Querverlagerung von IAA (blau) in der Spitze der *Avena*-Koleoptile im Schwerefeld. **a** gleichmäßige Diffusion der IAA bei Normallage einer Spitze in Agar; **b** IAA-Verlagerung bei horizontaler Lage; mehr IAA diffundiert aus der bisherigen Unterseite in Agar (HESS 1981).

Abb. 3.6.13

Auxinfontäne in der Wurzelspitze. **a** normale Lage; **b** horizontale Lage; IAA-Strahlen (blau) auf der Unterseite verstärkt.

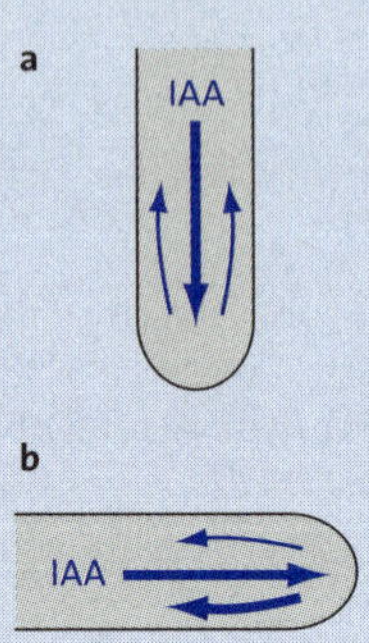

Abb. 3.6.14

Nach IAA-Verschiebung auf die Unterseite Förderung des Wachstums auf der Unterseite und damit negativ geotrope Reaktion beim Spross, Hemmung des Wachstums auf der Unterseite und damit positiv geotrope Reaktion bei der Wurzel. IAA in der Abb. blau eingezeichnet (HESS 1981).

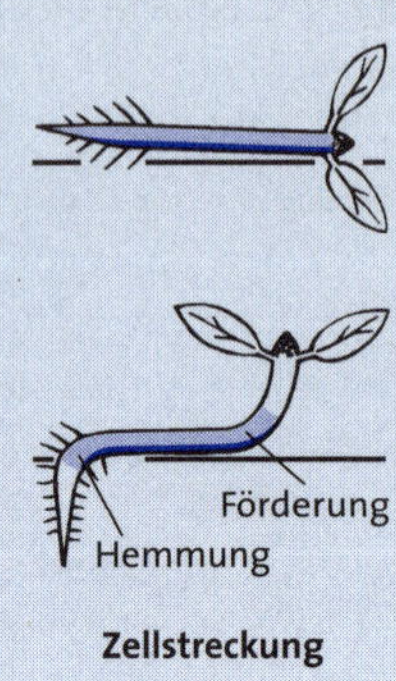

rizontaler Lagerung bildet sich die SAUR-mRNA zunehmend auf der Unterseite. Erst nach rund 45 min kommt es zur gravitropen Reaktion. Die Reihenfolge ist also: IAA-Verlagerung, IAA-induzierte Genexpression, morphologisch fassbare Reizreaktion.

Die nächste Frage muss sein, wie es zur Auxinverlagerung im Wurzelbereich kommt. Dabei spielen Änderungen im normalen Auxintransport die zentrale Rolle (Abb. 3.6.13). Im Spross findet sich zunächst ein basipetaler polarer Auxintransport (→ Seite 119), in ausdifferenzierten unteren Sprossbereichen im Phloem. Vom Hauptstrom zweigen transversale Ströme ab. In der Wurzel setzt sich der Transport von der Wurzelbasis in Richtung Wurzelspitze zunächst im Zentralzylinder fort. Transversale Gradienten sind für die Ausbildung von Seitenwurzeln verantwortlich. In der Wurzelspitze biegen die IAA-Ströme um und verlaufen nun in den Zellen der Rinde und der Rhizodermis zur Wurzelbasis zurück. Anschaulich spricht man hier von einer *Auxinfontäne*.

Bei horizontal liegenden Wurzeln verstärken sich beim Rücklauf die unteren Ströme. Auxinfontäne und Verstärkung könnten auf entsprechend lokalisierte Auxin-Carrier zurückgehen (Box 3.6.3). Jedenfalls kommt es zur IAA-Anreicherung auf der Unterseite. Man nimmt an, dass die IAA-Konzentrationen auf der Unterseite für die Sprosse im optimalen, für die empfindlicheren Wurzeln (s. Abb. 2.1.4) im hemmenden Bereich liegen. Die Unterseite der Sprosse würde dann im Wachstum gegenüber der Oberseite gefördert, die Unterseite der Wurzeln gehemmt. Damit könnte man die negativ gravitrope Reaktion der Sprosse und die positiv gravitrope der Wurzeln erklären (Abb. 3.6.14).

Box 3.6.3

Auxin-Influx- und -Efflux-Carrier und Gravitropismus

Bei der Schmalwand hat man in Untersuchungen an Mutanten eine Reihe von Auxin-Carriern (Auxintransportern) gefunden. AUX1 ist ein IAA-Influx-Carrier; die besonders gut untersuchten PIN1-, PIN2- und PIN3-Proteine sind IAA-Efflux-Carrier. Die betreffenden Proteine sind im Plasmalemma lokalisiert und ermöglichen den Ein- und Austritt von IAA durch die Membran. Sie sind innerhalb der Zellen polar verteilt. Im Zentralzylinder der Wurzel liegt der Influx-Carrier AUX1 im Plasmalemma der Zelloberseite, der Efflux-Carrier PIN1 im Plasmalemma der Unterseite. Damit ließe sich der dort zur Wurzelspitze gerichtete IAA-Transport erklären. In der seitlichen Wurzelhaube, der Rinde und der Rhizodermis wird PIN2 gebildet. Dieser IAA-Efflux-Carrier ist in den Zellen ebenfalls polar, aber in Richtung Wurzelbasis orientiert. Das entspricht dem Transport in Richtung Wurzelbasis, der in den genannten Geweben in den ebenfalls basalwärts gerichteten Strahlen der Auxinfontäne stattfindet.

Besonders wichtig ist die Situation in der Kalyptra, deren Zellen ja den Schwerereiz perzipieren. In den Zellen der Wurzelhaube wird PIN3 gebildet. In Zellen normal positiv geotrop gewachsener Wurzeln ist PIN3 gleichmäßig über das gesamte Plasmalemma verteilt. In Wurzeln, die einem seitlichen Schwerereiz ausgesetzt werden, verlagert es sich rasch in Reizrichtung (Abb. 3.6.15). Damit wird der polare Auxintransport wie zu fordern auf die Unterseite umgeleitet.

Abb. 3.6.15

Verlagerung des Auxin-Efflux-Carriers PIN3 (Nachweis über Immunofluoreszenz) in Zellen der Kalyptra bei seitlichem Schwerereiz. **a** normale Ausrichtung: PIN3 ist gleichmäßig im Plasmalemma aller Seiten lokalisiert; **b** seitlicher Schwerereiz für zehn Minuten: PIN3 verlagert sich in Reizrichtung. Pfeilkopf: Richtung des Lots (PALME et al. 2002).

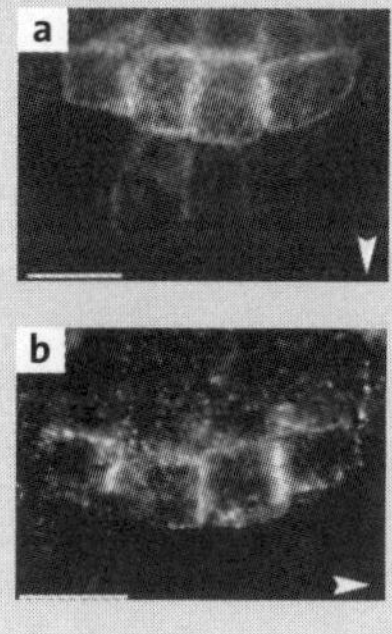

Fragen

(Seitenverweise zur Beantwortung)

1. Definieren Sie die Begriffe Nastie und Tropismus! (S. 216).
2. Was versteht man unter einer Alles-oder-Nichts-Reaktion (S. 217).
3. Bewegungen welcher Ionen bedingen bei Pflanzen Ruhe- und Aktionspotenzial? (S. 218).
4. Was versteht man unter nyktinastischen Bewegungen? (S. 218).
5. Schildern Sie die Struktur der Phototropine! (S. 222).
6. Warum bezeichnet man den IAA-Transport in der Wurzel als Auxinfontäne? (S. 224).

3.7 Biotische Wechselwirkungen

Inhalt

Biotische Wechselwirkungen, also Wechselwirkungen zwischen Lebewesen, bezeichnet man auch als ökologische Interferenzen. Unter Beteiligung von Pflanzen finden sie sich auf verschiedenen Ebenen: zwischen Pflanzen einer gegebenen Art, zwischen Pflanzen verschiedener Arten, zwischen Pflanzen und Mikroorganismen, zwischen Pflanzen und Tieren. Allelopathie, Heterotrophie, Symbiose, Abwehr von Pathogenen und Herbivoren gehören dazu. Sie alle sind von erheblicher praktischer Bedeutung. Bei Untersuchungen zur Abwehr von Pathogenen und Herbivoren wurden besonders viele molekulare Daten zur Signaltransduktion ermittelt, die hier teilweise genannt werden sollen.

3.7.1 Allelopathie

Definition

Allelopathie: Chemische Einflussnahme von Pflanzen auf artgleiche oder artverschiedene andere Pflanzen, bei der es sich meistens um eine Hemmung handelt.

Allelopathie wurde ursprünglich als chemische Einflussnahme jeglicher Art zwischen Pflanzen definiert, sei sie nun eine Förderung oder eine Hemmung. Das entsprach der Erkenntnis, dass ein gegebener Stoff konzentrationsabhängig hemmend oder fördernd wirken kann. In der Regel handelt es sich aber um Hemmwirkungen, über die pflanzliche Konkurrenz ausgeschaltet werden soll. Das wird auch über die Namensgebung zum Ausdruck gebracht: gr. allelos = ein anderer; gr. pathos = Leid. Betroffen können Pflanzen der gleichen Art sein, meistens handelt es sich jedoch um Pflanzen anderer Arten. Konkurrenz um Wasser wird von der Allelopathie ausgeschlossen.

Ein klassisches Beispiel ist die *allelopathische Wirksamkeit des Walnuss-Baums*. Schon PLINIUS DER ÄLTERE (23–79 v. Chr.) hatte darauf hingewiesen, dass im Schatten von Walnussbäumen das Wachstum anderer Pflanzen gehemmt sei, und zwar nicht nur über schlechtere Licht- und Ernährungsbedingungen, sondern auch über Ausscheidungen.

Plinius' Aussagen wurden im vergangenen Jahrhundert voll und ganz bestätigt, und zwar an der nordamerikanischen Schwarzen Walnuss (*Juglans nigra*) ebenso wie an unserer europäischen Echten Walnuss (*J. regia* subsp. *regia*). Danach spielt sich Folgendes ab (Abb. 3.7.1): In grünen Pflanzenteilen wird das 4-Glucosid von Hydrojuglon gebildet, das ungiftig ist. Die Substanz wird vor allem durch Regen aus Blättern und Fruchtschalen ausgewaschen, kann aber auch als Wurzelausscheidung in den Boden gelangen. Bodenmikroorganismen spalten die Glucose ab und oxidieren das Aglykon vom Hydrochinon zum Hemmstoff Juglon,

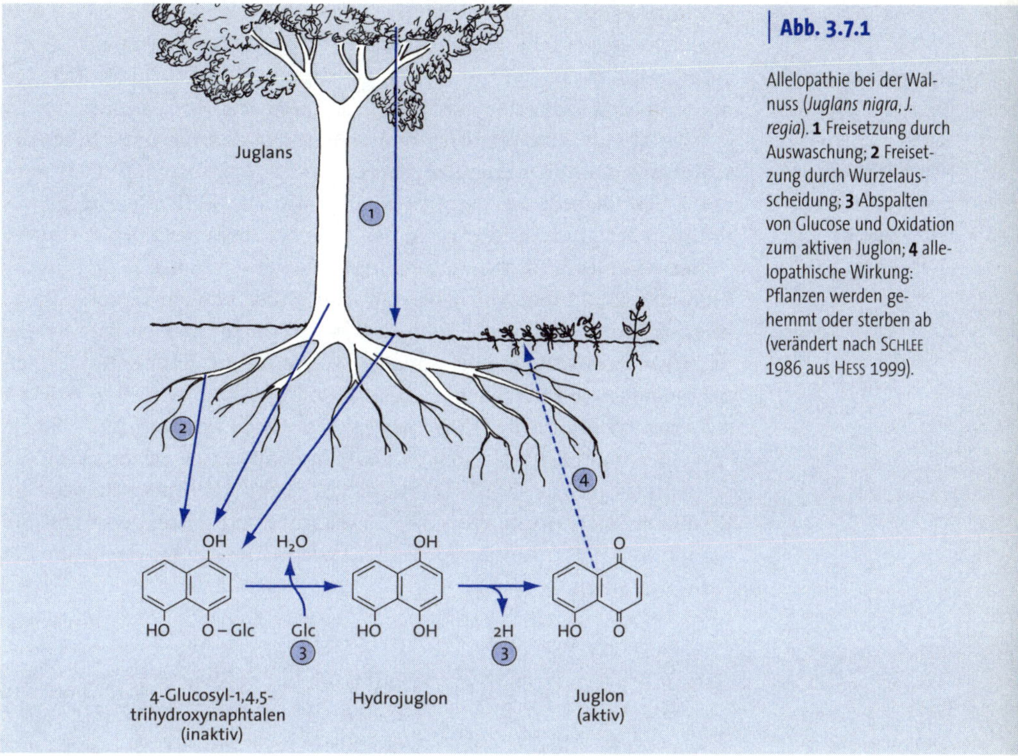

Abb. 3.7.1

Allelopathie bei der Walnuss (*Juglans nigra, J. regia*). **1** Freisetzung durch Auswaschung; **2** Freisetzung durch Wurzelausscheidung; **3** Abspalten von Glucose und Oxidation zum aktiven Juglon; **4** allelopathische Wirkung: Pflanzen werden gehemmt oder sterben ab (verändert nach SCHLEE 1986 aus HESS 1999).

einem Chinon. Es blockiert nicht nur die Samenkeimung, sondern ist auch für ältere Pflanzen hochgradig giftig. Die Braunfärbung unserer Hände nach dem Schälen von Walnüssen geht auf Juglon zurück.

Heterotrophe Ernährung (Heterotrophie) 3.7.2

Pflanzen sind *autotroph*, wenn sie nur Wasser und Nährsalze aus dem Boden aufnehmen, die organischen Stoffe aber auf Basis der Photosynthese selbst synthetisieren. Pflanzen, die organische Stoffe nicht selbst bilden können, sondern aus anderer Quelle beschaffen müssen, nennt man *heterotroph*. Falls Pflanzen jedoch dem Organismus, der ihnen organische Stoffe liefert, eine Gegenleistung erbringen, fallen sie unter den Begriff Symbiose (→ Seite 232).

Parasiten 3.7.2.1

Man unterscheidet Hemi- und Holoparasiten (Halb- und Vollschmarotzer). Beide entnehmen einer Wirtspflanze über Saugorgane (Haustorien) bestimmte Inhaltsstoffe. Nach dem Organ, auf dem die Haustorien ausgebildet werden, teilt man in Spross- oder Wurzelparasiten ein.

Definition

Autotroph: eigene Synthese der organischen Stoffe.
Heterotroph: organische Stoffe von anderen Organismen.

Holoparasiten bilden nur wenig, abartiges oder kein Chlorophyll aus und ernähren sich völlig von ihren Wirtspflanzen. *Hemiparasiten* führen Chlorophyll und sind photosynthetisch tätig. Sie sind also hinsichtlich des C autotroph. Ihren Wirtspflanzen entnehmen sie überwiegend Wasser und Nährsalze, nur gelegentlich auch organische Stoffe. Der obigen Definition nach sind sie zwar nicht heterotroph, aber eben doch Parasiten.

Hemiparasiten. Prototyp ist die strauchartige, in Blättern und Spross Chlorophyll führende Mistel (*Viscum album*; Abb. 3.7.2), ein Sprossparasit. Ihre weißen Beeren werden von Vögeln gefressen. Die klebrigen Samen passieren deren Darm unbeschädigt. Wenn sie mit dem Kot auf einen Ast gelangen, können sie dort auskeimen. Die Hauptwurzel entwickelt sich negativ phototrop (nicht positiv gravitrop!) zu einer Haftscheibe, von der aus ein Senker durch den Bast in den Holzteil wächst. Von Rindenwurzeln im Bast werden weitere Senker ins Holz entsandt. Die Senker bilden dort, wo sie das sekundäre Kambium kreuzen, ebenfalls ein Kambium aus und können so mit dem sekundären Dickenwachstum des Astes mithalten.

Abb. 3.7.2

Mistel auf Wirtsast. Hw Hauptwurzel als primärer Senker; Rw Rindenwurzeln mit Senkern; Ba Bast; Ho Holz (aus Troll 1973).

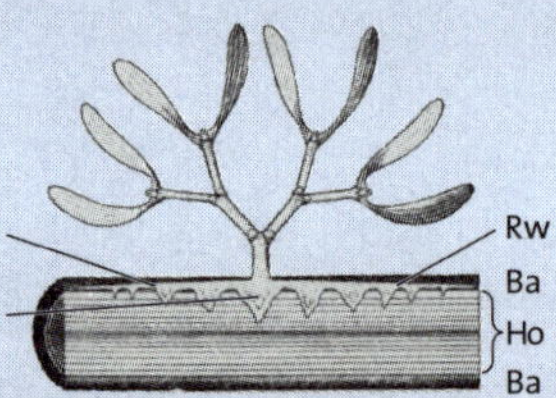

Abb. 3.7.3

Hemiparasiten: Augentrost (*Euphrasia*) (Walter 1950).

Abb. 3.7.4

Kleeseide. **b** drei Keimlinge, der längste wächst auf Kosten des absterbenden hinteren Teils; **a** linkswindende Pflanze mit reduzierten Blättchen und Blütenknäueln (Bl); **c** Querschnitt durch Wirtsspross (Wi), bei dem der Parasit (P) längs geschnitten wurde. Von den beiden Haustorien aus verlaufen Schläuche ins Xylem und Phloem. Bei Wirt und Parasit wurde das Xylem dunkler gehalten. Das Xylem des einen schließt an das Xylem des anderen an, ebenso das Phloem (a und b aus Walter 1950, c aus Troll 1973).

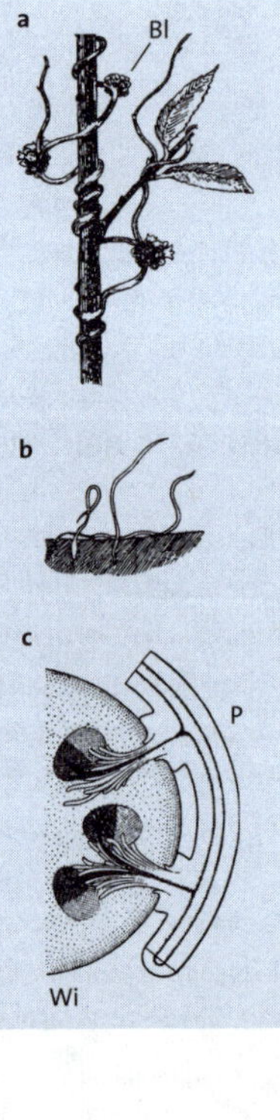

Eine ganze Reihe von Hemiparasiten findet sich unter den Rachenblütlern (Scrophulariaceae). In der einheimischen Flora sind die Gattungen Augentrost (*Euphrasia*; Abb. 3.7.3), Klappertopf (*Rhinanthus*) und Wachtelweizen (*Melampyrum*) häufig. Sie alle sind Wurzelparasiten. Ihre Transpiration ist besonders hoch. Einige von ihnen halten die Stomata noch geöffnet, wenn ihre Blätter schon welken. Manche Arten besitzen auch unterirdische Schuppen an ihren Rhizomen, mit deren Hilfe sie aktiv Ionen und Wasser ausscheiden. Beides hält den Wassereinstrom vom Wirt her aufrecht. Der hohe Wasserentzug kann die Wirtspflanzen, u.a. Gräser, sichtbar schädigen.

Holoparasiten. Beispiele sind die Schuppenwurz (*Lathraea squamaria*), ein Wurzelparasit an Hasel, Erle und anderen Laubhölzern, der ebenfalls zu den Rachenblütlern zählt, und die Gattung Orobanche (*Orobanche*). Manche Orobanchearten können als Wurzelparasiten an Sonnenblumen erhebliche Schäden verursachen. Extreme Wurzelparasiten stellt die Gattung *Rafflesia*. Ihre Arten wachsen wie Pilzfäden in *Cissus*-Wurzeln. Nur ihre Blüten sind oberirdisch. *R. arnoldi* aus Indonesien bildet sogar die größten Blüten der Welt.

Ein Sprossparasit ist die Kleeseide (*Cuscuta europaea*). Die Keimlinge suchen zunächst mit dem Vorderende kreisend nach Wirtspflanzen. Dabei wachsen sie am vorderen Ende, während das hintere abstirbt, bis sie einen Wirtsspross (u.a. Kleearten oder Flachs) gefunden haben. Dann wächst die Kleeseide linkswindend an ihm empor. Der Zusammenhang mit den Wurzeln bricht ab; die Pflanze ist nur noch über ihre Haustorien am Wirtsspross befestigt. Mit ihnen zapft sie Xylem und Phloem der Wirtspflanzen an (Abb. 3.7.4).

Merksatz

Linkswinden: Stellen Sie sich vor, sie gingen eine Wendeltreppe aufwärts. Wenn deren Längsachse sich auf Ihrer linken Seite befindet, ist sie linkswindend. Für das bei Pflanzen seltenere Rechtswinden, z.B. beim Hopfen, gilt Entsprechendes.

Carnivorie

3.7.2.2

Mit speziellen Fangorganen werden kleine Tiere gefangen, bei denen es sich oft um Insekten handelt, deshalb auch die Bezeichnung *Insektivorie*. Bei guter Versorgung mit Mineralstoffen gedeihen die betreffenden Pflanzenarten auch ohne Carnivorie zufriedenstellend. Doch an nährstoffarmen Standorten wie Hochmooren kann die zusätzliche Versorgung vor allem mit N und P einen Vorteil bedeuten. So kann beim Wasserschlauch (*Utricularia*) durch die Nahrungsergänzung die Blütenbildung gefördert werden. Die Carnivorie passt nur bedingt in den Rahmen der Heterotrophie, aber immerhin besser als anderswohin.

Die Fallen weisen **Drüsen** mit verschiedenen Funktionen auf. Der Anlockung dienen *Nektardrüsen*, die den Insekten ein Angebot machen, und *Duftdrüsen*, die darauf hinweisen. *Schleimdrüsen* sondern ein klebriges Sekret ab, das dem Fang dient. *Verdauungsdrüsen* scheiden saure Sekrete zum Abbau von Nucleinsäuren, Kohlenhydraten und Proteinen ab. *Re-*

Abb. 3.7.5

Rundblättriger Sonnentau. **a** blühende Pflanze; **b** Blatt mit Tentakeln beim Beutefang; **c** Köpfchen eines Tentakels (HESS 1981).

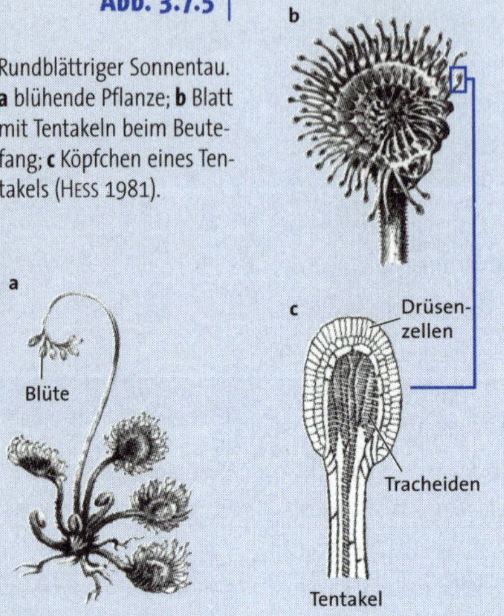

Abb. 3.7.6

Venusfliegenfalle. **a** Bau einer Blatthälfte; **b** nach der ersten Bewegung geschlossene Falle (verändert nach SLACK 1985).

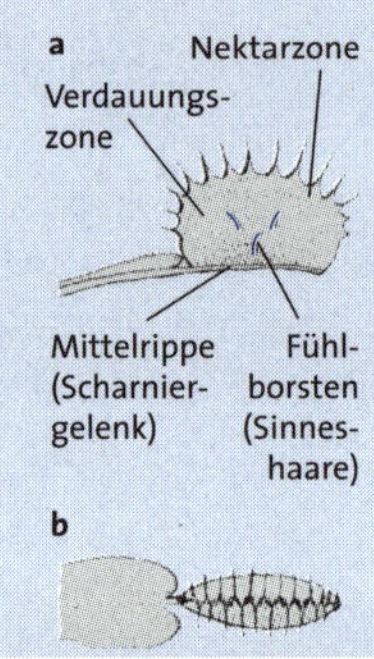

Abb. 3.7.7

Die beiden Fangbewegungen der Venusfliegenfalle (verändert nach SLACK 1981).

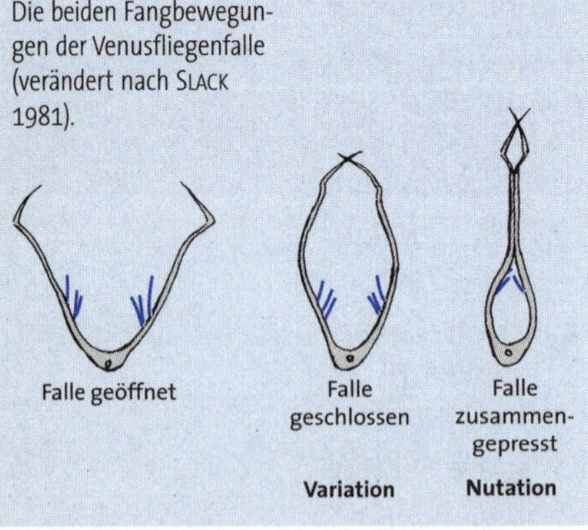

sorptionsdrüsen nehmen die gelösten Abbauprodukte auf. Chitinreste bleiben zurück. Die beiden letztgenannten Funktionen können in einer Drüse vereinigt sein. Gelegentlich helfen Bakterien bei der Verdauung mit.

Die **Fangvorrichtungen** sind umgewandelte Blätter oder Blattteile. Nach Bau und Funktion kann man vier Fangmechanismen unterscheiden, für die nur jeweils ein Beispiel gegeben werden kann:

Klebfallen: Beispiel Rundblättriger Sonnentau (*Drosera rotundifolia*). Fangapparate sind die ganzen Blätter der in Hochmooren wachsenden Pflanze. Sie tragen auf ihrer Oberseite Tentakel, bei denen es sich um Emergenzen handelt. An ihrer Spitze sitzen glänzende Klebstofftröpfchen, an denen die Beute haften bleibt. Die zappelnden Tiere lösen Bewegungen der Tentakel aus, ebenso Käsestückchen, aber keine Sandkörner. Die Reizleitung erfolgt über ein Aktionspotenzial. Dabei reagieren die äußeren Tentakel thigmo- und chemonastisch mit einer Krümmung in Richtung Blattmitte, die inneren tropistisch auf die Beute zu (Abb. 3.7.5). Schließlich können sich die Blattränder nach und nach um den Fang aufwölben. Das geschieht weniger, um ein Entkommen zu verhindern, als um eine Mulde zu bilden, in der die Verdauungssekrete arbeiten und aus der die Abbauprodukte aufgenommen werden können.

Klappfallen: Beispiel Venusfliegenfalle (*Dionaea muscipula*). Die einzige Art der Gattung kommt in Nord- und Südkarolina auf Sandböden mit Torfbeimischung vor. Die beiden Blatthälften sind auf der Oberseite rot gefärbt und dienen auch der Anlockung. Der Name Venusfliegenfalle bezieht sich darauf. Berührt ein Insekt mehrfach eine der drei Fühlborsten (Emergenzen) auf der Blattoberfläche, kommt es in Bruchteilen einer Sekunde zu einem thigmonastischen Zusammenklappen um ein Scharnier zwischen den beiden Blatthälften (Abb. 3.7.6). Die mehrfache oder auch eine langanhaltende Reizung verhindern einen Fehlalarm durch hineingewehte Partikel, die sich ja nicht wie Insekten wiederholt oder für längere Zeit bewegen können. Die Reizleitung von den Fühlborsten zu den Scharnieren in der Blattmitte erfolgt über ein Aktionspotenzial, das Zusammenklappen über Variationsbewegungen. Die Zellen an der Oberseite des Scharniers verlieren an Turgeszenz, die an der Unterseite erhöhen sie. Das Insekt sitzt jetzt in einer Falle, die durch ineinander greifende randliche Blattzähne geschlossen wird. Die Zwischenräume der Blattzähne sind ziemlich weit. Kleinere Tiere können so noch entweichen. Schon DARWIN hielt das für sinnvoll, weil sich wegen einer kleinen Beute der ganze Aufwand nicht lohne.

Nun folgt die zweite Phase der Blattbewegung (Abb. 3.7.7). Durch Nutation, deren Richtung durch den Bau der Falle bedingt, also nastisch ist, kommt es zu einer langsamen Einengung um die Beute und zu einem völligen Verschluss der Falle. Dann werden Verdauungsenzyme ausgeschieden.

Saugfallen: Beispiel Gewöhnlicher Wasserschlauch (*Utricularia vulgaris*). Die auch bei uns vorkommende Art lebt submers. Nur die Blüten werden über dem Wasserspiegel entfaltet. An den zart gegliederten Blättern bilden sich blasenartige Fangorgane, mit denen kleine Tiere wie Wasserflöhe gefangen werden können (Abb. 3.7.8). Drüsen auf der Innenwand der Blase befördern Wasser durch die Wand nach außen. Dadurch gerät die Blase unter Spannung. Sie sieht dann leicht eingedellt aus. Die Blase weist eine Öffnung auf, die durch eine Klappe verschlossen wird. Deren Angel ist oben, ihr Unterteil liegt einer leichten Schwelle an. Stößt ein Wasserfloh dort die nach außen vorragenden Borsten und damit auch die Klappe nach innen, löst sich der Unterdruck und die Beute wird in die Falle hineingesaugt. Nach der Verdauung wird Wasser über Drüsen wieder nach außen transportiert. Die Saugfalle ist erneut fangbereit.

Kannenfallen (Gleitfallen): Beispiel Kannenstrauch (*Nepenthes*). Zur Gattung gehören überwiegend Epiphyten und mit Hilfe von Ranken kletternde Arten

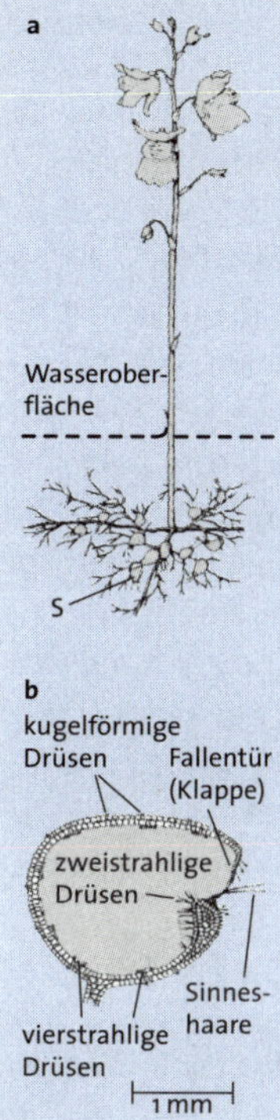

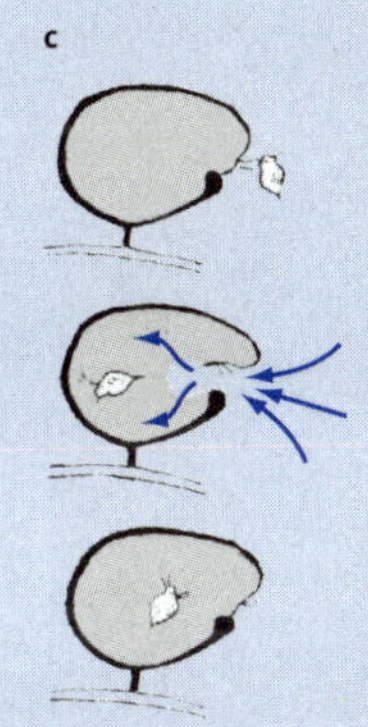

Abb. 3.7.8

Gewöhnlicher Wasserschlauch. **a** blühende Pflanze mit Saugfallen (**S**); **b** Saugfalle im Querschnitt; **c** Fangvorgang (verändert nach SLACK 1985).

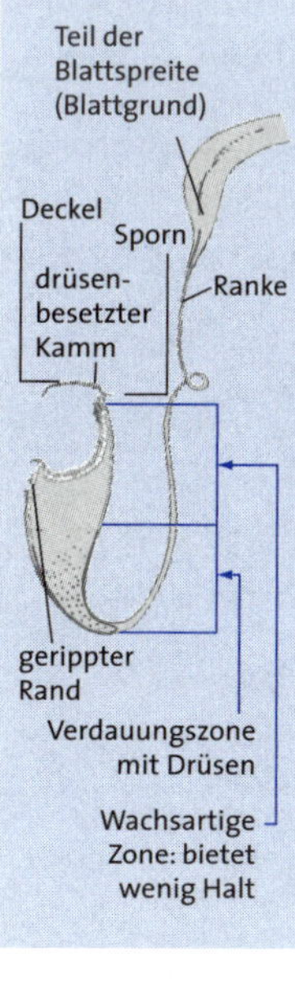

Abb. 3.7.9

Fangvorrichtung der Kannenpflanze (verändert nach SLACK 1985).

der Tropenwälder Südostasiens, vor allem auf der dortigen Inselwelt. Bei den rankenden Arten bildet die Blattspreite die kannenartige Falle, der Blattstiel dient als Ranke und der Blattgrund erweitert sich zu einem Blattorgan, das Photosynthese betreibt (Abb. 3.7.9). Bei Reifung der Kanne löst sich ein Deckel von ihrem oberen Rand. Er schließt sich beim Beutefang *nicht*. Seine Funktionen: Schutz vor Regen, der die Verdauungsflüssigkeit verdünnen könnte; Anlockung von Insekten über glänzende Farben auf seiner Unterseite. Nektardrüsen im ganzen oberen Bereich der Kanne, auch am Rand und auf der Unterseite des Deckels locken ebenfalls an. Die Randzone der Kanne ist glatt und bietet Insekten wenig Halt. Die Innenwandung ist in der oberen Hälfte mit Wachs überzogen. Auch mit abbröckelndem Wachs stürzen Insekten in die wässrige Verdauungsflüssigkeit im Kannengrund hinab. Die Wandungen dort sind glatt und erlauben kein Entkommen. Abwärts gerichtete schuppenartige Emergenzen über den Drüsen sind ebenfalls keine Ausstiegshilfe. Die gleichen Drüsen scheiden Verdauungssekrete aus und führen die Resorption durch. Sie stellen umgewandelte Spaltöffnungen dar und zeigen ein beispielhaftes Sperreffektmuster.

3.7.3 Symbiosen

Der Definition nach ist Mutualismus – also gegenseitiger Nutzen für beide Partner – für Symbiosen charakteristisch. Nur darf man sich darunter kein freundliches Treffen mit Geschenkaustausch vorstellen. Man nimmt vielmehr an, Symbiosen seien aus einem Kampfgleichgewicht zwischen Wirten und Parasiten entstanden.

Abb. 3.7.10

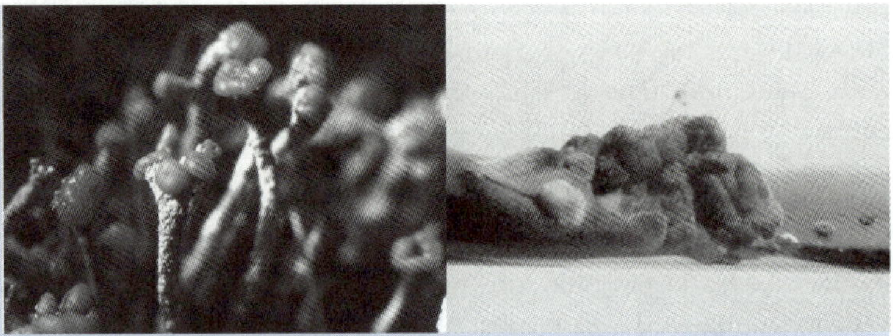

Flechte und Flechtenpilz. **a** Die Korallenflechte (*Cladonia coccifera*), eine Strauchflechte, mit Fruchtkörpern (Apothecien). Sie sind durch die Flechtensäure Rhodocladonsäure, ein Anthrachinon, rot gefärbt. **b** Wuchsform des Flechtenpilzes von *Cladonia coccifera* in Agarkultur. Er bildet normalerweise auch keine Rhodocladonsäure. Über den Vergleich wird verblüffende Leistungsfähigkeit der Flechtensymbiose besonders deutlich (Orig. D. Hess).

Flechten

3.7.3.1

In diesem Buch stehen zwar die Anthophyta (Blütenpflanzen) im Vordergrund. Doch Flechten sind Musterbeispiele für eine Symbiose und sollen deswegen hier beschrieben werden. Bis in die zweite Hälfte des 19. Jahrhunderts hielt man Flechten für jeweils *eine* Art. Damals wie heute haben sie ihren eigenen Art- und Gattungsnamen, obwohl es sich um Doppelwesen aus zwei Typen von *Mikroorganismen* handelt. Denn sie bestehen aus einem *Mycobionten* (Pilzpartner) und einem, manchmal auch zwei *Photobionten* (Grünalgen und Cyanobakterien). Bei den Mycobionten überwiegen die Ascomyceten (Schlauchpilze). Vor allem in den Tropen kann es sich aber auch um Basidiomyceten (Ständerpilze) handeln.

Definition

Unter Symbiose versteht man ein kürzeres oder dauerndes Zusammenleben verschiedener Arten in engem morphologischem Kontakt mit zumindest zeitweise gegenseitigem Nutzen.

Ihrem Bau nach gliedert man die Flechten in Krusten-, Blatt- und Strauchflechten (Abb. 3.7.10, 3.7.11). Vergleicht man damit die rundlichen Photobionten oder die Wuchsform eines isolierten Flechtenpilzes, ist man auch als zur Nüchternheit verpflichteter Naturwissenschaftler versucht, von einem Wunder zu sprechen.

Bei einem Schnitt durch den Thallus einer Blattflechte (Abb. 3.7.11) erkennt man unter einer von dicht verflochtenen Pilzhyphen gebildeten, oberen Rindenschicht die so genannte Algenschicht (die Cyanobakterien bezeichnete man früher als Blaualgen). In ihr legen sich Pilzhyphen eng um die Photobionten und können auch in sie eindringen. Doch bleiben die begrenzenden Membranen meist erhalten. Ein lockeres Mark aus Pilzhyphen schließt sich an, danach eine untere Rindenschicht mit Rhizinen ebenfalls aus Hyphen, die der Befestigung dienen. Dieser Typus kann stark variiert werden, insbesondere bei Krustenflechten, die im Gestein leben.

Die Photobionten liefern vor allem Produkte der Photosynthese, aber auch Wachstumsfaktoren. Cyanobakterien wie *Nostoc* können Luftstickstoff fixieren und in die Symbiose einbringen. Die Mycobionten nehmen Wasser und Nährsalze auf. Die hohe Resistenz vieler Flechten gegen Frost und Hitze ebenso wie gegen Trockenheit scheint auf den Mycobionten zurückzugehen. Auch für die Synthese typischer Flechtenstoffe sind in erster Linie die Mycobionten zuständig. Flechtensäuren, die teilweise antibiotisch wirksam sind, bedingen die Farben vieler Flechten. Über Chelatbildung greifen sie Mauern, Kirchenfenster und vor allem Gestein an,

Abb. 3.7.11

Schnitt durch den Thallus einer Blattflechte (aus OSCHE 1973).

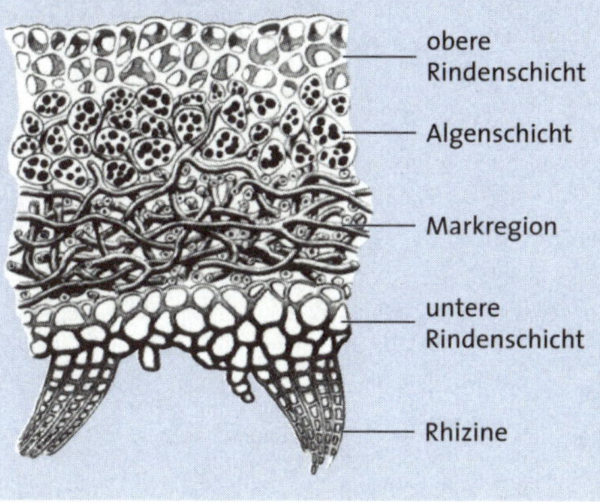

einer der Gründe dafür, dass Flechten Pioniere des Lebens auf nacktem Fels sein können.

Zur sexuellen Fortpflanzung kommen nur die Pilze. Häufig findet sich eine vegetative Fortpflanzung durch *Soredien*, kleine Gebilde aus Myco- und Photobiont, die vom Wind verbreitet werden.

3.7.3.2 Mykorrhiza

Bei den meisten Landpflanzen kommt es im Wurzelbereich zu Symbiosen mit Bodenpilzen, zu denen viele unserer Speise- und Giftpilze gehören. Die Bedeutung solcher Pilzwurzel-Symbiosen kann kaum überschätzt werden. Die Pflanzen liefern den Pilzen Produkte der Photosynthese, vor allem Kohlenhydrate, der Pilz den Pflanzen Wasser und Mineralstoffe, vor allem Phosphor. Die Pilzhyphen erschließen den Boden weit nachhaltiger, als das über das Wurzelsystem möglich wäre. Bei Auflösung der Hyphen steht ihr gesamter Inhalt den Pflanzen zur Verfügung.

Man unterscheidet zwischen *Ektomykorrhiza*, bei der die Pilze zwar in die Interzellularen, aber nicht in die Pflanzenzellen eindringen, und *En-*

Abb. 3.7.12

Schema der verschiedenen Formen der Mykorrhiza. St gebündelte Mycelstränge; aPH äußere Pilzhülle; HN HARTIGsches-Netz; iN interzelluläres Mycelnetz; iK intrazelluläres Mycelknäuel; V Pilzvesikel; A Pilzarbuskel; VA vesikulär-arbuskulär; Sp Pilzspore (verändert nach GIANINAZZI und GIANINAZZI-PEARSON aus LARCHER 1994).

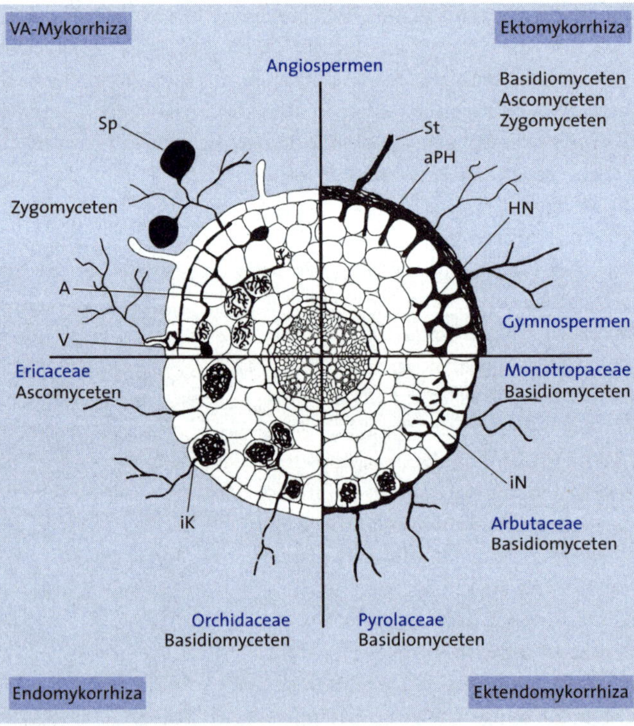

Box 3.7.1

Formen der Mykorrhiza (Abb. 3.7.12)

- **Ektomykorrhiza** findet sich bei vielen Laub- und Nadelhölzern der mittleren Breiten, etwa bei Buchen und Eichen ebenso wie bei Kiefern und Fichten. Wurzelhaare werden von diesen Bäumen nicht mehr ausgebildet. Stattdessen werden stumpfartige Seitenwurzeln von einem dichten Pilzgeflecht überzogen. In den Interzellularen der Wurzelrinde bilden die Hyphen das engmaschige HARTIGSCHE-Netz.
- Die **Ektendomykorrhiza** ist relativ selten. Anfänge finden sich schon bei Kiefern (*Pinus*) und Fichte (*Picea*), seltener bei der Lärche (*Larix*). Bei den Heidekrautgewächsen gibt es Übergänge. Endpunkte sind der Erdbeerbaum (*Arbutus unedo*) und Bärentrauben (*Arctostphylos*) mit Ektomykorrhiza einerseits und Heidekraut (*Calluna*) und Rhododendron mit Endomykorrhiza andererseits. Dazwischen steht der Fichtenspargel (*Monotropa hypopitys*, Abb. 3.7.13) mit *Ektendomykorrhiza*. Er ist wie einige Orchideen (s.u.) chlorophyllfrei und parasitiert auf den Pilzhyphen. Diese gehen aber außerdem auch die übliche Symbiose als Ektomykorrhiza mit Waldbäumen ein. ^{14}C-Glucose z.B. wandert aus Kiefern in den Fichtenspargel. Der Fichtenspargel zapft also über die Pilzhyphen Bäume an.
- Die **vesikulär-arbuskuläre Mykorrhiza** ist eine Endomykorrhiza. Ihren Namen verdankt sie blasen- und bäumchenartigen Hyphenstrukturen, die meist innerhalb der Rindenzellen entwickelt werden. Über die große Oberfläche der »Bäumchen« wird der Stoffaustausch gefördert. Es handelt sich um die häufigste Mykorrhiza, die bei den meisten Kräutern, darunter vielen Kulturpflanzen, aber auch bei Hölzern vor allem der Tropen und bei einigen Gymnospermen vorkommt.
- **Endomykorrhiza** findet sich u.a. bei einigen Ericaceen und den Orchideen. Die Pilzhyphen dringen in Zellen der Wurzelrinde ein. Die Samen der Orchideen enthalten einen nur wenigzelligen Embryo und keine Reservestoffe. Schon bei der Keimung sind sie deshalb auf die Hilfe von Pilzen angewiesen. Erst mit Aufnahme der Photosynthese können sie dem Pilz von Nutzen sein. Manche Orchideen werden in ihrer weiteren Entwicklung von den Pilzen unabhängig. Andere Arten bilden keine oder nur wenig Chlorophylle und bleiben zeitlebens völlig auf Pilze angewiesen. In unserer Heimat gehören hierher Dingel (*Limodorum abortivum*, sehr selten), Korallenwurz (*Corallorhiza trifida*), Nestwurz (*Neottia nidus-avis;* häufig, Abb. 3.7.14) und Widerbart (*Epipogium aphyllum*; sehr selten). Man bezeichnet diese Arten ebenso wie den Fichtenspargel immer wieder als *Saprophyten*. Doch der Saprophyt ist nicht die Pflanze, sondern der Pilzpartner.

Abb. 3.7.13

Blühender Fichtenspargel (Orig. D. HESS).

Abb. 3.7.14

Vogelnestwurz (*Neottia nidus-avis*). Das Pilzwurzelsystem ist namengebend (WALTER 1950).

domykorrhiza, bei der letzteres der Fall ist. Wenn die Pilze teils außerhalb der Zellen bleiben, teils in sie eindringen, liegt eine *Ektendomykorrhiza* vor. Details der Mykorrhiza führen zu weiteren Differenzierungen (Box 3.7.1).

3.7.3.3 Wurzelknöllchen-Symbiosen

Luftstickstoff bindende Bakterien wie *Azotobacter*, *Clostridium*, *Rhodospirillum* kommen im Boden frei vor, andere gehen mit Pflanzen Symbiosen ein. Hier können nur die wichtigsten von ihnen besprochen werden, die Wurzelknöllchen-Symbiosen. Neben *Frankia alni*, einem Streptomyceten, der Knöllchen an den Wurzeln der Erle (*Alnus*) bildet, handelt es sich überwiegend um Symbiosen mit Leguminosen. An ihnen beteiligen sich fünf phylogenetisch verschiedene Gattungen von Bakterien, die man mit dem Sammelnamen »Rhizobien« belegt. Zu ihnen gehören *Rhizobium* und das verwandte, langsamer wachsende *Bradyrhizobium* (gr. bradys = langsam). Die Pflanzen profitieren von dem Luftstickstoff, den die Bakterien fixieren. Die Heterotrophie ist also auf N beschränkt. In der Regel handelt es sich um eine Zusatzversorgung, die optimierend wirkt.

Infektion und Nodulation (Knöllchenbildung). Die Bakterien werden durch Aminosäuren und Zucker chemotaktisch angelockt und heften sich an

Abb. 3.7.15

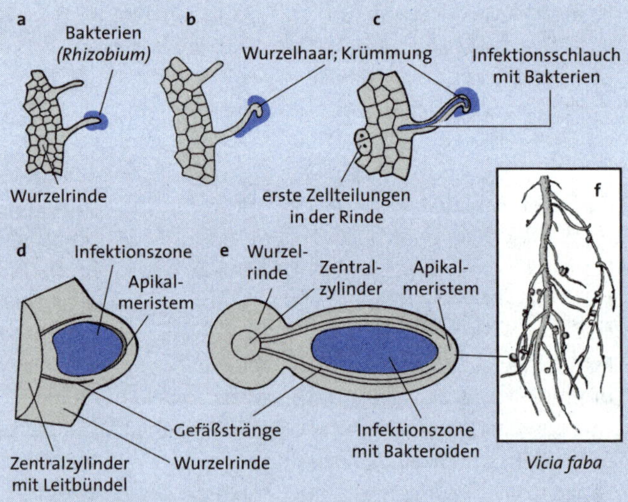

Ablauf der Nodulation. **a** Anlockung der Rhizobien durch Wurzelausscheidungen. **b** Krümmung der Wurzelhaare; Flavonole aktivieren pflanzenspezifische Nod-Faktoren, die in den Wirtspflanzen Nodulin-Gene induzieren; Bakterien im Winkel, den die rückgekrümmten Wurzelhaarspitzen bilden, werden aufgenommen. **c** Rhizobien dringen über einen Infektionsschlauch in die Rinde ein, der über frühe Noduline gebildet wird; frühe Noduline regen die ersten Teilungen in der Rinde an. **d** Das frühe, von Gefäßsträngen aus dem Zentralzylinder versorgte Wurzelknöllchen bildet ein Apikalmeristem und eine zentrale Infektionszone in der sich die Rhizobien ansiedeln. Bis dahin vermehren diese sich noch stark. **e** Im fertigen Wurzelknöllchen bilden sich Symbiosomen mit Bakteroiden. Nitrogenaseaktivität entwickelt sich. **f** Bei der Saubohne (*Vicia faba*) befinden sich die Knöllchen an Seitenwurzeln, bei anderen Leguminosen an der Hauptwurzel (a bis e nach FOSKET, f nach WALTER aus HESS 1999).

Box 3.7.2

Wirtsspezifische Nodulation

Aufseiten der Bakterien sind die *nod*-Gene, aufseiten der Pflanzen vor allem die *nodulin*-Gene an der Nodulation beteiligt. Die *nod*-Gene liegen auf einem bakteriellen Symbioseplasmid *(Sym-Plasmid)* oder im Hauptgenom der Bakterien. Durch Flavonole des Wirts wird zuerst das Gen *nodD* induziert, das den Grundkörper der *Nod-Faktoren* bildet. Weitere *nod*-Gene übernehmen seine artspezifische Ausgestaltung. Bei den Nod-Faktoren handelt es sich um Lipochito-oligosaccharide (LCO, Abb. 3.7.16). Über ihre artspezifischen Varianten sind sie mehr oder weniger wirtsspezifisch. Sie aktivieren in den passenden Wirten eine Vielzahl von *nodulin*-Genen, deren Produkte die »Noduline« sind. Je nach dem Zeitpunkt ihrer Aktivität unterscheidet man zwischen frühen und späten *nodulin*-Genen bzw. Nodulinen.

Abb. 3.7.16

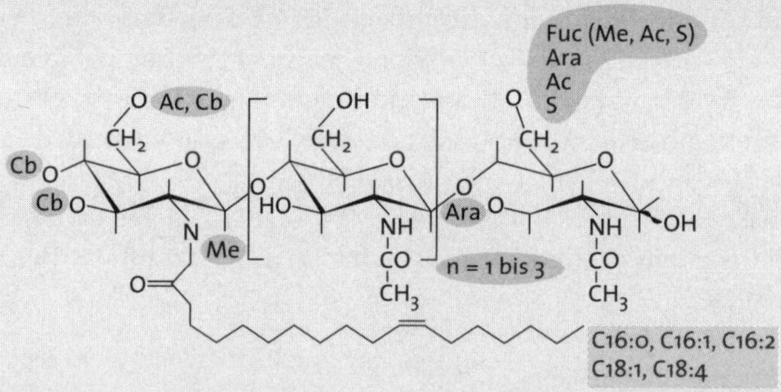

Generelle Struktur und Variationsmöglichkeiten von Nod-Faktoren. Die Grundstruktur (schwarz) besteht aus drei bis fünf Einheiten N-Acetylglucosamin. Die erste Einheit trägt immer eine Fettsäure an Stelle des Acetylrests. Variationsmöglichkeiten: Zum einen steht eine ganze Reihe von Fettsäuren zur Verfügung. Zum anderen kann H am Grundgerüst durch die angegebenen blau unterlegten Gruppen ersetzt werden: Ac Acetyl, Ara Arabinosyl, Cb Carbonyl, Fuc Fucosyl, Me Methyl, S Sulfuryl. Über diese Substitutionsmöglichkeiten ergibt sich eine Vielzahl von wirtsspezifischen Nod-Faktoren. Flavonole, denen man früher die Wirtsspezifität zugeschrieben hatte, fehlt die erforderliche Variationsbreite (Cullimore et al. 2001).

Frühe Noduline beteiligen sich von Beginn an. Sie induzieren schon die Krümmung der Wurzelhaare (Abb. 3.7.15) und Bildung und Wachstum des Infektionsschlauchs. Der wirtsspezifische LCO-Faktor dringt unterschiedlich weit in der Rinde vor, jedoch höchstens bis zur Endodermis. In den Zielzellen aktiviert er Nodulin-Gene, über die schon frühzeitig erste Zellteilungen ausgelöst werden. Der Infektionsschlauch wächst bis zu diesen Zellen und gibt die Bakterien an sie ab.

die Spitzen von Wurzelhaaren ihrer Wirtspflanzen. Die Wurzelhaare krümmen oder kräuseln sich. In diesen Windungen werden die Rhizobien festgelegt und dringen von dort über einen Infektionsschlauch über die Wurzelhaare bis zu Zielzellen in der Wurzelrinde vor, wobei sie sich stark vermehren (Abb. 3.7.15; Box 3.7.3). Beim Import in die Zellen werden sie einzeln oder in Gruppen von einer pflanzenseitigen Membran umgeben, der *Peribakteroid-Membran*. Die Membran enthält Kanäle und Transporter für den wechselseitigen Austausch zwischen Pflanze und Bakterium. Das von der Peribakteroid-Membran umschlossene Gebilde mit ein oder mehreren Bakterien nennt man *Symbiosom*. Das junge Knöllchen bildet ein Apikalmeristem, mit dem es nach außen wächst. Vom Zentralzylinder herangeführte Gefäßstränge stellen die Ernährung sicher.

Definition

Als Pathogen bezeichnet man bei Pflanzen einen Organismus (Viren eingeschlossen), der zumindest zeitweise innerhalb der Pflanzen lebt und sie dabei schädigt.

Biologische N-Fixierung. In den Symbiosomen stellen die Bakterien ihre Teilungsaktivität ein, schwellen an und verändern *ihre Gestalt*. Sie werden zu knüppelartig verdickten, ja sogar verzweigten *Bakteroiden*, die den Luftstickstoff mit Hilfe ihrer Nitrogenase (Box 3.7.3) binden. Querschnitte durch die Knöllchen sind rot gefärbt. Ursache ist Leghämoglobin, das O_2 effektiv bindet und damit die extrem sauerstoffempfindliche Nitrogenase schützt. Außerdem liefert es der bakteriellen Atmungskette den benötigten Sauerstoff. Über sie wird ATP gebildet, das für die Aktivität der Nitrogenase benötigt wird. Das Protein des Leghämoglobins wird über ein spätes Nodulin von den Pflanzen gebildet; die Herkunft des Häm ist noch fraglich.

3.7.4 Pathogenabwehr

Die wichtigsten Pathogene der Pflanzen sind Viroide (kleine ringförmige RNA-Moleküle),Viren, Bakterien, Pilze und Nematoden. Die Pflanzen haben gegen sie eine Reihe von Abwehrmechanismen teils struktureller, teils biochemischer Art entwickelt.

Pflanze und Pathogen sind *kompatibel*, wenn eine Krankheit ausbricht. Das Pathogen ist in diesem Fall *virulent*, die Pflanze *anfällig*. Wenn keine Erkrankung einsetzt, sind Pflanze und Pathogen *inkompatibel*, die Pflanze *resistent* und das Pathogen *avirulent*.

3.7.4.1 Konstitutive (präinfektionelle) Abwehrmechanismen

Die Abwehrmaßnahmen der Pflanzen können prä- oder postinfektionell sein. Eine Abwehr erst aufzubauen, wenn eine Infektion erfolgt ist, scheint ökonomischer, als aufwändige Abwehrmaßnahmen konstitutiv aufrecht zu erhalten. Doch könnten junge Pflanzen bei einer Infektion zugrunde gehen, wenn sie von ihr voll erfasst werden, bevor eine Ab-

Box 3.7.3

Nitrogenase

Das Enzym der Luftstickstoff-Bindung ist die Nitrogenase, ein Komplex aus zwei Komponenten, dem Fe-Protein (Eisen-Protein, Dinitrogenase-Reduktase) aus zwei Proteinen H und dem MoFe-Protein (Molybdän-Eisen-Protein, Dinitrogenase) aus je zwei Proteinen D und K (Abb. 3.7.17). Die Proteine werden von *nif*-Genen (*nif* H, D und K; *nif* = *ni*trogen *f*ixation;) codiert, die wie die *nod*-Gene je nach der Bakterienart auf dem Symplasmid oder im Hauptgenom liegen. Elektronendonator für das Fe-Protein ist reduziertes Ferredoxin. Unter ATP-Verbrauch werden die Elektronen an das MoFe-Protein weitergegeben, das seinerseits N_2 zu NH_3 reduziert. Für Reduzierung eines N_2 werden theoretisch 16 ATP benötigt, doch dürfte der reale Verbrauch bei 25 ATP liegen. NH_3 wird aus den Symbiosomen exportiert und von einer pflanzlichen Glutamin-Synthetase (→ Seite 84) übernommen. Glutamin und davon abgeleitetes Asparagin sind Ausgangstoffe für die weitere Verwertung in den Pflanzen.

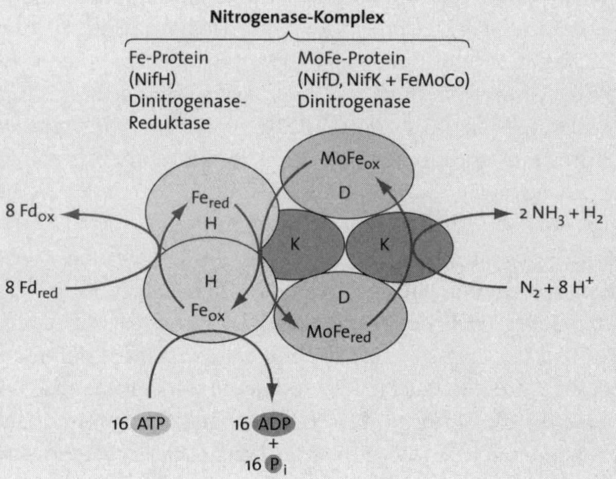

Abb. 3.7.17

Schema der Nitrogenase und ihrer Aktivität. Das Fe-Protein aus einem NifH-Protein-Dimer enthält ein Eisen-Schwefel-Zentrum (in der Abb. durch Fe symbolisiert). Das MoFe-Protein aus einem NifD-Dimer und aus einem NifK-Dimer führt den komplizierter gebauten Eisen-Molybdän-Cofaktor (= MoFeCo; in der Abb. durch MoFe symbolisiert), der aus zwei S-haltigen Clustern besteht. Er scheint überwiegend an NifD-Protein gebunden zu sein (verändert aus BUCHANAN et al. 2000).

wehr aufgebaut ist. Doch davon abgesehen gibt es Präventivmaßnahmen auch in adulten Pflanzen. Dazu gehören Strukturbildungen wie dicke Wände mit starker Lignifizierung, Cutinisierung oder Wachsüberzügen, aber auch die Akkumulation von zahlreichen Abwehrstoffen (Terpenoide, Phenole, Alkaloide).

Ein Beispiel sind die *Saponine*, Triterpene, bei denen es sich um die wichtigsten konstitutiven Abwehrstoffe der Pflanzen gegen Pilze han-

Abb. 3.7.18

Avenacin A-1.

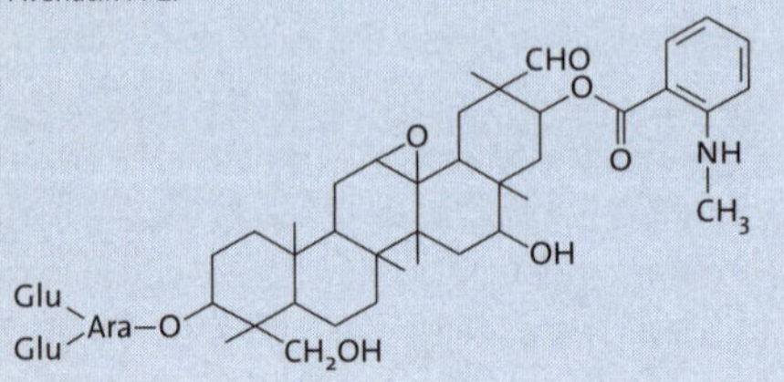

delt. Die oberflächenaktiven Substanzen (Name: lat. sapo = Seife) gehen Komplexe mit Sterolen in Plasmamembranen ein. Das gilt auch für die Hyphen von pathogenen Pilzen. Ihre Membranen werden dadurch leck und die Hyphen sterben ab. Ein Beispiel ist *Avenacin A-1* (Abb. 3.7.18), das in Wurzeln des Hafers akkumuliert. Über Wurzeln dringt der Schadpilz *Gaeumannomyces graminis* in Getreide ein. *Gaeumannomyces* var. *tritici* befällt Getreide wie den Weizen, in deren Wurzeln kein Avenacin vorhanden ist, wird aber in den Haferwurzeln durch Avenacin gehemmt. Doch es gibt auch einen auf Hafer spezialisierten *G. g.* var. *avenae.* Eine Glykosidase dieses Pilzes, die Avenacinase, inaktiviert Avenacin durch Abspalten einer oder beider Glucose-Einheiten. Die Pflanze wird damit anfällig.

3.7.4.2 Induzierte (postinfektionelle) Abwehrmechanismen

Definition

Als Elicitor bezeichnet man eine Substanz oder ein Substanzgemisch, das Abwehrmaßnahmen gegen Pathogene einleitet.

Einen Überblick gibt Abb. 3.7.19. Dabei wird die Rolle von Signalstoffen deutlich, die Abwehrmaßnahmen in den Pflanzenzellen auslösen. Unter Bezug auf ihre Funktion nennt man sie *Elicitoren* (lat. elicere = hervorlocken, nämlich die Abwehrreaktion).

Elicitoren werden teils als solche vom Pathogen abgegeben (*exogene Elicitoren*), teils unter Einwirkung des Pathogens in der pflanzlichen Zellwand gebildet (*endogene Elicitoren).* Zunächst werden exogene Elicitoren behandelt, später (→ Seite 243) endogene Elicitoren.

Elicitoren, Gen-für-Gen-Interaktionen und hypersensitive Reaktion. Induzierte Abwehrreaktionen verlaufen häufig auf der Basis von *Gen-für-Gen-Interaktionen.* Dabei handelt es sich um *rassen-spezifische Wirt-Pathogen-Beziehungen*, die bei Kulturpflanzen besonders wichtig werden. Einem dominanten Resistenz-Gen (*R*-Gen) in der Pflanze entspricht ein dominantes Avirulenz-Gen (*Avr*-Gen) im Pathogen. Es codiert exogene Elicitoren, meist *rassenspezifische Elicitor-Proteine* (AVR-Proteine). Die *R*-Gene codieren membran-gebundene Proteine, die als Rezeptoren für die betreffenden Elicitoren fungieren. Nach Abfangen des passenden Elicitor-Proteins werden über sie Signaltransduktionen eingeleitet, die zur Pathogenabwehr führen. Die Pflanzen werden dann resistent.

Bei Lokalisierung im Plasmalemma zeigen R-Proteine auf der Außenseite der Membran fast immer in Wiederholung leucinreiche Sequenzen. Auf der cytoplasmatischen Seite können sie Threonin/Serin-Kinasen führen (Abb. 3.7.20). Mit ihnen werden MAPK-Kaskaden zur Signaltransduktion gestartet.

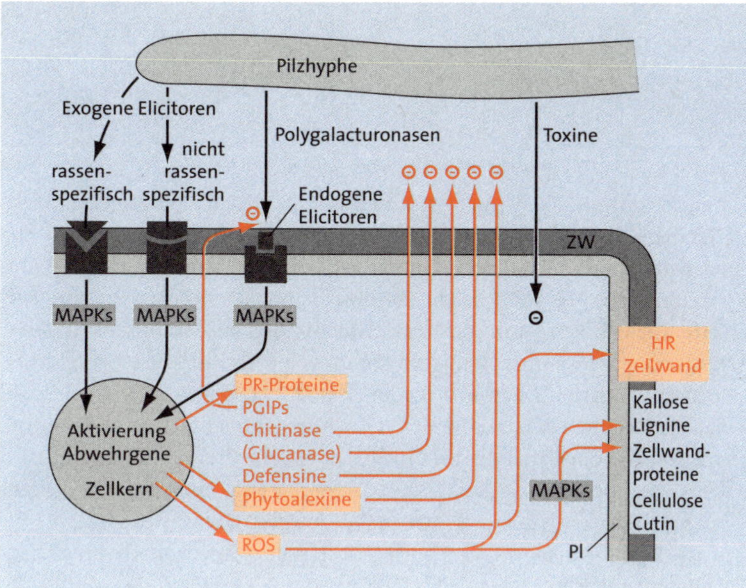

Abb. 3.7.19

Schema der induzierten Pathogenabwehr (rote Linienführung). Das Pathogen sei ein Pilz. ZW Zellwand; Pl Plasmalemma; MAPKs MAPK-Kaskaden; HR hypersensitive Reaktion mit Zelltod; PGIPs Polygalacturonase-Inhibitoren; ROS Reactive Oxygen Species. SA wurde nicht berücksichtigt. JA ist bei der Herbivorabwehr wichtiger (s. Abb. 3.7.26).

Solange es bei diesem komplementären System bleibt, ist die Pflanze resistent. Wenn *R*- oder *Avr*-Gene mutieren oder gar nicht vorhanden sind, wenn also eine der beiden Seiten funktionell ausfällt, wird das System kompatibel. Es soll sich in einer Art Coevolution entwickelt haben. Dem widerspricht zunächst, dass Nutznießer nur die Pflanze zu sein scheint. Doch nimmt man an, die *Avr*-Produkte könnten die Pflanze schädigen und so die Pathogenität verstärken, wenn die Pflanze keine R-Funktionen aufweist und damit anfällig ist. Das würde einen Selektionsvorteil für das Pathogen bedeuten.

Über Gen-für-Gen-Reaktionen kann eine *hypersensitive Reaktion* (HR) eingeleitet werden. Bei ihr werden die infizierten Zellen und meistens auch die Zellen in ihrer Umgebung stärker lignifiziert und sterben dann rasch ab. Um die Infektionsstelle bildet sich ein Schutzwall aus toten Zellen, der die Ausbreitung des Pathogens verhindert. Es kommt also zu lokalen *Abwehrnekrosen*. Eine HR findet sich bei vielen, aber nicht allen Infektionen.

Die meisten Elicitoren sind jedoch *nicht rassenspezifisch*. Sie werden von Rezeptoren aufgenom-

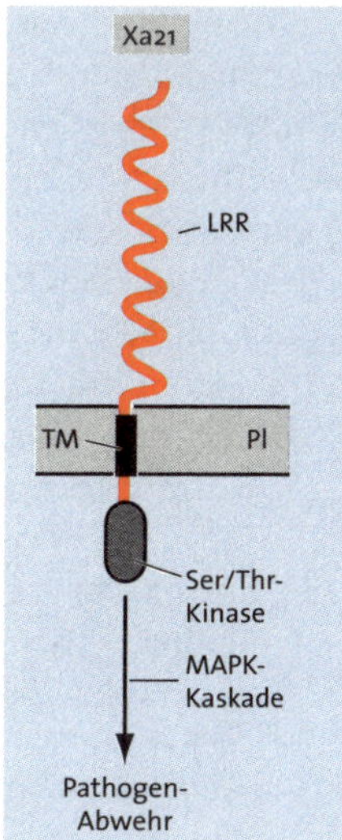

Abb. 3.7.20

Struktur und Funktion des R-Proteins Xa 21 aus dem Reis. LRR Leucin Rich Repeats; Pl Plasmalemma; TM Transmembran-Domäne. Entsprechend gebaut und lokalisiert ist auch die von dem *Clavata*-Gen 1 codierte Ser-Thr-Rezeptorkinase für das Peptid CLAVATA 3 (s. S. 167) (in Anlehnung an BUCHANAN et al. 2000).

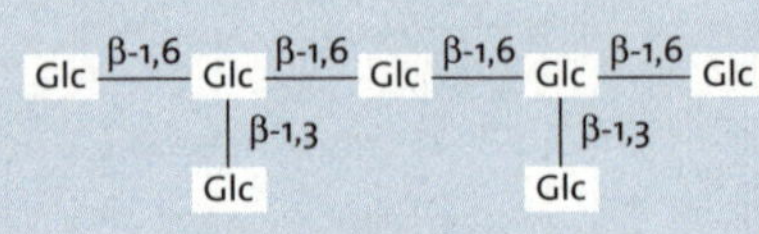

Abb. 3.7.21

Hepta-β-glcucosid aus *Phytophthora sojae*; der erste in seiner Struktur analysierte exogene Elicitor.

men, die Ähnlichkeit mit den R-Gen-Rezeptoren haben können. Diese allgemeinen Elicitoren sind sehr heterogen. Sie können Bruchstücke aus der Zellwand der Pilze sein. Ein klassisches Beispiel ist ein Hepta-β-glucosid aus der Zellwand des Schadpilzes *Phytophthora sojae*: An eine 5er-Kette aus Glucose kann man zwei Glucosemoleküle in jeweils anderen Positionen als Seitenketten ansetzen und so verschiedene Heptaglucoside synthetisieren. Doch nur das in Abb. 3.7.21 gezeigte Heptaglucosid war als Elicitor wirksam. In vielen Elicitoren findet sich auch N-Acetylglucosamin, der Baustein des Chitins, oder sein Derivat Glucosamin. Da die Zellwände der Pilze aus Chitin bestehen, ist das verständlich. Weitere exogene Elicitoren der verschiedensten Art kommen hinzu.

Die **Signaltransduktion** von den aktivierten Rezeptoren aus beginnt häufig, wenn nicht immer, mit MAPK-Kaskaden (→ Seite 136). Das gilt für die verschiedensten Signale bei Abwehrreaktionen aller Art, für spezifische und allgemeine Elicitoren ebenso wie für H_2O_2, für Ethylen, für SA, für die Lipasen, mit denen die JA-Synthese beginnt (Abb. 3.7.26), für Verwundungen, für ROS (s.u.) oder für abiotische Stressfaktoren.

Die **Abwehrreaktionen** müssen von ihrer Auslösung unterschieden werden, was die Spezifität anbelangt. Die Auslösung kann durch rassenspezifische Elicitoren ebenso wie – häufiger – durch unspezifische Elicitoren und andere Signale (s. vorhergehenden Abschnitt) erfolgen. Einmal in die Wege geleitet, sind die Abwehrreaktionen selbst in der Regel unspezifisch, werden also durch die verschiedensten Pathogene ausgelöst. Dementsprechend können sie auch zu Resistenz oder erhöhter Toleranz gegenüber einer Vielzahl von Pathogenen führen. Sie können in Verbindung mit der HR stehen, aber auch lösgelöst von ihr realisiert werden. Die wichtigsten Abwehrreaktionen seien genannt (s. Abb. 3.7.19).

- Eine frühe Reaktion ist der »oxidative burst«, die rasche *Produktion von reaktiven Sauerstoffspezies* (Reactive Oxygen Species = ROS) wie Superoxid (O_2^{*-}) und Wasserstoffperoxid (H_2O_2). Sie können das Pathogen über einen Sauerstoffstress schädigen sowie zur vermehrten Bildung von Ligninen, toxischen Phenolen und zur Vernetzung von Zellwandproteinen (siehe folgenden Punkt) beitragen. ROS können den Zelltod in der hypersensitiven Reaktion fördern, aber allein nicht herbeiführen. Das ist vermutlich erst dann möglich, wenn die ROS von Stickstoffmonoxid (NO) unterstützt werden, das ebenfalls rasch zu Beginn der

Infektion gebildet wird. H_2O_2 ist übrigens auch außerhalb eines oxidative burst Stressfaktor.

- Die Verstärkung der Zellwand ist ebenfalls eine frühe Reaktion, insbesondere bei Pilzbefall. Um eindringende Hyphen werden Papillen aus Kallose und Lignin gebildet. Hydroxyprolinreiche Glykoproteine vernetzen die Wand stärker.
- Die Produktion von *PR-Proteinen* (PR = Pathogenesis Related) ist eine weitere Abwehrreaktion. Einige zunächst unbekannte PR-Proteine wurden als Glucanasen, Chitinasen (Abb. 3.7.22) oder Enzyme der Ligninbiosynthese identifiziert. Sie sind teils auch konstitutiv vorhanden, doch nach einer Infektion kann ihre Aktivität gesteigert werden. Andere PR-Proteine sind Inhibitoren der Polygalacturonasen, mit denen der Pilz die pflanzliche Zellwand angreift. Sie erlauben einen Abbau nur bis zu Oligogalacturoniden, die als *endogene Elicitoren* Abwehrreaktionen induzieren können. *Defensine*, kleine cysteinreiche Peptide mit pilzhemmender Aktivität, die von Ethylen und JA induziert werden, gehören ebenfalls hierher. Weitere PR-Proteine warten noch auf ihre Charakterisierung.
- *Phytoalexine* sind postinfektionell gebildete, niedermolekulare antibiotisch wirksame Substanzen. Sie reichern sich in Zellen nahe der Infektionsstelle an. Zu ihnen gehören die verschiedensten Terpenoide, Phenole, Alkaloide und weitere Stoffe. Beispiele sind Momilacton B, ein Diterpen aus dem Reis, oder Resveratrol, ein Phenolderivat, das u. a. im Wein vorkommt (Abb. 3.7.23).
- Anreicherung von Benzoesäure und vor allem Salicylsäure (s. Abb. 1.11.8), die aus Benzoesäure gebildet werden kann, an den Stellen der Infektion. SA induziert insbesondere bei der HR, aber auch bei der SAR (s.u.) u.a. die Bildung von PR-Proteinen.

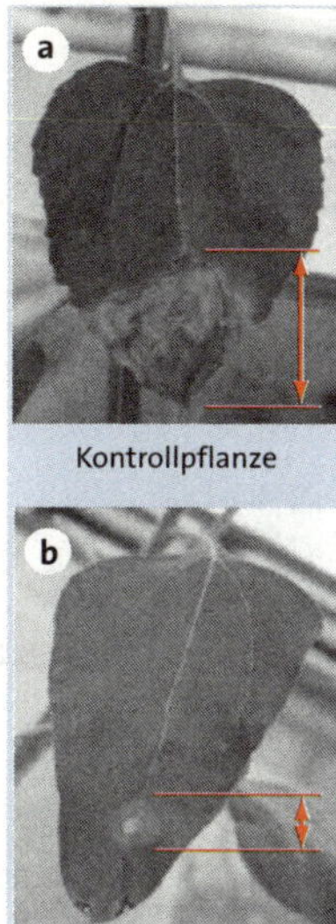

Chitinase-Glucanase-Pflanze

Abb. 3.7.22

Synergistische Wirkung von Chitinasen und Glucanasen bei der Pilzabwehr transgener Sonnenblumen (*Helianthus annuus*). Kontrollpflanzen (**a**) und Pflanzen, in die man entweder ein Gen für Chitinase oder ein Gen für Glucanase übertragen hatte, zeigen keinerlei Hemmung des Schadpilzes *Sclerotinia*. Pflanzen dagegen, in die beide Gene, das für Chitinase und das für Glucanase, eingebracht worden waren, zeigen eine deutliche Pilzhemmung (**b**) (N. FISCHER 2003).

Abb. 3.7.23

Zwei Beispiele für Phytoalexine aus verschiedenen Substanzklassen.

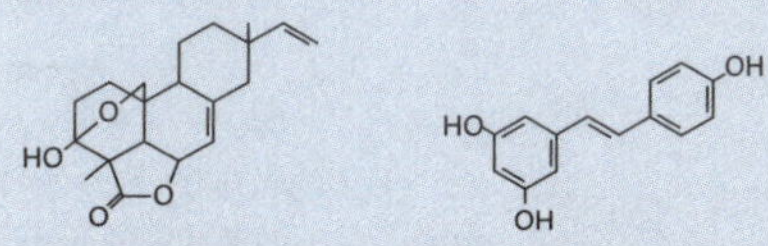

Momilacton B (*Oryza sativa*) **Diterpen**

Resveratrol (*Vitis vinifera*) **Phenylpropan-Derivat**

Systemisch induzierte Abwehrreaktionen. Die eben erwähnten Abwehrreaktionen setzen rasch lokal um die Infektionsstelle herum ein. Doch erstmals nach Infektionen mit dem TMV, dann in zahlreichen weiteren Fällen stellte man fest, dass Stunden oder Tage später auch in anderen Teilen der Pflanze Abwehrreaktionen ausgelöst werden, die lange anhalten

Abb. 3.7.24

Systemisch induzierte Resistenz (SAR) und systemisch induzierte Wundantwort (SAWR) im Vergleich (verändert nach BUCHANAN et al. 2000).

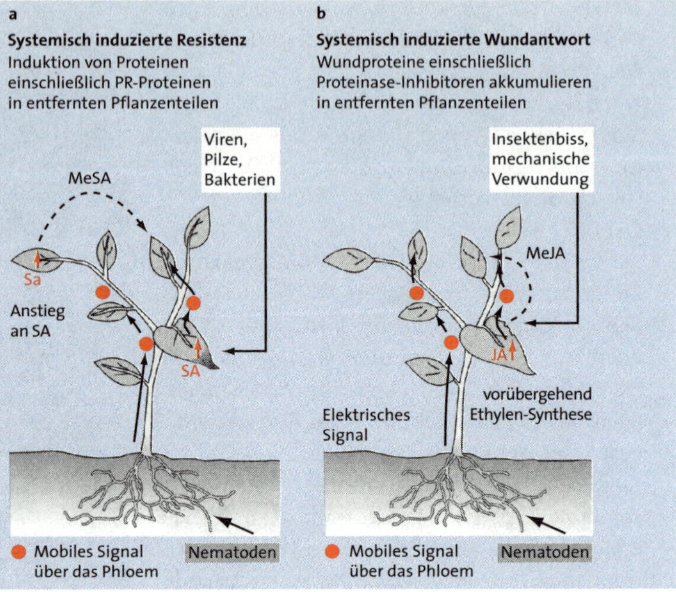

können. Wenn diese systemischen Reaktionen durch Pathogene ausgelöst werden, spricht man von *systemisch erworbener Resistenz* (Systemic Acquired Resistance = *SAR*). Ihr entspricht bei Herbivoren die *systemisch induzierte Wundantwort*. Bei aller Ähnlichkeit unterscheiden sich beide im Detail (Abb. 3.7.24).

Bei der SAR ist Salicylsäure (SA) ein wichtiger Faktor. Sie wird zum einen an der Infektionsstelle gebildet. Offensichtlich nicht SA selbst, sondern ein noch unbekannter mobiler Faktor wandert im Phloem in andere Pflanzenteile und löst dort die Bildung von wiederum SA aus, die dann Abwehrreaktionen wie die Synthese von Phytoalexinen oder PR-Proteinen einleitet. Auch über die flüchtige Methylsalicylsäure (MeSA) könnten weitere Blätter erfasst werden. Bei einer erneuten Infektion erweist sich die Pflanze dann als weniger anfällig.

3.7.5 Abwehr gegen Herbivore

Als Fraßfeinde fallen Säugetiere und Insekten besonders ins Gewicht. Die Abwehrmaßnahmen sind auch hier konstitutiv oder induziert.

3.7.5.1 Konstitutive Abwehr

Zur Abwehr von Säugetieren dienen Strukturen wie Dornen, Stacheln oder Brenn- und Gifthaare; zur Abwehr von Insekten dicke Zellwände,

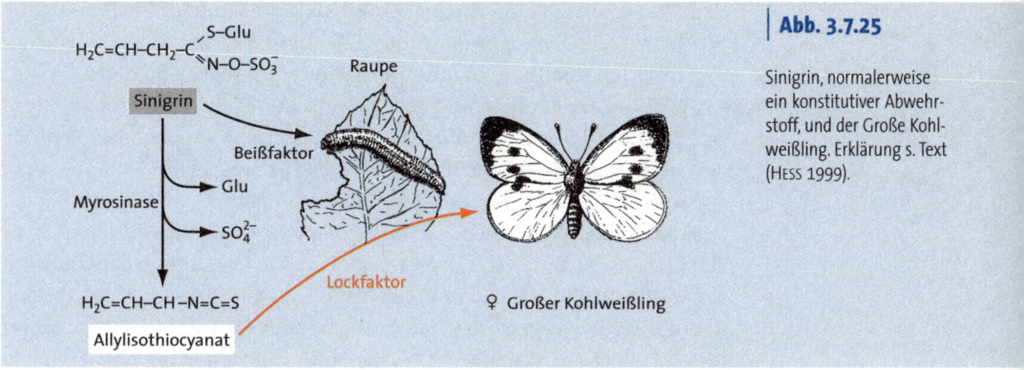

Abb. 3.7.25

Sinigrin, normalerweise ein konstitutiver Abwehrstoff, und der Große Kohlweißling. Erklärung s. Text (HESS 1999).

Cutinisierung oder Lignifizierung. Gegen beide Gruppen wird ein Arsenal an toxischen Substanzen eingesetzt, das sich wieder aus Terpenoiden, Phenolen und Alkaloiden rekrutieren kann. Außerdem finden sich Substanzen, die tierischen Hormonen ähneln. Sie verursachen schwere Störungen in der Entwicklung von Insekten. Als weitere Substanzgruppen kommen cyanogene Glykoside wie Amygdalin und Senfölglykoside (Glucosinolate) hinzu. Beide Gruppen leiten sich von Aminosäuren ab.

Dass diese Stoffe gegen Fraßfeinde gerichtet sind, ist dann besonders einsichtig, wenn sie in einer inaktiven Form akkumulieren, aus der die aktive Substanz erst durch Verwundung beim Fressen freigesetzt wird. Das ist u.a. bei den *Glucosinolaten* der Fall (Abb. 3.7.25). In Blättern von Kohl-Varietäten (*Brassica oleracea*) und im Schwarzen Senf (*Brassica nigra*) wird das inaktive Senfölglucosid Sinigrin akkumuliert. Getrennt davon enthalten spezielle Zellen das Enzym Myrosinase. Erst bei Verwundungen des Gewebes kommen beide zusammen. Dann spaltet die Myrosinase von Sinigrin Glucose ab. Der Restkörper geht spontan in Allyl-isothiocyanat über, das für viele Schmetterlingsraupen toxisch ist. Der Große Kohlweißling (*Pieris brassicae*) dagegen hat sich an den Giftstoff adaptiert. Seine Weibchen werden von Allylisothiocyanat zur Eiablage angelockt. Die aus den Eiern geschlüpften Raupen ernähren sich ohne Schädigung von den Blättern. Dabei löst Sinigrin als »Beißfaktor« das Fressen aus. Der Große Kohlweißling hat sich so eine ökologische Nische gesichert, die ihm nur schwer streitig gemacht werden kann.

Induzierte Abwehr 3.7.5.2

Bei Verwundungen durch Fraß werden die gleichen Abwehrmechanismen wie bei mechanischer Verwundung ausgelöst. Teilweise können sie denjenigen gegen Pathogene ähnlich sein. So sind hier wie dort MAPK-Kaskaden (→ Seite 136) eingeschaltet. Doch kommen als Endglieder der

Signaltransduktion auch neue Abwehrfaktoren hinzu. Zu ihnen gehören besonders *Proteinase-Inhibitoren (PI)*, die Proteinasen im Darmtrakt von Insekten hemmen und die Tiere dadurch schwer schädigen.

Auch bei der Pathogen-Abwehr kann Jasmonsäure eingeschaltet sein, so zusammen mit Ethylen bei der Induktion von Defensinen. Doch bei der Herbivor-Abwehr spielt sie eine weitaus wichtigere Rolle, weshalb wir uns an dieser Stelle mit ihr zu befassen haben.

Jasmonsäure (JA). JA gehört zu den *Oxylipinen*, Oxidationsprodukten von Fettsäuren. JA, ihr flüchtiger Methylester (MeJA, Methyljasmonat) und verwandte Stoffe wie die JA-Vorstufe OPDA werden auch als Jasmonate (s. Abb. 3.7.26) bezeichnet. Sie können Abwehrreaktionen induzieren (Box 3.7.4). Dabei kann das flüchtige MeJA möglicherweise als Signal zu

Abb. 3.7.26

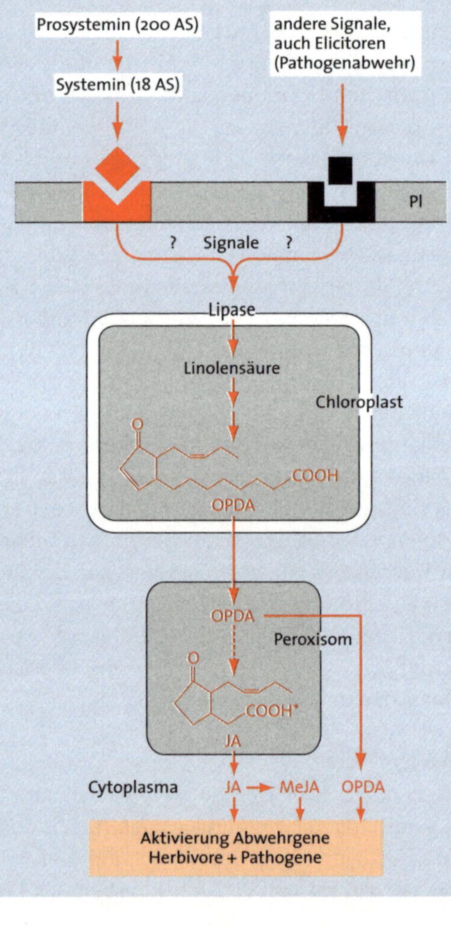

Biosynthese von Jasmonsäure (JA) in Chloroplasten und Peroxisomen und Hypothese zu ihrer Auslösung über Systemin und andere Signale. Zu diesen Signalen gehören Elicitoren. Denn JA spielt auch bei der Pathogenabwehr eine Rolle, für die Elicitoren typisch sind, ist aber bei der Abwehr von Herbivoren wichtiger. Die Rezeptoren, auch der Systeminrezeptor, sind im Plasmalemma (Pl) lokalisiert. Noch unbekannte Signaltransduktionen führen von den Rezeptoren zur Aktivierung von Lipasen in Chloroplastenmembranen. OPDA (12-oxo-Phytodienoic Acid) ist ein physiologisch aktives Jasmonat. Methyljasmonat (MeJA) erhält man, wenn H* in JA durch eine Methylgruppe ersetzt wird, was im Cytoplasma erfolgt. AS Aminosäuren.

Box 3.7.4

Biosynthese und Wirkungsmechanismus von Jasmonsäure

Die Biosynthese (Abb. 3.7.26) beginnt mit Membranlipiden. Bei den Membranen dürfte es sich in erster Linie um Chloroplastenmembranen handeln. Lipasen werden aktiviert und setzen dann aus den Membranlipiden Linolensäure frei, die zunächst in den Chloroplasten, für die letzten Schritte in Peroxisomen in JA und andere Jasmonate überführt wird. Außer der C_{18}-Linolensäure können auch C_{16}-Fettsäuren zur Biosynthese von JA eingesetzt werden.

Bei der Wundantwort und der systemisch induzierten Wundantwort (SAWR, s.u.) induzieren Jasmonate die Bildung von PIs und anderen Wundproteinen. Zum molekularen Wirkungsmechanismus von JA ist bekannt, dass sie über MAPK-Kaskaden spezielle Transkriptionsfaktoren aktivieren kann. Gut untersucht ist das bei der Induktion von Genen für die Biosynthese von Terpenoid-Indol-Alkaloiden.

anderen Teilen der befallenen Pflanze oder auch zu anderen Pflanzen übergehen.

Bei der Pathogenabwehr ist JA ein sekundäres Signal (sekundärer Messenger). Aber es kann offensichtlich auch als primärer Messenger, als Phytohormon, wirksam werden. Oft handelt es sich dabei um Hemmungen, so beim Streckungswachstum. Umgekehrt werden die Pollenentwicklung, die Öffnung von Antheren und von Blüten, die Fruchtreife ebenso wie die Seneszenz gefördert. Die Synthese von Ethylen wird stimuliert, möglicherweise im Zusammenhang mit einigen der genannten Wirkungen. Ethylen ist auch an Wundreaktionen beteiligt (s.u.).

Systemisch induzierte Wundantwort. Ähnlich wie bei der SAR (Systemic Acquired Resistance) gibt es auch bei Verwundungen eine systemische Reakion, die man entsprechend SAWR (Systemic Acquired Wound Response) nennen könnte (Abb. 3.7.24). Schädigung der Gewebe durch beißende Insekten oder durch mechanische Verwundung lösen gleichermaßen die Biosynthese von JA aus, die lokal an der Stelle der Verwundung oder auch systemisch an anderen Stellen die Synthese von Wundproteinen auslöst. Zu ihnen gehören Proteinase-Inhibitoren (PI). Dabei wird JA vielfach durch Ethylen unterstützt, dessen Synthese von JA gefördert werden kann. Für die Bildung der PI ist die Beteiligung von JA *und* Ethylen sogar zwingend. Die systemische Weiterleitung des Wundsignals in andere Teile der Pflanze erfolgt durch einen unbekannten mobilen Faktor, der im Phloem transportiert wird. Außerdem wird eine

Übertragung durch die Luft über das flüchtige MeJA diskutiert. In den systemisch erfassten Pflanzenteilen kommt es über JA wiederum zur Akkumulation von PIs und anderen Wundproteinen.

Bei Tomaten wird in verletztem Gewebe aus einer Vorstufe, dem 200 Aminosäuren langen Prosystemin, ein kleines Peptid aus nur 18 Aminosäuren freigesetzt, das *Systemin* (Abb. 3.7.26). Systemin löst die Biosynthese von JA aus. Zwei ähnlich wirkende Peptide, die aber nicht mit Systemin homolog sind, wurden auch beim Tabak gefunden. Für alle Peptide liegen die Rezeptoren im Plasmalemma. Damit ergibt sich ein Problem: es muss eine noch unbekannte Signaltransduktion vom Plasmalemma zu den Plastiden geben, um dort die Biosynthese von JA zu induzieren.

Man hat angenommen, Systemin könne bei Tomaten auch der gesuchte mobile Faktor bei der SAWR sein. Diese Auffassung ist beim derzeitigen Stand der Untersuchungen nicht gesichert. Eine Reihe von Befunden spricht dafür, dass es sich bei dem mobilen Faktor nicht um Systemin, sondern um JA handelt. Systemin würde dann seinen Namen, der sich auf die systemische Signalwirkung bezieht, nicht mehr verdienen.

Fragen (Seitenverweise zur Beantwortung)

1 • Definieren Sie den Begriff Allelopathie! (S. 226).

2 • Wie unterscheiden sich Hemi- und Holoparasiten? (S. 227).

3 • Nennen Sie einige einheimische Gattungen, die Hemiparasiten auf Wirtswurzeln sind! (S. 229).

4 • Welche Reaktionsmechanismen finden sich bei den Bewegungen der Tentakel des Rundblättrigen Sonnentaus? (S. 230).

5 • Wie funktioniert die Saugfalle des Wasserschlauchs? (S. 231).

6 • Definieren Sie den Begriff Symbiose! (S. 233).

7 • Welcher Typ der Mykorrhiza findet sich bei Orchideen? (S. 235).

8 • Was ist ein Symbiosom bei der Wurzelknöllchen-Symbiose der Rhizobien? (S. 238).

9 • Schildern Sie die Struktur der Nitrogenase! (S. 239).

10 • Was verstehen Sie bei der Pathogenabwehr unter Gen-für-Gen-Interaktionen? (S. 240).

11 • Was verstehen Sie unter einer hypersensitiven Reaktion? (S. 241).

12 • Aus welcher C_{18}-Fettsäure kann Jasmonsäure gebildet werden? (S. 247)

13 • Aus welchem Grund ist Methyljasmonat im Gegensatz zu Jasmonsäure flüchtig? (→ Seite 129).

14 • Besteht Systemin aus Kohlenhydraten, Aminosäuren oder beiden Stoffgruppen? (S. 248)

Bildung, Bau und Funktionen der reproduktiven Organe

4

Inhalt

Nach Blick auf die vegetative Fortpflanzung wird die sexuelle Fortpflanzung behandelt. Sie ist durch Syngamie und Meiosis charakterisiert. Beides bedeutet Rekombination. Das gilt auch für die Meiosis, bei der man lange die Rekombinationsereignisse übersehen und die Reduktion der Chromosomensätze überbetont hatte. Die Organe der sexuellen Fortpflanzung bei den Anthophyten (Blütenpflanzen) sind die Blüten. Nach Besprechung des Blütenbaus wird auf die Blütenbildung eingegangen, zu der eine Fülle von molekularen Daten erbracht wurde. Eine kurze Besprechung der Pollenübertragung schließt sich an. Bei ihr wird die Fremdbestäubung und damit wieder die Rekombination gefördert. Gleiches gilt für die Selbstinkompatibilität, die eine Befruchtung mit genetisch gleichen oder ähnlichen Pollen blockiert. Nach Eingehen auf die doppelte Befruchtung werden abschließend noch Same und Frucht besprochen, in denen sich der Embryo entwickelt.

Im Gegensatz zur erbgleichen vegetativen Fortpflanzung kann sexuelle Fortpflanzung zu Rekombinanten führen. Damit ist die für eine Evolution zu fordernde genetische Variabilität gegeben. Samen und Früchte sorgen für eine adäquate Verbreitung der Rekombinanten.

4.1 Vegetative Fortpflanzung

Inhalt

Die vegetative oder ungeschlechtliche Fortpflanzung erfolgt auf Basis der Mitose, liefert also erbgleiche Klone. Sprosse, Blätter und seltener Wurzeln können das Ausgangsmaterial sein. In der Praxis haben sich vegetative In-vitro-Vermehrungen längst bewährt. In der Natur tritt die vegetative gegenüber der sexuellen Fortpflanzung jedoch an Bedeutung zurück.

Merksatz

Ein Paar mit nur einem Kind hat sich fortgepflanzt, aber nicht vermehrt. Eine Vermehrung liegt erst dann vor, wenn das Paar mehr als zwei Kinder bekommt.

Definition

Als Klon bezeichnet man die Gesamtheit von Zellen oder vielzelligen Organismen, die über vegetative Vermehrung, also auf der Basis von erbgleichen mitotischen Zellteilungen aus einer Ausgangszelle oder einem vielzelligen Ausgangsorganismus gebildet werden.

Fortpflanzung darf also nicht mit Vermehrung gleichgesetzt werden, jedoch ist die Fortpflanzung oft mit der Vermehrung gekoppelt. Das lässt sich schon bei der vegetativen Fortpflanzung erkennen. Sie geht von vegetativen Organen, also von Spross, Blatt und Wurzel aus und verläuft auf Basis der mitotischen Zellteilung. Es müssen also entweder noch Restmeristeme vorhanden sein oder es muss zu Remeristematisierungen kommen. In der Regel sind mitotische Zellteilungen erbgleich, sodass man bei der vegetativen Fortpflanzung genetisch identische Individuen erhält. Solche *Klone* erlauben es, wertvolle Heterozygote (→ Seite 253) zu erhalten, die bei sexueller Fortpflanzung über Aufspaltung verloren gingen.

Vegetative Fortpflanzung auf Sprossbasis. *Ausläufer* sind Sprossorgane. Bei der Erdbeere und vielen anderen Pflanzen können sich ihre Spitzen bewurzeln und neue Pflanzen bilden. Wird die Verbindung über den Ausläufer unterbrochen, liegen selbstständige, vegetativ entstandene neue Pflanzen vor (Abb. 4.1.1).

Auch bei unterirdischen Sprossorganen können Verbindungen unterbrochen werden, so bei Rhizomen. Gärtner und Landwirte führen die Trennung bewusst herbei, um Kultivare zu vermehren. Auch die Kartoffel wird fast ausschließlich über ihre *Sprossknollen* vermehrt. In der Praxis ist die Nutzung von *Sprossstecklingen* weit verbreitet. Zur besseren Bewurzelung der Stecklinge werden Auxinpräparate verwendet.

Vegetative Fortpflanzung über Brutknospen. Vielfach bilden sich *Brutknospen*. Durch Reservestoffspeicherung in ihren Blattorganen werden sie zu *Brutzwiebeln*, durch Reservestoffspeicherung in Spross und Wurzel zu *Brutknöllchen* (*Bulbillen*). Vereinfachend werden beide gelegentlich als Bulbillen zusammengefasst.

Bei der Gattung *Bryophyllum* entstehen aus Brutknopsen an Zähnen der Blattränder komplette neue Pflänzchen, daher der Gattungsname »Brutblatt«. Bei *Bryophyllum crenatum* ist das erst an älteren Blättern der Fall, weil in ihnen die Konzentration hemmender IAA so stark abgefallen ist, dass wenigstens eine erste Entwicklung möglich wird. Doch der IAA-Gehalt ist immer noch so hoch, dass es zum weiteren Auswachsen erst kommt, wenn die jungen Pflänzchen abgefallen und dadurch isoliert sind (Abb. 4.1.2). Schon Goethe hatte sich dafür interessiert. Unter den alten Brutblatt-Pflanzen können sich derart reichlich Jungpflanzen finden, dass man auch aus diesem Grund von Goethe-Pflanze gesprochen. *Brutzwiebeln* finden sich bei Zwiebel-Zahnwurz (Abb. 4.1.3)

Abb. 4.1.1

Erdbeere mit oberirdischen Ausläufern und Ausläuferpflanzen, die sich in den Achseln von Niederblättchen (N) bilden (WALTER 1950).

und Feuerlilie (*Lilium bulbiferum*) in Blattachseln, bei Laucharten (*Alium* spec.) im Blütenstand, in dem sie häufig schon auskeimen.

Auch Brutknöllchen sitzen oft in den Achseln von Laubblättern. Beim Scharbockskraut (*Ranunculus ficaria*) werden sie im Frühling so reichlich freigesetzt, dass man schon von »Getreideregen« gesprochen hat. Auch in Blütenständen können wie beim Knöllchen-Knöterich (*Polygonum viviparum*) anstatt Blüten Bulbillen gebildet werden, die schon auf der Pflanze auskeimen können. Bei den Bulbillen des Lebendgebärenden Rispengrases (*Poa alpina* var. *vivipara*) ist das die Regel.

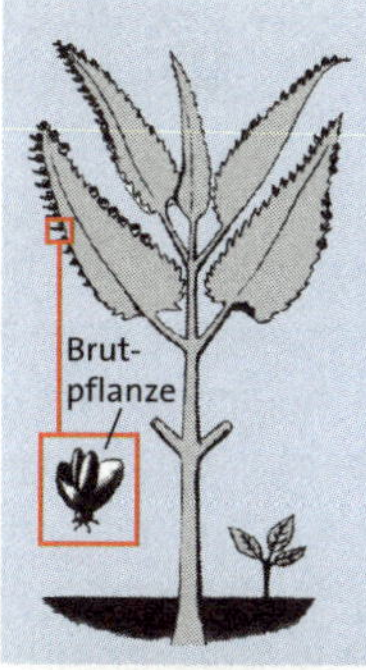

Abb. 4.1.2

Brutblatt (*Bryophyllum crenatum*) mit Brutpflänzchen an Blattzähnen. Erst nach Abfallen (unten rechts) entwickeln sie sich weiter (HESS 1981).

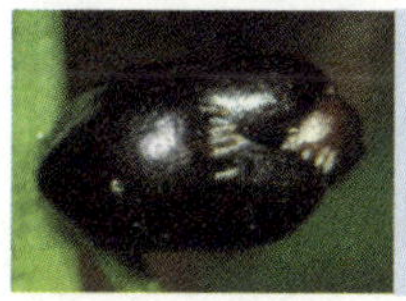

Abb. 4.1.3

Brutzwiebel am Spross der Zwiebel-Zahnwurz (*Cardamine bulbifera*) (HESS 2001).

Vegetative Fortpflanzung über Zwiebeln. In Blattachseln der alten Zwiebel bilden sich Erneuerungszwiebeln für das nächste Jahr (Abb. 3.4.19).

Vegetative Fortpflanzung auf Wurzelbasis. Hier sei an Wurzelknollen (→ Seite 213) erinnert, die in der Natur oder im Land- und Gartenbau zur vegetativen Vermehrung verwendet werden.

Vegetative Vermehrung in vitro. Obwohl die Biotechnologie nicht Gegenstand dieses Buchs sein konnte, muss im gegebenen Zusammenhang wenigstens erwähnt werden, dass der Markt reichlich mit Kulturpflanzen beschickt wird, die aus vegetativer Vermehrung im Reagenzglas stammen. 2002 waren es allein in Deutschland, das darin keineswegs führend ist, über 38 Millionen Pflanzen. Ausgangsmaterial können alle Pflanzenteile mit Ausnahme der Wurzel sein.

Fragen

(Seitenverweise zur Beantwortung)

- 1 Auf Basis welcher Zellteilungsweise läuft die vegetative Fortpflanzung ab? (S. 249).
- 2 Was verstehen Sie unter einem »Klon«? (S. 250).
- 3 Nennen Sie Beispiele für vegetative Fortpflanzung und Vermehrung auf der Basis von ober- und unterirdischen Sprossorganen! (S. 250).
- 4 Nennen Sie einige Alpenpflanzen mit »Viviparie«! (S. 251).

4.2 Sexuelle Fortpflanzung: Meiosis und Generationswechsel

Inhalt

Gegenüber der vegetativen bringt die sexuelle Fortpflanzung als entscheidenden Vorteil Möglichkeiten zur Rekombination mit sich. Sie ergeben sich bei der Syngamie ebenso wie bei der Meiosis. Denn die Meiosis dient keinesfalls nur der Reduktion der Chromosomenzahlen nach erfolgter Syngamie, sondern bringt über einen Umbau der Chromsomen und eine Umordnung des Genoms genetische Effekte mit sich. Je nach der Lage von Syngamie und Meiosis im Entwicklungszyklus unterscheidet man beim Generationswechsel Haplonten, Haplo-Diplonten und Diplonten, für die einige repräsentative Beispiele gebracht werden. Am ausführlichsten werden dabei die Angiospermen besprochen, bei denen es sich um Haplo-Diplonten mit extrem reduzierter haploider Phase handelt. Die stärkere Ausbildung der Diplophase bei den Höheren landlebenden Pflanzen kann man auf das Vorhandensein eines Reserveallels zurückführen, das Mutationen kompensieren kann. Gleichzeitig erlaubt es, über Aufspalten nach den MENDELSCHEN-Regeln neue Kombinationen dem Test durch die Umwelt zuzuführen.

4.2.1 Definition und Bedeutung

Definition

Sexuell nennt man eine Fortpflanzungsweise, die auf Syngamie und Meiosis basiert.

Die vegetative Fortpflanzung kann sehr effektiv sein. Warum tritt sie in der Natur dennoch gegenüber der sexuellen Fortpflanzung stark in den Hintergrund? Die Definition hilft hier zunächst nicht weiter.

Nehmen wir die Antwort deshalb vorweg. Bei sexueller Fortpflanzung kann es unter bestimmten Voraussetzungen zu *Rekombinationen*, also zu Veränderungen im genetischen Material kommen. Solche Rekombinationen können vorteilhaft sein, wenn sich die Umwelt verändert. Denn möglicherweise kommt eine der Rekombinanten besser mit der neuen Umwelt zurecht als andere. Die Rekombination wird damit zu einem *Faktor der Ökologie*. Sie wird aber auch weiterhin beibehalten werden, solange die Umwelt sich nicht erneut ändert. Damit wird sie auch zu einem *Faktor der Evolution*.

Syngamie und Meiosis sollten demnach eigentlich »eingeführt« worden sein, um Rekombinationen zu ermöglichen, und zwar mit hoher Rekombinationsrate. Für die Syngamie, die Fusion der beiderseitigen Gameten, ist das leicht einzusehen. Denn wenn bei ihr Gameten mit unterschiedlichem Genbestand vereinigt werden, ergibt sich in der Zygote eine neue Genmischung, eine Rekombination also. Bei der Meiosis wird nun die Zahl der Chromosomensätze auf die Hälfte reduziert. Damit wird sie zwingend erforderlich: Bei der Syngamie wird die Zahl der Chromosomensätze verdoppelt, in der Meiosis muss sie dann eben wieder halbiert werden. Doch das ist nicht alles. Um das erkennen zu können, müssen wir die Meiosis besprechen.

Meiosis

4.2.2

Grundlagen. Die vegetativen Zellen von Blütenpflanzen (Anthophyta) besitzen zwei Chromosomensätze. Sie sind *diploid* (2n). Das bedeutet, dass für jedes Chromosom ein *homologes Partnerchromosom* vorhanden ist. Jede Struktur, die Kinetochoren ebenso wie die Genorte, liegen auf den Homologen an einander entsprechenden Stellen. Jeder Genort (Genlocus) ist also zweimal vertreten. Die an diesem Genort lokalisierten, sich entsprechenden Gene nennt man *Allele*, weil sie sich bei einer Parallellagerung der Chromsomen gegenüber liegen (gr. allelon = gegenseitig). Beide Allele können gleich sein. Sie können aber auch in einigen bis vielen Varianten auftreten, von denen in diploiden Zellen allerdings immer nur zwei vertreten sein können. Dann spricht man von *multipler Allelie.* Sie findet sich z.B. als Regelfall bei der Selbstinkompatibilität (→ Seite 284). Wenn alle homologen Chromosomen in allen ihren Genorten gleiche Allel tragen, nennt man die betreffenden Zellen bzw. die aus ihnen aufgebauten Organismen *homozygot.* Unterscheiden sie sich in ihren Allelen, bezeichnet man sie als *heterozygot.*

Von den beiden Allelen kann eines stark exprimiert werden, während das andere sich in der Expression nicht durchsetzen kann. Das erste Allel nennt man dann *dominant*, das zweite *rezessiv.* Kommen beide Allele gleich stark zur Expression, ergibt sich eine *intermediäre* Situation.

Wenn Zellen und vielzellige Organismen in ihren Zellkernen nur einen Chromosomensatz aufweisen, sind sie *haploid* (1n). Dieser Zustand soll über die Meiosis erreicht werden. Dabei ist zu berücksichtigen, dass ein repliziertes Chromosom aus jeweils zwei Schwester-Chromatiden besteht. Bei einem *Paar* homologer Chromosomen handelt es sich also um eine *Chromatidentetrade.* Jede dieser vier Chromatiden kann sich wie ein vollwertiges Chromosom verhalten. Um von vier auf eins zu kommen, sind zwei Teilungen notwendig, in denen die Chromatidenzahl jeweils halbiert wird. In der Tat besteht die Meiosis aus zwei Teilungen.

Ablauf der Meiosis. Bei Tieren findet sich eine Keimbahn, die früh in der Embryogenese, gegebenenfalls sogar schon mit der ersten Teilung der Zygote, beginnt. Bei Pflanzen ist das nicht der Fall. Unter genetischer Kontrolle wird erst spät in ihrer Entwicklung entschieden, welche Zellen in die Keimbahn und dann in die Meiosis eingehen sollen. Dabei handelt es sich um subepidermale Zelllagen in den Primordien von Antheren und Samenanlagen (→ Seite 267).

Die Mitose dauert einige Stunden, die Meiosis bis zu einigen Tagen, wobei allein die Prophase der ersten Teilung Stunden erfordern kann. Sie wird in verschiedene Phasen unterteilt (Abb. 4.2.1).

In den ersten Phasen schrauben sich die Chromosomen wie in der Prophase der Mitose auf und werden dadurch in voller Länge mikroskopisch fassbar. Im Pachytän ist das Aufwendeln zur Transportform abgeschlossen. Von Anfang läuft ein Vorgang an, den es in der Mitose nicht gibt: die *Parallelkonjugation homologer Chromosomen.* Sie erfolgt mit Hilfe

Abb. 4.2.1 | Schema der Meiosis. Nur ein Chromosomenpaar, jedes Chromosom dabei aus zwei Schwesterchromatiden, wurde gebracht. Die Schwester-Chromatiden sind in Rot oder Blau gehalten. Im Zygotän wird durch ein grünes Synaptomer die angelaufene Bildung des synaptonemalen Komplexes angedeutet. Im folgenden Pachytän werden die beiden Schwester-Chromatiden durch nur eine Linie wiedergegeben, um den synaptonemalen Komplex (grün) zwischen den beiden Bivalenten deutlicher zu machen. Die Centromere wurden für beide Schwester-Chromatiden bis zur Metaphase II als nur *ein* gelber Kreis dargestellt. Erstmals im Diplotän zeigt sich ein Chiasma. Die Prophase umfasst die Stadien vom Leptotän bis zur Diakinese. Nach der Meiose gehen in den Samenanlagen oft bis zu drei Gonen einer Tetrade zugrunde (verändert nach BHATT et al. 2001).

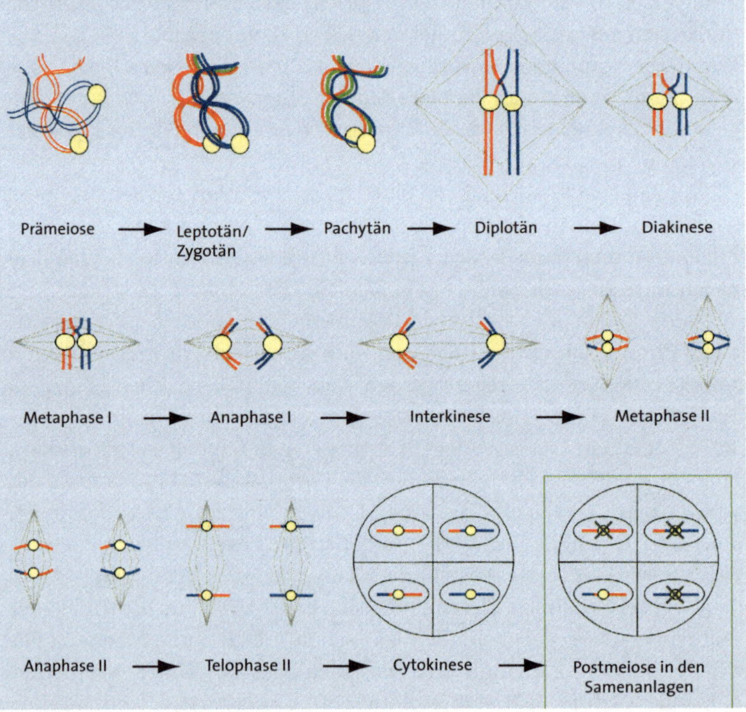

des *synaptonemalem Komplexes*, Proteinen und Ribonulceoproteinen, die homologe Abschnitte der Schwester-Chromatiden miteinander verbinden: Genort paart mit Genort auf dem homologen Chromosomenpartner. Diese Parallelkonjugation erreicht im Pachytän ihren Höhepunkt. Im nachfolgenden Diplotän setzen sich die Schwester-Chromatiden-Paare schon etwas voneinander ab. Zwischen Nicht-Schwester-Chromatiden zeigen sich dabei Überkreuzungen, die man *Chiasmen* nennt (Abb. 4.2.2). Sie gehen darauf zurück, dass *zuvor* ein *Stückaustausch zwischen Nicht-Schwester-Chromatiden* stattgefunden hatte. Der synaptonemale Komplex lässt solche Stückaustausche zu. Der Austausch wird nun beim Auseinanderbewegen sichtbar. Der Genetiker bezeichnet ihn als *Crossing-over*. In der Diakinese wandern die Chromatidentetraden in Richtung Äquatorialplatte. In der Metaphase I haben sie sich dort eingeordnet. In der Anaphase I werden dann Bivalente voneinander getrennt. Die Paare aus Schwester-Chromatiden halten also noch zusammen. Doch bleibt es dabei *dem Zufall überlassen, welches Paar zu welchem Pol wandert*. Die Chromosomen entschrauben sich kaum, sodass sie nach einer kurzen Interkinese gleich in die Metaphase II eingehen können.

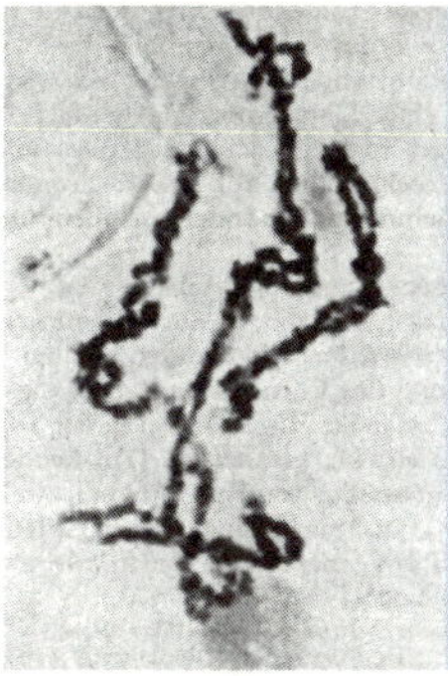

Abb. 4.2.2

Diplotän aus den Antheren der Römischen Hyazinthe (*Bellevalia romana*) mit Chiasmen. Etwas rechts oberhalb der Bildmitte ist ein Chiasma besonders deutlich zu sehen (OEHLKERS 1956).

Bei der zweiten Teilung handelt es sich um eine normale Mitose, in der die beiden Schwester-Chromatiden voneinander getrennt werden. Wieder bleibt es *dem Zufall überlassen, welche Chromatide zu welchem Pol wandert.*

Das Ergebnis der Meiosis sind vier Zellen, die man *Gonen* nennt. Jede Gone enthält nur eine der Chromatiden, die als Chromatidentetrade in die Meiosis eingegangen waren. Sie ist also haploid.

Die Meiosis führt zu folgenden drei Effekten, wie erstmals OEHLKERS um die Mitte des 20. Jahrhunderts klar herausstellte:

- **Umbau der Chromosomen.** Er erfolgt im Stückaustausch zwischen Nicht-Schwester-Chromatiden in der Prophase I.
- **Umordnung des Genoms.** Sie findet in den Anaphasen I und II bei der zufallsgemäßen Verteilung der Schwester-Chromatiden-Paare bzw. der einzelnen Schwester-Chromatiden auf die Tochterkerne statt.
- **Reduktion der Chromosomenzahlen von 2n auf 1n.** Sie erfordert beide Teilungen der Meiosis.

Die beiden ersten Effekte sind genetischer Art und führen zu Rekombinationen, wenn die Meisois auf heterozygoten Pflanzen ablief. Das wird schon in Abb. 4.2.1 (Cytokinese) deutlich. Man achte nur auf die Chromosomen in den vier Gonen. Die nach der Syngamie erforderliche Reduktion der Chromosomenzahlen wird also zur Erhöhung der Rekombinationsrate ausgenutzt. Damit bleibt kein Zweifel an der hohen Wertigkeit der Rekombination.

4.2.3 Generationswechsel

Im Pflanzenreich folgen oft verschiedene Generationen aufeinander. Bei einem solchen Generationswechsel können sich die Gestalten ändern. Oft, aber nicht immer, ist der Gestaltswechsel von einem Wechsel in der Kernphase begleitet. Unter Kernphase versteht man den haploiden bzw. diploiden Zustand der Zellkerne. Die Kernphase wird, wie eben besprochen, durch Syngamie und Meiosis bedingt. Beide können im Pflanzenreich an ganz verschiedenen Stellen im Entwicklungszyklus stattfinden. Je nachdem unterscheidet man Haplonten, Diplonten und Haplo-Diplonten (Abb. 4.2.3).

4.2.3.1 Haplonten

Bei Haplonten findet die Meiosis unmittelbar nach der Syngamie statt. Die Zygote keimt unter Meiosis aus. Der entstehende Organismus ist haploid. Er bildet Gameten und wird deshalb *Gametophyt* genannt.

Ein Beispiel ist die vielzellige Grünalge *Ulothrix* (Abb. 4.2.4). Zellen (5) des haploiden Fadens (1) entlassen verschiedengeschlechtliche Gameten (6 +, −). Sie fusionieren zu einer zunächst viergeißeligen Planozygote (7, 8), die in die nur passiv bewegliche Zygote (9) übergeht. Die Meiosis findet bei der Keimung statt (10, 11). Haploide viergeißelige Zoosporen (12, bewegliche Sporen) entstehen. Jede von ihnen kann zu einem neuen Faden auswachsen (12, 4, 1). Außer der sexuellen gibt es auch eine vegetative Fortpflanzung. Dabei entlassen Zellen des Fadens (2) viergeißelige Zoosporen (3), von denen jede zu einem neuen Faden auswachsen kann (4 zu 1).

Abb. 4.2.3 | Möglichkeiten des Kernphasen- und Generationswechsels. Blau: Haplophase; gelb: Diplophase; S Syngamie; R Meiosis (HESS 1990).

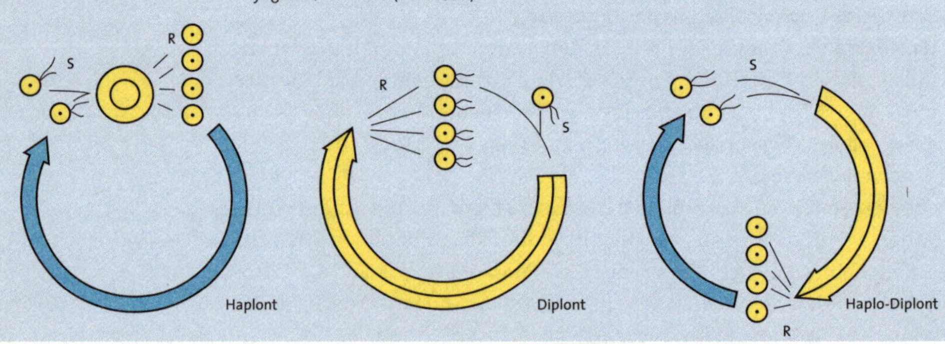

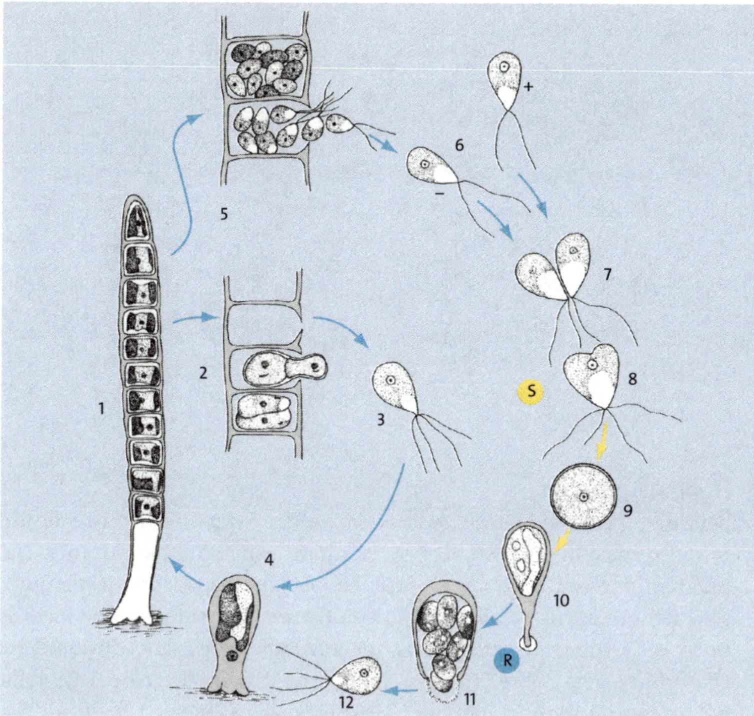

Abb. 4.2.4

Entwicklungszyklus von *Ulothrix* (Haplont). Erklärung s. Text. Blau: Haplophase; gelb: Diplophase; S Syngamie; R Meiosis (Reduktionsteilungen) (verändert nach WEBERLING und SCHWANTES aus HESS 1990).

Diplonten

4.2.3.2

Hier liegt die Meiosis unmittelbar vor der Syngamie. Die diploide Zygote bildet über mitotische Zellteilungen einen vielzelligen diploiden Organismus, der an bestimmten Stellen über die Meiosis haploide Gameten anliefert. Der Mensch und die höheren Tiere sind Diplonten; die höheren Pflanzen sind es *nicht*.

Als Beispiel sei die bekannte Braunalgengattung *Fucus* gewählt, die an Felsküsten wächst (Abb. 4.2.5). Aus der diploiden Zygote entwickelt sich über mitotische Zellteilungen ein diploider Thallus (1). Er bildet in Hohlräumen (2) weibliche Sexualorgane, die Oogonien (3), und männliche Sexualorgane, die Antheridien (7), in denen die Meiosis abläuft (3, 4 und 7–9). Die Gonen der Meiosis teilen sich noch mitotisch, sodass aus jedem Gametangium schließlich 64 haploide Spermatozoide (3–6) und 8 haploide Eizellen (10–13) entlassen werden. Die Braunalgen sind gut untersucht, was Sexuallockstoffe anbelangt. Beim Sägetang (*Fucus serratus*) locken die Eizellen die Spermatozoide über Serraten (Abb. 4.2.6) an. Bei der Syngamie (14) entstehen wieder Zygoten.

Definition

Eine Generation ist ein mehr- bis vielzelliges Entwicklungsstadium, das aus einem bestimmten Fortpflanzungskörper über mitotische Zellteilungen entsteht und mit der Bildung andersartiger Fortpflanzungskörper endet.

Abb. 4.2.5

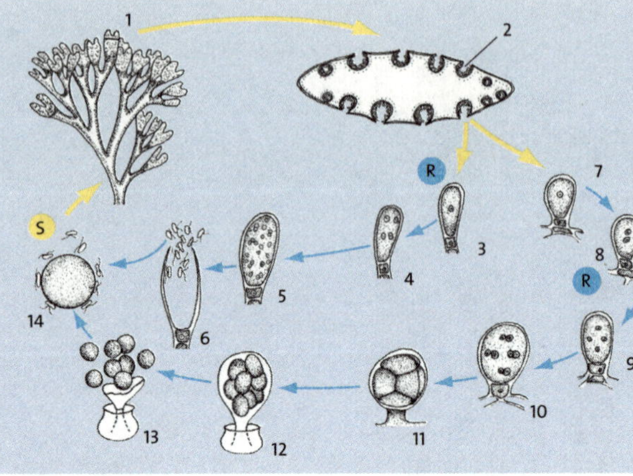

Entwicklungszyklus von *Fucus*, z.B. *F. platycarpus* (Diplont). Erklärung s. Text. Blau: Haplophase; gelb: Diplophase; S Syngamie; R Meiosis (Reduktionsteilungen) (verändert nach WEIER et al. aus HESS 1990).

4.2.3.3 Haplo-Diplonten

Bei ihnen liegt die Meiosis zwar auch vor der Syngamie, aber nicht unmittelbar wie bei den Diplonten, sondern beide sind durch einen Haplonten getrennt. Jede der vier Gonen der Meiosis wächst über mitotische Zellteilungen zu einer haploiden Generation heran. Ohne Meiosis bildet sie haploide Gameten aus, die zur diploiden Zygote fusionieren. Über mitotische Zellteilungen entsteht aus ihr ein vielzelliger Diplont, der an bestimmten Stellen über Meiosis wieder Gonen anliefert, die erneut zu Haplonten heranwachsen. Da der Generationswechsel mit einem Kernphasenwechsel von haploid zu diploid gekoppelt ist, spricht man hier von einem *heterophasischen Generationswechsel.* Drei Beispiele seien genannt.

1. Laubmoose. Beim Drehmoos (*Funaria hygrometrica*, Abb. 4.2.7) entwickelt sich aus einem haploiden Fortpflanzungskörper, den man *Spore* (1) nennt, über mitotische Zellteilungen zunächst ein haploides *Protonema* (2). Es würde Pilzhyphen gleichen, wenn es nicht Chloroplasten enthielte. An ihm entstehen Knospen (3), aus denen sich die nach wie vor haploide eigentliche Moospflanze (4) mit Achse und ansitzenden Blättchen entwickelt. *Protonema* und *Moospflänzchen* bilden den *Gametophyten*. Das Pflänzchen bildet Sexualorgane, Antheridien (5) und Archegonien (7). In den Antheridien werden Spermatozoide (6) gebildet, die in Wassertröpfchen zu den Archegonien schwimmen. Sie enthalten je eine Eizelle, die befruchtet wird (6, 7). Aus der Zygote entwickelt sich ein diploider *Sporophyt,* den man *Sporogon* nennt (8, 9). Er bleibt zeitlebens mit dem Gametophyten verbunden. Als braunes, chlorophyllarmes Gebilde wird er über den Gametophyten ernährt. Auf einem Stiel trägt er eine Kapsel (9). Dabei handelt es sich um einen Sporenbehälter (Sporangium), in

Abb. 4.2.6

Fucoserraten, das Gynogamon (Sexuallockstoff der Eier) des Sägetangs (*Fucus serratus*).

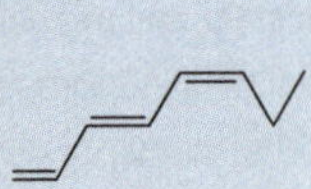

dem die Meiosis abläuft (10, 11). Ihre Gonen werden zu Sporen. Auch heute noch kann man immer wieder lesen, bei Moosen wechsle sich eine geschlechtliche Generation, das grüne Pflänzchen, mit einer ungeschlechtlichen Generation, dem aufsitzenden Sporogon ab. Das ist falsch. Die Meiosis ist integrierender Bestandteil der sexuellen Fortpflanzung. Man kann dann den Sporophyten, auf dem ein zentral wichtiger Sexualprozess abläuft, nicht als »ungeschlechtlich« bezeichnen.

Merksatz

Der Gametophyt ist haploid und produziert Gameten; der Sporophyt ist diploid und liefert Sporen.

2. Isospore Farne. Die Sporophyten können bei Farnen gleich oder verschieden große Sporen bilden. Nehmen wir als einfaches Beispiel einen Farn, bei dem die Sporen gleich groß (isospor) sind, den Gemeinen Tüpfelfarn (*Polypodium vulgare*, Abb. 4.2.8). Eine haploide Spore (1) keimt zu einem lappigen, grünen, dem Boden anliegenden Gametophyten aus, den man hier Prothallium nennt (2, 3). Auf seiner Unterseite werden Archegonien (4) und Antheridien (5) gebildet. Die in den Antheridien gebildeten Spermatozoide (6) schwimmen zu den Archegonien und fusionieren mit der einzigen Eizelle, die sich in ihnen befindet (6 nach 4). Aus der Zygote entwickelt sich der diploide grüne Farnwedel (7, 8). Auf der Unterseite seiner Blattfiedern bilden sich Sporangien (9), in denen die Meiosis abläuft (9). Bei einer Reihe von Farnen werden die Sporangien nur an bestimmten Blattfiedern, den *Sporophyllen* ausgebildet. Die Spo-

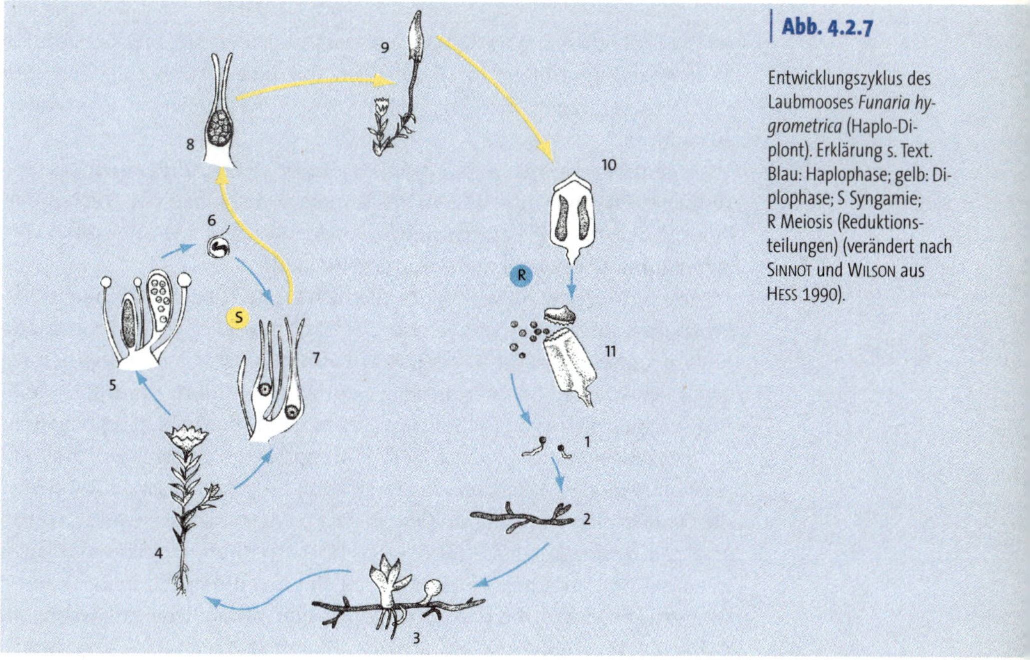

Abb. 4.2.7

Entwicklungszyklus des Laubmooses *Funaria hygrometrica* (Haplo-Diplont). Erklärung s. Text. Blau: Haplophase; gelb: Diplophase; S Syngamie; R Meiosis (Reduktionsteilungen) (verändert nach SINNOT und WILSON aus HESS 1990).

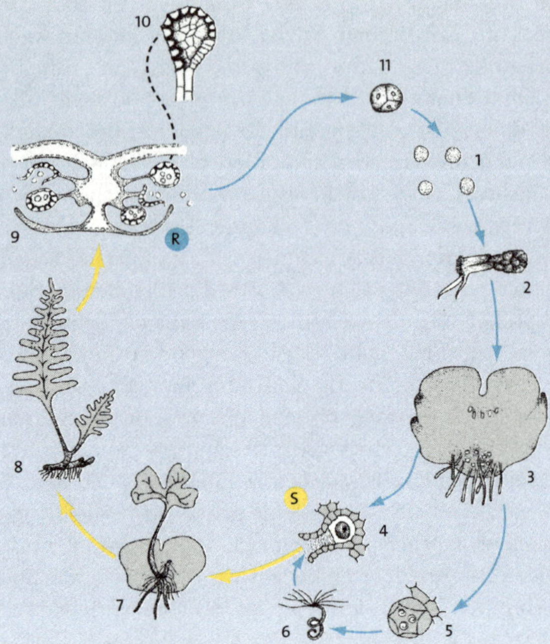

Abb. 2.4.8 Entwicklungszyklus des isosporen Tüpfelfarns *Polypodium vulgare* (Haplo-Diplont). Erklärung s. Text. Blau: Haplophase; gelb: Diplophase; S Syngamie; R Meiosis (Reduktionsteilungen) (verändert nach SINNOT und WILSON aus HESS 1990).

rangien öffnen sich über Kohäsionsbewegungen (→ Seite 215). Der Anulus ist in 9 und vergrößert in 10 zu sehen. Die hier zunächst als Tetraden (11) freigesetzten haploiden Sporen (1) können wieder zu Prothallien auskeimen.

Gegenüber dem Generationswechsel der Moose findet sich u.a. folgender wichtiger Unterschied: bei den Farnen spielt nicht wie bei den Moosen der haploide Gametophyt, sonder der diploide Sporophyt, der allbekannte Farnwedel, die dominierende Rolle.

Heterospore Farne bilden unterschiedlich große Sporen, Mikro- und Makrosporen, aus denen sich größere Makro- und kleinere Mikrogametophyten entwickeln. Die Tendenz zur Reduktion der Gametophythen bei unterschiedlicher Gestaltung der »männlichen« Mikro- und der »weiblichen« Makrogametophythen wird bei den Blütenpflanzen beibehalten.

3. Angiospermae. Die Samen- oder Blütenpflanzen (Spermatophyta bzw. Anthophyta) gliedern sich in die Nacktsamer (Gymnospermae), zu denen die Nadelhölzer gehören, und die Bedecktsamer (Angiospermae). Neben anderen Unterschieden sind bei den Angiospermen die Samenanlagen in einem Fruchtknoten eingeschlossen. Sie sind also nicht mehr »nackt«, sondern »bedeckt« und damit geschützt, eine zusätzliche Anpassung an das Leben an Land. Doch im Prinzip entsprechen sich der Generationswechsel bei Gymnospermen und Angiospermen. Gehen wir auf die etwas fortgeschrittenere Variante bei Angiospermen ein (Abb. 4.2.9). Dabei erhalten wir einen Einblick in das »Sexualleben« einer Blüte. Im Vorgriff müssen dabei schon Blütenorgane wie Staubblätter und Fruchtknoten eingebracht werden, die erst später genauer behandelt werden (→ Seite 265).

Beginnen wir mit einer diploiden Blüte (1) auf einer diploiden Pflanze, und zwar mit einem Staubblatt (2), also der »männlichen« Seite. Wenn man den Staubbeutel quer schneidet, erkennt man, dass in jedem der vier Pollensäcke eine zentrale Zellmasse von Wandschichten umgeben wird. Die innerste Wandschicht ist das Tapetum (3, ta), das die Versorgung der inneren Zellmasse übernimmt und später die äußerste Pollenwandung, die Exine, ausbilden wird. Die zentrale Zellmasse sind die diploiden Mikrosporenmutterzellen (3 mism). Sie gehen in die Meiosis

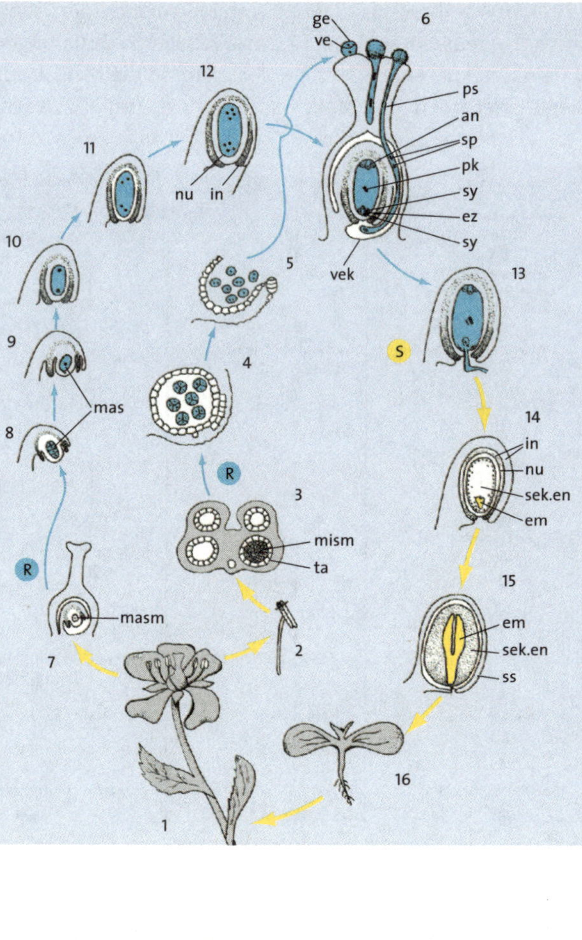

Abb. 4.2.9

Entwicklungszyklus von Bedecktsamern (Angiospermae; Haplo-Diplont). Erklärung s. Text. Blau: Haplophase; gelb: Diplophase; S Syngamie; R Meiosis (Reduktionsteilungen). nu Nucellus, in Integumente, sek.en sekundäres Endosperm, em Embryo, ss Samenschale. Zu 12-15 → Seite 287. In Abb. 4.3.1 wird die Samenanlage größer dargestellt (verändert nach SINNOT und WILSON aus HESS 1990).

ein und liefern jeweils eine Tetrade aus Gonen an. Deshalb spricht man auch von einer Pollentetrade (4), die später in einzelne Pollenzellen zerfällt (5). Der Homologie nach handelt es sich bei diesen Pollenzellen um Mikrosporen wie bei manchen Farnen. Aus ihnen entwickeln sich Pollenkörner: Die Pollenzellen teilen sich in einer ersten inäqualen (→ Seite 152) Pollenmitose in eine vegetative (6, ve) und eine generative Zelle (6, ge). In einer zweiten normalen Pollenmitose teilt sich die generative Zelle in zwei Spermazellen (6, sp). Die Pollen werden von Wasser (selten), Wind oder Tieren, vor allem Insekten, auf die Narben übertragen. Wenn das Pollenkorn auf die Narbe gelangt, kann es schon dreizellig sein. Falls es wie in Abb. 4.2.9 (6) noch zweizellig ist, findet die zweite Pollenmitose im auswachsenden Pollenschlauch (6, ps) statt. Der Pollenschlauch wird von der vegetativen Zelle gebildet. Ihr Zellkern (6, vek) steuert das Wachstum.

Eine Zwischenbilanz: *Die reifen Pollenkörner sind keine Mikrosporen mehr.* Sie bestehen aus dem stark reduzierten Mikrogametophyten.

Nun zur »weiblichen« Seite. Im Nucellus der Samenanlagen geht eine diploide Makrosporenmutterzelle (7, masm) in die Meiosis ein. Von den zunächst vier Gonen, den Makrosporen (mas) wird eine wechselnde An-

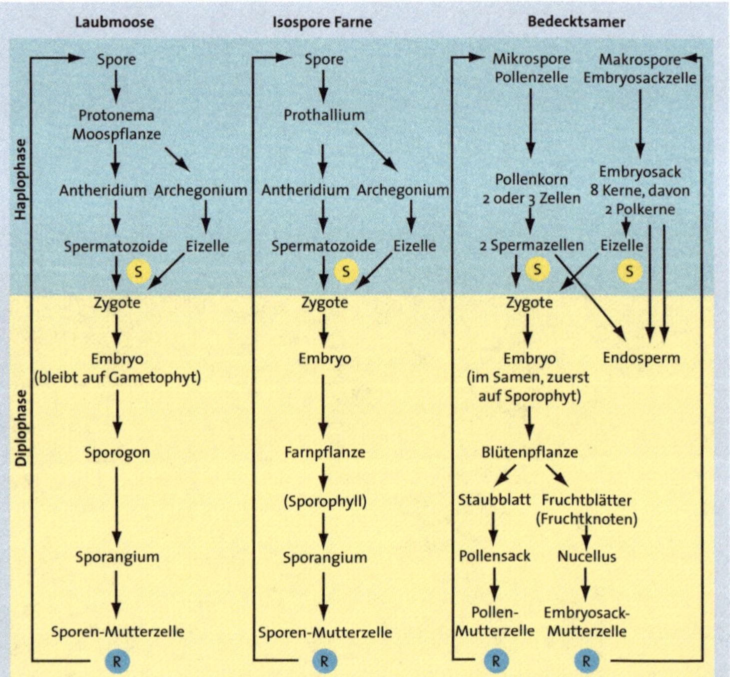

Abb. 4.2.10 Vergleichendes Schema des heterophasischen Generationswechsels bei den hier behandelten Kormophyten. Homologe Stadien stehen auf gleicher Höhe. Das Pollenkorn ist ein Mikrogametophyt mit fast nur den Funktionen eines Antheridiums, der Embryosack ein Makrogametophyt mit fast nur den Funktionen eines Archegoniums. Beide ermöglichen aber außerdem eine zweite Syngamie zur Bildung des sekundären Endosperms (doppelte Befruchtung → S. 286). S Syngamie; R Meiosis (Reduktionsteilungen).

zahl resorbiert. Oft bleibt wie in 8 nur eine einzige erhalten. Sie entwickelt sich zum Makrogametophyten, dem Embryosack. Ihr Kern teilt sich dabei dreimal, sodass acht Kerne resultieren (9–12). Sie umgeben sich teilweise mit Cytoplasma und Membranen und stellen den Embryosack (6; an drei Antipoden, zwei Synergiden [sy], zwischen ihnen eine Eizelle [ez], zwei Polkerne [pk]). Bei der Syngamie (13) findet eine doppelte Befruchtung statt. Darauf und auf die anschließenden Vorgänge wird an anderer Stelle (→ Seite 286) eingegangen. Hier ist nur wichtig, dass eine der beiden Spermazellen (sp) mit der Eizelle zur Zygote verschmilzt. Die Zygote entwickelt sich zum diploiden Embryo (13–15), der in einen Samen (15) eingeschlossen ist und zunächst noch auf dem alten Sporophyten bleibt. Nach Freisetzen keimt aus dem Samen die neue diploide Pflanze (16–1).

In Abb. 4.2.10 werden die Homologien zwischen den hier besprochenen Pflanzen mit heterophasischem Generationszyklus herausgestellt. Dabei wird im Vorgriff auch schon auf die doppelte Befruchtung bei den Bedecktsamern hingewiesen.

Evolutionstrend zu Diplonten 4.2.4

Bei den Angiospermen sind beide Gametophyten, das reife Pollenkorn als Mikro- und der Embryosack als Makrogametophyt noch sehr viel stärker reduziert als selbst bei den Farnen. Wenn man nicht bei den wenigen Beispielen unserer Darstellung zu bleiben gezwungen ist, stellt man fest, dass in der rezenten Pflanzenwelt der Übergang vom Leben im Wasser zu dem an Land von einer immer stärkeren Ausbildung der Diplophase begleitet wird. Die Haplophase wird umgekehrt immer mehr reduziert (Abb. 4.2.11). Dass *Fucus* als Diplont ausgerechnet eine Wasserpflanze ist, liefert kein Gegenargument. Denn innerhalb der Braunalgen ist *Fucus* Endpunkt einer Artenkette mit zunehmender Reduktion des Gametophyten. Man nimmt an, dass der rezente Querschnitt auch Rückschlüsse auf ein entsprechendes Evolutionsgeschehen erlaubt. Beim Übergang zum Landleben sollte auch dabei die Diplophase betont worden sein. Warum?

Der Übergang zum Landleben erfordert Anpassungen der verschiedensten Art und bringt ein erhöhtes Risiko mit sich. In diesem Zusammenhang könnte man nach dem früher Ausgeführten an eine Erhöhung der Rekombinationsrate denken. Doch Syngamie und Meiosis, die beiden Möglichkeiten zur Rekombination, finden sich bei Haplonten, Haplo-Diplonten und Diplonten gleichermaßen.

Der Grund für das verstärkte Auftreten der Diplophase beim Übergang zum Landleben dürfte das *Reserveallel* sein, das nur im diploiden Zu-

Abb. 4.2.11

Übergang zum Landleben und Kernphase.
1 *Chlamydomonas* (eine einzellige Grünalge); **2** *Ulothrix*; **3** *Ectocarpus* (eine vielzellige Braunalge); **4** *Fucus*; **5** Laubmoos; **6** Farn; **7** Ständerpilz; **8** Nadelholz (Kiefer); **9** Tulpe (einkeimblättrig); **10** Erdbeere (zweikeimblättrig). Über den Formen, die hier nur teilweise besprochen werden konnten, der Anteil der Haplophase (blau) und der Diplophase (gelb) am jeweiligen Entwicklungszyklus. Die sog. dikaryotische Phase der Pilze wurde gelb wiedergegeben. Bei den Anthophyta (8 bis 10) musste die Haplophase überproportional dargestellt werden, um überhaupt sichtbar zu werden (stark verändert nach WALTER aus HESS 1990).

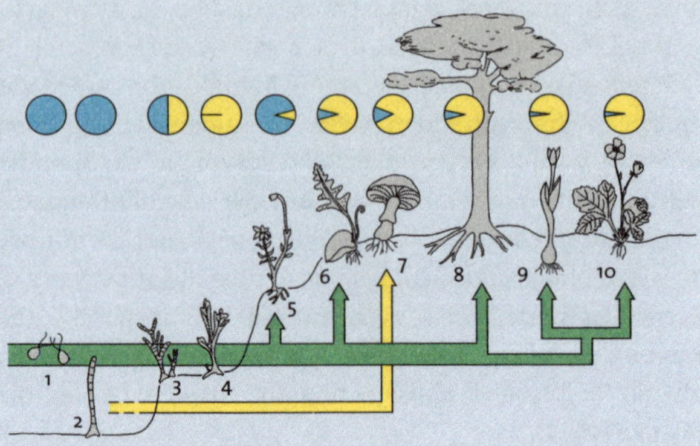

stand gegeben ist. Schädliche Mutationen, die beim Landleben vermehrt auftreten könnten (z.B. UV-Strahlung), betreffen in der Regel immer nur eines der beiden Allele eines Genorts. Sie sind außerdem meistens rezessiv. Das zweite, nichtmutierte Allel kann dann den Schaden kompensieren, deshalb die Bezeichnung Reserveallel. Erst in den Nachkommenschaften treten entsprechend den MENDELschen-Regeln Individuen mit mutiertem Phänotyp auf. Und ebenfalls entsprechend den MENDELschen-Regeln kann in den Nachkommenschaften das mutierte Allel mit den verschiedensten anderen Genorten kombiniert werden. Möglicherweise kann eine dieser Rekombinanten vorteilhaft sein, vor allem, wenn sich die Umweltbedingungen ändern sollten. Hier kommt die Rekombination doch noch ins Spiel, allerdings nur sekundär.

Fragen

(Seitenverweise zur Beantwortung)

1 • Definieren Sie den Begriff »sexuelle Fortpflanzung«! (S. 252).

2 • Warum nennt man einen Abschnitt in der Prophase der Meiosis »Pachytän«? (S. 255, Glossar).

3 • Findet der Stückaustausch in der Prophase der Meiosis zwischen Schwester-Chromatiden oder Nicht-Schwester-Chromatiden statt? (S. 255).

4 • Nennen Sie die drei Effekte der Meiosis! (S. 255).

5 • Nennen Sie einen Diplonten im Pflanzenreich! (S. 257).

6 • Warum ist es zwar bequem, aber falsch, wenn Sie den Sporophyten der Moose als »ungeschlechtliche« Generation bezeichnen? (S. 259).

7 • Fertigen Sie eine Zeichnung des Embryosacks an und benennen Sie alle Zellen bzw. Zellkerne! (S. 261, 266).

4.3 Bau und Bildung von Blüten und Blütenständen

Inhalt

Die Blattorgane der Blüte stehen indirekt (Kelch- und Kronblätter) oder direkt (Staub- und Fruchtblätter) im Dienst der sexuellen Fortpflanzung. Blüten befinden sich oft im Verbund von Blütenständen. Was die Blütenbildung anbelangt, kommt es dann zuerst zu einem Wechsel von vegetativen zu Infloreszenzmeristemen und erst danach zu Blütenmeristemen. Die Blütenbildung gliedert sich in die Blühinduktion und die Blütendifferenzierung. Die Blühinduktion kann nach Erreichen der Blühreife autonom erfolgen oder auf induzierende Außenfaktoren, vor allem niedere Temperaturen (Vernalisation) und Tageslänge (photoperiodische Induktion) zurückgehen. An der photoperiodischen Induktion ist ein bislang nicht identifiziertes Blühhormon beteiligt. Vor allem an Mutanten von Schmalwand und Löwenmäulchen hat man ermittelt, dass die Blühinduktion und die anschließende Blütendifferenzierung über hierarchisch aufgebaute Genkaskaden erfolgen. Die Differenzierung zu Blütenorganen erfolgt dabei nach dem ABC-Modell.

4.3.1 Bau der Blüte

Die Blüte ist der Definition entsprechend ein Sprossende, bei dem die Internodien so stark gestaucht sind, dass sie bei oberflächlichem Betrachten überhaupt nicht vorhanden zu sein scheinen. Doch anhand der dem Knoten ansitzenden Blattorgane erkennt man, dass zumindest *verschiedene Knoten* gegeben sind, zwischen denen die gestauchten Internodien zu denken sind. In der Systematik gibt man die Blüte durch *Bütendiagramme* wieder, konzentrische Kreise, die Knoten mit den jeweiligen Blattorganen darstellen. Der äußerste Kreis entspricht dann dem untersten Knoten am Spross. Ein überhöhter Längsschnitt (Abb. 4.3.1) zeigt die Abfolge der Blattorgane auf bestimmten Knoten vom Blütenboden aufwärts. Diese Blattorgane sind stark umgewandelt, aber dennoch den Laubblättern homolog. Befassen wir uns mit ihnen.

Definition

Die Blüte ist das gestauchte Ende eines Sprosses, dessen Blattorgane direkt oder indirekt im Dienst der sexuellen Fortpflanzung stehen.

4.3.1.1 Blattorgane, die indirekt im Dienst der sexuellen Fortpflanzung stehen

Die *Blütenhülle*, das *Perianth*, umfasst die beiden untersten Knoten (Abb. 4.3.1). Die betreffenden Blattorgane stehen als Lock- und Schutzorgane sekundär im Dienst der sexuellen Fortpflanzung. Sie können wie bei vielen Einkeimblättrigen auf beiden Knoten gleichartig sein. Dann liegt ein

Abb. 4.3.1

Der Bau der Blüte und ihrer Organe (HESS 1990).

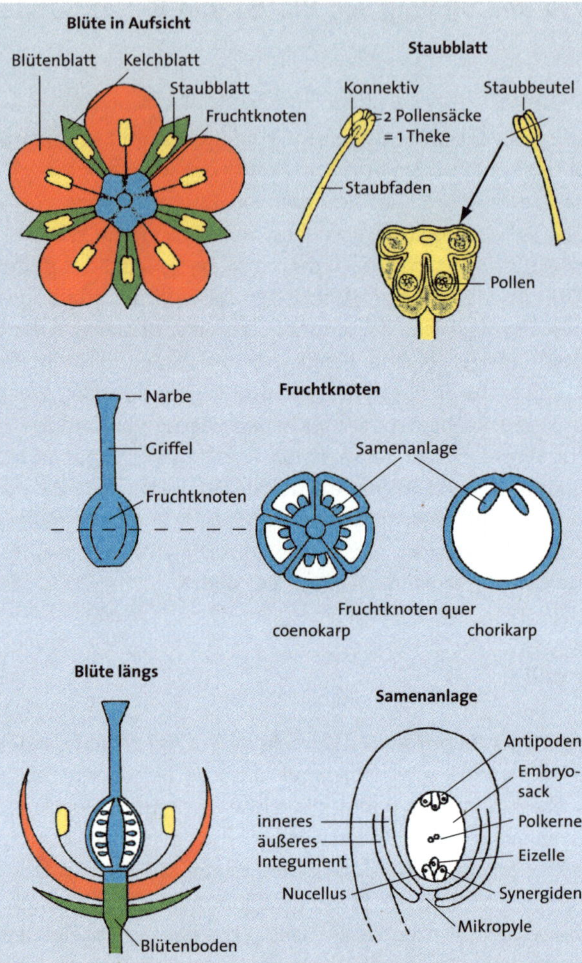

einfaches Perianth oder *Perigon* vor (Abb. 4.3.2). Die Perigonblätter nennt man auch *Tepalen*. Sie sind meistens bunt gefärbt und damit Lockorgane für Bestäuber.

Das Perianth kann aber auch, wie meistens bei Zweikeimblättrigen, auf seinen beiden Knoten jeweils verschiedenartige Blattorgane tragen. Dann spricht man von einem *doppelten Perianth* (Abb. 4.3.3). Auf einem unteren Knoten stehen meist grüne, derbe *Kelchblätter* (*Sepalen*), deren Gesamtheit den *Kelch* (*Kalyx*) bildet. Sie fungieren als Schutzorgane für die zarten *Kronblätter* (*Petalen*) auf dem oberen Knoten. Die farbigen Petalen sind Lockorgane. Ihre Gesamtheit nennt man *Krone* (*Corolla*).

Abb. 4.3.2

Blütendiagramm einer Tulpe (*Tulipa* sp., Familie Liliaceae; HESS 1990).

Abb. 4.3.3

Blütendiagramm eines Kreuzblütlers (Familie Brassicaceae; HESS 1990).

Blattorgane, die direkt im Dienst der sexuellen Fortpflanzung stehen

4.3.1.2

Die Staub- und Fruchtblätter (Abb. 4.3.1) stehen direkt im Dienst der sexuellen Fortpflanzung. Sie sind den Sporophyllen bei manchen Farnen homolog (Abb. 4.2.10).

Auf die Kelchblätter folgen nach oben zu die Staubblätter, die den Mikrosporophyllen homolog sind. Ein *Staubblatt* (*Stamen*) besteht aus einem *Staubfaden* (*Filament*), dem ein *Staubbeutel* (*Anthere*) aufsitzt. Die Anthere ist über ein Verbindungsstück, das *Konnektiv*, mit dem Filament verbunden. Zu beiden Seiten des Konnektivs befindet sich je eine *Theke* aus zwei *Pollensäcken*. Jede Anthere führt also vier Pollensäcke. Im Querschnitt erkennt man in jedem Pollensack Wandschichten, von denen die innerste *Tapetum* heißt. Im Zentrum liegt eine Masse aus Pollen-Mutterzellen, die in die Meiosis eingehen. In einer Matrix aus Kallose entwickeln sich die Gonen = Pollenzellen zu reifen Pollenkörnern. Jedes Pollenkorn wird von zwei Wandschichten umgeben. Die äußere Wandschicht, die *Exine* ist durch Sporopollenine sehr derb und widerstandsfähig. Sie wird vom Tapetum her aufgelagert. Die innere Wandschicht, die *Intine*, ist eine zarte Membran, die vom Pollenkorn her gebildet wird. Die wichtigsten Homologien wurden auf Seite 261 und in Abb. 4.2.10 besprochen.

Im Zentrum der Blüte befinden sich die *Fruchtblätter*, die den Makrosporophyllen entsprechen. Sie bilden den *Stempel* (*Pistillum*), der aus einer *Narbe (Stigma)* zur Aufnahme von Pollenkörnern, einem Griffel (*Stylum*) und einem *Fruchtknoten* (*Ovarium*) besteht. Schon ein Fruchtblatt allein kann einen (chorikarpen) Fruchtknoten bilden; es können aber auch mehrere Fruchtblätter zu einem (coenokarpen) Fruchtknoten verwachsen.

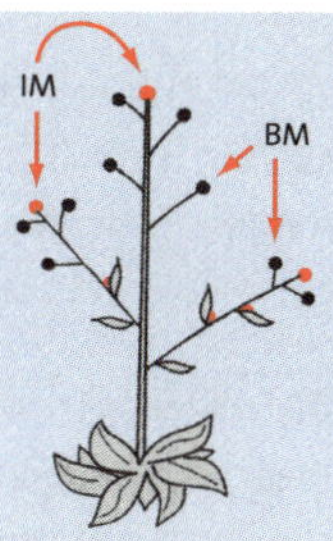

Abb. 4.3.4

Schema einer blühenden Acker-Schmalwand (*Arabidopsis thaliana*) mit Infloreszenzmeristemen (IM) und Blütenmeristemen (BM) (HESS 1999).

In den Fruchtknoten sind die *Samenanlagen* lokalisiert. Sie bestehen aus Hüllschichten, den beiden *Integumenten*, die ein weiter innen liegendes Gewebe umgeben, den *Nucellus*. Eine Zelle des Nucellus, die *Embryosack-Mutterzelle*, geht in die Meiosis ein. Von den vier Gonen bleibt oft nur eine erhalten und bildet dann den *Embryosack*. Sein Aufbau wurde schon gezeigt (Abb. 4.2.9) und beschrieben, wird aber in Abb. 4.3.1 der Deutlichkeit wegen noch einmal in größerem Maßstab wiedergegeben. Die wichtigsten Homologien wurden auf Seite 262 und in Abb. 4.2.10 gebracht.

4.3.1.3 Blütenstände

Eine Sprossachse kann in einer einzigen Blüte enden. Vielfach aber bilden sich Blütenstände. Eine Sprossachse kann unverzweigt hochwachsen und sich dann an der Spitze in ein verzweigtes System aufgliedern. Jeder der Teilsprosse dieses Blütenstands kann dann mit einer Blüte enden. Das bedeutet, dass sich der Charakter des Meristems, die *Meristemidentität* ändert: zunächst Wachstum über ein vegetatives Meristem, dann über Infloreszenz- und zuletzt über Blütenmeristeme (Abb. 4.3.4). Einige häufige Blütenstände sind in Abb. 4.3.5 dargestellt.

Abb. 4.3.5

Einfache (a bis j) und zusammengesetzte (k und l) Blütenstände. **a** Traube; **b** Ähre; **c** Kolben; **d** Köpfchen; **e** Körbchen; **f** Dolde; **g** Schirmtraube; **h** Wickel; **i** Pleiochasium; **j** Dichasium; **k** Rispe; **l** zusammengesetzte Dolde (HESS 1990).

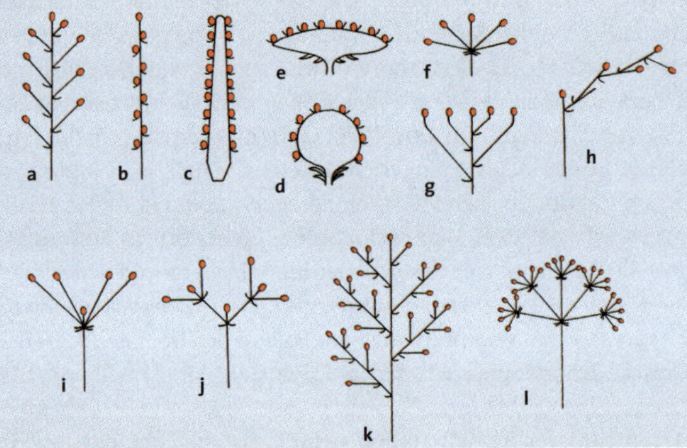

4.3.2 Bildung der Blüte

Bei der Bildung der Blüte unterscheidet der Physiologe zwischen Blühinduktion und Blütendifferenzierung. Der Molekulargenetiker sieht ein kompliziertes Maschenwerk von Genen mit unterschiedlichen Funktionen.

4.3.2.1 Blühinduktion

Unter Blühinduktion versteht man alle Prozesse, die zu einem Umschlagen der vegetativen Meristemidentität zu einem Blütenmeristem oder, wenn ein Blütenstand gebildet wird, zuerst zu einem Infloreszenzmeristem und danach zu einem Blütenmeristem führen.

Die Pflanzen müssen zunächst die Blühreife erlangen. Der dazu benötigte Zeitraum ist artspezifisch verschieden. Dann kommen zahlreiche Pflanzen ohne erkenntliche Abhängigkeit von Außenfaktoren autonom zur Blüte. Viele Pflanzen müssen aber während einer bestimmten Zeitspanne, der *Induktionsperiode, induktiven Außenbedingungen* ausgesetzt werden. Die wichtigsten induktiven Außenfaktoren sind Temperatur und Licht (Photoperiode).

Niedere Temperaturen und Vernalisation. Entwicklungsprozesse sind generell temperaturabhängig. Das gilt auch für niedere Temperaturen. Man hat schon alle Wirkungen niederer Temperaturen mit »Vernalisation« umschrieben. Hier wollen wir den Begriff Vernalisation auf eine *Blühinduktion* durch niedere Temperaturen einengen. Die benötigten Temperaturen sind regional verschieden. Bei Pflanzen aus unseren Breiten liegen sie einige Grade über Null, bei den Pflanzen tropischer Gebirge höher, z.B. bei der Drehfrucht (*Streptocarpus wendlandii*) aus den Gebirgen des östlichen und südlichen Afrika bei +10 °C.

Kälteabhängig sind unsere Wintergetreide und viele weitere Winterannuelle (einjährige Arten, die im Herbst keimen, überwintern und dann blühen) und Bienne. Diese Zweijährigen bilden im ersten Jahr nur eine bodenständige Blattrosette, die der Winterkälte ausgesetzt wird. Vielfach müssen die Biennen nach der Vernalisation im zweiten Jahr noch einer weiteren induktiven Bedingung, der richtigen Tageslänge ausgesetzt werden, bevor sie zur Blüte kommen (→ Seite 272).

Perzeptionsort für die Kälte sind meristematische Zellen. Bei dem gut untersuchten Petkuser Roggen können sogar wenigzellige Embryonen vernalisiert werden. Die adulten Pflanzen blühen dann in der gleichen Stärke, mit der sie blühen würden, wenn man sie erst viel später als vielzellige Organismen einer Kältebehandlung unterzogen hätte. Der Vernalisa-

Merksatz

Bambusblüte: Viele große Bambusarten blühen erst nach Jahrzehnten und sterben danach ab. Ende des vergangenen Jahrhunderts begannen in unseren Gärten und Anlagen einige Bambusarten annähernd synchron zu blühen und gingen danach ein. Sie leiteten sich über vegetative Vermehrung von nur wenigen ungefähr gleich alten Ausgangspflanzen ab. Unbeeinflusst durch die vegetative Vermehrung erreichten dann alle Stecklingsderivate gleichzeitig die Blühreife, ein überzeugendes Beispiel für Blühreife aus endogenen Ursachen.

KTP	LTP
Cannabis sativa	*Allium cepa*
Chrysanthemum indicum	*Avena sativa*
Dahlia variablis	*Beta vulgaris*
Helianthus tuberosus	*Daucus carota*
Kalanchoe blossfeldiana	*Hyoscyamus niger*
Nicotiana tabacum	*Nicotiana sylvestris*
Perilla ocymoides	*Lactuca sativa*
Soja hispida	*Papaver somniferum*
Xanthium strumarium	*Vicia faba*

Tab. 4.3.1

Einige Kurztagpflanzen und Langtagpflanzen (KTP und LTP).

Definition

Unter Photoperiodismus versteht man die Abhängigkeit von Entwicklungsprozessen von der Tages- bzw. Nachtlänge. Dazu gehören auch Vorgänge bei der Blühinduktion.

tionseffekt muss also »multipliziert« worden sein. Von solchen meristematischen Embryonen abgesehen sind es die Sprossmeristeme oder auch Restmeristeme in vegetativen Pflanzenteilen, die auf die Kälte ansprechen. Im Gegensatz zu photoperiodisch induzierten Pflanzen kann man den Vernalisationseffekt nicht durch Pfropfung weiterleiten. Er bleibt streng lokalisiert.

Tageslänge und photoperiodische Induktion. Bei zahlreichen Pflanzen ist eine bestimmte Tages- und damit auch Nachtlänge für die Blühinduktion erforderlich. Dabei unterscheidet man zwischen Kurztagpflanzen (KTP) und Langtagpflanzen (LTP). Die kritische Tageslänge liegt je nach der Art bei 10 bis 14 Stunden. KTP kommen zur Blüte, wenn ihre kritische Tageslänge unterschritten, LTP, wenn sie überschritten wird (Abb. 4.3.6). Meistens werden mehrere aufeinander folgende induktive Tages- bzw. Nachtlängen benötigt; in selteneren Fällen, z.B. bei der Blauen Prunkwinde (*Ipomoea nil*) genügt ein induktiver Zyklus. In Tab. 4.3.1 werden einige Beispiele für KTP und LTP gebracht.

Die Vorgänge in der Dunkelperiode sind für die Blühinduktion entscheidend. Gibt man in ihr Störlicht, unterbleibt bei KTP die Blütenbildung; LTP kommen auch in einer für sie überlangen Nacht zur Blüte (Abb. 4.3.6).

Abb. 4.3.6

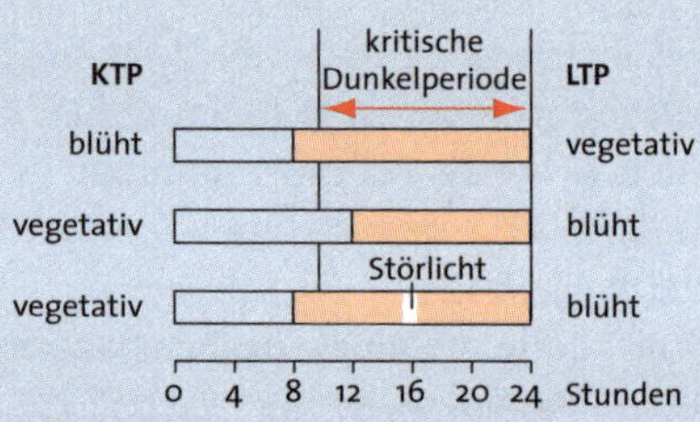

Die Blütenbildung von Kurztagpflanzen (KTP) und Langtagpflanzen (LTP) in Abhängigkeit von der Photoperiode (kritische Dunkelperiode) und die Wirkung von Störlicht in der Dunkelperiode auf die Blütenbildung. Doch gibt es auch Tagneutrale, die in ihrer Blütenbildung nicht auf die Photoperiode ansprechen (HESS 1999).

Abb. 4.3.7

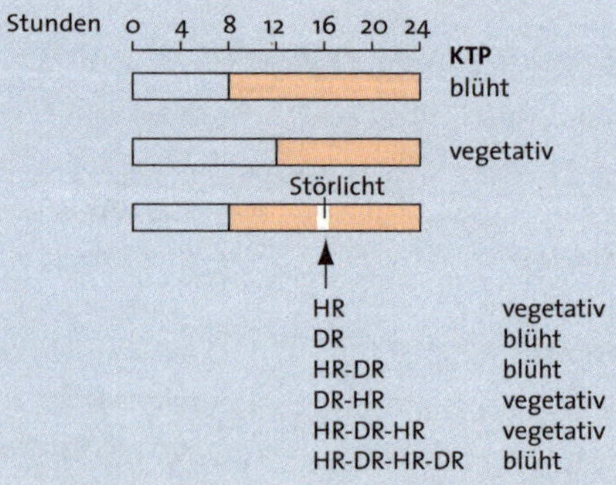

Nachweis der Beteiligung von Phytochrom an der Blühinduktion der Gewöhnlichen Spitzklette (*Xanthium strumarium*), einer Kurztagpflanze (KTP). In der Dunkelperiode wurde wie angegeben mit Hellrot (HR) und Dunkelrot (DR) belichtet (verändert nach GALSTON aus HESS 1999).

Perzeptionsort sind die Blätter. Die Lichtabsorption erfolgt vor allem über Blau/UV-A-Rezeptoren (→ Seite 277) und Phytochrome, wie in entsprechenden Belichtungsversuchen ermittelt wurde. Denn man kann an KTP das gleiche Pendelspiel zwischen HR und DR durchführen, wie wir es bei der Keimung der Salatachänen kennen gelernt hatten (→ Seite 131). Nur fördert das aktive P_{HR} die Blühinduktion nicht, sondern *hemmt* sie (Abb. 4.3.7). Von den verschiedenen Phytochromen ist phyB am wichtigsten.

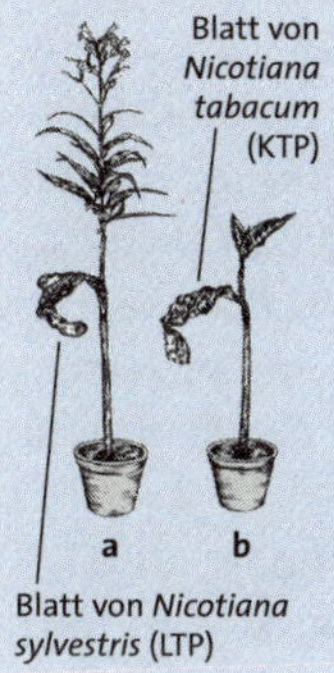

Abb. 4.3.8

Übertragung eines Blühstimulus durch Pfropfung. **a** Versuch: Auf die KTP *Nicotiana tabacum* wurde ein Blatt der LTP *Nicotiana silvestris* gepfropft. **b** Kontrolle: Auf *N. tabacum* wurde ein Blatt von *N. tabacum* gepfropft. Die Pflanzen wurden im LT gehalten. Das Blatt von *N. silvestris* wird induziert und leitet den Blühstimulus in die Unterlage *N. tabacum*, die trotz des für sie nicht induktiven LT zu blühen beginnt. Die Kontrolle bleibt vegetativ. KTP = Kurztagpflanze; LTP = Langtagpflanze (KÜHN 1965).

Pfropfversuche und Blühhormon. Eine Reihe von Befunden lässt sich über die Existenz eines *Blühhormons* (*Florigen*) interpretieren. Am überzeugendsten sind Pfropfversuche zwischen KTP und LTP, die insbesondere bei Nachtschattengewächsen (Solanaceae) durchgeführt wurden. Ein Beispiel (Abb. 4.3.8): Der Tabak *Nicotiana tabacum* ist eine KTP, die verwandte *N. sylvestris* eine LTP (Tab. 4.3.1). Wenn man ein Blatt von *N. sylvestris* auf *N. tabacum* pfropft und die Pfropfkombination im Langtag (LT) hält, kommt *N. tabacum* zum Blühen. Kontrollen, bei denen ein Blatt von *N. tabacum* auf *N. tabacum* gepfropft wurde, bleiben im LT vegetativ. Die Interpretation: im Blatt von *N. sylvestris* war in dem für diese Art induktiven LT ein Blühhormon gebildet worden, das in die Unterlage *N. tabacum* hinüber wanderte und dort die Blütenbildung auslöste. Nach derartigen Pfropfversuchen ist das Florigen nicht artspezfisch und in LTP und KTP gleich.

Abb. 4.3.9

Ersatz der Kältebehandlung (Vernalisation) durch Gibberellinsäure (GA_3) bei der Möhre (*Daucus carota*). **Links**: nicht vernalisiert; **Mitte**: mit GA_3 behandelt; **rechts**: vernalisiert (verändert nach LANG aus HESS 1981).

Die Suche nach dem Blühhormon blieb bislang vergeblich. Auch schon bekannte Phytohormone sind nicht mit dem Blühhormon identisch. Zwar kann man bei einer Reihe von Arten Kälte oder LT durch eine Behandlung mit GA_3 ersetzen (Abb. 4.3.9), doch

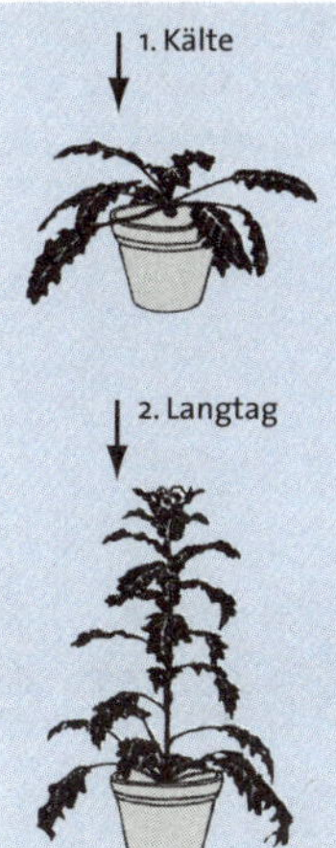

Abb. 4.3.10

Blühinduktion der zweijährigen Rasse des Bilsenkrauts (*Hyoscyamus niger*). Die Blühinduktion erfolgt durch Einwirkung von zuerst Kälte, dann Langtag. Gibt man die beiden Außenbedingungen in der umgekehrten Reihenfolge, bleibt die Pflanze vegetativ (stark verändert nach RUGE aus HESS 1999).

nicht den KT, obwohl das Blühhormon nach den Ergebnissen der Propfversuche in LTP und KTP gleich sein sollte. Weitere Daten kommen hinzu. GA-Variationen spielen bei der Blühinduktion mit (s. Abb. 4.3.13), sind aber nicht das gesuchte Blühhormon.

Vernalisation kombiniert mit Photoperiodischer Induktion. Verschiedene Pflanzenarten zeigen eine Abhängigkeit sowohl von der Temperatur als auch von der Photoperiode. Dazu gehört die zweijährige Rasse des Bilsenkrauts (*Hyoscyamus niger*). Sie überwintert am Ende des ersten Jahres mit einer Blattrosette, die vernalisiert wird. Im zweiten Jahr schießt die Rosette und beginnt zu blühen, aber nur, wenn sie im LT gehalten wird (Abb. 4.3.10). Im KT bleibt sie vegetativ. Die induktiven Außenbedingungen müssen in der eben erwähnten Reihenfolge gegeben werden, die der Situation in der Natur entspricht. Gibt man zuerst LT und dann Kälte, kommt die Pflanze nicht zum Blühen.

4.3.2.2 Blütendifferenzierung

Auf die Blühinduktion folgt die Blütendifferenzierung geradezu automatisch. Bestimmte Gene bestimmen die Meristemidentität, also die Übergänge vom vegetativen Meristem zum Infloreszenz- und Blütenmeristem. An sie schließen sich Gene für die Organidentität an, die für die Ausbildung der einzelnen Blütenorgane sorgen (Abb. 4.3.13). Darauf werden wir noch genauer eingehen (Abb. 4.3.14). Zahlreiche weitere »Stromabwärts-Gene« bedingen Details, etwa die Bildung von Anthocyanen und anderen Blütenfarbstoffen.

4.3.2.3 Molekulare Grundlagen von Blühinduktion und Blütendifferenzierung

Der Beginn. Die ersten molekularen Befunde, denen zufolge Außenbedingungen eine Aktivierung von Genen speziell für die Blühinduktion auslösen können, wurden ab 1959 an der Drehfrucht (*Streptocarpus wendlandii*) erbracht. Die Pflanze besteht oberirdisch nur aus dem Hypokotyl, das noch eines der beiden Keimblätter als lange Blattschleppe trägt (Abb. 4.3.11). Das andere geht zugrunde. Zur Blühinduktion müssen die Pflanzen acht Wochen lang bei KT und Kälte (+12 °C) gehalten werden.

Während der Induktion wachsen die Pflanzen nicht. Nach Abschluss der Induktion beginnen sie wieder mit dem Blattwachstum und bilden

Abb. 4.3.11

Vegetative und blühende Drehfrucht (*Streptocarpus wendlandii*). Die Pflanze besteht im vegetativen Zustand (links) oberirdisch nur aus einem der beiden Keimblätter, das dem Hypokotyl aufsitzt. Aus einem Meristem an der Basis des Blattes entwickeln sich nach der Blühinduktion (10 °C, Kurztag) Infloreszenzen. Die blühende Pflanze (rechts) ist von der Erdoberfläche im Topf an rund 60 cm hoch (Orig. D. HESS).

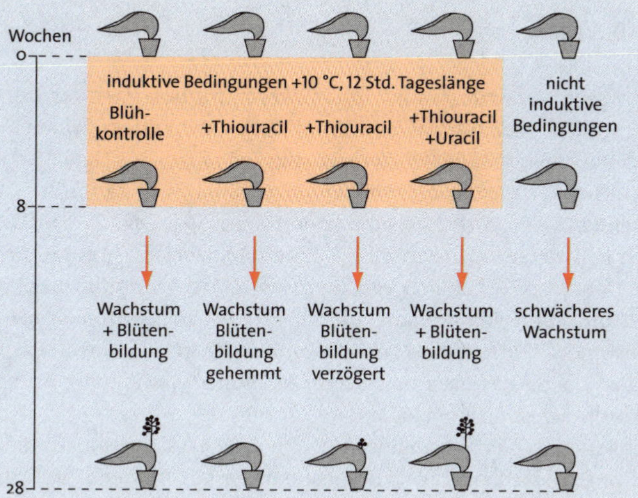

Abb. 4.3.12

Selektive Blockierung der Blütenbildung bei der Drehfrucht durch Behandlung mit 2-Thiouracil während der Blühinduktion. 2-Thiouracil wird in RNA eingebaut und verfälscht sie dadurch. Nur die Blütenbildung wird gestört, das nach der Induktion einsetzende Wachstum nicht. Behandlungen mit 2-Thiouracil nach der Induktion bleiben wirkungslos. Durch einen Überschuss an Uracil, dem natürlichen RNA-Baustein, lässt sich die selektive Hemmung aufheben (HESS 1968).

aus einem Meristem an der Blattbasis heraus Infloreszenzen. Die Pflanzen wurden während der Induktion mit 2-Thiouracil behandelt, einem Strukturanalogen des RNA-Bausteins Uracil, der nach Einbau in RNA funktionsuntüchtige RNA entstehen lassen kann. Über ihn gelang es, die Blütenbildung selektiv zu unterbinden oder zu verzögern, während das Blattwachstum nach der Induktion ungestört blieb. Bei Zufuhr von 2-Thiouracil zusammen mit einem Überschuss des natürlichen RNA-Bausteins Uracil wurde die Hemmung aufgehoben. Nach der Blühinduktion blieb 2-Thiouracil ohne Wirkung auf das Blühen. Diese und weitere Details sprachen dafür, dass für die Blütenbildung andere mRNAs verantwortlich sind als für das vegetative Blattwachstum (Abb. 4.3.12).

Genhierarchie bei Blühinduktion und Blütendifferenzierung. In den letzten Jahren wurde in Versuchen zur Blütenbildung das gesamte Repertoir der inzwischen entscheidend ausgebauten molekularen Methoden eingesetzt. Versuchsobjekte waren vor allem Acker-Schmalwand (*Arabidopsis thaliana*), Löwenmäulchen (*Antirrhinum majus*) und Petunie (*Petunia × atkinsiana*), zunehmend mehr auch Mais (*Zea mays*). Bei allen diesen Arten kann man leicht zu den für die Analyse benötigten Verlustmutanten kommen. Dabei ging allerdings zunächst der Bezug zu den klassischen Objekten der Blütenphysiologie verloren, von denen wir einige erwähnt hatten. Denn Petkuser Roggen, Bilsenkraut, Karotte, Spitzklette, Prunkwinde oder Drehfrucht sind nicht gerade Paradeobjekte der molekularen Genetik. Doch die an nur wenigen Modellpflanzen ermittelten molekularen Daten sind offensichtlich im Prinzip allgemeingültig, sodass sich

Box 4.3.1

MADS-Box-Gene

Bisher waren spezielle Transkriptionsfaktoren immer wieder nur erwähnt worden. Hier soll auf eine Gruppe von ihnen etwas genauer eingegangen werden, nämlich diejenigen, die von MADS-Box-Genen codiert werden. Grund ist auch, dass sie bei Eukaryonten sehr häufig sind. Die betreffenden Gene enthalten eine konservierte Sequenz, die *MADS-Box*, die sich von Hefen über Farne und Blütenpflanzen bis zum Menschen findet. Der Name leitet sich von repräsentativen Mutanten her: *MCM* (Minichromosome Maintenance) bei der Hefe; *AG* (Agamous) bei der Schmalwand; *DEF* (Deficiens) beim Löwenmäulchen; *SRF* (Serum Response Factor) bei Säugetieren, auch dem Menschen. Jeweils die Anfangsbuchstaben der Gene ergeben *MADS*.

Die vielseitige Vernetzung der Gene in Abb. 4.3.13 wird über die Aktivität von speziellen Transkriptionsfaktoren verständlich. Vor allem MADS-Box-Gene codieren für sie. Rund 180 konservierte Nucleotide der MADS-Box sorgen dabei für die Bindung an DNA. Denn sie codieren für eine DNA-Bindungsdomäne und außerdem noch für eine Dimerisierungsdomäne im jeweiligen Transkriptionsfaktor. Über den Zusammenschluss bei einer Dimerisierung wird die Bindung an DNA verfestigt.

die Verbindung zu den klassischen Experimenten früher oder später wird herstellen lassen. So hat man beim Mais ein Blühzeitpunkts-Gen *id I* (*indeterminate I*; Blühzeitpunkts-Gene s.u.) gefunden, das bei Kurztag im Blatt exprimiert wird. Seine Expression löst die Blütenbildung aus. In der Spitze des Maises findet sich jedoch keine *id-I*-mRNA. So beginnt bei *id I* eine noch unbekannte Signaltransduktion vom Blatt zum weit entfernten Apex, wie sie nach den klassischen Befunden zur photoperiodischen Induktion gefordert wird.

Ein vereinfachtes, vorläufiges Schema (Abb. 4.3.13) zeigt für die Schmalwand die Genhierarchie bei der Blühinduktion und für die Anfänge der Blütendifferenzierung. Viele der beteiligten Gene codieren für spezielle Transkriptionsfaktoren, vor allem die MADS-Box-Gene (Box 4.3.1).

Zu Beginn der Genkaskade (Abb. 4.3.13) finden sich äußere und innere induktive Faktoren, also Signale. Bei einer autonomen (endogenen) Blütenbildung sind die Signale weitgehend unbekannt. Die induktiven Faktoren aktivieren *Blühzeitpunkts-Gene*. Dabei handelt es sich um Gene, die den Blühzeitpunkt festlegen, also um *Gene der Blühinduktion*. Zu ihnen gehört in der LTP *Arabidopsis* auch das Gen *CO (CONSTANS)*, denn bei seiner Mutation kann der Blühzeitpunkt verzögert werden. Im LT wird die

Abb. 4.3.13

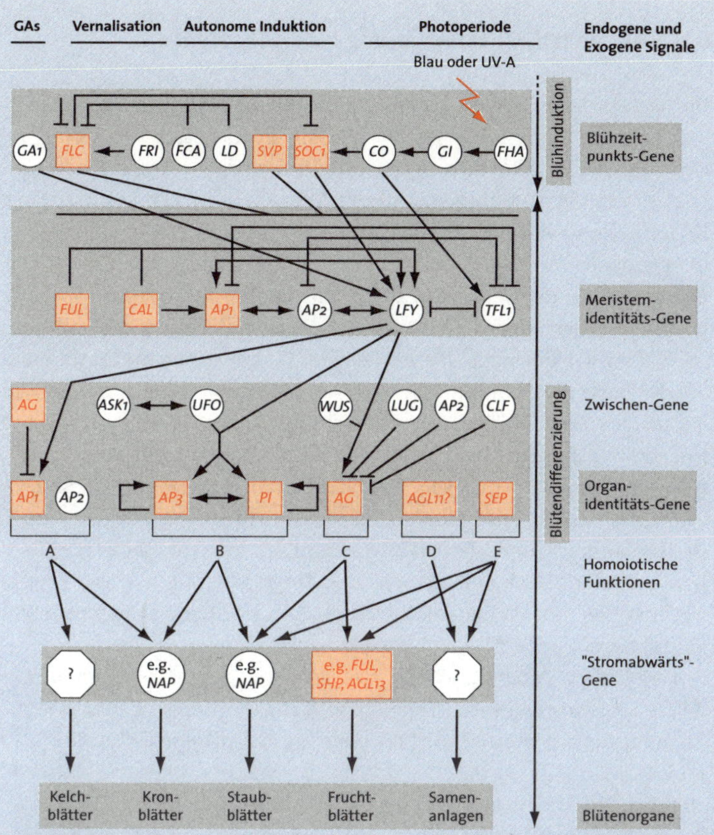

Vereinfachtes Schema der Genkaskade bei Blühinduktion und Blütendifferenzierung der Acker-Schmalwand (*Arabidopsis thaliana*). Die beteiligten Gene werden per Konvention hier in Großbuchstaben angegeben. Während der letzten Jahre wurden in derartigen Übersichten einige von ihnen konstant beibehalten, andere sind verschwunden oder hinzugekommen. Bis hier Sicherheit erlangt ist, genügt es, zur Erklärung der Gen-Buchstaben auf SOLTIS et al. (2002) und die dort angegebene Literatur zu verweisen. MADS-Box-Gene sind als rot umrahmte Rechtecke wiedergegeben. Gene ohne MADS-Box sind als Kreise, noch nicht identifizierte Gene als Achtecke wiedergegeben. Pfeile symbolisieren Förderungen, Doppelpfeile synergistische Interaktionen, Querbalken Hemmungen und Doppelquerbalken antagonistische Interaktionen.
Durch exogene und endogene Signale werden zunächst die Blühzeitpunkts-Gene beeinflusst. Nur in einem gut analysierten Fall, bei Gen *CO* (s. Text) wurde eine der diskutierten Signaltransduktionen angegeben. Bei der nachfolgenden Blütendifferenzierung werden die Meristem- und Organidentitäts-Gene wirksam. Über Stromabwärts-Gene lösen sie die Bildung der Blütenorgane aus. Ihre Funktionsanalyse erfolgt mit Hilfe homoiotischer Mutanten (verändert aus SOLTIS et al. 2002).

Expression von *CO* in Keimlingen stark gesteigert. Dabei spielen Blaulicht und UV-A eine ausschlaggebende Rolle. *CO* codiert für einen speziellen Transkriptionsfaktor vermutlich aus der Gruppe der Zinkfinger-Proteine. Über ihn kann *CO* direkt oder indirekt die Aktivitäten weiterer Gene für Blütenbildung beeinflussen.

Box 4.3.2

Das ABC-Modell: Differenzierung zu Blütenorganen

Homoiotische Gene (gr. homoios = gleichartig) bedingen das Auftreten gleichartiger Organe wie im Normalfall, nur am falschen Ort. Bei der Blüte führt das dazu, dass bestimmte Blütenorgane außer in ihrem angestammten Wirtel noch in anderen Wirteln auftreten können. Bei der Blütenbildung lassen sich die homoiotischen Gene in mehrere Aktivitätsgruppen einteilen. A, B, C sind der Grundbestand (Abb. 4.3.13), D und E kommen bei der Gestaltung des Fruchtknotens noch hinzu. Diese Gengruppen steuern über »Stromabwärts-Gene« die Bildung der Blütenorgane. Gehen wir das nach den ersten drei Gruppen benannte ABC-Modell bei der Blüte der Schmalwand in seiner einfachsten Version durch (Abb. 4.3.14). Als Kreuzblütler weist die Schmalwand je einen Wirtel (Knoten mit mehr als einem Blattorgan nennt man Wirtel) mit vier Kelchblättern, vier Kronblättern, sechs Staubblättern und zwei Fruchtblättern auf. Der Systematiker wird einwenden, dass zwei äußere kürzere und vier innere längere Staubblätter, also eigentlich zwei Staubblattkreise vorhanden seien. Doch soll es sich ursprünglich nur um einen Kreis aus vier Staubblättern gehandelt haben, in dem sich dann später zwei Staubblätter verdoppelten.

Gengruppe A ist für die Wirtel 1 und 2, also die Ausbildung von Kelch- und Kronblättern, Gengruppe B für die Wirtel 2 und 3, d.h. die Ausbildung von Kron- und Staubblättern, Gengruppe C für die Wirtel 3 und 4 und damit für die Ausbildung von Staub- und Fruchtblättern zuständig. Die Aktivitäten der Gengruppen überlappen sich also. Dazu ein Beispiel: In der Mutante *apetala 3* (*ap 3*) fehlt die Aktivität B. Ihre Blüten enthalten in Wirtel 2 keine Kronblätter mehr. Sie sind durch etwas kleinere Kelchblätter ersetzt. Des Weiteren finden sich in Wirtel 3 anstatt der Staubblätter nun Fruchtblätter. Aktivität A sorgt also dafür, dass in Wirtel 2 homoiotische Kelchblätter, und Aktivität C dafür, dass in Wirtel 3 homoiotische Fruchtblätter auftreten. Aber das war nur bei mutativem Ausfall der Funktion B möglich. Daraus folgert, dass sich die Aktivitätsgruppe B normalerweise an der Bildung von Kronblättern einerseits und Staubblättern andererseits beteiligt. Über eine entsprechende Analyse weiterer homoiotischer Mutanten ließ sich so das ABC-Modell aufstellen und absichern.

Zur Expressionssteigerung von *CO* gibt es mehrere Vorstellungen. So könnten Blau/UV-A von Cryptochrom 2 percipiert werden, das von *FHA*, einem Allel von *CRY2* codiert wird. Bei Mutation von *FHA* bzw. von *CRY2*

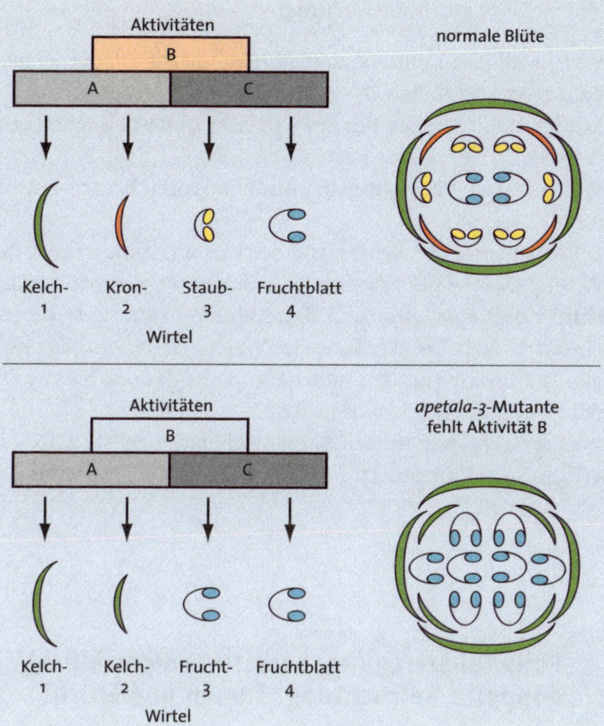

Abb. 4.3.14

Das ABC-Modell: Funktionsanalyse der Blütenorganidentitäts-Gene über homoiotische Mutanten. Die betreffenden Genaktivitäten gliedern sich in drei sich überlappende Gruppen (**links**): **A** ist für die Wirtel 1 und 2 (Kelch- und Kronblätter), **B** für die Wirtel 2 und 3 (Kron- und Staubblätter, **C** für die Wirtel 3 und 4 (Staub- und Fruchtblätter) zuständig. **Rechts** jeweils Blütendiagramme; **oben** die normale Situation; **unten** die *apetala-3*-Mutante, der die Aktivitätsgruppe B fehlt. Sie führt in Wirtel 2 anstatt der Kronblätter etwas kleinere Kelchblätter und in Wirtel 3 anstatt der Staubblätter Fruchtblätter (verändert nach MEYEROWITZ aus HESS 1999).

zu *cry2* wird die Blütenbildung im LT verzögert. *FHA* ist also ebenfalls ein Blühzeitpunktsgen. Möglicherweise reguliert die Photoperiode eine von Cryptochrom 2 ausgehende Signaltransduktion über Gen *GI* zu *CO* (Abb. 4.3.13).

Neuere Daten sprechen für eine andere Signaltransduktion (nicht in Abb. 4.3.13). Eine hinter der Photoperiode stehende circadiane physiologische Uhr bringt ein Gen *FKF1 rhythmisch* zur Expression. *FKF1* codiert für einen Blau/UV-A-Rezeptor, der im Gegensatz zu den Cryptochromen (→ Seite 233) nur FMN (→ Seite 43) als Chromophor führt. Im LT aktiviert er *CO*. Attraktiv wird diese Vorstellung auch dadurch, dass man über sie der physiologischen Uhr des Photoperiodismus besonders nahe kommt.

In der Hierarchie folgen die *Meristemidentitäts-Gene*, die für den schon erwähnten Wechsel in der Charakteristik der Meristeme zuständig sind. Sie gehören bereits zum Übergangsbereich zur Blütendifferenzierung oder zur Blütendifferenzierung selbst. Nach *Zwischengenen* folgen *Blütenorganidentitäts-Gene*. Sie steuern nach dem ABC-Modell die Differenzierung zu Blütenorganen (Box 4.3.2).

Fragen (Seitenverweise zur Beantwortung)

1 - Welche Blütenorgane stehen direkt im Dienst der sexuellen Fortpflanzung? (S. 267).
2 - Schildern Sie den Bau des Embryosacks unter Beifügung einer Skizze! (S. 266).
3 - Welches sind die wichtigsten Außenfaktoren bei der Blühinduktion? (S. 269).
4 - Zellen welcher Art werden von der Vernalisation erfasst? (S. 269).
5 - Welche Organe perzipieren die induktive Photoperiode? (S. 271).
6 - Hinter Blühinduktion und Blütendifferenzierung steht eine hierarchisch aufgebaute Genkaskade. Welche wichtigen Gengruppen folgen sich in ihr von den induzierenden Faktoren bis zur Differenzierung von Blütenorganen? (S. 274).
7 - Was versteht man unter homoiotischen Genen? (S. 276)
8 - Welches sind die Funktionen der Gengruppen A, B und C nach dem ABC-Modell? (S. 276).

4.4 Pollenübertragung, Selbstinkompatibilität, doppelte Befruchtung, Samen und Frucht

Inhalt

Bei der Übertragung von Pollen auf Narben finden sich Mechanismen, die eine Fremdbestäubung erleichtern und eine Selbstung erschweren. Sie werden durch die Selbstinkompatibilität vervollständigt, die eine Befruchtung mit gleichem oder ähnlichem Genmaterial verhindert. Beides erhöht die Rekombinationsrate. Die doppelte Befruchtung der Angiospermen erscheint sinnvoll, weil im Gegensatz zu den Gymnospermen die oft aufwändige Bildung des Endosperms erst eingeleitet wird, wenn wirklich ein Embryo darauf angewiesen ist. Eine kurze Besprechung von Samen und Frucht, besonders von Fruchtformen, schließt das Kapitel ab.

4.4.1 Pollenübertragung

Der Pollen ist fertiggestellt und muss nun auf die Narben übertragen werden. Diese Pollenübertragung nennt man auch Bestäubung. Je nach der Geschlechtsverteilung kann sie auf Schwierigkeiten stoßen, weil größere Abstände zwischen Staubbeutel und Narbe zu überbrücken sind.

Geschlechtsverteilung und Pollenübertragung

4.4.1.1

Geschlechtsverteilung. Bei Bedecktsamern sind *zwittrige Blüten* vorherrschend. Doch außer Sonderformen gibt es auch *eingeschlechtliche Blüten*, die als *männliche Blüten* nur Staubblätter oder als *weibliche Blüten* nur Stempel führen. Sie sind bei Angiospermen seltener, bei Gymnospermen weit verbreitet. Werden männliche und weibliche Blüten auf einer Pflanze gebildet, spricht man von *Monözie* (Einhäusigkeit) der betreffenden Pflanze. Finden sich männliche und weibliche Blüten auf verschiedenen Pflanzen, liegt bei den beteiligten Pflanzen *Diözie* (Zweihäusigkeit) vor.

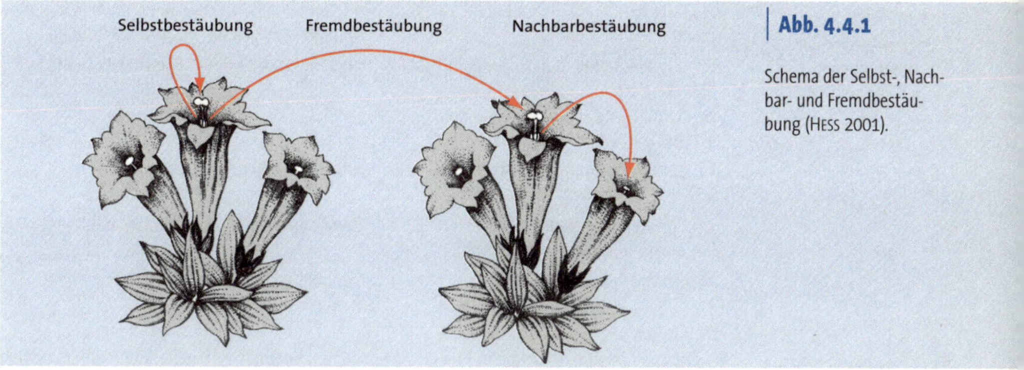

Abb. 4.4.1

Schema der Selbst-, Nachbar- und Fremdbestäubung (HESS 2001).

Pollenübertragung (Pollination). Trägt eine Pflanze mehrere zwittrige Blüten, gibt es folgende Möglichkeiten der Bestäubung (Abb. 4.4.1):

- *Selbstbestäubung (Selbstung)*: Pollen wird auf eine Narbe in der gleichen Blüte übertragen.
- *Nachbarbestäubung*: Pollen wird auf eine Narbe in einer anderen Blüte der gleichen Pflanze übertragen.
- *Fremdbestäubung*: Pollen wird auf eine Narbe in einer Blüte auf einer anderen Pflanze übertragen.

Bei Nachbar- und besonders Fremdbestäubung müssen größere Entfernungen überbrückt werden. Das geschieht mit Hilfe von Wasser (Hydrochorie, selten), Wind (Anemochorie) und Tieren (Zoochorie). Bei den Tieren handelt es sich in unseren Breiten vor allem um Insekten, in niederen Breiten u.a. auch um Vögel. Die Pflanzen haben von den Tieren nicht, wie man schon lesen konnte, die Sexualität, sondern die Beweglichkeit geborgt.

4.4.1.2 Mechanismen zur Förderung der Fremdbestäubung

So einfach eine Selbstbestäubung auch durchzuführen scheint – besonders bei Angiospermen wird dennoch die Fremdbestäubung gefördert. Der Grund ist für uns nicht neu: Bei Selbst- und den genetisch gleichwertigen Nachbarbestäubungen kann es bei der nachfolgenden Syngamie nicht zur Rekombination kommen. Denn man fügt Gleich zu Gleich. Bei heterozygoten Pflanzen kann es zwar später zu Aufspaltungen in der Meiosis kommen, aber das ist ein anderer Fall. Bei einer Fremdbestäubung dagegen ist die Chance gegeben, dass man bei der Syngamie verschiedenartiges Genmaterial kombiniert. Vier Mechanismen zur Verhinderung der Selbstbestäubung und damit auch zur Förderung der Fremdbestäubung sind gegeben (Tab. 4.4.1):

Tab. 4.4.1

Fremdbestäubung und Fremdbefruchtung, Chancen zur Rekombination (aus Hess 2001).

Mechanismus	fördert	erschwert/verhindert
Zweihäusigkeit (Diözie)	Fremdbestäubung	Selbstbestäubung
Ungleichzeitiges Reifen der Sexualorgane (Dichogamie) Vormännlichkeit (Proterandie) Vorweiblichkeit Proterogynie)	Fremdbestäubung	Selbstbestäubung
Räumliche Trennung von Staubbeuteln und Griffeln (mit Narben) (Herkogamie)	Fremdbestäubung	Selbstbestäubung
Verschiedengriffeligkeit (Heterostylie bzw. Heteromorphie)	Fremdbestäubung	Selbstbestäubung
Ergänzung: Selbststerilität	Fremdbefruchtung	Selbstbefruchtung

Merksatz

Die Seltenheit der Diözie versucht man dadurch zu erklären, dass der Aufbau eines Organismus, der nur Spermazellen und nicht auch Früchte produziere, nicht rationell sei. Nur Chauvinisten werden diese Interpretation nicht billigen.

- *Diözie (Zweihäusigkeit):* Hierbei ist eine Selbstbestäubung nicht völlig ausgeschlossen. Trotzdem ist die Diözie selten (Abb. 4.4.2).
- *Dichogamie,* ein ungleichzeitiges Reifen der Frucht- und Staubblätter, erschwert die Selbstbestäubung, schließt sie aber ebenso wie die folgenden Mechanismen nicht völlig aus. Dabei muss man zwischen der häufigen *Proterandrie*, dem früheren Reifen der Staubblätter (Abb. 4.4.3), und der selteneren *Proterogynie*, dem früheren Reifen der Griffel mit ihren Narben (Abb. 4.4.4) unterscheiden.
- *Herkogamie:* Die räumliche Trennung von Staubblättern und Griffeln mit Narben findet sich u.a. bei Orchideenblüten. Oft ist sie mit Dichogamie gekoppelt: die Sexualorgane reifen ungleichzeitig und verlagern sich außerdem in der Blüte so, dass eine Berührung von Staubbeuteln und Narben verhindert wird (Abb. 4.4.5).
- *Heteromorphie:* Die Blüten weisen Griffel und Staubblätter in (meist) zwei unterschiedlichen Längen auf. Die eine Blütensorte ist langgriffelig und führt kurze Filamente und damit Staubblätter, die zweite Blütensorte ist kurzgriffelig mit langen Staubblättern. Unter Bezug

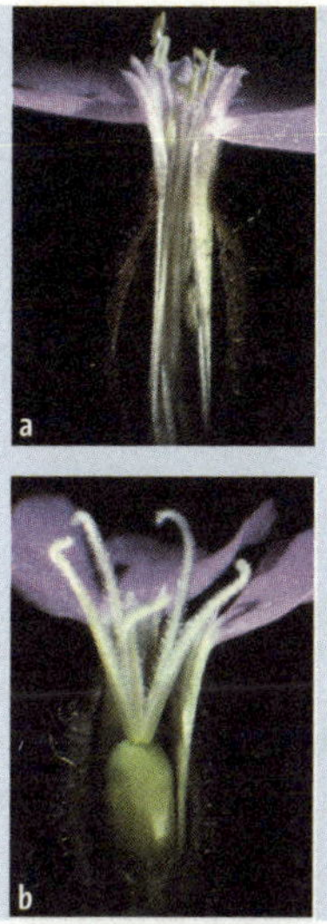

Abb. 4.4.2

Diözie bei der Roten Lichtnelke (*Silene dioica*). **a** Blüte einer männlichen, **b** einer weiblichen Pflanze (HESS 1990).

Abb. 4.4.3

Proterandrie bei der Trichter-Malve (*Lavatera trimestris*). **a** männlicher, **b** weiblicher Zustand. Die Narbenzungen werden nach oben zu aus der aufgelockerten Säule frei (HESS 1990).

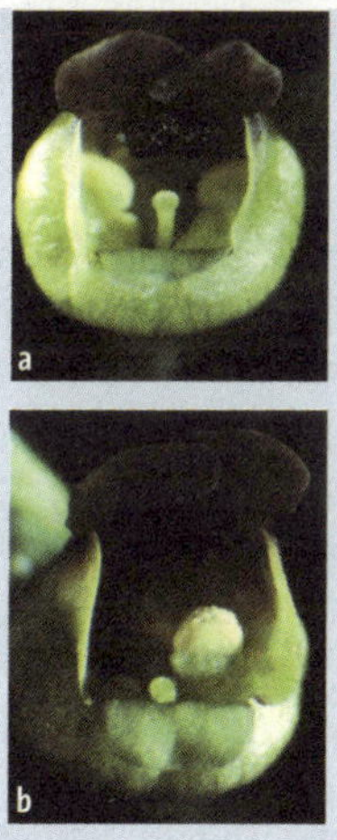

Abb. 4.4.4

Proterogynie bei der Knotigen Braunwurz (*Scrophularia nodosa*). **a** weiblicher, **b** männlicher Zustand. Der Griffel ist nach unten abgebogen; ein erstes Staubblatt hat sich in die Öffnung geschoben (HESS 1990).

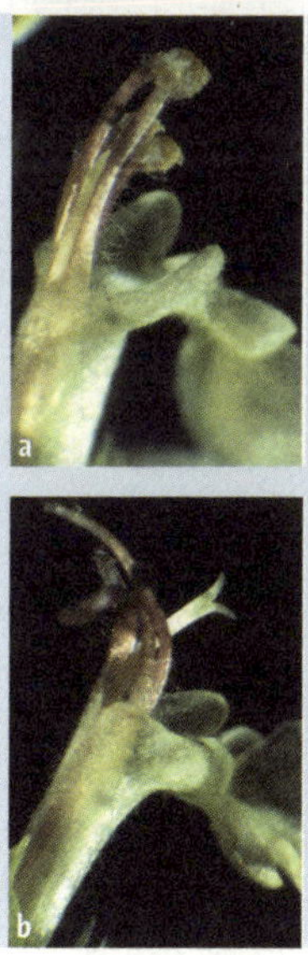

Abb. 4.4.5

Herkogamie beim Salbei-Gamander (*Teucrium scorodonia*), gekoppelt mit Proterandrie. **a** Blüte im männlichen Zustand. Der Griffel steht mit noch geschlossenen Narbenlappen zwischen den Staubfäden. **b** weiblicher Zustand. Der Griffel hat sich nach rechts mit zwei Narbenlappen geöffnet. Die Staubfäden haben sich nach links hinten gekrümmt. Die über Bewegungen der Sexualorgane erreichte räumliche Trennung (Herkogamie) macht von der Proterandrie abgesehen Selbstungen unwahrscheinlich (HESS 1990).

auf die unterschiedliche Griffellänge hat man früher von *Heterostylie* gesprochen. Doch kommen nicht nur die unterschiedliche Filamentlänge sondern auch verschieden große Pollen und Narbenpapillen hinzu. Diesen Merkmalskomplex nennt man besser Heteromorphie. Bekannte Beispiele liefern die Primeln (*Primula;* Abb. 4.4.6). Die Übertragung von Pollen zwischen gleich hohen Sexualorganen wird favo-

Abb. 4.4.6

Heteromorphie bei der Becher-Primel (*Primula obconica*). **a** Zentrum einer langgriffeligen und **b** einer kurzgriffeligen Blüte. Nur die langgestielten Organe, in a die Narbe und in b die Staubbeutel, sind sichtbar (HESS 1990).

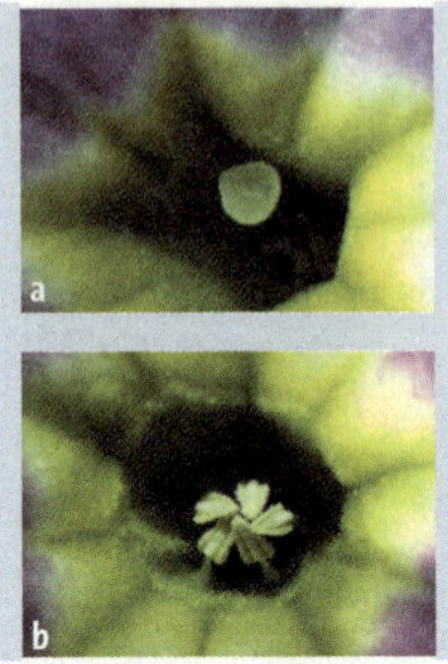

Abb. 4.4.7

Pollenübertragung zwischen gleich langen Sexualorganen bei Primeln. Die Pfeile geben erfolgreiche Übertragungen an (HESS 1990).

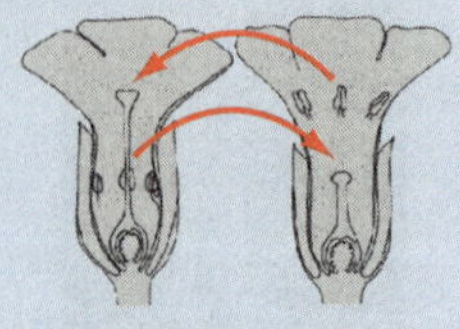

risiert (Abb. 4.4.7). Wenn ein Insekt eine Blüte mit langen Staubblättern besucht, wird es mit seinem Kopf an die im Eingang stehenden Staubbeutel stoßen und den Pollen dann bei einer langgriffeligen Blüte an der im Eingang stehenden Narbe abstreifen.

Wenn das Insekt zuerst eine langgriffelige Blüte besucht, wird es mit einem Abschnitt seines Rüssels von den unten sitzenden kurzen Staubblättern Pollen aufnehmen und ihn in einer kurzgriffeligen Blüte an der auf gleicher Höhe stehenden Narbe absetzen. Hinzu kommt, dass auch die Größe der Pollen und der Narbenpapillen passend sein muss. Trotzdem gab es immer wieder begründeten Anlass zum Zweifel daran, dass das System in der Praxis wirklich so gut funktioniert wie in der Theorie. Entscheidend ist, dass die Heteromorphie genetisch mit der sehr effektiven Selbstinkompatibilität (→ Seite 284) gekoppelt ist. Sie dient offensichtlich zur Vorsortierung der gewünschten Pollen vor den Selbstinkompatibilitätsreaktionen.

4.4.2 Pollenschlauchwachstum, Selbstinkompatibilität und doppelte Befruchtung

Das Pollenschlauchwachstum, einer der schnellsten und auf dem seltenen Spitzenwachstum beruhenden Wachstumsprozesse bei Pflanzen, kann bei Selbstinkompatibilität gestoppt werden. Die Selbstinkompatibilität fördert die Fremdbefruchtung und damit die Rekombinationsrate. Bei kompatiblen Kombinationen Pollen/Stempel erreicht der Pollenschlauch den Embryosack und führt die für Angiospermen charakteristische doppelte Befruchtung durch.

4.4.2.1 Pollenschlauchwachstum

Gelangt der Pollen auf die Narbe, kommt es zunächst zu einer Adhäsion an die Narbenoberfläche, bei der lipophile Stoffe der Exine mitwirken.

Dann wird der lufttrockene Pollen wieder hydratisiert und keimt aus. Dabei bildet die vegetative Zelle einen Pollenschlauch. Flavonole sind oft für Entwicklung des Pollens, Keimung und Wachstum des Pollenschlauches notwendig. Sie stammen oft aus der Exine, können aber auch vom Narbengewebe vorgelegt werden. Der Pollenschlauch durchdringt die Cuticula der Narbenzellen und gelangt dann in das *Transmissionsgewebe* des Griffels, das aus Parallelfasern längsgestreckter Zellen besteht. Es enthält verschiedene Glykoproteine und sorgt für die Ernährung, die Adhäsion der Pollenschläuche an Zelloberflächen und richtet möglicherweise auch ihr Wachstum aus. Bei soliden Griffeln wie bei der Schmalwand wandert der Pollenschlauch zwischen den Zellen des Transmissionsgewebes. Bei hohlen Griffeln wie bei der Lilie umkleidet das Transmissionsgewebe den schleimgefüllten Hohlraum. Der Pollenschlauch wandert dann an der Oberfläche des Transmissionsgewebes.

Der Pollenschlauch zeigt ein schnelles *Spitzenwachstum* von bis zu 10 $\mu m \cdot min^{-1}$. Dabei ist der Turgor im Gegensatz zum Streckungswachstum nur am Rande wichtig. Das Cytoplasma konzentriert sich in der wachsenden Spitze (Abb. 4.4.8). Dahinter sperrt ein Kallosepfropfen den restlichen Schlauch ab. Mit weiterem Wachstum werden nach hinten zu immer neue Kallosepfropfen gesetzt.

Nahe der Spitze liegt der das Wachstum steuernde vegetative Kern, hinter ihm die beiden Spermazellen. Auch bei zunächst zweikernigen Pollenkörnern haben sie sich nun gebildet. Die Wandung des Pollenschlauchs besteht vor allem aus einer wachstumsfähigen Primärwand aus Pektinen, die sehr unterschiedlich dick sein kann, und einer Sekundärwand aus Kallose. In der äußersten Spitze kommt es zur Anreicherung von Ca^{2+}, ohne die das Wachstum eingestellt wird. Dieser Spitzenbereich wird nach außen nur von der Plasmamembran und einer sehr dünnen Primärwand umgrenzt. Golgi-Vesikel mit Baumaterial für Plasmamembran und Primärmembran werden dorthin transportiert und fusionieren unter Exocytose mit der Plasmamembran, ähnlich wie das beim Wachstum normaler Zellwände geschieht (Abb. 1.3.2). Dadurch kommt es auch hier zum Wachstum von Membran und Primärwand.

Als richtende Faktoren für das Wachstum zur Samenanlage werden außer elektrischen Signalen vor allem Chemotropismus und Haptotropismus diskutiert. Beim Haptotropismus sollen vorgegebene Strukturen im Griffel das Wachstum leiten.

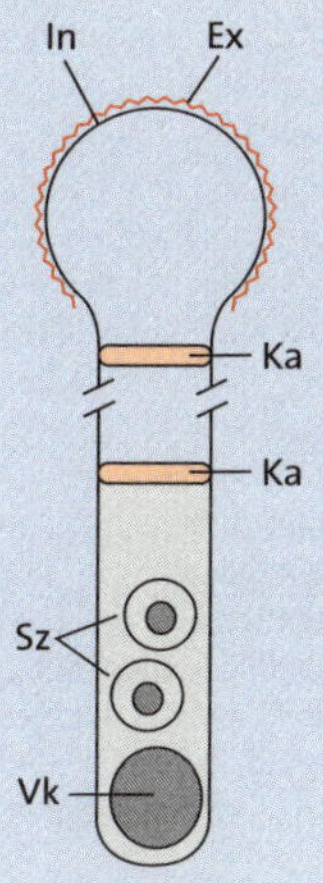

Abb. 4.4.8

Schema eines wachsenden Pollenschlauchs. In Intine; Ex Exine; Ka Kallosepfropf; Sz Spermazelle; vK vegetativer Kern.

4.4.2.2 Selbstinkompatibilität

Durch die besprochenen Mechanismen zur Förderung der Fremdbestäubung kann eine Selbstung erschwert werden. Doch außer bei der Diözie ist die Verhinderung der Selbstung nicht absolut. Ein zweiter Kontrollmechanismus ist die Selbstinkompatibilität (SI), bei der zwar nicht die Pollenübertragung, aber das nachfolgende Wachstum von Pollen verhindert wird, der genetisch gleich oder ähnlich ist. Ausschlaggebend dafür ist je ein S-Locus auf der Pollenseite und im Stempelbereich, der von S-Allelen besetzt ist, die oft in multipler Allelie vorliegen. Man bezeichnet sie als S_1, S_2, S_3 usw. Nach der bis vor einigen Jahren geltenden Auffassung (s. aber unten), wird die Entwicklung des Pollens im Stempelbereich früher oder später gehemmt, wenn bei einer Bestäubung S-Allele bzw. ihre Transkripte aus dem Pollen im Stempel auf die *gleichen* S-Allele bzw. ihre Transkripte stoßen. Die Befruchtung unterbleibt dann.

Über die SI wird eine Befruchtung nach Selbstung verhindert – aber nicht nur diese. Denn Pollen werden auch dann blockiert, wenn sie *nur* die gleichen S-Allele tragen sollten, sonst aber andere Gene. Das ist eine Vorsichtsmaßnahme. Denn wenn in einem Pollenkorn die S-Allele gleich sind, muss damit gerechnet werden, dass auch weitere Gene mit solchen in der Empfängerpflanze übereinstimmen.

Abb. 4.4.9

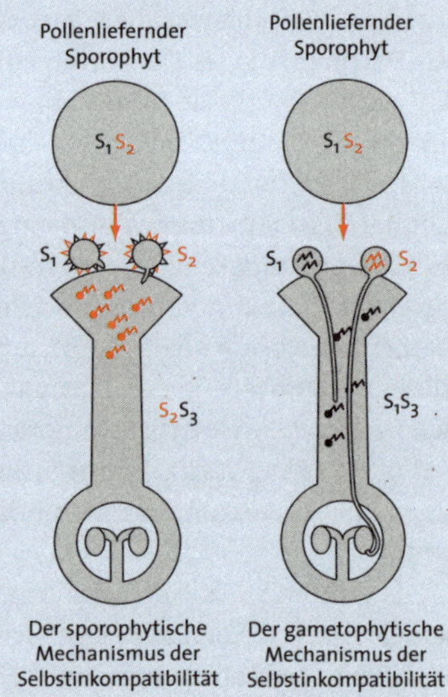

Schema der sporophytischen und der gametophytischen Selbstinkompatibilität (SSI und GSI). Zwei S-Allele S_1 (schwarz) und S_2 (rot) wurden jeweils angegeben. Von den möglichen Kombinationen von Pollen mit bestäubter Pflanze wurde die halbhomologe Kombination gezeichnet. In ihr trifft nur eines der vom Pollen eingebrachten Allele auf ein entsprechendes Allel im Stempel. Die Transkripte der S-Allele wurden bei S_1 als schwarze, bei S_2 als rote Zackenreihen wiedergegeben. Bei der SSI werden die von den Allelen des pollenliefernden Sporophyten gebildeten Transkripte in der Exine abgelagert. Bei der GSI bilden die S-Allele im Pollen die Transkripte. Sie befinden sich dann zunächst im Pollen innerhalb der Exine. Treffen Transkripte von der Seite des Pollens mit gleichen Genprodukten auf der Seite des Stempels zusammen, kommt es zur Hemmung des Pollenschlauchwachstums, beim SSI schon im Bereich der Narbe, beim GSI erst im Griffel. Wenn sich auf der Stempelseite kein gleiches S-Allel befindet, kommt es zu einem normalen Wachstum des Pollenschlauchs wie hier im Fall von S_2 bei der GSI. Soweit die bisherige Hypothese. Nach molekularen Befunden handelt es sich bei den »S-Allelen« im Pollen und im Stempel jedoch gar nicht um Allele, sondern um *verschiedene Gene*, die sich aber physikalisch nicht voneinander trennen lassen. Bei einer Hemmung trifft also nicht gleich mit gleich zusammen wie z.B. S_1 oder seine Genprodukte von der Pollenseite mit S_1 oder seinen Genprodukten auf der Stempelseite. Vielmehr werden genspezifisch *verschiedene Transkripte* angeliefert (s. Abb. 4.4.11). Das wurde hier insofern berücksichtigt, als die Transkripte im Stempel mit denen auf der Pollenseite nicht völlig übereinstimmen (verändert nach HESS 1990).

Die SI hat sich als sehr erfolgreich erwiesen. Sonst fände sie sich nicht in 60 % der Blütenpflanzen. Dabei tritt sie in einer Reihe von Varianten auf. Falls die SI wie bei Primeln mit Heteromorphie gekoppelt ist, spricht man von heteromorpher SI, sonst von homomorpher SI. Eine andere Einteilung in gametophytische (GSI) und sporophytische SI (SSI) ist wichtiger, weil sie unterschiedliche Mechanismen berücksichtigt.

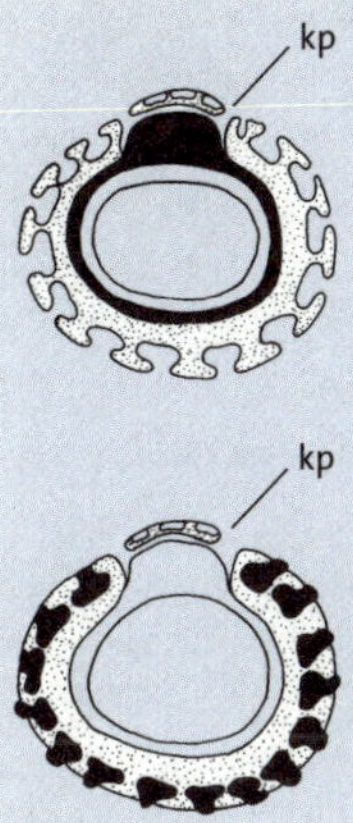

Abb. 4.4.10

Schematischer Schnitt durch ein Pollenkorn. Oben sind die Proteine der Intine, unten die der Exine schwarz hervorgehoben. Diejenigen der Exine sitzen in Hohlräumen, die nach außen offen sind. Die Exine mit ihren Proteinen wird vom Tapetum des pollenliefernden Sporophyten aufgelagert. kp Keimpore (verändert nach GRAHAM und WAREING aus HESS 1990).

GSI (Abb. 4.4.9). Aufseiten des Pollens sind die S-Allele im Mikro-*Gametophyten* ausschlaggebend. Stoßen sie im Griffelgewebe auf die gleichen S-Allele, wird dort, also relativ spät, das Pollenwachstum unterbunden. Die GSI ist häufiger als die SSI. Sie wurde bei Nachtschatten- und Mohngewächsen gut untersucht.

SSI (Abb. 4.4.9). Die Exine wird wie erwähnt vom Tapetum aus aufgelagert. Bei der SSI enthält sie Proteine aus dem Tapetum (Abb. 4.4.10). Damit sind auf Seite des Pollens Transkripte ausschlaggebend, die vom alten Sporophyten stammen. Treffen sie auf der Narbe der Empfängerpflanze auf gleiche S-Allele, wird das Wachstum der Pollen bereits im Narbenbereich gehemmt, wobei schon die Hydratation der Pollen oder ihr Auskeimen blockiert sein können. Die SSI wurde bei Kreuzblütlern vor allem der Gattung *Brassica* eingehend analysiert. Sie ist weniger häufig als die GSI.

Die molekulare Genetik hat dieses Bild teilweise entscheidend verändert. *Denn im S-Locus können ganz verschiedene Gene lokalisiert sein*, die physikalisch so nahe beieinander liegen, dass sie sich mit den Methoden der MENDEL-Genetik nicht voneinander trennen lassen. Die Bezeichnung S-Locus hat man nicht ganz korrekt beibehalten. Mindestens zwei *verschiedene* Gene müssen im S-Locus gegeben sein, eine männliche und eine weibliche Determinante (es können jedoch mehr als zwei Gene pro Locus vorhanden sein; s. Box 4.4.1). Jedes dieser beiden Gene kann in Allelen vorliegen. Bei einer Selbstung treffen die männlichen mit den weiblichen Determinanten zusammen. Jedes der Gene codiert für Transkripte, die neben konservierten Regionen auch solche hoher Variabilität aufweisen. Sie machen den Unterschied zwischen den Allelen aus. Bei der GSI codieren die weiblichen Determinanten u. a. für RNAsen, die das Pollenschlauchwachstum hemmen. Die männlichen Determinanten sind noch nicht bekannt. Bei der homomorphen SSI der Brassicaceen kennt man seit der Jahrhundertwende *beide* Determinanten. Deshalb wird in Box 4.4.1 die SSI genauer besprochen.

Merksatz

Die Kehrtwende bei der Selbstinkompatibilität: bei den Determinanten auf der Pollen- und auf der Stempelseite handelt es sich nicht um identische Allele, sondern um verschiedene Gene, die aber sehr eng gekoppelt sind.

Abb. 4.4.11

Modell der sporophytischen Selbstinkompatibilität (SSI) in *Brassica*. Die »männlichen« Transkripte S_1-SCR und S_2-SCR werden aus der Exine freigesetzt und gelangen zunächst in den Pollen-Überzug (Pollen-Mantel). Dabei handelt es sich um eine lipidartige Schicht über der Exine, die auch den Kontakt zur Narbenoberfläche herstellt. Vielfach, so bei Brassicaceen, ist sie als Pollenkitt ausgebildet. Sonstige Angaben s. Text (aus HISCOCK und MCINNIS 2003).

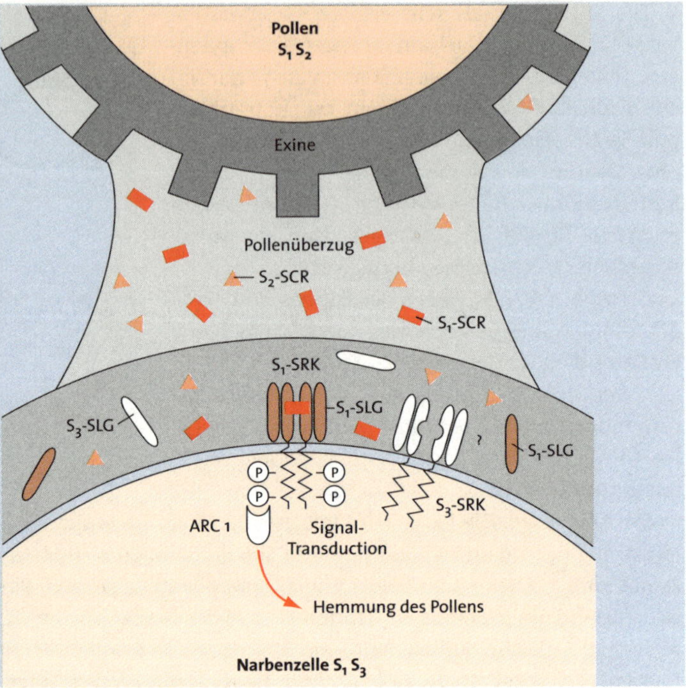

4.4.2.3 Doppelte Befruchtung

Im Fruchtknoten können eine bis viele Samenanlagen enthalten sein. Bei kompatiblen Kombinationen von Pollen und Griffel wächst der Pollenschlauch zu einer von ihnen herab. Der Pollenschlauch dringt durch eine Öffnung zwischen den Integumenten, die Mikropyle, in den Embryosack ein und fusioniert mit einer der beiden Synergiden (Abb. 4.4.12). Dabei öffnet er sich und entlässt die beiden Spermazellen. Danach kommt es zu einer *doppelten Befruchtung*. Denn eine der Spermazellen fusioniert mit der Eizelle zur Zygote, die sich zum Embryo weiterentwickelt (→ Seite 157). Die andere verschmilzt mit den beiden Polkernen oder dem inzwischen durch deren Vereinigung gebildeten sekundären Embryosackkern. Dadurch entsteht der triploide Endospermkern. Er entwickelt sich zum nach wie vor triploiden *sekundären Endosperm* weiter.

Abb. 4.4.12

Embryosack bei der doppelten Befruchtung. Der Pollenschlauch (Ps) ist bereits in eine der Synergiden (Sy) eingedrungen. Eine seiner Spermazellen (Sp, rot) steht vor der Verschmelzung mit der Eizelle (E), die zweite vor der Fusion mit den beiden Polkernen (P). A Antipoden (nach GUIGNARD aus OEHLKERS 1956).

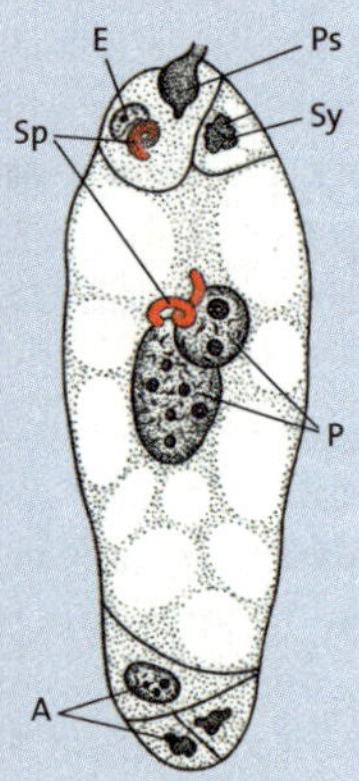

Box 4.4.1

Der Brassicaceen-Mechanismus der SSI

In der Exine des Pollens sind Transkripte von S-Allelen aus dem Tapetum als männliche Determinante lokalisiert (Abb. 4.4.11). Dabei handelt es sich um kleine *S-Locus-Cystein-reiche* Peptide (*SCR*), die allelspezifisch verschieden sind, z.B. S_1-SCR und S_2-SCR. Im Bereich der Narbe kommen sie mit den Transkripten der weiblichen Determinanten in Kontakt. Vom S-Locus des Narbengewebes werden von *zwei* Genen zwei Produkte gebildet, das *S-Locus-Glykoprotein* (*SLG*) und die *S-Rezeptor-Kinase* (SRK). Beide liegen in allelspezifischen Varianten vor. SLG hat nur Zusatzfunktionen. SRK jedoch ist für die Reaktion unabdingbar. Sie durchspannt das Plasmalemma der Narbenzellen mit einer Transmembrandomäne. Auf der cytoplasmatischen Seite trägt sie eine Serin-Threonin-Kinasedomäne, auf der Außenseite eine sehr variable Region, auf der die Allelspezifität beruht. Das passende S_1-SCR bindet an S_1-SRK, wobei zwei Einheiten S_1-SRK dimerisieren. Wahrscheinlich bindet auch S_1-SLG an diesen Komplex und verstärkt die Wirkung. Am Beginn der Signaltransduktion stehen Autophosphorylierungen in der Kinasedomäne der S_1-SRK. Protein ARC 1, das an die Kinasedomäne bindet und phosphoryliert wird, könnte das nächste Glied sein. Am Ende der weiteren, noch unbekannten Signaltransduktion steht eine Hemmung des Pollens. Hätte der Pollen nur S_2-SCR mit sich gebracht, wäre es nicht zur Blockierung gekommen. Denn die Narbenzellen enthalten bei ihrer genetischen Konstitution S_1S_3 keine S_2-SRK.

Die Bildung des Samens | 4.4.3

Die Entwicklung des Embryos war schon besprochen worden (→ Seite 157). Damit können wir gleich zur Bildung des sekundären Endosperms übergehen.

Die Entwicklung des sekundären Endosperms | 4.4.3.1

Das Endosperm bei den Angiospermen wird als *sekundäres Endosperm* bezeichnet, weil es sich erst *nach* der doppelten Befruchtung entwickelt. Das macht einen wesentlichen Unterschied zu den Gymnospermen aus. Denn auch bei diesen gibt es ein Endosperm, das *primäres Endosperm* genannt wird, weil es schon *vor* der bei Gymnospermen einfachen Befruchtung vorhanden ist. Es entspricht dem Makrogametophyten ohne den Eiapparat, ist also haploid. Es dient auf jeden Fall als Nährstoffspei-

Merksatz

Endospermbildung: Gymnosperme mit primärem Endosperm, das auch entsteht, wenn es bei Ausbleiben einer Befruchtung überflüssig ist; Angiosperme mit sekundärem Endosperm, das nur ausgebildet wird, wenn es nach doppelter Befruchtung und damit Embryobildung tatsächlich benötigt wird.

cher. Demgegenüber bedeutet das sekundäre Endosperm der Angiospermen einen Fortschritt. Denn der Aufwand, es zu bilden und gegebenenfalls Nährstoffe darin zu speichern, wird nur dann gemacht, wenn die Eizelle befruchtet wurde und wirklich ein Embryo heranwächst.

Der triploide Embryosackkern macht meistens mehrere Teilungen durch, bevor sich die dadurch angelieferten Zellkerne mit einem Anteil Cytoplasma und Plasmalemma umgeben (*nukleäre Endospermbildung*). In anderen Fällen gehen Kern- und Zellteilungen einander parallel (*zelluläre Endospermbildung*). Das Endosperm kann später völlig resorbiert werden, wie bei Apfelsamen als dünnes Häutchen erhalten bleiben oder sich wie bei den Gräsern zu einem massigen Reservestoffspeicher entwickeln.

Der *Samen* besteht schließlich aus dem Embryo, gegebenfalls einem Endosperm oder Perisperm und der Samenschale. Das Perisperm bildet sich aus dem Nucellus. Die Samenschale (Testa) entwickelt sich aus den beiden Integumenten (Abb. 4.4.13).

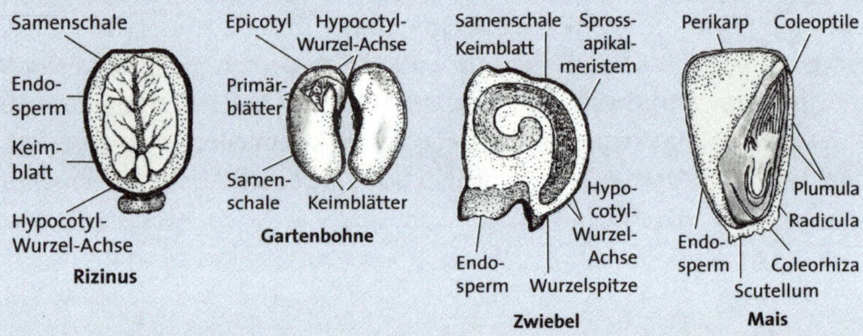

Abb. 4.4.13 Einige Samentypen. Die Reservestoffspeicherung erfolgt im Endosperm und in den Kotyledonen bei der Zwiebel (*Allium cepa*), im Endosperm bei Ricinus (*R. communis*) und Mais (*Zea mays*), in den Kotyledonen bei der Garten-Bohne (*Phaseolus vulgaris*) (RAVEN et al. 2000).

4.4.4 Früchte und Fruchtformen

Früchte können sich auch ohne vorhergehende Befruchtung entwickeln. Dann spricht man von *Parthenokarpie*. Solche Früchte enthalten keine Samen. Spontan entstehen sie vor allem an Kulturpflanzen wie Bananen oder Weinbeeren. Durch Behandlung mit Phytohormonen kann man sie auch experimentell induzieren, etwa parthenokarpe Weinbeeren oder Äpfel mit Hilfe von GAs.

In der normalen Fruchtentwicklung spielt Ethylen als Hormon der Fruchtreife oder -überreife eine wichtige Rolle. Unter seinem Einfluss werden auch Polygalakturonasen gebildet, die pektinhaltige Zellwände abbauen. Die Früchte werden dann »matschig«. Obwohl die Rolle der

Gentechnik, die in diesem Buch überall gegeben ist, aus Platzgründen nicht behandelt werden kann, soll hier eine Ausnahme gemacht werden. Mit gentechnischen Methoden kann man entweder die Transkription der Gene für Polygalacturonasen oder derjenigen für die Ethylensynthese (ACC, → Seite 126) hemmen. Das Ergebnis ist in beiden Fällen gleich: die Polygalacturonasen fallen aus und pektinhaltige Wände bleiben deshalb länger erhalten. So konnte man die *Antimatsch-Tomate* konstruieren, die als erster pflanzlicher Gentechnisch veränderter Organismus (GVO) 1994 in den Handel kam.

Definition

Die Frucht ist die Blüte im Zustand der Samenreife.

Normalerweise entwickeln sich die Früchte nach einer Befruchtung und schließen dann Samen ein. Auch die Definition der Frucht bezieht sich darauf. Die Fruchtwand (*Perikarp*) entwickelt sich aus dem Fruchtknoten. Man kann an ihr (bis zu) drei Wandschichten unterschieden, von außen nach innen das Exo-, Meso- und Endokarp. Dass Fruchtwände Keim hemmstoffe enthalten können, wurde schon besprochen (→ Seite 160). Doch überwiegen andere Funktionen: Schutz der Samen, Lockstoffe für tierische Verbreiter der Samen und Einrichtungen zur Verbreitung der Samen. Im Folgenden werden die wichtigsten Fruchtformen genannt.

Einzelfrüchte

4.4.4.1

Einzelfrüchte gehen aus jeweils einem Fruchtknoten hervor, der ein- oder mehrsamig sein kann.

Streufrüchte. Hier öffnen sich die Früchte auf der Pflanze. Die bei der reifen Frucht trockenen Fruchtwände weichen zumindest partiell auseinander und entlassen mehrere bis zahlreiche Samen (Abb. 4.4.14).

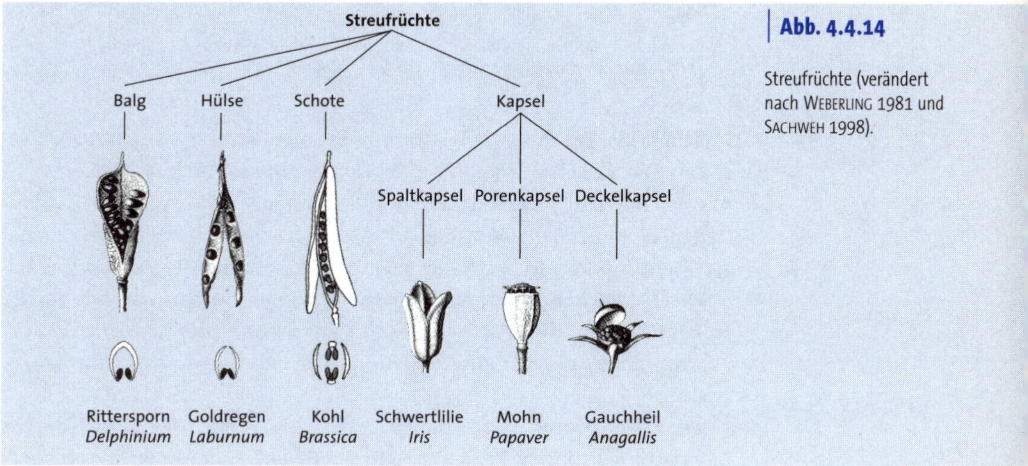

Abb. 4.4.14

Streufrüchte (verändert nach WEBERLING 1981 und SACHWEH 1998).

- *Balg:* Ein Balg besteht aus einem Fruchtblatt, das sich mit der Bauchnaht öffnet. Bälge finden sich bei einer ganzen Reihe von Hahnenfußgewächsen (Ranunculaceae) wie z.B. beim Rittersporn (*Consolida*).
- *Hülse:* Wieder ist nur ein Fruchtblatt vorhanden, das sich aber an der Bauchnaht *und* entlang des Rückens öffnet. Hülsen kennzeichnen u.a. die Schmetterlingsblütengewächse (Fabaceae) wie die Bohnen (*Phaseolus*).
- *Schote:* Bei ihr finden sich zwei Fruchtblätter, die sich beim Öffnen von einer mittleren unechten Scheidewand lösen. Unecht ist sie deswegen, weil sie nicht von den Fruchtblättern selbst gebildet wird, sondern von deren randlichen Auswachsungen. Sie finden sich bei Kreuzblütlern (Brassicaceae) wie dem Raps (*Brassica napus*).
- *Kapsel:* Zwei bis mehrere Fruchtblätter können die Kapsel bilden. Sie öffnet sich mit Längsspalten wie bei Tulpe (*Tulipa)*, Kaiserkrone (*Fritillaria)* und Herbst-Zeitlose (*Colchicum*), mit Poren wie beim Mohn (*Papaver*) oder mit Deckeln wie beim Bilsenkraut (*Hyoscyamus*) und Gauchheil (*Anagallis*).

Abb. 4.4.15

Schließfrüchte (verändert nach WEBERLING 1981).

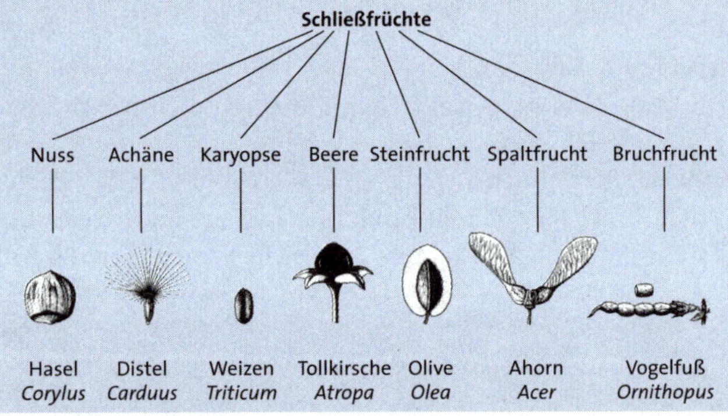

Schließfrüchte. Bei ihnen fallen die ein- bis mehrsamigen Früchte als Ganzes ab. Die Samen werden oft über Tiere verbreitet (Abb. 4.4.15).

- *Nuss:* Einsamig. Das Perikarp besteht weitgehend aus sklerenchymatischen Steinzellen. Beispiele sind die Haselnuss (*Corylus*), die Eichel (*Quercus*) oder die Nüsschen vieler Hahnenfußgewächse (Ranunculaceae), etwa der Anemone (*Anemone*). Bei Sonderformen, die wir bereits kennen, sind die Frucht- und die Samenwand miteinander verwachsen: Achäne der Korbblütler (Asteraceae) und Karyopse der Gräser (Poaceae).
- *Beere:* Mehrsamig. Das Perikarp ist fleischig, wobei das Exokarp derber gebaut sein kann. Beispiele: Banane (*Musa*), Heidelbeere (*Vaccinium*),

Weinbeere (*Vitis*) oder die Früchte verschiedener Nachtschattengewächse (Solanaceae): Kartoffelfrucht (*Solanum*), Tollkirsche (*Atropa*), Tomate (*Lycopersicon*).

- *Steinfrucht:* Einsamig. Das Mesokarp ist fleischig, das Endokarp sklerenchymatisch »stein«hart. Beispiele: Kirschen und Pflaumen (*Prunus*), Olive (*Olea*), Kokosnuss (*Cocos*; hier bildet das Mesokarp eine Faserschicht).
- *Spalt- und Bruchfrüchte:* Zunächst mehrsamig, doch dann Zerfall in einsamige Teilfrüchte. Erfolgt der Zerfall entlang der Grenzen der Fruchtblätter, handelt es sich um Spaltfrüchte wie bei Malven (*Malva*) oder Ahorn (*Acer*), sonst um Bruchfrüchte wie bei der Gliederschote des Vogelfußes (*Ornithopus*) oder Hederichs (*Raphanus*).

Sammelfrüchte

4.4.4.2

In Sammelfrüchten werden jeweils mehrere Fruchtknoten zusammengefasst. Oft beteiligt sich der Blütenboden an der Fruchtbildung (Abb. 4.4.16). Beispiele sind Himbeere und Brombeere (*Rubus*), die aus vielen einzelnen Steinfrüchten zusammengesetzt sind (Sammelsteinfrüchte), die Erdbeere (*Fragaria*), bei der Nüsschen dem Fruchtfleisch aus der Fruchtachse aufsitzen, oder die Apfelfrüchte bei Apfel (*Malus*) und Birne (*Pyrus*). Bei ihnen stammt nur das leicht sklerenchymatische Kerngehäuse von den Fruchtblättern; das darum herum liegende Fruchtfleisch ist eine Bildung der Blütenachse. Bei der Hagebutte (*Rosa*) werden Nüsschen von Achsengewebe umgeben.

Fruchtstände

4.4.4.3

In ihnen werden ganze, fruchtende Blütenstände vereinigt. Sie werden als Ganzes verbreitet (Abb. 4.4.16). Beispiele sind die Ananas (*Ananas*), die Feige (*Ficus*) und die Maulbeere (*Morus*).

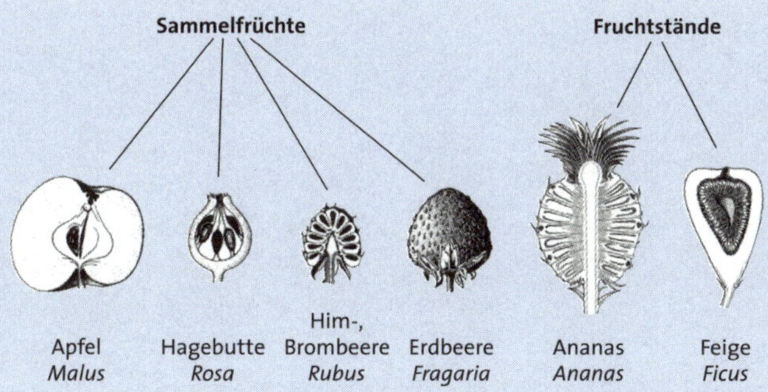

Abb. 4.4.16

Sammelfrüchte und Fruchtstände (verändert nach WEBERLING 1981 und nach RAUH aus TROLL 1973).

An die Freisetzung der Samen aus den Früchten schließt sich mit der Samenkeimung ein neuer Entwicklungszyklus an. Damit ist auch der Kreislauf in diesem Buch geschlossen, der mit Hauptkapitel 3 (→ Seite 156) begonnen hatte.

Fragen (Seitenverweise zur Beantwortung)

1 ● Schildern Sie die vier Mechanismen zur Förderung der Fremdbestäubung! (S. 280).

2 ● Aus welchen Teilen des Pollen stammen die Genprodukte, die bei der SSI mitspielen? (S. 285).

3 ● Welche Zellen bzw. Kerne fusionieren bei der doppelten Befruchtung der Angiospermen miteinander? Was bildet sich aus den Fusionsprodukten? (S. 286).

4 ● Wie unterscheiden sich Balg und Hülse? (S. 290).

5 ● Welche der folgenden Früchte ist *keine* Beere: Banane, Erdbeere, Heidelbeere, Tomate, Weinbeere? (S. 291).
(Eine ähnliche Frage wurde in einem Fernsehquiz gestellt. An einem Stammtisch im Hochschwarzwald wurde auch der Autor um die Beantwortung dieser Quizfrage gebeten. Er hat, das könnte manchen Leser interessieren, trotz vorgerückter, Gutedel-trächtiger Stunde die richtige Antwort gegeben. Seitdem haben zumindest einige Schwarzwälder keine Zweifel mehr, dass der Autor Botaniker ist).

Literaturverzeichnis

Quellenverzeichnis der Abbildungen
(soweit nicht in Literatur)

AAZIZ, R., DINANT, S. und EPEL, B. (2001): Trends Plant Sci. 6, 326–330.

BHATT, A., CANALES, C. und DICKINSON, H. (2001): Trends Plant Sci. 6, 114–121.

BRIGGS, W. und CHRISTIE, J. (2002): Trends Plant Sci. 7, 204–210.

BUCHANAN, B., GRUISSEM, W. und JONES, R. (2000): Biochemistry and Molecular Biology of Plants. American Soc. of Plant Physiologists, Rockville, Maryland.

BÜNNING, E. (1953): Entwicklungs- und Bewegungsphysiologie der Pflanze. 3. Aufl. Springer, Berlin.

CULLIMORE, J., RANJEVA, R. und BONO, J.-J. (2001): Trends Plant Sci. 6, 24–30.

FISCHER, N. (2003): Transformation der Sonnenblume (*Helianthus annuus* L.) mit den Pilzresistenzgenen für Chitinase und Glucanase. Dissertation Univ. Hohenheim, Fakultät Naturwissenschaften.

GUTTENBERG, H. VON (1952): Lehrbuch der Allgemeinen Botanik. 2. Aufl. Akademie-Verlag, Berlin.

HARRANT, H. und JARRY, D. (1963): Guide du Naturaliste dans le Midi de la France II. Delachaux & Niestlé, Neuchatel.

HESS, D. (1968): Biochemische Genetik. Springer, Berlin.

HISCOCK, S. und MCINNIS, S. (2002): Plant Biol. 5, 23–32.

KÜHN, A. (1965): Vorlesungen über Entwicklungsphysiologie. 2. Aufl. Springer, Berlin.

LEDBETTER, M. und PORTER, K. (1970): Introduction to the Fine Structure of Plant Cells. Springer, Berlin.

LEHNINGER, A., NELSON, D. und COX, M. (1994): Prinzipien der Biochemie. 2. Aufl. Spektrum, Heidelberg.

LICHTENTHALER, H. (1999): Ann. Rev. Plant Physiol. Plant Mol. Biol. 50, 47–65.

MOTHES, K. (1960): Naturwiss. 47, 337–351.

MUDAY, G. und DELONG, A. (2001): Trends Plant Sci. 6, 535–542.

MUSTARDY, L. und GARAB, G. (2003): Trends Plant Sci. 8, 117–122.

OEHLKERS, F. (1956): Das Leben der Gewächse. Springer, Berlin.

OSCHE, G. (1973): Ökologie. Herder, Freiburg.

PALME, K., OTTENSCHLÄGER, I. und WOLFF, P. (2002): Bioforum 25, 666–668.

SACHWEH, U. (1998): Grundlagen des Gartenbaus. 4. Aufl. Ulmer, Stuttgart.

SOLTIS, E., et al. (2002): Trends Plant Sci. 7, 22–31.

TROLL, W. (1973): Allgemeine Botanik. 4. Aufl. Enke, Stuttgart.

WAGNER, H. (1969): Rauschgift-Drogen. Springer, Berlin.

WALTER, H. (1950): Grundlagen des Pflanzenlebens. 3. Aufl. Ulmer, Stuttgart.

WILLIAMS, L., LEMOINE, R. und SAUER, N. (2000): Trends Plant Sci. 5, 283–290.

Literatur

Um Wiederholungen zu vermeiden, wurde die Literatur nicht nach den Kapiteln dieses Buches, sondern nach Fachgebieten gegliedert. Von Ausnahmen abgesehen wurden dem einführenden Charakter entsprechend nur deutschsprachige, überwiegend nach 1980 erschienene Buchveröffentlichungen aufgeführt. Es sei darauf hingewiesen, dass sich unter den Bildquellen nicht nur zuvor erschienene »Klassiker« finden, sondern außerdem empfehlenswerte moderne englischsprachige Publikationen. Die der Kürze wegen notwendige Auswahl beinhaltet keine Wertung.

Allgemeine Botanik

KULL, U. (2000): Grundriss der Allgemeinen Botanik. 2. Aufl. Spektrum, Heidelberg.

LÜTTGE, U., KLUGE, M. und BAUER, G. (2002): Botanik. 4. Aufl. Wiley-VCH, Weinheim.

NULTSCH, W. (2001): Allgemeine Botanik. 11. Aufl. Thieme, Stuttgart.

RAVEN, P., EVERT, R. und EICHHORN, S. (2000): Biologie der Pflanzen. 3. Aufl. Gruyter, Berlin.

STRASBURGER, E. (1991): Lehrbuch der Botanik. 33. Aufl. G. Fischer, Stuttgart.

STRASBURGER, E. (2002): Lehrbuch der Botanik. 35. Aufl. Spektrum, Heidelberg.

Cytologie, Anatomie, Morphologie

BELL, A. (1994): Illustrierte Morphologie der Blütenpflanzen. Ulmer, Stuttgart.

BOWES, G. (2001): Farbatlas Pflanzenanatomie. Parey, Berlin.

ESCHRICH, W. (1995): Funktionelle Pflanzenanatomie. Springer, Berlin.

GUNNING, B. und STEER, M. (1996). Bildatlas zur Biologie der Pflanzenzelle. 4. Aufl. Gustav Fischer, Stuttgart.

WEBERLING, F. (1981): Morphologie der Blüten und Blütenstände. Ulmer, Stuttgart.

Physiologie, Biochemie, Molekularbiologie

ALBERTS, B., BRAY, D., LEWIS, J., RAFF, M., ROBERTS, K. und WATSON, J. (1995): Molekularbiologie der Zelle. 4. Aufl. VCH, Weinheim.
ALBERTS, B., BRAY, D., JOHNSON, A., LEWIS, J., RAFF, M., ROBERTS, K. und WALTER, P. (2001): Lehrbuch der Molekularen Zellbiologie. 2. Aufl. Wiley-VCH, Weinheim.
BAUMEISTER, W. und ERNST, W. (1978): Mineralstoffe und Pflanzenwachstum. 3. Aufl. Gustav Fischer, Stuttgart.
BERGFELD, R. (1977). Sexualität bei Pflanzen. Ulmer, Stuttgart.
BICKEL-SANDKÖTTER, S. (2003): Nutzpflanzen und ihre Inhaltsstoffe. 2. Aufl. Quelle & Meyer, Wiebelsheim.
BIELKA, H. und BÖRNER, T. (1995): Molekulare Biologie der Zelle. Gustav Fischer, Jena.
BRAUN, H. (1992): Bau und Leben der Bäume. 3. Aufl. Rombach, Freiburg i.Br.
HÄDER, D. (Hrsg.) (1999): Photosynthese. Thieme, Stuttgart.
HAUPT, W. (1977): Bewegungsphysiologie der Pflanzen. Thieme, Stuttgart.
HELDT, H. (1999): Pflanzenbiochemie. 2. Aufl. Spektrum, Heidelberg.
HEMLEBEN, V. (1990): Molekularbiologie der Pflanzen. Gustav Fischer, Stuttgart.
HESS, D. (1968): Biochemische Genetik. Springer, Berlin.
HESS, D. (1981): Entwicklungsphysiologie der Pflanzen. 4. Aufl. Herder, Freiburg.
HESS, D. (1982): Genetik. 9. Aufl. Herder, Freiburg.
HESS, D. (1999): Pflanzenphysiologie. 10. Aufl Ulmer, Stuttgart.
KINDL, H. und WÖBER, G. (1994): Biochemie der Pflanzen. 4.Aufl. Springer, Berlin.
KINZEL, H. (1989): Stoffwechsel der Zelle. Ulmer, Stuttgart 1989.
KLEINIG, H. und MAIER, U. (1999): Zellbiologie. 4. Aufl. Spektrum, Heidelberg.
KNIPPERS, R. (2001): Molekulare Genetik. 8. Aufl. Thieme, Stuttgart.
KUTSCHERA, U. (2002): Prinzipien der Pflanzenphysiologie. 2. Aufl. Spektrum, Heidelberg.
LEWIN, B. (2002): Molekularbiologie der Gene. Spektrum, Heidelberg.
LIBBERT, E. (1993): Lehrbuch der Pflanzenphysiologie. 5. Aufl. Gustav Fischer, Jena.
LODISH, H., BERK, A., ZIPURSKI, S., MATSUDAIRA, P., BALTIMORE, D. und DARNELL, J. (2001): Molekulare Zellbiologie. 4. Aufl. Spektrum, Heidelberg.
LÖSCH, R. (2003): Wasserhaushalt der Pflanzen. 2. Aufl. Quelle & Meyer, Wiebelsheim.
MENGEL, K. (1991): Ernährung und Stoffwechsel der Pflanze. 7. Aufl. Gustav Fischer, Jena.
NELSON, D und COX, M. (2001): Lehninger Biochemie. Springer, Berlin.
REINHARD, E., DINGERMANN, T., KREIS, W. und RIMPLER, H. (2001): Pharmazeutische Biologie. 6. Aufl. Wiss. Verlagsges., Stuttgart.
RICHTER, G. (1996): Biochemie der Pflanzen. Thieme, Stuttgart.
RICHTER, G. (1998): Stoffwechselphysiologie der Pflanzen. 6. Aufl. Thieme, Stuttgart.
SCHOPFER, P. und BRENNICKE, A. (1999): Pflanzenphysiologie. 5. Aufl. Springer, Berlin.
STRYER, L. (1996): Biochemie. 4. Aufl. Spektrum, Heidelberg.
TAIZ, L. und ZEIGER, E. (1999): Physiologie der Pflanzen. Spektrum, Heidelberg.
WESTHOFF, P., JESKE, H., JÜRGENS, G., KLOPPSTECH, K. und LINK, G. (1996): Molekulare Entwicklungsbiologie. Vom Gen zur Pflanze. Thieme, Stuttgart.
WILD, A. (2003): Pflanzenphysiologie in Fragen und Antworten. Quelle & Meyer, Wiebelsheim.

Ökologie

FREY, W. und LÖSCH, R. (1998): Lehrbuch der Geobotanik. Spektrum, Heidelberg.
HARBORNE, J. (1995): Ökologische Biochemie. Spektrum, Heidelberg.
HESS, D. (1990): Die Blüte. 2. Aufl. Ulmer, Stuttgart.
HESS, D. (2001): Alpenblumen. Ulmer, Stuttgart.
KINZEL, H. (1982): Pflanzenökologie und Mineralstoffwechsel. Ulmer, Stuttgart.
LARCHER, W. (2001): Ökophysiologie der Pflanzen. 6. Aufl. Ulmer, Stuttgart.
LEINS, P. (2000): Blüte und Frucht. Schweizerbart, Stuttgart.
LÜTTIG, A. und KARSTEN, J. (2003): Hagebutte & Co. Blüten, Früchte und Ausbreitung europäischer Pflanzen. Fauna Verlag, Nottuln.
SCHLEE, D. (1992): Ökologische Biochemie. 2. Aufl.Gustav Fischer, Jena.
SLACK, A. (1985): Karnivoren. Ulmer, Stuttgart.
VARESCHI, V. (1980): Vegetationsökologie der Tropen. Ulmer, Stuttgart.
WERNER, D. (1987): Pflanzliche und mikrobielle Symbiosen. Thieme, Stuttgart.
WILLERT, D. J. v., MATYSSEK, R. und HERPPICH, W. (1995): Experimentelle Pflanzenökologie. Thieme. Stuttgart.

Sonstiges

BALICK, M. und COX, P. (1997): Drogen, Kräuter und Kulturen. Spektrum, Heidelberg.

BECKER, H. (1993): Pflanzenzüchtung. Ulmer, Stuttgart.

EHRHARD, W., GÖTZ, E., BÖDEKER, N. und SEYBOLD, S. (2002): Zander. Handwörterbuch der Pflanzennamen. 17. Aufl. Ulmer, Stuttgart.

FRANKE, W. (1989): Nutzpflanzenkunde. 4. Aufl. Thieme, Stuttgart.

FROHNE, D. und JENSEN, U. (1998): Systematik des Pflanzenreichs unter besonderer Berücksichtigung chemischer Merkmale und Drogen. 5. Aufl. Wiss. Verlagsges., Stuttgart.

HEINRICH, M. (2001): Ethnopharmazie und Ethnobotanik. Wiss. Verlagsges, Stuttgart.

HESS, D. (1992): Biotechnologie der Pflanzen. Ulmer, Stuttgart.

KREIS, W., BARON, D. und STOLL, G. (2001): Biotechnologie der Arzneistoffe. Dt. Apotheker Verlag, Stuttgart.

RÄTSCH, C. (2002): Enzyklopädie der psychoaktiven Pflanzen. 6. Aufl. AT-Verlag, Aarau.

SCHUBERT, R. und WAGNER, G. (2000): Botanisches Wörterbuch. 12. Aufl. Ulmer, Stuttgart.

SEYBOLDT, S. (2002): Die wissenschaftlichen Namen der Pflanzen und was sie bedeuten. Ulmer, Stuttgart.

SPRING, O. und BUSCHMANN, H. (1998): Grundlagen und Methoden der Pflanzensystematik. Quelle & Meyer, Wiebelsheim.

WAGENITZ, G. (1996): Wörterbuch der Botanik. Spektrum, Heidelberg.

WEBERLING, F. und SCHWANTES, H. (2000): Pflanzensystematik. 7. Aufl. Ulmer, Stuttgart.

Glossar

Außer der sprachlichen Ableitung (engl. = englisch, fr. = französisch, gr. = altgriechisch, lat.= lateinisch, it. = italienisch) wird meistens auch die Bedeutung in der Fachsprache angegeben. Besonders wichtige Fachausdrücke, die im Text **genau** sprachlich erklärt und definiert wurden, finden sich hier nur im Ausnahmefall. Doch zahlreiche weitere Begriffe wurden aufgenommen, auch wenn sie im Text bereits behandelt worden waren. Damit soll dem Anfänger der Einstieg in die Wissenschaftssprache erleichtert werden. Vollständigkeit war schon aus Platzgründen nicht möglich. So findet sich kaum ein Begriff, der im DUDEN enthalten ist, sofern er dort im gleichen Sinn gebraucht wird. Solche Bezeichnungen dürften genügend eingedeutscht sein.

a- , an-: gr. a-, an- = Verneinungssilbe.

Achäne: → a; gr. chainein = sich öffnen. Fruchtform der Asteraceen, bei der Samen- und Fruchtschale miteinander verwachsen sind. Sie öffnet sich als Schließfrucht nicht.

adult: lat. adultus = erwachsen.

Adventivwurzeln: lat. advenire = ankommen, (her)ausbrechen. Wurzeln, die an ungewöhnlichen Stellen gebildet werden, meist am Spross

äqual: lat. aequus = gleich.

Aglykon, Plural **Aglyka:** → **a**; gr. glykys = süß. Stoffe, die keine Zucker sind.

Aleuron: gr. aleuron = (Weizen-) Mehl.

Allele: gr. allelos = gegenseitig, »einander gegenüber«. Ausfertigungen eines → Gens, die auf homologen Chromosomen im gleichen Genort liegen. Bei der Parallelkonjugation homologer Chromosomen in der Prophase der → Meiosis ist das einander gegenüber räumliche Realität. Solche Allele können gleich, aber auch verschieden sein.

Allelopathikum: gr. allelos = (hier) gegenseitig; gr. pathos = Leid. Von einer Pflanze ausgeschiedene Substanz, die einer anderen Pflanze gleicher oder verschiedener Art schadet.

Amyloplasten: gr. amylon = Stärke; gr. plastos = gebildet, geformt. Stärkespeichernde Plastiden.

ana-: gr. ana = hinauf, wieder.

Anemochorie: gr. anemos = Wind; gr. chora = Raum. Überwindung des Raums mit Hilfe des Windes, also Windbestäubung.

Angiospermen: gr. angieion = Gefäß; gr. sperma = Samen. Bedecktsamer.

Anionen-Efflux-Carrier: → Efflux; → Carrier

Anthere: gr. antheros = blühend. Staubbeutel.

Antheridien: → Anthere; gr. idein = ähnlich sein. Einer Anthere ähnlich. Männliches Gametangium.

Anthophyta: gr. anthos = Blüte; → Phyton. Blütenpflanzen. Synonym Spermatophyta.

anti-: gr. anti = gegen. In Zusammensetzungen.

Anticodon: → anti, → Codon. Basentriplett auf der tRNA, das bei der Translation mit dem komplementären Codon auf der mRNA paart.

antiklin: → anti; gr. klinein = neigen; Bezieht sich auf die Stellung der Zellwand (nach Zellteilungen) senkrecht zur Oberfläche.

antiparallel: → anti. Im DNA-Doppelstrang verlaufen die Einzelstränge einander paralllel, aber mit gegenläufiger Polarität.

Antipoden: → anti; gr. pous (sprich »pus«), Genitiv podos = Fuß. Gegenfüßler, hier die drei Zellen, die im Embryosack der Eizelle und den Synergiden gegenüber liegen.

Anulus: lat. anulus = Ring.

apo-: gr. apo = von, weg.

Apoenzym: → apo-;. → Enzym. Proteinanteil eines → Holoenzyms.

Apoplast: → apo-; → -plast. Gesamtbereich außerhalb des Plasmalemmas.

Aquaporine: lat. aqua = Wasser, lat. porus = Durchlass, Pore. Durchlassstellen nur für Wasser im Plasmalemma.

äquifacial: → aequus; lat. facies = Aussehen. Gleiches Aussehen der Ober- und Unterseite eines Blattes.

Arche: gr. arche = Anfang, Ursprung, Ende, Zipfel (eines Gefäßbündels).

Archegonien : → Arche; → Gone. »Ursprüngliche« Form von → Oogonien.

Assimilation: lat. assimilare = ähnlich machen. Überführung körperfremder in körpereigene Substanz.

Assimilationsstärke: → Assimilation, hier im Sinn von Photosynthese. Vorübergehend (→ transitorisch) unmittelbar nach der Photosynthese in Chloroplasten gespeicherte Stärke.

außerkaryotisch: → karyo-. Außerhalb des Zellkerns.

auto-: gr. autos = selbst. In Zusammensetzungen.

avirulent: → a-; nicht krankheiterregend.

Bacteroide: gr. bakteria = Stab; gr. idein = aussehen wie, ähneln. Bakterienähnlich. Bei der Wurzelköllchensymbiose stark veränderte Bakterien, die Luftstickstoff binden.

bi- (bis-): lat. bis = zwei, zweimal. In Zusammensetzungen.

bifacial: → bi; lat. facies = Aussehen. Verschiedenes Aussehen der beiden Seiten eines Blattes.

biarch: → bis- (bi-); → Arche, entsprechend triarch, tetrarch etc. Xylem der Wurzel im Querschnitt mit 2, 3, 4 etc. Strahlen

Carnivorie: lat. carnis = Fleisch; lat. vorare = fressen. Zusätzliche Ernährungsweise über Fleischnahrung bei manchen Pflanzen. Meistens → Insectivorie.

Carrier: engl. carier = Träger

Cellulose: lat. cella = Kammer. Mit Verkleinerungssilbe »ul« = kleine Kammer, Zelle. Aus β-Glucose aufgebautes, hochpolymeres Kohlenhydrat; wichtige Wandsubstanz.

Cellobiose: → Cellulose; lat. bis = zweimal (2 Glucosen in Cellobiose).

Centromer: lat. centrum = Mittelpunkt; gr. meros Teil. Primäre Einschnürung des Chromosoms, an der die Platten des → Kinetochors ausgebildet werden. Die sekundäre Einschnürung ist der → Nucleolus-Organisator.

Centroplasma: gr. plasma = Gebilde; lat. centrum = Mittelpunkt. Cytoplasma an den Polen einer Mitosespindel.

Chiasma: gr. chiasmos = Überkreuzung von zwei Nicht-Schwesterchromatiden in der Prophase der → Meiosis. Chiasma bezeichnet nur den optischen Eindruck, der vorangegangene Stückaustausch zwischen Nicht-Schwesterchromatiden wird als **Chiasmatypie** bezeichnet. Die Chiasmatypie entspricht dem **Crossing-over** des Genetikers.

Chloro-: gr. chloros = hellgrün, gelbgrün. In Zusammensetzungen.

Chloroplasten: → chloro-; gr. plastos = gebildet, geformt. Chlorophyllbildende → Plastiden, Organellen der Photosynthese.

chorikarp: gr. choris = abgesondert, getrennt; gr. karpos = Frucht. Bezeichnung für Früchte, bei denen jedes Fruchtblatt einen eigenen Fruchtknoten bildet.

Chromatide: → Chromosom; gr. idein = aussehen wie, ähneln. Nicht repliziertes Chromosom.

Chromatin: gr. chroma = Farbe. Grundmasse der Chromosomen aus u.a. DNA, RNA und Proteinen (Enzyme, Strukturproteine), die sich nach entsprechenden Anfärbungen vom Cytoplasma absetzt.

Chromo-: gr. chroma = Farbe. In Zusammensetzungen.

Chromophor: → chromo-; gr.phoreus = Träger. Farbstoffkomponente.

Chromoplasten: → chromo-; gr. plastos = gebildet, geformt. → Plastiden mit in der Regel Carotinoiden als gelbe bis rote Farbstoffe.

Chromosom: → chromo-, gr. soma = Körper. Träger der Gene im Zellkern, deren DNA sich mit bestimmten Stoffen anfärben lässt.

co-, con- : lat. co-, con- = zusammen mit, zusammen. In Zusammensetzungen.

Code: engl. = Schlüssel.

Codogen: → Code, → Gen. (gennan) Basen-Triplett auf der DNA, das bei der Transkription ein → Codon auf der mRNA liefert.

Codon: → Code. Basentriplett auf der RNA, das als Schlüssel für den Einbau einer bestimmten Aminosäure in Protein dient.
Coenzym: lat. co = zusammen, miteinander. Wirkgruppe eines → Holoenzyms.
coenokarp: gr. koinos = gemeinsam; gr. karpos = Frucht. Bezeichnung für Früchte, bei denen mehrere Fruchtknoten eine gemeinsame Frucht aufbauen.
Columella: lat. columella = kleine Säule. Zentralbereich der Wurzelhaube (→ Kalyptra).
convulsivus: lat. convellere = losreißen, herausreißen, erschüttern.
Core: engl. core = Kern.
Corpus: lat. corpus = Körper. Zentral liegender Anteil des SAM, dessen Zellen sich → antiklin und → periklin teilen.
cotranslational: → co-; zusammen (gleichzeitig) mit der Translation.
Cuticula: lat. cutis = Haut, Verkleinerungssilbe ul, also Häutchen.
Cutin: lat. cutis = Haut. Substanzen, aus denen die → Cuticula besteht.
cyanogen: gr. kyanos = blau; gr. → Gen (gennan). Cyano- bezieht sich hier auf Cyanwasserstoff, also: blausäureerzeugend.
cyto-: gr. kytos = Höhlung. In Zusammensetzungen = zell-.
Cytochrom: → cyto-; → chroma. Wichtige Redoxsysteme mit Eisen als Redoxkomponente.
Cytokinese: → cyto-; gr. kinesis = Bewegung; Cytokinese = Zellbewegung, wobei mit Bewegung die Teilungsvorgänge gemeint sind, also Cytokinese = Zellteilung.
Cytoplasma: → cyto-, gr. plasma = Gebilde. Zellbereich innerhalb des → Plasmalemmas.
Cytosol: → cyto, lat. sol = Flüssigkeit, Lösung. »Sol«-artige Komponente des Cytoplasmas.
Cytostatica: → **cyto-;** lat. stare = stehen bleiben. Zellteilungshemmende Stoffe.

de-: lat. de = herab, weg von, weg mit. In Zusammensetzungen.
Decarboxylierung: → de. Hier Entfernung der Carboxylgruppe.
Defensine: lat. defendere = verteidigen, abwehren. Pilzhemmende Peptide.
Deglucosidierung: → de; Entfernung von Glucose.
Dehydrine: → de; gr hydor = Wasser. Proteine, die bei Wassermangel gebildet werden können.
Dendrochronologie: gr. dendron = Baum; Wissenschaft von der Zeitmessung mit Hilfe von Jahresringen der Bäume.
Deplasmolyse: → de; → Plasmolyse. Rückführung aus dem plasmolysierten in den Ausgangszustand.
derma-: gr. derma = Haut. In Zusammensetzungen.
Dermatogen: → derma; → Gen (gennan). »Hautbildner«. Prospektive Rhizodermis.
Desaturieren: → de; lat. saturare = sättigen. Also ungesättigt machen, d.h. durch Entzug von Wasserstoff (Dehydrierung) ungesättigte Verbindungen herstellen
Desmotubulus: gr. desmos = Band, Verbindung; lat. tubulus = kleine Röhre. Mittlerer Teil eines → Plasmodesmos.
di-: gr. = zwei-. In Zusammensetzungen.
Diakinese: gr. dia = auseinander; auch durch - hindurch. gr. kinesis = Bewegung. Stadium in der Prophase der → Meiosis, in dem Chromatidentetraden zur Äquatorialplatte wandern.
Dichogamie: gr. dichotomos = zweigeteilt; gr. gamein = heiraten. Bestäubungsweise, bei der die Staubblätter und Stempel ungleichzeitig reifen, wodurch die Selbstbestäubung erschwert wird. → Proterandrie; → Proterogynie.
Dictyosom: gr. dictyon = Netz., gr. soma = Körper. Aus flachen Cisternen mit randlich abgeschnürten Vesikeln bestehende Organelle, die der Leitung und Synthese von Stoffen dient.
Dioezie: gr. di = zwei, beide; gr, oikos = Haus. Geschlechter auf zwei verschiedenen »Häusern«: Zweihäusigkeit
dimer: → di-; gr. meros = Teil. Aus zwei Teilen bestehend. Auch Hauptwort.
diploid: gr. diploos = doppelt; → -eides. Bezeichnung für Zellen und Organismen mit doppeltem Chromosomensatz.
Diplont: gr. diploos = doppelt; → on. Zelle oder Organismus mit doppeltem Chromsomensatz.
Diplotän: gr. diploos = doppelt; gr. tainia = Band. Stadium in der Prophase der → Meiosis, in dem die jeweiligen Schwesterchromatiden**paare** mikroskopisch sichtbar werden.
diurnal: lat. diurnus = täglich.
dominant: lat. dominari = beherrschen. Dominant nennt man Allele, die sich in ihrer → Expression gegenüber dem Partner-Allel durchsetzen. Die auf ein dominantes Allel zurückgehende Merkmalsbildung tritt im Erbgang auf.
Dormanz: lat. dormire = schlafen. Ruhezustand.

Ecdyson: gr. ekdyein = ausziehen (die alte Haut). Häutungshormon.
Efflux: lat. effluere = ausfließen.
-eides: gr. idein (eidein) = aussehen wie, ähnlich sein. In Zusammensetzungen.

Ein-Gen-Zwegmutanten: Zwergformen, die auf Mutation nur eines Gens zurückgehen.

Elongation: engl. elongate = verlängern. Verlängerung einer Reaktionsfolge.

Embryogenese : → Genese. Embryonalentwicklung.

Emergenz: lat. emergere = auftauchen. Auswuchs z.B. an der Oberfläche eines Blattes.

endo-: gr. endon = innen. In Zusammensetzungen.

Endocytose: → endo-, → cyto-. Spezielle Art der Aufnahme in die Zelle, bei der der Import von einer Membran des aufnehmenden Systems umgeben wird.

Endodermis: → Endo; → derma. Inneres Abschlussgewebe; äußerste Schicht des Zentralzylinders.

endogen: → Endo; → Gen (gennan): von innen her gebildet.

Endokarp: → Endo-; gr. karpos = Frucht. Innerste Fruchtwandung.

Endomitose: → Endo; → Mitose. Mitose, die innerhalb des Zellkerns abläuft, also keine Kernteilung.

Endoplasmatisches Reticulum: → endo; → Cytoplasma; lat. reticulum = Netz. Ein von der äußeren Zellkernmembran ausgehendes, das gesamte Cytoplasma durchziehendes System von doppelt gelagerten Biomembranen, die zwischen sich ein meist nur flaches Lumen lassen.

Endosperm: → Endo; gr sperma = Same, Keim. Nährgewebe im Samen bzw. der → Karyopse.

Endosymbionten: → Endo, → Symbiont. Symbiont im Inneren der Zelle.

Enhancer: engl. enhance = erhöhen, steigern. Faktor, der die Transkription steigert.

epi-: gr. epi = über; in Zusammensetzungen.

epigäisch: → epi; gr. ge = ga = Erde; über der Erde. Bei epigäischer Keimung werden die Keimblätter über die Erdoberfläche entfaltet.

Epiphyten: → epi; → phyto-: auf einer Pflanze nur aufsitzend, kein Parasit.

Ethnobotanik: gr. ethnos = Volk; gr. botane = Pflanze. Wissenschaft von den Wechselbeziehungen zwischen Völkern, insbesondere Kulturen der Eingeborenen, und Pflanzen.

Etiolement: fr. etioler = verkümmern. Im Dunkeln verkümmerte Entwicklung (Vergeilen).

Etioplast: → Etiolement; → plastos. Im Dunkeln verkümmerte → Plastide.

Eukaryont: gr. eu = gut, echt, gr. karyon = Kern; → on. Bezeichnung für Organismen mit echtem Zellkern.

Exciton: lat. excitare = antreiben. Physikalischer Sonderzustand eines Photons nach Absorption und bei Weiterleitung durch Pigmente.

Exine: lat. e, ex = aus (außen). Äußere Pollenwand.

exo: gr. exo = außen. In Zusammensetzungen.

Exodermis: → exo; → derma. Äußeres Abschlussgewebe der Wurzel.

exogen: → exo; → Gen (gennan); außen gebildet.

Exokarp: → Exo-; gr karpos = Frucht. Äußerste Fruchtwandung.

Expansin: lat. expandere = ausdehnen. Proteine, die an der Zellstreckung beteiligt sind.

Explantat: lat. ex = aus, heraus; lat. planta = Pflanze. Aus der Pflanze entnommenes Teilstück.

Expression: engl. expression = Ausdruck. Meint in der Regel die Aktivität von Genen.

Florigen: lat. flor, Genitiv floris = Blüte; → Gen. Hypothetisches Blühhormon.

fluid: engl. fluid = flüssig.

Gamet: gr .gametes = Ehemann; gr. gamete = Ehefrau. Männliche oder weibliche Keimzelle.

Gametangium: → Gamet; gr. angeion = Gefäß. Organ, in dem männliche oder weibliche → Gameten gebildet werden.

Gametophyt: → Gamet; → Phyton. Generation, die → Gameten hervorbringt.

Gamon: gr. gamein = heiraten. Sexuallockstoff, speziell Gametenlockstoff.

Gen: gr. gennan = entstehen (lassen), erzeugen. Erbfaktor.

Genese: gr. genesis = Ursprung, Werden, Entstehung. Meist in Zusammensetzungen, z.B. → Ontogenese, → Organogenese.

Gerontoplast: gr. geraios = alt; → on; gr. plastos = gebildet, geformt. Altersform von → Plastiden.

Glucose: gr. glykys = süß. Wichtiger Zucker mit 6 C-Atomen (Hexose).

Glykolyse: gr. glykys = süß; gr. lysis = Auflösung. Abbau von Zuckern, primär von Glucose bis zum Pyruvat.

Glykoprotein: gr. glykys = süß; → Protein. Protein mit → prosthetischem Kohlenhydrat.

Glykosid: gr. glykys = süß. Besteht aus → einem Aglykon, das mit Zucker(n) verbunden ist. Während man dem Englischen folgend meistens Glucose schreibt, bleibt man bei Worten mit »glykys« als Stamm, also wenn man dem Altgriechischen sprachlich besonders nahe kommt, gerne beim altgriechischen k (kappa).

Glyoxylat (Salz der Glyoxylsäure) : gr. glykys = süß; gr. oxys = scharf. Säure mit den genannten Eigenschaften bzw. ihr Salz.
Glyoxysomen: → Glyoxylsäure; → Soma. Organellen, in denen auch der Glyoxylat-Zyklus abläuft.
Gone: gr. gone = Erzeugung, Nachkommenschaft. Eine der vier Zellnachkommen der → Meiosis.
Granum, Plural **Grana:** lat. granum = Korn. Auch mikroskopisch fassbare Substruktur in → Chloroplasten, die durch Überlappung von → Thylakoiden zustande kommt.
Gravitropismus: lat. gravis = schwer; → Tropismus. Durch den Schwerereiz ausgerichteter → Tropismus. Synonym Geotropismus.
Guttation: lat. gutta = Tropfen. Ausscheidung in Tropfenform.
Gymnospermen: gr. gymnos = nackt; gr. sperma = Samen. Nacktsamer.

Halophyt: gr. hal, Genitiv halos = Salz, → phyton. Salzpflanze.
haploid: gr. haploos = einfach ; → -eides. Zellen und Organismen mit einfachem Chromosomensatz.
Haplont: gr. haploos = einfach; → on. Zelle oder Organismus mit einfachem Chromosomensatz.
Haptotropismus: gr. haptein = heften, anheften. Durch Berührungsreize ausgerichteter → Tropismus, oft im Zusammenhang mit Bewegungen von Ranken benutzt.
Haustorium: lat. haurire (haustum) = (heraus)schöpfen, entnehmen. Saugorgan parasitischer Pflanzen.
Helix: gr. heliks = Windung. Schraubige Raumstruktur von Makromolekülen (z.B. DNA-Doppelhelix; **a**-Helix der Proteine).
hemi-: gr. hemi = halb.
Hemicellulose: → hemi; → Cellulose. »Halbe Cellulose«, weil man früher glaubte, es handele sich um noch nicht völlig synthetisierte Cellulose.
Hemiparasiten: → hemi; gr. parasitein = mit jemand essen. »Halbe Parasiten« deshalb, weil sie den Wirtspflanzen meist nur Wasser und Nährsalze entnehmen.
Herkogamie: gr. herkos = Zaun, Hindernis; gr. gamein = heiraten. Bestäubungsweise, bei der die Stellung von Staubblättern und Stempeln die Selbstbestäubung erschwert.
hetero-: gr. heteros = ein anderer, andersartig. In Zusammensetzungen.
heteromer: → hetero-; gr. meros = Teil. Aus verschiedenartigen Teilen bestehend. Auch Hauptwort.
Heteromorphie: → Hetero-; gr. morphe = Gestalt. Bestäubungsweise, bei der innerhalb einer Art Formen mit unterschiedlich gestalteten Sexualorganen auftreten. Vor allem die Länge der Griffel und der Staubfäden kann verschieden sein(→ Heterostylie). H. erschwert die Selbstbestäubung.
heterospor: → hetero-; → Spore. Mit verschiedenartigen Sporen, u.a. heterospore Farne mit → Makro- und → Mikrosporen.
Heterostylie: → hetero-; → Stylum. Alte Bezeichnung für → Heteromorphie, die nur auf die unterschiedliche Länge der Griffel (und ebenso der Staubfäden) Bezug nimmt.
heterozygot: → hetero-; → Zygote. Bezeichnung für Zygoten, sonstige Zellen bzw. Organismen, in deren diploiden Chromsomensätzen mindestens ein Allelenpaar aus verschiedenen Allelen besteht.
Heterozyklus: → hetero-; gr. kyklos = Kreis. Ein andersartiger Kreis insofern, als er nicht nur von C-Atomen, sondern auch von andersartigen Atomen (Heteroatomen) wie O oder N gebildet wird.
Histogene: gr. histos = Gewebe; → Gen (gennan). Gewebebildner.
Holoenzym: gr. holos = ganz. Ganzes, aus → Co- und → Apoenzym bestehendes Enzym.
Holoparasiten: gr. holos = ganz; gr. parasitein = mit jemand essen. Vollparasiten.
homo-: gr. homoios = gleichartig. In Zusammensetzungen.
homomer: → homo; gr. meros = Teil. Aus gleichen Teilen bestehend. Auch Hauptwort.
homozygot: → Homo-; → Zygote. Bezeichnung für Zygoten, sonstige Zellen bzw. Organismen, in deren diploiden Chromsomensätzen alle Allelenpaare aus gleichartigen Allelen bestehen.
Hormon: gr. hormao = ich treibe an. Botenstoff.
Hydathoden: gr. hydor = Wasser; gr. hodos = Weg. Drüse zur Wasserabgabe.
Hydrochorie: gr. hydor = Wasser; gr. chora = Raum. Überwindung des Raums mit Hilfe des Wassers: Wasserbestäubung.
Hydrolase: gr. hydor = Wasser; gr. lyein = lösen. Enzym, das Bindungen durch Einlagerungen von Wasser spaltet
hydrophil: gr. hydor = Wasser, gr. philein = lieben. »Wasserliebend«.
hypo-: gr. hypo = unter, darunter. In Zusammensetzungen.
Hypodermis: → hypo; → derma. Zellschicht(en) unterhalb der Epidermis
hypogäisch: → hypo; gr. ge = ga = Erde. Unter

der Erde. Bezieht sich darauf, dass die Keimblätter bei der Keimung unter der Erde bleiben.

Hypokotyl: → hypo; → Kotyledonen. Sprossabschnitt unterhalb der Kotyledonen.

hypertonisch: gr. hyper = darüber; gr. tonos= Spannung. Mit höherem potenziellem osmotischen Druck.

hypotonisch: → hypo ; gr. tonos = Spannung. Mit geringerem potenziellem osmotischen Druck.

inäqual: lat. inaequalis = ungleich.

Induktor, Induktion, induzieren: lat. inducere = (hin)einführen, im Sinn von auslösen.

inert: lat. iners = träge, unbeteiligt.

Influx: lat. influere = hineinfließen. Aufnahme von Stoffen.

Inhibitor: lat. inhibere = hemmen. Hemmstoff.

Initiation: lat. initiatio = Beginn.

Insektivorie: lat. vorare = fressen. Zusätzliche Ernährungsweise über Fang von Insekten.

Integument: lat. integumentum = Hülle, Bedeckung. Meist doppelte Hüllschicht um die Samenanlage.

inter: lat. inter = zwischen, dazwischen. In Zusammensetzungen.

Interkinese: → inter; gr. kinesis = Bewegung. Stadium zwischen der ersten und zweiten Teilung der → Meiosis.

Intine: lat. in = in (innen). Innere Pollenwand.

Isoenzym: → Enzym; gr. isos = gleich. Enzyme mit (fast) gleicher Funktion, aber verschiedenartiger Struktur.

isotonisch: gr. isos = gleich; gr. tonos = Spannung. Mit gleichem potenziellem osmotischen Druck.

Kallus: lat. callum = Schwiele. Gewebe(wucherung) mit ungeordneter Teilungsweise, oft als Wundabschluss. In vitro (u.a. aus Protoplasten) als Ausgangsmaterial für Regenerationen.

Kalyptra: gr. kalyptra = Decke, Umhüllung. Wurzelhaube.

Kalyptrogen: → Kalyptra; → Gen (gennan). Bildungsschicht der Kalyptra.

Kambium: it. cambio = Wechsel. → Meristem, dessen Zellen beim sekundären Dickenwachstum abwechselnd Tochterzellen nach Innen bzw. Außen abgeben.

karoy-: gr. karyon = Kern. In Zusammensetzungen Kern-.

Karyopse: gr. karyon = Nuss, Kern; gr. opsis = Aussehen. Wie eine Nuss aussehend, Getreidekorn mit verwachsener Frucht- und Samenschale als Hüllschicht.

Kinase: gr. kinein = bewegen. Enyzm der Phosphorylierung: es bewegt Phosphat aus ATP auf Akzeptoren, z.B. auf andere Proteine (Proteinkinase).

Kinetochor: gr. kinein = bewegen; gr. chora = Platz, Stelle. Ansatzstelle der Spindelfasern in der → Centromer-Region.

Koleoptile: gr. koleos = Scheide; gr. ptilon = Feder, Flügel. Bei Gräsern Keimscheide ungeklärter Homologie, die mit ihrer Basis die → Plumula und darüber das Primärblatt umgibt.

Kollenchym: gr. kolla = Leim; gr. en = in; gr. chymenos = gegossen. Wegen plastisch dehnbarer Wandverfestigungen Festigungsgewebe wachsender Pflanzenteile.

Kompartiment: engl. compartment = Abteilung.

Konformation: lat. conformatio = Gestalt, Gestaltung.

Konjugat: lat. coniungere = verbinden. Verbindung.

Konnektiv: lat. conectere = verbinden. Verbindungsstück zwischen den beiden Theken eines Staubbeutels, an dem der Staubfaden ansetzt.

Kormophyten: → Kormus; → phyton. Aus Sprossachse, Blättern und Wurzel bestehende Gewächse.

Kormus: gr. kormos = Baumstumpf. Aus Sprossachse, Blättern und Wurzel bestehende Wuchsform.

Kotyledo, Plural **Kotyledonen:** gr. kotyledon = Saugwarze. Keimblatt.

Leptotän: gr. leptos = zart, schmal; gr. tainia = Band. Erstes Stadium in der Prophase der → Meiosis, in der die → Chromsomen als feine Fäden mikroskopisch sichtbar werden.

Leukoplast: gr. leukos = weiß; gr. plastos = gebildet, geformt. Weißlich aussehende → Plastiden.

Linker: engl. link = Verbindung. In wechselndem Zusammenhang, z.B. DNA- Stränge zwischen → Nucleosomen.

Lipasen: gr. lipos = Fett. Enzyme, die hydrolytisch Lipide, z.B. Neutralfette spalten.

Lipid: gr. lipos = Fett; → eides. Chemisch verschiedenartige organische Stoffe, die auf Grund ihrer Löslichkeit in Lösungsmitteln für Neutralfette als »fettähnlich« bezeichnet werden.

lipophil: gr. lipos = Fett, gr. philein = lieben. »Fettliebend«.

makro-: gr. makros = groß. In Zusammensetzungen. Ist dem in gleicher Bedeutung gebrauchten → mega- schon wegen der Parallele zu → mikro- vorzuziehen.

Makrospore: → Makro-; → Spore. Große Spore (auf der »weiblichen« Seite).

Malat: lat. malum = Apfel. Salz der Äpfelsäure.

Matrix: lat. mater = Mutter, im Sinn von Muttersubstanz, Grundsubstanz

mega-: gr.megas = groß, bedeutend (s.auch makro-). In Zusammensetzungen.

Meiosis: gr. meion = weniger. Bezieht sich auf die Reduktion der Chromosomensätze.

Meristem; gr. merismos = Teilung. Teilungsgewebe.

Meristemoid: → Meristem; gr. eidein, Perfekt oida = ähnlich sein. Nester sich teilender Zellen die sich schließlich alle differenzieren, sodass keine Stammzellen erhalten bleiben.

Mesokarp: gr. mesos = mittlere; gr. karpos = Frucht. Mittlere Fruchtwandung.

Mesophyll: gr. mesos = mittlerer; gr. phyllon = Blatt. Gewebe in der Blattmitte.

Messenger: engl. messenger = Bote.

meta-: gr. meta = nach, danach. In Zusammensetzungen.

Metabolit: gr. metabole = Veränderung, Stoffwechsel. Molekül, das im Stoffwechsel umgesetzt wird.

mikro-: gr. mikros = klein. In Zusammensetzungen.

Mikrofilament: → mikro; lat. filamentum = Faden. Strukturproteine im Cytosol.

Mikropyle: → mikro-; gr. pyle = Tor, Eingang. Öffnung zwischen den → Integumenten, die zur Samenanlage führt.

Mikrospore: → Mikro-; → Spore. Kleine Sporen (auf der »männlichen« Seite).

Mikrotubulus: → mikro; la tubulus = kleine Röhre. Strukturprotein im → Cytosol.

Mitochondrion, Plural **Mitochondrien:** gr. mitos = Faden, gr. chondros = Körnchen. Von der → Glykolyse abgesehen Organelle der biologischen Oxidation; eine der Energiezentralen der Zelle.

Mitose: gr. mitos = Faden. Kernteilung, oft auch im Sinn von Zellteilung gebraucht; nach den stadienweise fadenartigen Chromosomen.

Mitogen: → Mitose; gr. = gennan = entstehen lassen. Mitosefördernder Faktor.

mono-: gr. monos = allein, einzig. In Zusammensetzungen.

Monözie: gr. monos = allein, einzig; gr. oikos = Haus. Nur ein Geschlecht im »Haus«, also auf der Pflanze: Einhäusigkeit.

Monokotyledonen: → Mono; → Kotyledo. Einkeimblättrige.

Monopodium: gr. monos = allein; gr. pous, Genitiv podos = Fuß. Wuchsform mit durchgehender Hauptachse.

Morphose: gr. morphosis = Gestalt. Gestaltbildung als Teil der übergeordneten Morphogenese. Besonders als → Photomorphose geläufig.

Mycobiont: gr. mykes = Pilz; gr. bios = Leben; → on. Pilzpartner, vor allem in Flechten.

Nastie: gr. nastos = festgestampft, prall. Reizbewegung festsitzender Pflanzen und ihrer Organe, deren Richtung durch den Bau der Organe bedingt wird.

Neurotransmitter: gr. neuron = Nerv; lat. transmittere = hinüberschicken. Substanzen der Signalübertragung von Nervenzellen zu Nervenzellen oder zu anderen Zielzellen.

Nodulation: lat. nodus = Knoten. Knöllchenbildung.

Nucellus: lat. nucellus = kleine Nuss. Gewebe der Samenanlage unterhalb der → Integumente, das als Reservestoffspeicher dienen kann.

Nucleolus: Verkleinerungsform von → Nucleus, = kleiner Kern, Kernkörperchen.

Nucleosom: lat. nucleus = Kern, gr. soma = Körper. Struktureinheit der → Chromosomen

Nucleus: lat. nucleus = Kern. Zellkern.

Nutationsbewegung: lat. nutare = hin und her schwanken. Wachstumsbewegung.

Nyktinastie (davon abgeleitet **nyktinastisch**)**:** gr. nyx, Genitiv nyktos = Nacht; → Nastie. Nastische, oft endogen gesteuerte Schlafbewegung von meist Laub- oder Blütenblättern.

Oktamer: gr. okta = acht, gr. meros = Teil.

oligo-: gr. oligos = wenig, gering. In Zusammensetzungen.

on: gr. on, Genitiv ontos = Wesen. Meist in Zusammensetzungen.

Oogon, Plural **Oogonien:** gr. oon = Ei; → Gone. Behälter, in dem eine oder mehrere Eizellen gebildet werden.

Organ: gr. organon = Werkzeug. Teil eines mehrzelligen Lebewesens mit bestimmter Funktion.

Organelle: Verkleinerungsform von Organ, also O. = kleines Organ. Substruktur der Zelle mit bestimmter Funktion

Organogenese: → Organ; → Genese. Organbildung, aber auch Regeneration über Organbildung.

Pachytän: gr. pachys = dick; gr. tainia = Band. Stadium in der Prophase der → Meiosis, in der die Chromosomen über Aufschraubung ihre größte Dicke erreichen. Auch die Parallelkonjugation homologer → Chromosomen findet ihren Höhepunkt.

para-: gr. para = neben, daneben, bei, umgebend. In Zusammensetzungen.

Parasit: gr. parasitein = (mit jemand) essen. Schmarotzer.

Parenchym: → para; gr. en = hinein; gr. chymenos = gegosssen. Grundgewebe.

Parthenokarpie: gr. parthenos = Jungfrau; gr. karpos = Frucht. Fruchtbildung ohne Befruchtung.

Pektinstoffe: gr. pektos = festwerdend, geronnen. P. gelieren, früher Marmeladezusatz.

Pentose: gr . penta = fünf. Zucker mit fünf C-Atomen.

Peptid: gr. peptos = verdaut, verdaubar. Können nach Verdauung (Abbau) von Proteinen anfallen.

peri-: gr. peri = um, herum. In Zusammensetzungen.

Perianth: → peri-; gr. anthos = Blüte. Blütenhülle. Das → Perigon ist ein einfaches P. Ein doppeltes P. ist in Kelch und Krone gegliedert. P wird oft im Sinne des doppelten P. benutzt.

Peribakteroid-Membran: → peri; → Bacteroid. Bei der Wurzelköllchen-Symbiose vom Cytoplasma gebildete Membran, die das → Symbiosom umgibt.

Periblem: gr. periblema = das Herumgeworfene, Mantel. Prospektive Wurzelrinde. Seltener auch für entsprechendes Gewebe des Sprosses gebraucht,

Periderm: → peri = um, herum; gr. derma = Haut. Sekundäres, die → Epidermis ablösendes Abschlussgewebe der Sprossachse.

Perigon: → Peri-; → Gone. Blütenhülle mit in beiden Kreisen gleich gestalteten Blütenhüllblättern, wird auch als einfaches → Perianth bezeichnet.

Perikambium: → peri-; → Kambium. Äußerste Schicht des Zentralzylinders. Synonym → Perizykel.

Perikarp: → peri-; gr. karpos = Frucht. Gesamte Fruchtwandung.

periklin: → peri; gr. klinein = neigen. Bezieht sich auf die Stellung der Zellwand (nach Zellteilung) parallel zur Oberfläche.

Perisperm: → peri-; gr. sperma = Samen. Aus dem → Nucellus entstandenes Nährgewebe.

Perizykel; → peri-; gr. kyklos = Kreis. Äußerste Schicht des Zentralzylinders. Synonym → Perikambium.

Petale: gr. petalon = Blatt. Kronblatt im doppelten → Perianth.

Phellem: gr. phellos = Kork.

Phelloderm: → Phellem; gr. derma = Haut. Vom → Phellogen nach innen abgegebene Zellen.

Phellogen: → Phellem; gr. gennan = entstehen (lassen), erzeugen. Korkkambium.

Pheromon: gr. pherein = tragen, übertragen, forttragen; → Hormon. Ein Hormon, das zu anderen Organismen der gleichen Art übertragen wird.

Phloem: gr. phloios = Bast, Rinde.

Phophorylase: gr. phosphoros = lichtbringend. Enzym, das Bindungen durch Einlagerung von Phosphat spaltet.

photo-: gr. phos, Genitiv photos = Licht-. In Zusammensetzungen.

Photobiont: → photo-; gr. bios = Leben; gr. on, Genitiv ontos = Wesen. Algenpartner in Flechten, der Photosynthese betreibt.

Photolyse: → photo- ; gr. lysis = Auflösung, Trennung. Spaltung des Wassers mit Hilfe der Lichtenergie.

Photomorphose: → photo-: → Morphose. Lichtgesteuerte → Morphose.

Photophosphorylierung: → Photo-; Phosphorylierung (von ADP) mit Hilfe der Lichtenergie.

Phototropismus: → Photo-; → Tropismus mit Licht als richtendem Außenfaktor.

Phyllokladien: gr. phyllon = Blatt; gr. klados = Zweig. Blattartige Kurztriebe.

phyto-, -phyt: → Phyton. In Zusammensetzungen.

Phytoalexine: → Phyto-; gr. alexein = abwehren. Postinfektionelle Abwehrstoffe der Pflanzen gegen Pathogene.

Phytochrom: → phyto-; → chromo-. Wichtige photomorphogenetische Pigmentsysteme.

Phytohormon: → phyto-; pflanzliches Hormon.

Phyton: gr. phyton = Gewächs, Pflanze.

Planozygote: gr. planos = umherirrend; → Zygote. Über Geißeln bewegliche Zygote.

Plasma: gr. plasma = Gebilde. Meist in Zusammensetzungen.

Plasmalemma: → Plasma; gr. lemma = Hülle. Den Protoplasten außen umgebende Biomembran.

Plasmodesmos, Plural **Plasmodesmen:** → Plasma; gr. desmos = Band, Verbindung. Cytoplasmatische Verbindung zwischen Zellen.

Plasmolyse: → Plasma; gr. lysis = (Ab-)Lösung. Lösen des Protoplasten von der Zellwand im → hypertonischen Medium.

-plast: gr. plastos = gebildet. In Zusammensetzungen.

Plastiden: gr. plassein (plastos) = bilden, formen; → eides. Organellen unterschiedlicher Funktion: → Amyloplasten, → Chloroplasten, → Chromoplasten etc.

Platycladien: gr. platys = platt; gr. klados = Zweig.

Blattähnliche Langtriebe.

Plerom: gr. pleroma = Füllung. Prospektiver Zentralzylinder der Wurzel. Seltener auch für entsprechendes Gewebe des Sprosses gebraucht,

Plumula: lat. plumula = kleine (Daunen-)Feder. Apikale Sprossknospe mit den kleinsten Blättern.

poly-: gr. polys = viel. In Zusammensetzungen.

Polymerase: → poly-; gr. meros = Teil. Enzym, das viele kleinere Bausteine zu Makromolekülen zusammenschließt, z.B. DNA-Polymerasen, RNA-Polymerasen.

Polypeptid: → Peptid, → poly. Aus vielen Aminosäuren aufgebautes Peptid.

post-: lat. post = nach. In Zusammensetzungen.

postinfektionell: → post-. Nach Eintreten einer Infektion.

prae-: lat. prae = vor. In Zusammsetzungen, auch = Vorläufer-.

praeinfektionell: → prae-. Vor Eintreten einer Infektion.

Primordium: lat. primordium = erster Anfang, Ursprung.

pro- : lat. pro = vor. Vorstufen von...

Processing: engl. process = bearbeiten.

Prokaryont: lat. pro = vor, gr. karyon = Kern; → on. Bezeichnung für Organismen mit Vorstufen eines Zellkerns (Bakterien, Cyanobacterien); → Eukaryont).

Prolamellarkörper: → pro-; Vorstufe des Lamellarköpers (→ Thylakoide) der Chloroplasten.

Promotor: lat. promotio = Förderung. Region eines → Gens, von dem aus die → Expression der codierenden Sequenzen eingeleitet und gesteuert werden kann.

Proplastiden: → pro; → Plastiden. Vorstufen der Plastiden.

prosenchymatisch: gr. pros = vor; nach - hin; gr. enchyma = langgestreckt eingegossen. Gewebe mit langgestreckten Zellen, oft in Längsrichtung.

prosthetisch: gr. pros = vor; nach - hin; gr. tithemi = setzen. Vorangesetzte Komponente.

Protein: → proto. Proteine sind von erstrangiger Bedeutung.

Proteinkinase: → Kinase.

Proterandrie: → proto; gr. aner, Genitiv andros = Mann. Form der → Dichogamie, bei der die Staubblätter zuerst reifen.

Proterogynie: → proto; gr. gyne, Genitiv gynaikos = Frau. Form der → Dichogamie, bei der die Stempel zuerst reifen.

Prothallium: → proto-; → Thallus. → Gametophyt von Farnen.

proto-: gr. protos = erster, zuerst.

Protoderm: →proto- ; gr. derma = Haut. Prospektive Epidermis, schon im Kugelstadium der Embryogenese fassbar.

Protoalkaloide: → proto-; Vorstufen der »echten« Alkaloide.

Protochlorophyll: → proto-; → Chlorophyll. Vorstufe der Chlorophylle.

Protonema: → proto; gr. nema = Faden. Fadenartige frühe Wuchsform des → Gametophyten von Moosen.

Protoplast: → proto; → -plast. Grundkörper: »Zelle ohne Zellwand«.

pseudo-: gr. pseudes = Lügner. In Zusammensetzungen.

Pseudoalkaloide: → pseudo-. Unechte Alkaloide.

psychotrp: gr. psyche = Seele; gr. trepein = wenden, sich richten. Die Psyche beeinflussend.

Pulvinus: lat. pulvinus = Kissen. »Kissenartig« verdickte Basis eines Blattstiels, die als Gelenk fungiert.

Rehydratation: erneute Wasseraufnahme

Rekombination: engl. recombination = Umkombination, neue Kombination.

rezessiv: gr. recedere (recessus) = zurückweichen. Rezessiv nennt man Allele, die sich in ihrer → Expression gegenüber einem → dominanten Partner-Allel nicht durchsetzen können. Die von einem rezessiven Allel gesteuerte Merkmalsbildung tritt im Erbgang nicht auf, wenn ein dominantes Partner-Allel vorhanden ist.

Rhizine: gr. rhiza = Wurzel. Auswüchse auf der Unterseite von Flechten mit Wurzelfunktion.

Rhizodermis: gr. rhiza = Wurzel; → derma. Abschluss«haut« der jungen Wurzel.

Rhizoid: gr. rhiza = Wurzel; gr. idein = aussehen wie, ähnlich. Wurzelähnliches Gebilde.

Rhizom: gr. rhiza = Wurzel. Unterirdisches Sprossorgan = Erdspross.

Saccharide: → Saccharose; →. eides. Aus zwei bis vielen Zuckereinheiten zusammengesetzte Zucker, wobei keinesfalls immer → Saccharose, ein Disccharid, beteiligt sein muss.

Saccharose: gr. sakcharon = Zucker. Disacharid aus Glucose und Fructose; wichtigste Transportform von Kohlenhydraten.

Saprophyt: gr. sapros = verfault; → phyton. »Fäulnis-Pflanze«. Alte und falsche, sich aber hartnäckig haltende Bezeichnung für chlorophyllfreie Pflanzenarten mit → Mykorrhiza. Der S. ist der Pilzpartner.

Scutellum: lat. scutum = Schild. Verkleinerungssilbe -ellum. Also kleiner Schild, Schildchen. Umgewandeltes Keimblatt in der → Karyop-

se der Gräser.
semi-: lat. semi- = halb-.
semikonservativ: → semi-. Bei der DNA-Replikation wird der eine Strang, die Hälfte also, konservativ beibehalten, der andere daran ergänzt
Silencer: engl. silence = zum Schweigen bringen. Faktor, der die Gen-Expression stilllegt.
Sklerenchym: gr. skleros = hart; gr. en = in; gr. chymenos = gegossen. Festigungsgewebe.
Soma: gr. soma, Genitiv somatos = Körper. Bei Tieren findet sich schon früh in ihrer Entwicklung eine Trennung des Zellmaterials in S. und Keimbahn. Im adulten Säugetier z.B. überwiegt dann das somatische Zellmaterial bei weitem. Der Begriff wurde im Angelsächsischen fälschlicherweise auch auf Pflanzen übertragen. Denn bei ihnen findet sich eine Trennung von S. und Keimbahn erst sehr spät in der Ontogenese, erst in den Sexualorganen. Pflanzengewebe kann man deshalb als S. bezeichnen, muss sich dann aber bewusst sein, dass es sich nicht um das S. der Tiere handelt. Bei Pflanzen spricht man deshalb anstatt von → somatischen korrekter von **vegetativen** Zellen. Doch schlichen sich die Begriffe S. und → somatisch, unkritisch auf Pflanzen bezogen, sogar in manche Lehrbücher ein.
somatisch: → Soma. Zum »Körper« gehörend. → Soma.
Soredie: gr. soros = Haufen; → -eides. Aus Pycobiont und Mycobiont bestehender vegetativer Vermehrungsköper bei Flechten.
Spermatophyta: gr. sperma = Same; → phyton. Samenpflanzen. Synonym → Anthophyta.
Sporangium: → Spore; gr. angeion = Gefäss. Behälter, in dem Sporen ausgebildet werden.
Spore: gr. sporos = Spore, Same.
Sporogon: → Spore; → Gone. → Sporophyt der Moose.
Sporophyll: → Spore; gr. phyllon = Blatt. Bei Farnen Blattwedel, die Sporangien und damit auch Sporen ausbilden.
Sporophyt: → Spore; → phyton. → Diplont, der über → Meiosis → Sporen ausbildet.
Statocyten: gr. statos = stehend, eingestellt; → cyto-. Zellen, die den Schwerereiz perzipieren können, oft eingeengt auf Zellen mit entsprechenden Einschlüssen wie u.a. Stärkekörner.
Stigma: gr. stigma = Stich, Punkt, Mal. Narbe.
Stoma: gr. stoma, Plural stomata = Mund, Öffnung. Spaltöffnung.
Stroma: gr. stroma = Lager, Bett. Grundmasse, in die etwas eingebettet wird.
Strukturanalogon: gr. analogos = entsprechend. In der Struktur ähnliche Substanz.
Stylum: lat. stilus = Griffel.
Suberin: lat. suber = Korkeiche. Stoffgemisch, das wesentlicher Bestandteil des Korks ist.
Suspensor: lat. suspendere = aufhängen. Träger des heranwachsenden Embryos.
sym-: gr. sym, syn = zusammen. In Zusammensetzungen.
Symbiosom: → sym; gr. bios = Leben; → soma. Bei der Wurzelknöllchen-Symbiose luftstickstoff-bindende Einheit aus → Peribacteroidmembran, die einen Cytoplasmabereich mit darin befindlichen → Bacteroiden umschließt.
Symplast: → Sym; gr. plastos = gebildet, bezieht sich auf → Proto**plasten**, die durch → Plasmodesmen zum Symplasten **zusammen**geschlossen werden. Gesamtbereich innerhalb des Plasmalemmas.
Sympodium: → Sym; gr. pous, Genitiv podos = Fuß. Wuchsform, bei der die jeweilige Hauptachse das Wachstum einstellt und durch ein Seitenorgan erster Ordnung ersetzt wird. → Monopodium.
Symport: → sym; lat. portare = tragen. Gemeinsamer, gleichgerichterer Transmembrantransport von zwei verschiedenen Ionen oder Molekülen.
Symporter: Transporter, der eienen Symport durchführt.
synaptonemal: gr. synaptein = verknüpfen, verbinden: gr. nema = Faden. Die verknüpften Fäden sind Paare aus Schwesterchromatiden, die der Synaptonemale Komplex verbindet.
Synaptomer: gr. synaptein = verknüpfen, verbinden; gr. meros = Teil. Teilstück des Synaptonemalen Komplexes (→ synaptonemal).
Synergiden: gr. synergos = Mitarbeiter, Helfer; → -eides. Zwei Zellen des Embryosacks beidseits der Eizelle, die bei der Befruchtung der Eizelle helfen.
Syngamie: → sym; gr. gamein = heiraten. Gametenfusion.
Synthase: Enzym, das eine Synthese **ohne** ATP-Verbrauch katalysiert.
Synthetase: Enzym, das eine Synthese **unter** ATP-Verbrauch katalysiert.
systemisch: gr. systema = Vereinigung. Das ganze (pflanzliche) System erfassend.

Tapetum: gr. tapetes = Teppich. Innerste Wandschicht der → Anthere, die sich wesentlich an Ernährung und Bildung der Pollenzellen beteiligt.

Taxis: → gr. taxis = Ordnung, Stellung, Anordnung .

Taxon, Plural **Taxa:** → taxis. Systematische Einheit.

telo-: gr. telos = Ende. In Zusammensetzungen.

Termination: engl. termination = Ende, Beendigung.

Testa: lat. testa = Schale. Samenschale.

Tetrade: gr. tetra, Genitiv tetrados = vier. Viererverbund, etwa von → Gonen nach der → Meiosis.

Thallophyt: → thallos; → phyton. Nicht in Spross, Blatt und Wurzel gegliedertes Gewächs.

Thallus: gr. thallos = Trieb. Pflanzengestalt ohne Gliederung in Spross, Blatt und Wurzel.

Theke: gr. theke = Behälter. Aus zwei Pollensäcken bestehender Teil eines Staubeutels.

Thermonastie: gr. thermos = warm; → Nastie. Durch Wärmereiz ausgelöste Nastie.

Thigmonastie: gr. thiganein = berühren; → Nastie. Durch Berührungsreiz ausgelöste Nastie.

thio-: gr. theion = Schwefel. In Zusammensetzungen.

Thioesterasen: → thio-; Enzyme, die hydrolytisch Esterbindungen spalten, an denen sich eine HS-Gruppe beteiligt hatte.

Thylakoid: gr. thylakos = Sack, Beutel; → eides. Abgeflachten Säckchen ähnelnde Membrankompartimente der Chloroplasten.

Thylle: gr. thyllis = Beutel. Blasenartige Auswüchse von Holzparenchymzellen über Ausdehnung der Schließhäute von Tüpfeln in Gefäße hinein, die dadurch verstopft werden.

Tonoplast: gr. tonos = Spannung; gr. plastos = gebildet. Ein Gebilde, das Spannung aushält. Biomembran um Zellsaftäume und Vakuole.

Totipotenz: lat. totus = ganz: lat. potentia = Macht, Befähigung. Definition im Text.

Trachee: gr. trachea = Luftröhre (weil zunächst wie bei den Tracheen der Insekten ein Gasaustausch unterstellt worden war). Gefäß zur Leitung von Wasser und Mineralsalzen, Auflösung der Querwände zwischen aufeinander folgenden T.

Tracheide: → Trachee; → eides. Funktion wie Trachee, aber kleiner und ohne Auflösung der Querwände.

trans-: lat. trans = jenseits, über, hinüber. In Zusammensetzungen.

Transaminasen: → trans. Enzyme, die Aminogruppen übertragen.

Transfer: lat. transferre = übertragen.

Transferase: → Transfer. Ein → Enzym, das Übertragungsreaktionen katalysiert.

transitorisch: lat. transire = vorübergehen, auch zeitlich. Meistens in »transitorischer Stärke« (→ Assimilationsstärke) benutzt.

tri-: gr. tris = dreimal. In Zusammensetzungen.

Trichoblast: gr. thrix, Genitiv trichos = Haar; gr. blastos = Trieb, Knospe. Haarbildner bei Pflanzen.

Trichom: gr. thrix, Genitiv trichos = Haar. Pflanzliches Haar.

Tropismus: gr. tropos = Wendung. Durch den jeweiligen Reiz ausgerichtete Bewegung festsitzender Pflanzen und ihrer Organe.

Tunica: lat. tunica = Tunika, Hemd. Peripherer Anteil des SAM mit Zellen, die sich → antiklin teilen.

unifacial: lat. unus = einer, **nur** einer; lat. facies = Aussehen. Mit **nur einem**, also gleichem Aussehen der beiden Blattseiten.

Variationsbewegung: lat. varius = wechselnd, schwankend. Turgorbewegungen.

Velamen: lat. velamen = Hülle. Wasserabsorbierendes Gewebe als äußerer Abschluss um Luftwurzeln.

Vernalisation: lat. vernare = frühlingshaft werden (machen). Natürliche und künstliche Kälteeinwirkung zur Beeinflussung von Entwicklungsprozessen. Meist auf die Blühinduktion eingeengt.

Xeromorphie: gr. xeros trocken; gr. morphe = Gestalt. An Trockenheit angepasste Gestaltsbildung.

Xylem: gr. xylon = Holz.

Zoochorie: gr. zoon = Tier; gr. chora = Raum. Überwindung des Raums mit Hilfe von Tieren: Tierbestäubung.

Zoospore: gr. zoos = lebendig; → Spore. Über Geißeln bewegliche Spore.

Zygotän: gr. zygon = Paar; gr. tainia = Band. Zweites Stadium in der Prophase der → Meiosis, in dem der → synaptonemale Komplex an den deutlich aufgeschraubten Chromatiden-Tetraden sichtbar zu werden beginnt.

Zygote: gr. zygon = Paar. Befruchtete Eizelle (nach »Paarung« der Keimzellen).

Sachregister

(mit Abkürzungen)

Seitenzahlen **fett**: Schwerpunkte; *kursiv*: Glossar; * Abbildungen, bei chemischen Bezeichnungen auch, aber keineswegs immer Strukturformeln. Zu den einzelnen Begriffen finden sich oft mehrere Zugänge, um das Auffinden zu erleichtern. Für *alle* Art- und Gattungsnamen außer denjenigen in den Tabellen wurde die wissenschaftliche Bezeichnung angegeben. Dabei diente der »ZANDER – Handwörterbuch der Pflanzennamen« als Richtlinie. Das ist in Lehrbüchern für Studienanfänger nicht üblich, sollte aber denjenigen Leser langsam »eingewöhnen«, der sich auch weiterhin mit Botanik beschäftigen möchte. Das Sachregister erklärt auch die im Text verwendeten Abkürzungen und geht auf Synonyme ein.

Prof. Dr. Dieter Heß, geb. 1933 in Karlsruhe. Studium der Biologie und Chemie in Freiburg i. Br. und Tübingen. Promotion 1957 im Fach Botanik bei F. Oehlkers in Freiburg. Assistent am Botanischen Insitut der Universität Freiburg 1957 bis 1961. Habilitation 1961. Fortbildung in Biochemie 1961 bei F. Lynen am MPI für Zellchemie in München. 1962 bis 1967 wiss. Mitarbeiter am MPI für Züchtungsforschung, Abt. Genetik, in Köln. 1966 Ruf Associate Professor Genetic Biology, Purdue University, Lafayette/USA. 1966 Ruf o. Prof. Pflanzenphysiologie, Ruhr-Universität Bochum. 1966 Ruf o. Prof. Botanische Entwicklungsphysiologie, Universität Hohenheim, Stuttgart. 1974 Ruf o. Prof. Genetik, Universität Regensburg. 1967 Annahme des Rufs nach Hohenheim. Seitdem dort tätig. Aufbau des Instituts für Physiologie und Biotechnologie der Pflanzen (Bezeichnung seit 1998) und dessen Leitung. Emeritierung 2001. Selbstvertretung bis 2002. Seitdem Leiter einer überwiegend von der DFG finanzierten Arbeitsgruppe Gentechnologie. Arbeitsgebiete: Molekularbiologie der Entwicklung höherer Pflanzen, Biotechnologie der Pflanzen, Blütenbiologie.

Weitere Buchveröffentlichungen des Autors im Verlag Eugen Ulmer: **Pflanzenphysiologie**, 10. Aufl. 1999; **Biotechnologie der Pflanzen** 1992; **Die Blüte**, 2. Aufl. 1990; **Alpenblumen** 2001

Bibliografische Information Der Deutschen Bibliothek
Die Deutsche Bibliothek verzeichnet diese Publikation in der Deutschen Nationalbibliografie; detaillierte bibliografische Daten sind im Internet über http://dnb.ddb.de abrufbar.

ISBN 3-8001-2826-8 (Ulmer)
ISBN 3-8252-2487-2 (UTB)

Wollgrasweg 41, 70599 Stuttgart (Hohenheim)
E-Mail: info@ulmer.de
Internet: www.ulmer.de
Lektorat: Sabine Drobik, Antje Springorum
Herstellung: Otmar Schwerdt
Graphische Bearbeitung: Sabine Seifert, Stuttgart
Umschlagentwurf: Atelier Reichert, Stuttgart
Gesamtgestaltung und DTP: Atelier Reichert, Stuttgart
Druck und Bindung: CPI Books, Leck
Printed in Germany

ISBN 3-8252-2487-2 (UTB-Bestellnummer)